小学館文庫

兵士を見よ

杉山隆男

小学館文庫

目次

第一部　対戦闘機戦闘訓練

第二部「実　戦」

兵士を見よ

第一部　対戦闘機戦闘訓練

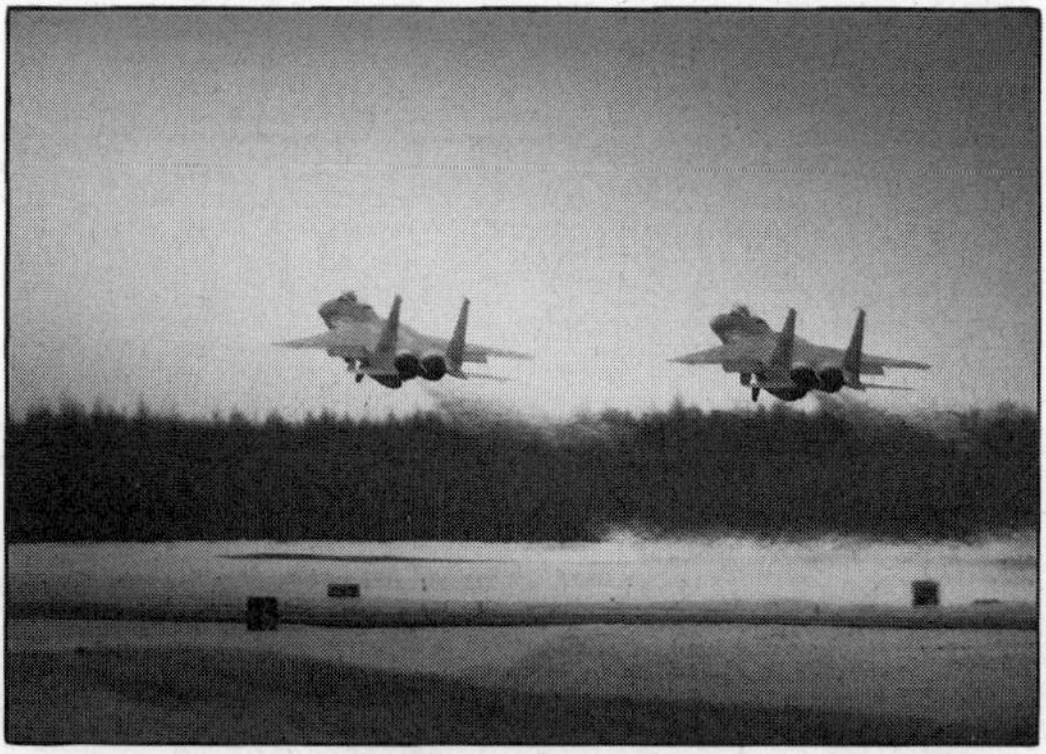

訓練空域へと向かうF15

離陸

その朝も、航空自衛隊のF15戦闘機パイロット、竹路昌修《たけじまさのぶ》三佐は、出がけに十歳年下の妻の手で清めの塩をかけてもらった。緊急発進《スクランブル》でF15に飛び乗る恰好《かっこう》そのままに、飛行隊のマークが縫いつけられた防寒帽を目深《まぶか》にかぶり、オリーヴグリーンの飛行服を身につけて、「行ってくるよ」と玄関のドアに手をかけた竹路三佐の肩越しに、ひと振りの塩が舞うのである。それは、ふたりが結婚してこの方、もう七年近く休日を除いて一日も欠かすことなくつづけられている朝の儀式である。

むろん、妻が言いだして、はじめたことである。竹路三佐は、お清めをされたからと言って、それだけで運命の女神に護《まも》られてその日一日のフライトがつつがなく終わるとはとうてい思っていないし、神仏にすがるという気持ちもともとよりない。ただ、出がけに塩を振るというそのことで、空の上の自分の身を案じる妻の気が少しでも晴れるのであれば、黙って彼女の好きにさせてあげようと、どんなに急いでいるときでも面倒臭がらず、差し出すようにして背中を向けるのである。

竹路三佐は、親友だった同期のパイロットを自分が見ている目の前で亡《な》くしている。

一緒に編隊を組んでACM、対戦闘機戦闘訓練を行なっていたとき、突然、親友の飛行機がコントロールを失ったかのように落下をはじめたのだ。竹路三佐はコックピットの中から親友が真っ逆さまに墜落していくのをなすすべもなく、ただ見守っているしかなかった。親友がなぜ死ななければならなかったのか、飛行機に何か制御不能な故障が生じたのか、それとも彼の操縦にミスがあったのか、どんなに問いかけてみても、ほんとうのところは墜《お》ちていった彼にしかわからない。生き残った者は、ただ、望まない形で死を迎えざるをえなかった彼の無念さ、悔しさを、やりきれない思いで想像するしかないのだ。親友が死んでいくそのさまを目の当《ま》たりにした竹路三佐の中では、いつしか死についての達観とも諦観《ていかん》とも言えるような、ある種、突き放した考え方が芽生えはじめていた。死を恐れないと言ってしまえば、語弊《ごへい》があるし、高慢な言い方に聞こえるかもしれないけれど、しかし、たとえ神の力によってでも、どうしようもなく避けられない死があることを、彼は日々のフライトを繰り返すうちに受《う》け容《い》れようとしていた。

この世に存在するさまざまな職業の中で、恐らく戦闘機のパイロットほど毎日が死と隣り合わせの仕事はないだろう。たしかに一歩間違えば死につながるような危険な職業ということで言えば、三百キロを越す猛スピードで脱出装置を持たないマシンを走らせるF1レーサーもそうである。だが、そんな彼らとて生死を賭《か》けたレースを毎日こなしているわけではない。これに対して戦闘機のパイロットは、休日や風雨の逆巻く嵐《あらし》のただ中でもない限り、来る日も来る日も飛びつづける。しかもただ単に飛行機を飛ばすだけではない。右に左に急旋回しながら千フィートも一気に降下したと思ったら、次の瞬間には機体をねじるように反転させて、今度は天を衝《つ》くように駈《か》けあがっていく。空中でスキーのスラロームや難度Eに迫るトカチェフばりの鉄棒の荒技を繰り返しているようなものである。その間、体には自分の体重の六倍や七倍の重力が加わったままで、Gと呼ばれる、言わば地上に引き戻そうとするその巨大な地球の力に耐えながら、なおかつレーダーに映った目標の動きに瞬時に反応して、ジャズピアニストの指が鍵盤《けんばん》の上を乱舞するように操縦桿《かん》や電子機器のスイッチを小刻みに動かし、機を操らなければならない。人体にとっても飛行機にとってもこれ以上は耐えられない、ぎりぎりのところまで自らを追いこんで、骨がきしみ、並みの人間なら意識がかすんでしまう中で、戦闘機のパイロットは一個の機械のように冷静沈着でありつづける。そうしたフライトを、パイロットをやめて戦闘機から降りるその日まで、日に二回から三回は繰り返す。現役の戦闘機乗りでいられる年月は長い人で十七、八年と、プロスポーツ選手なみに短いが、それでもざっと計算して五千回以上、死神と同居しているようなアクロバット顔負けのフライトをつづけるのである。その上、彼らは、たった一人で酸素を使わずに次々と八千メートル級の山々に挑戦していったラインホルト・メスナーのように、次のフライトではより複雑で高度なテクニックをものにしようと、つねに、もっと、もっと、と高みをめざしていく。だが、それは同時に、より危険をはらんだ未知の世界に奥深く分け入っていくことを意味しているのだ。

むろん空の上を職場にしていなくても、死の危険は地上のそこここに転がっている。ふだん死というものをほとんど意識することなく、ラッシュアワーの満員電車にもみくちゃにされ、異動の噂《うわさ》に一喜一憂し、帰宅途中のヤキトリ屋で束の間《つかま》の息抜きを楽しみながら毎日を一見平穏に過ごしているサラリーマンでも、運命の悪戯《いたずら》としか言いようのない不慮の出来事に巻き込まれて、命を落とさないとも限らない。死が自分の身にいつ訪れるか、誰にもわからない以上、死は誰にとってもひとしく暗い口を開けて待ち構えていると言うべきなのかもしれない。だが、それでもやはりサラリーマンに比べて戦闘機乗りは、より死の近くにいる。

F15パイロットの妻に、自分が戦闘機乗りと結婚したということをはじめて実感したのはどんなときでしたか、とたずねると、彼女たちのほとんどは夫の同僚の死を口にする。それも多くの場合、挙式の記憶がまだ鮮やかな新婚当初にそうした死に接している。

ひとりの妻は新婚旅行で沖縄を訪れる。那覇の空港に着くと、夫とは高校を出てパイロットになるまでの六年近く文字通り苦労をともにしてきた仲で、飯を食うのも酒を呑《の》むのも悪さをするのも一緒だったという親友が出迎えてくれた。夫にしてみれば、他の誰よりもまずその彼に、披露宴に出席して自分たちの門出を祝ってほしかったのだろう。しかし彼が沖縄の航空隊に勤務しているとあってはそうそう無理も言えない。そこで新婚旅行の行き先にわざわざ彼の任地を選んだのである。自分の親友の妻となった彼女のために、彼は実にこまやかな気遣いをみせてくれた。休みをつぶして名所旧跡の案内役をつとめ、地元の人が通う小料理屋でささやかながら心のこもった結婚祝いをしてくれた。

だが、三人でいると、新妻は何か自分だけが仲間外れにされているような気分にとかられるのだった。夫と親友の彼は、パイロットにしかわからない話で盛り上がり、下卑《げび》た冗談を飛ばし、屈託のない笑い声をたてていた。彼女が話に割り込もうにも、二人の会話の呼吸がぴったり合っていてできなかった。あまりの仲の良さに新妻としてはちょっぴり嫉妬《しっと》してしまうほどだった。夫の親友は二人が沖縄を発《た》つときも空港で見送ってくれた。ところが新婚旅行から帰ってすぐ、その親友の乗っていた戦闘機が墜落し彼は死んだ。事故の報《しら》せを聞いて傍目《はため》でもわかるほど落ち込んだのは、かけがえのない友人を失った夫よりむしろ新妻だった。ほんとうなら自分の方が慰め役に回るはずの夫に逆に慰められながら新妻は、自分が誰と結婚したのか、そして夫と結婚したことで自分もまたそのメンバーの一員となった世界がどのような世界かをはじめて知ったのだった。

別の妻の場合は、海外でのハネムーンをすませて成田に戻ってくるなり、ゲートで出迎えた両親から夫の同期の戦闘機が墜落したという一報を聞かされている。同期と言っても夫とは防大の頃《ころ》から仲の良かった友人で、彼女も結婚前に引き合わされ、何度か酒を呑む席に加わっていた。披露宴では満面に笑みを浮かべて二人を祝福してくれた。それがほんの一週間ほど前である。その彼がいまは行方不明になっている。

翌日、二人のもとに同期が遺体となって発見されたという連絡が入った。蜜月《みつげつ》という言葉がやはりふさわしい、人生でもっとも甘く浮き浮きした気分に浸っていられるはずのハネムーン休暇は、現実の非情さをいやというほど見せつけられる、重苦しく逃げ場のない服喪の時間に一変した。飛行隊の誰かがフライト中に事故で命を落とした場合、同僚のパイロットが何日にもわたり遺族のそばに付き添って、突然の不幸に、悲しみに打ちひしがれるより気が動転して、この事態をどう受け止めたらよいのか、遺児を抱き寄せてただ茫然《ぼうぜん》としているにちがいない年若い妻や最愛の息子を失った両親のせめてもの支えになるという、辛《つら》い役目を引き受けることになっていた。殉職した同期はまだ独り身だったが、飛行隊の他の仲間がすでに主《あるじ》のいなくなった官舎に駆けつけていた。

彼女は夫のために黒の礼服をとりだした。二人で所帯道具を揃《そろ》えるとき、いずれ入り用になるだろうとついでに新調した服である。だが、その礼服に袖《そで》を通すときがこんなに早く来ようとは、そしてそれがまさか夫の同期の葬儀のためとは思いもよらないことだった。部隊葬の終わった夜、彼女は結婚してはじめて帰宅した夫を玄関先に迎えに出た。だが、彼女のしたことは、新婚の夫婦らしく軽くキスを交わすことでもなく、甘えてみせることでもなく、線香の香りの残る夫に清めの塩を振ることだった。

夫婦になる以前、まだ交際中に未来の夫から、彼のごく親しい人が墜落事故で死んだことを聞かされたケースもある。それも一度ではない。二度も、である。つきあっているときの彼は、パイロットとしての日頃の訓練がそうさせるのか、ふつうの人なら慌《あわ》てふためきそうな、たとえば電車の時間に間に合わなくなるといったときでも、平然として顔色ひとつ変えることがなかった。そんなふだんは感情を表に出さない彼が、同僚たちの度重なる死に珍しくとり乱している姿を間近で見て、彼女には、いままでも遠い世界の出来事のようにしか思えなかった墜落事故というものがより身近なものとして意識されるようになった。ただ、だからと言って、彼との結婚に尻《しり》ごみするわけではなかった。戦闘機に乗って空を飛ぶことはたしかに危険と言えば危険だわ。でも事故を起こす人は、別に飛んでいなくたって、車に乗ってても起こすんだから……。彼の場合は大丈夫よ、それに、出てもいないお化けじゃないけど、いつもいつも事故のことばかり考えて、くよくよしてたって、しょうがないじゃない。彼女は自分自身にそう言い聞かせるようになっていた。

そして、じっさいに戦闘機に乗りこんで、日々フライトをつづけているパイロットも、傍《はた》が気にするほど、死の危険を自分自身に引き寄せて考えようとはしない。戦闘機乗りの場合、年次によってかなりのバラつきはあるが、パイロットになってから現役を引退して飛行機を降りるまでの二十年弱の間に、同期の六人から七人に一人が訓練中の事故で命を落とすという。いくらサラリーマンの過労死が増えていると言っても、四十になるかならないかのうちにそんなに多くの同期が仕事のために死んでしまうということはふつうの会社ではまずありえない。同期入社が二百人いたら、課長の肩書きがつく前にすでに三十人はこの世にいない勘定である。だが、そうした数字も、当の戦闘機乗りにとってはあまり大きな意味を持ってこない。

いささか不謹慎とはわかっていながら質問の前の枕詞《まくらことば》のようにして、「あなた方のお仕事は毎日が死と隣り合わせのようなものですよね」と切り出すと、ファイターパイロットと呼ばれる彼らは、たいてい首を少しかしげて、不服そうに口を尖《とが》らせる。そして、「そんな風には思っていませんけど……」とつぶやくのである。

「こうしたら死ぬだろうな、ということは認識していますよ、でもそれは、自分が死ぬんじゃないか、と思うこととは別ですから」

そう語った戦闘機乗りの一人は、パイロットになるための飛行訓練がスタートして一年が過ぎた頃、教官から「飛行機に乗ることに恐怖を感じるか」と聞かれている。彼は、恐《こわ》いと思ったことがなかったので、正直に「恐怖は感じません」と答えた。教官は、今度は講義を受けていた他の候補生の一人一人に同じ質問をぶつけていった。彼と同じように答えた生徒もいたが、何人かは、飛んでいて恐怖を感じたことがある、と答えた。すると教官は、「恐いと思うのは飛行機を知らないからだ」と言って、さらにこう付け加えた。

「おまえたちがこれから経験をどんどん積んで、飛行機のことを知れば、恐いという気持ちはなくなる。飛行機がこういう状態になったら、こうすればいい、ということをきちんと理解してさえいれば、危険は避けられる。要は乗り手しだいだ」

教官の言葉を聞きながら、パイロット候補生だった彼は、たしかにその通りだ、と一人で納得したようにうなずいていた。もちろん彼自身、飛んでいて「ヤバイ」と思ったことがなかったわけではない。ゼロ戦やグラマンのように機首の部分にプロペラがついた単発の練習機T3を使って、ソロと呼ばれる単独飛行の訓練をしていたときである。その日の課題だった縦旋回、宙返りの何度目かでトラブルは発生した。まず操縦桿を引いて、機首を思い切り引き起こし、宙返りの態勢に入る。ところが、くるっと一回転すればよいところを操縦桿の引き方が甘かったせいなのか、弧を描ききらないうちに、機体の腹を上向きにして、ちょうど走り高跳びの背面跳びに入りかけたような姿勢から落下をはじめたのだ。バランスを崩した飛行機は、片方の主翼を下に、もう一方を上にしながら、錐揉《きりも》みとまでは行かないまでも螺旋《らせん》を描くようにしてずんずん落ちていく。このまま放っておけば、操縦桿の自由は効かなくなり完全に失速してしまう。いつもならいざというとき後席から助けの手をさしのべてくれるはずの教官の姿もきょうはない。たったひとりでこの「危機」に対処しなければならないのだ。

しかし自分でも意外なほど彼は冷静さを保っていた。ヤバイ、と思った次の瞬間には、頭は山ほどある対処手順の中からリカバリーの方法を探し出していた。背面スピンでアンコントロールの状態に陥ったらどうしたらよいか。毎朝フライトの前に行なわれる、通称エマブリ、エマージェンシー・ブリーフィングと呼ばれるおさらいの場で教官からうんざりするくらいしつこくたずねられ、自分自身でも教本のそのくだりは何百回となく読み返してきた。おかげでパソコンの検索システムのように、背面スピン、アンコントロール、と状況をインプットすれば、瞬時のうちに答えが出てくるまでにマニュアルは頭に叩《たた》きこまれている。その教わった手順をまさに一字一句違《たが》えず忠実に実行した。

すると飛行機は鞭《むち》のひと振りで従順になった荒馬のようにバランスを取り戻し、彼は、自分が再び飛行機と一体になったのを感じとった。このときの体験から、知識がきちんと頭に入っていて、状況を的確につかみ、それに対応したリカバリーの方法を引き出せる冷静さが備わっていれば、どんな事態にも十分対処できると彼は思うようになった。何があろうと自分はうろたえたり、焦《あせ》って我を忘れたりすることなく、冷静でいられるというひそやかな自信があるからこそ、飛行機に毎日乗りつづけているのである。つまりパイロットに向かって、「あなたの仕事は死と隣り合わせですね」とたずねることは、こちらにそのつもりはなくても、その人間の、パイロットとしての資質に疑問をさしはさんでいるようなものなのである。

だが、そうは言いながらも、竹路三佐も含めてF15のパイロットたちは、戦闘機乗りの生死がかなりの部分、運に支配されていることを、日々のフライトの中で実感している。

戦闘機のパイロットと言うと、何か愛車や愛馬のように毎日乗りまわして自分の体の一部のようになじんでいる「愛機」があると思われがちだが、彼らにそれぞれ専用の飛行機というのはない。フライトのたびに乗る飛行機は違っている。フライトスケジュールや整備の状況に応じて、飛行隊が持っているF15の中からそのつど割り当てられるのである。彼らの用語で、アサインされると言う。どの飛行機が誰にアサインされるかはその場になってみなければわからない。戦闘機乗りが、運という、あらがい難いものを感じるのはたとえばこの点である。

ある戦闘機が修復不能のダメージを蒙《こうむ》って墜落し、パイロットも機と運命を共にする。しかし、殉職したそのパイロットは自ら選んでその事故機に乗っていたわけではない。割り当てられたのがたまたま問題の飛行機だったのである。ひょっとしたらその事故機に乗っていたのは彼ではなく、二機編隊を組んでいたウイングマンのもう一人のパイロットだったかもしれない。あるいはタイミングがずれていればその飛行機は次のフライトに回されていたかもしれない。つまり問題の飛行機がアサインされる可能性はどのパイロットにも等しくあったと言える。あとは、運の問題である。事故機を割り当てられたパイロットは、めぐりあわせが悪かったのである。逆に言えば、他のパイロットたちが事故に遭わなかったのは、技倆《ぎりょう》が優れていたからでも、いざというときパニックに陥らない強靭《きょうじん》な精神力の持ち主だったためでもなく、たまたまその飛行機をアサインされなかっただけ、ということにもなる。

竹路三佐は、十八年ほど前、見習いパイロットとしてプロペラの練習機を操ってはじめて一人で大空を飛んだときから、これまでの総飛行時間四千五百時間を越える長いパイロット生活を通じて自分がたった一度の事故にも遭わずにこられたのは、必ずしも自分の力によるものばかりではないことを自覚している。先輩や同僚の死に間近で接するたびに、彼は、墜落した飛行機に乗るはずだったのはほんとうは彼らではなく、自分だったかもしれないという思いにかられるのだった。もちろん自分が乗っていたらあるいはリカバリーの方法を突き止めてすんでのところで死地を脱することができたかもしれない。しかし、それだって、事故そのものが、パイロットの力では如何《いかん》ともしがたい、彼の能力をはるかに越えたところで起きていたかもしれないのだ。

そして、墜落ひとつとっても、天は運と不運を分けることがある。戦闘機が墜落の運命から逃れようもないことがわかった時点で、パイロットはベイルアウト、緊急脱出の操作を試みる。だが、それも時と場合による。主のいなくなった飛行機がそのまま落下をつづけていった先に人家があるようなとき、パイロットは、地上に被害を及ぼさずにすむところまで何とか飛行機をたどりつかせようとして、もはや自由の効かなくなった操縦桿を動かしスイッチをいじり懸命の努力をつづける。自分が助かる道を選ぶか、それともたとえ脱出の機会を逸してしまおうとも地上にいる人々の犠牲を食い止める道を選ぶか。パイロットは高度計の目盛りがどんどん下がっていくコックピットの中で究極の選択を迫られるのである。自分が助かる道を選んだとしても、緊急避難ということで法規的に罪に問われることはまずないだろう。しかし自衛隊に向けられている世間の視線を思えば、法的には罪を免れてもその先にどんな制裁が待ち受けているか、戦闘機乗りの誰もが心得ている。同じ墜落でも、そうした究極の選択を突きつけられるか、あるいはトラブルの発生したのが山岳地帯の上空や海上で、ためらうことなくベイルアウトできる状況にあるかというのも、これまた運なのである。

どれもこれも、たまたまという偶然が二重三重に重なって、仲間は彼岸に、そして自分は事故に遭遇することなくいまを生きている。そう考えると、竹路三佐は、自分の力だけでここまでやってこれたなどとは、とてもおこがましくて言えない気がするのである。パイロットとしての資質や技倆とは、また別のところで運命が左右されている。自分の腕をもってしても、どうしても避けられない死というのはやはりあるのである。

竹路三佐は、ふだん妻を相手に仕事の話をすることはめったにない。家に帰って私服に着替えてしまうと、もっぱら五歳になる長男のお守りを引き受けている。ただ、たったひとつだけ妻に言っていることがある。自衛隊では、戦闘機が墜落してパイロットが行方不明になったとき、七日間捜索をつづけてもなお遺体が発見されない場合は、死亡と認定されることになっている。そのことをめぐって竹路三佐は妻に言うのである。七日などと言わず、五日たっても自分の遺体が見つからないときには、捜索を中止してもらって、死んだことにしなさい、と。

「無駄な努力はしなくていいからな」

いく分、茶化すように言うと、妻は笑っている。それでも妻は、毎朝、夫の出がけに、きょう一日が安らかであれと祈りをこめて、塩を振るのである。

その日、いつものように竹路家の朝の儀式がとり行なわれている頃、そこから道路ひとつ隔てて三百万坪の広大な敷地を有する航空自衛隊千歳《ちとせ》基地の南端では、竹路三佐がこの朝一番のフライトで搭乗する要撃戦闘機F15、通称イーグルが、扉を閉ざした格納庫の中で灰白色の機体を横たえて静かに出番を待っていた。

ロシアを睨《にら》んだ北の空の守りの最前線ともいうべき千歳基地には、Ｆ15を配備した戦闘機部隊が、二〇一飛行隊と、竹路三佐が飛行班長をつとめる二〇三飛行隊の二つある。このうち二〇一飛行隊は基地を訪れた人の眼《め》に比較的ふれやすい場所にある。正面ゲートを抜けて、Ｆ86セイバーや主力戦闘機としての花形の座をＦ15に明け渡したＦ104といった、かつて竹路三佐の先輩たちを乗せて大空を飛び回っていた戦闘機が、解剖標本のようにエンジンをくり抜かれた姿で雨ざらしのまま展示してあるのを横目で見ながらさらに車を走らせると、南北に長く伸びた滑走路の手前に、ドームを輪切りにしたような何の飾りもない実用一点ばりの巨大な構造物がいくつもならんでいるのが眼に入る。二〇一飛行隊に配備されたＦ15の栖《すみか》である。そして、この格納庫の隣りに寄り添うようにして建つ、ちっぽけな二階建てのモルタル造りの建物が、飛行隊の本部隊舎である。隊舎の傍らのポールには茜色《あかねいろ》に二〇一飛行隊のマスコットの羆《ひぐま》をあしらった隊旗がはためいている。

これに対して、竹路三佐の所属する二〇三飛行隊は基地に勤務する隊員でも容易に立ち入ることのできない区域にある。二〇一飛行隊の格納庫を横切り滑走路に沿ってさらに南に進むと、灌木《かんぼく》の生い茂った緑地帯がある。緑地と言っても北海道の長い冬の間、木々はすっかり葉を落としているが、細かい枝が幾重にも重なり合い、それがちょうど目隠しになって奥まで覗《のぞ》けないようになっている。緑地帯を突っ切る形で道路はつくられているが、金網のフェンスで遮られ、しかも道自体がゆるやかな蛇行をみせて、行く手に何があるかはやはり見えないようになっている。二〇三飛行隊はその先、土塁に囲まれて背後に点在する地対空ミサイル、パトリオットの陣地を護《まも》るようにしてある。

配備している戦闘機は同じなのに、二〇三飛行隊が二〇一飛行隊と違って、わざわざいくつもの目隠しを設けて人目を遠ざけている理由のひとつは、F15の栖にある。二〇一飛行隊の格納庫が成田や羽田といった民間の空港でもよく見かける格納庫と代わり映えのしないものであるのに対して、二〇三飛行隊のそれはむしろシェルターと呼んだ方がふさわしいつくりになっている。じっさい飛行隊でも格納庫と言わずに掩体《えんたい》と名づけている。

掩体はお椀《わん》を伏せたような独特の形をしていて、頑丈そうなパネルとぶ厚いコンクリートで外部を固め、グリーンがかった迷彩をほどこされている。そして、掩体の形と合わせて特徴的なのは掩体の前面をふさぐ装甲扉である。扉の表面を支えるようにして突っかえ棒ならぬ鋼鉄製の突っかえ板が左右に張り渡してある。恐らく、近くに爆弾が落ちても爆風で扉が吹き飛んだり破損して中の戦闘機に被害が及ぶのを防ぐための工夫がなされているのだろう。

装甲扉が左右に開くと、お椀を伏せた形の、掩体の構造がちょうど断面図をつくったように剝《む》き出しになる。掩体をわざわざ人目につかないところにつくっているくらいだから、たとえ一部であってもその姿が表に出てしまうことに自衛隊は神経を尖らせる。とりわけ扉が開いている掩体を正面の角度からカメラに収めることは決して許されない。格納するF15を包みこむようにゆるやかなアーチを描いている掩体の装甲がどのくらいの厚さになっているのか、一目瞭然《いちもくりょうぜん》になってしまうからだ。プロの眼なら、それだけで、このF15の栖がどの程度の爆撃に耐えられるのか、大方の予想がつくのであろう。逆に言えば、自衛隊は、全国に七つある戦闘機基地の中でももっとも多くのF15と五十人あまりの優秀なF15パイロットを擁するこの最強の千歳基地が、侵略者からの直接攻撃にさらされる可能性を念頭においているのである。ありきたりの格納庫ではなく、強度を考えて特別仕立ての掩体をつくり、さらに二重三重のヴェールで部外者の無遠慮な視線を遮ろうとしているのはそのためである。

だが、仕掛けが仰々しい割りにかんじんの秘密保持は綻《ほころ》びをみせている。それも、思わず、嘘《うそ》だろう、と首をかしげたくなるような信じられない話なのである。千歳基地は、北海道の空の玄関、新千歳空港の乗降客が主に利用する道路をはさんでこの民間空港と向きあっている。南北に伸びるひとすじのこの道路は自衛隊と民間双方の飛行場の滑走路と並行して走っているが、実は、ここを通る車の窓から視線を基地の方に向けていると、掩体がはっきりと見えてしまう区間があるのだ。他の場所からは緑地帯が邪魔をして掩体の存在さえわからない。しかしこの区間だけは、目隠しの役割を果たしている緑地帯が、滑走路に向かう飛行機の通り道とも言うべき誘導路のために途切れて、その隙間《すきま》から掩体が姿をあらわすのである。一部ではない。お椀を伏せたような全体の形が造作なく眼に入ってくる。車を路肩に停めて、双眼鏡でじっと機会をうかがっていたら、いずれ扉が開き、柱ひとつない薄暗い内部の様子とともに、自衛隊があれほど秘密のヴェールでつつんでおきたかった、掩体のアーチを形づくっている装甲の厚さまでわかってしまう。もちろん基地の中にいては決して撮影が許されないこのカットも、一般の人間がフェンスの外の道路からカメラに収める分には、自衛隊といえどもいちいち目くじらを立てて撮影をチェックしフィルムを取り上げるというわけにはいかないだろう。

もっとも、この道路を利用する新千歳空港の乗降客やドライバーの中に掩体の存在を気にとめる人はまずいない。仮に掩体が視野の中に入ったとしても、大方の人の眼には、基地の中に建ちならぶ他の構造物と同じようにしか映らないだろう。掩体と格納庫の違いに注意を払うこともないだろうし、まして、扉の開いた掩体にレンズを向けることが、基地の中の人間にとってそこまで重大な意味を持っていようなどとは思いもよらないはずである。うがった見方をすれば、ふつうの人々が掩体なんかに見向きもしないことをあらかじめ見越しているからこそ、「秘」扱いの掩体の全容が基地の外から見えても、眼を逸《そ》らさせるような手立てを特別講じることもなく、あえて見えるがままにしておくのかもしれない。

基地の中での「秘密」も、一歩、外に出ると、「風景」の一部でしかなくなる。それはいかにも、自衛隊ならでは、のことである。

塩振りの朝の儀式をいつものようにすませた竹路三佐が職場の二〇三飛行隊に出勤して一時間ほどたった頃、千歳基地に面した道路の問題の箇所に車を停めて、はるか誘導路の先に見える掩体を双眼鏡で覗いたとしたら、掩体の扉が左右に開き、朝の透明な光を受けて姿をあらわしたF15の機体にとりつくようにして、紺色の作業服を身につけた整備員たちがしきりに作業している様子が眼に入ったことだろう。戦闘機のパイロットが自分専用の飛行機を持たず、フライトのたびに違った飛行機を割り当てられる、言わば「雇われ」パイロットなのに対して、整備員はそれぞれ自分の「愛機」

を持っている。つまり竹路三佐らパイロットは「オーナー」の整備員からフライトの間だけ彼のF15を「借りて」乗せてもらっていると言っても過言ではない。

ふつうF15一機を受け持つ整備員は、チーフの機付長《きづきちょう》とその下でアシスタントをつとめる機付員の二人である。中でも機付長は、機体の外回りのチェックやエンジン系統の点検、燃料の補給、さらに機体の汚れを落としてきれいに磨き上げることまで、競馬で言えば調教師と厩務員《きゅうむいん》の役割を兼ね備えたように自分の「愛機」の面倒をいっさいまかされる。ただひと口に愛機と言っても、相手は一機百三十億円は下らないスーパーマシンである。そこまで高価な乗り物を「おれの……」と呼び、その世話を毎日みている人間は日本広しといえども彼らくらいなものである。愛着の度合いは決して値段の高さだけで計れるものではないが、機付長の一人は、「百三十億の持ち物なんて誰も持っていないだろう」と考えると、そのことだけでも嬉《うれ》しくて、格納庫で静かにうずくまっている飛行機のまわりをゆっくり見て回りながら、ひとりうっとりとしている自分に気づいたりするのだと言う。

機付長の重要な仕事の一つに、受け持ちのF15がいまどんな状態にあるか、エンジンの調子はどうか、点検していて気にかかる点はないかなど、言ってみれば人間のカルテにあたる、フォームという整備記録を毎日書きこむことがある。そのフォームの表紙に愛機の写真を貼《は》ったり、飛行機の認識番号ともいうべき機番の数字をワープロを使って飾りつけてみたりして機付長は思い思いに工夫を凝らしている。自分のF15が基地祭でアクロバット飛行をしているところをたまたまアマチュアカメラマンが撮っていて、その写真が「航空ファン」などのマニア雑誌に掲載されたりすると、機付長は基地内の通称「厚生」と呼ばれる売店で雑誌を買いこみ、切り抜いた写真はパネルに貼って自分の部屋に飾っておく。「愛機」の毎日の記録であるフォームの表紙に凝ってみせるのはちょうど我が子の育児アルバムを自分なりのデザインで飾り立てる親のようなものだし、大空を舞う「愛機」の勇姿が掲載された雑誌の切り抜きを眼につく場所にならべて悦に入っているところは、さしずめ運動会での子供の晴れ舞台の写真を大きく引き伸ばして家のリビングに飾っている親と同じなのである。

千歳基地のフェンスの外から双眼鏡でさらに掩体の様子をうかがっていると、機付長と機付員の二人は、それぞれF15の機体の右側と左側に分かれて、ボディの外板にとりつけられたパネルを開けてはフラッシュライトをかざしながら内部を覗きこんでいる。こうしたF15の点検作業は通常フライトの前ではなく、訓練を終えて飛行機が格納庫に帰ってくるたびに行なわれるが、朝一番のフライトの前だけは、飛行前点検がある。

作業にかかる機付員たちは必ずつば付きの帽子をかぶった上、顎《あご》ひもをかけている。空飛ぶコンピュータのようなF15の内部に髪の毛が入りこまないようにするためである。作業服のポケットから煙草《たばこ》がのぞいているような機付員はもちろんいない。中身が落ちたらいけないので、たいていは空にしておく。その代わり、腰もとには工具を収めたツールベルトをガンマンのように下げ、フラッシュライトを持ったもう片方の手は尾の部分がゴムでできたドライバーを握っている。この尾の部分がどこかぷっくりと鼻の突き出たスヌーピーの横顔に似ているところから、いつしか機付員の間では戦闘機の工具にしてはいたって愛嬌《あいきょう》のあるこのニックネームで呼ばれるようになった。

マニュアルに書かれてあるチェックリストは全部で二百項目近くにわたっている。まず、機体の外板に歪《ゆが》みや凹《へこ》みはないか、外まわりを見て回りながら、機付員は時折スヌーピーで外板を叩《たた》いて、音をたしかめる。医者が患者の胸や背中に聴診器をあてるのと同じである。異常がない場合は、ドン、ドンという音がするだけだが、金属のつなぎ目に亀裂《きれつ》が入っていたりすると、軽くて鈍い音が聞こえてくる。もっともその差は微妙なもので、外板を叩くだけで異音を聴き分けて、トラブルの箇所を見つけ出すようになるのに七、八年はかかると言う。外板と合わせてパネルの内部をチェックする作業が終わると、機付員は主翼の付け根に大きな口を開けているインテーク、空気の取り入れ口に体を潜りこませ、フラッシュライトでエンジンのファンを一枚一枚照らしながら、異物が吸いこまれていないか、損傷はないかを点検する。まだなりたての機付員だと、インテークに潜りこんだままなかなか出てこない。こられないのだ。外にいる機付長からは「何時間見てるんだ」と怒鳴られる。それでも機付員は、見落としているところがあるんじゃないかと気になって、同じ場所を何度もライトで照らし、ファンの表面を舐《な》めるように視線を這《は》わせてしまう。

飛行機の点検にミスは許されない。ましてマッハに近いスピードで旋回や宙返りといった機体に負担をかける飛行を繰り返す戦闘機の場合はなおさらである。あるとき、インテーク付近をスヌーピーで叩いていた機付員が、ふだんとは微《かす》かに違う音がすることに気づいた。絶対という確信はないのだが、どうにも引っかかって仕方がない。念のため外板を押してみると妙にガクガクする。さらに、歯医者が使うような、柄の先に鏡がついた工具を外板の裏にさしこむと、はたしてヒビが入っているのが見つかった。もし、放っておいたら飛行中にその部分の外板が吹き飛んで、エンジン内の空気の流れを調節できなくなり、エンジンが停止するという最悪の事態を招いていたかもしれなかった。

だが、その「もし」が、もし、ですまされず、悔んでも悔みきれない現実になってしまうこともある。すべてが終ったあとで、その機付長は先輩や同僚たちからさまざまに慰めの言葉をかけられた。仕方がなかったんだよな、あの状況では……。誰がやっていても同じだったと思うよ……。たしかに戦闘機の点検作業という、通常でも十分神経を擦り減らす仕事なのに、それに輪をかけるほど緊張を強いられ、時間的にも余裕のない中で、彼は愛機の面倒をみなければならなかった。

その日、基地では大がかりな演習が繰り広げられていた。パイロットだけでなく、整備員も含めて飛行隊全体の技倆が試されるときである。彼は、自分の受け持ちの飛行機がエンジンを止め翼を休めている滑走路の端で、緊急発進《スクランブル》のGOサインがいつ出されても飛行機のそばに駈け寄って、離陸のための最終チェックができるように他の整備員とともにじっと立ちつくしていた。いわゆる前進待機である。通常、点検をすませてエンジンをスタートさせた戦闘機が、掩体から誘導路をタキシングしながら滑走路にたどりつくまでに七、八分はかかってしまう。敵機が迫ってきたときこのロス・タイムはまさに致命的となる。もちろん基地内のアラートと呼ばれる専用の格納庫では、領空侵犯の恐れのある飛行機を追尾したり退去を促すために、つねに四機の戦闘機が二十四時間態勢で待機している。格納庫に隣接した待機所にはパイロットだけでなく、アラート用の戦闘機を五分以内に飛ばすことができるように整備員のクルーも交代で当番についている。しかしこうした緊急発進《スクランブル》だけでは対処しきれない事態、つまりじっさいに敵機が攻めてくるような有事のさいには、戦闘機をいちいち掩体から引っ張り出している間にも敵は基地の上空に飛来して、誘導路をとろとろと走るF15に容赦なく襲いかかるだろう。マッハ1の飛行機は一分で二十キロ以上も進出する。積丹《しゃこたん》半島沖で領空侵犯した飛行機はものの五分もあれば千歳に到達するのである。しかしその頃味方の戦闘機はと言えば、離陸の準備はおろか、まだ滑走路のはるか手前をタキシングしているということになる。一朝事があったときには、敵が領空を侵したとわかった段階で戦闘機を出庫させているようでは間に合わないのである。攻撃の兆《きざ》しをいち早く察知して、すぐにでも戦闘機を発進できるようにあらかじめ滑走路の端で待機させておく必要がある。それが前進待機なのである。

ところが、基地をあげての演習で彼の受け持つ戦闘機がその前進待機の態勢をとっていた真っ最中に本番のスクランブルがかかってしまった。基地は蜂《はち》の巣をつついたような大騒ぎとなった。緊急発進《スクランブル》を告げるベルがアラートの格納庫から鳴り響き、基地内の空気を鋭く引き裂いた。管制塔や飛行隊の本部、そしてそれぞれの戦闘機の間では無線のやりとりが引っきりなしに交わされていた。だが、誰もがいっせいに指示を仰いだり命令を伝えようとしてさまざまな声が錯綜《さくそう》しあい、若手の隊員の中にはすつかり浮き足立ち指示の内容をとり違えてこづかれる者、訳も分からずにただ右往左往している者が続出した。

　そんな混乱のさ中、滑走路の端で駐機していた彼の飛行機にも急遽《きゅうきょ》、発進の命令が下った。Ｆ15の飛行前点検と違い、こうした一分一秒を争うような場面では戦闘機の点検にはほんとうなら三人一組であたらなければならない。だが演習で人を割かれ、彼のもとには見習い同然の若手が一人いるだけだった。だからと言ってスクランブルは待ってはくれない。命令が下りて五分の間に戦闘機を発進させなければならないのだ。その時間を一秒でも縮めようと、アラートの当直についているパイロットと整備員のチームは別の当直チームと鎬《しのぎ》を削る。もたもたして発進に手間どったとしてもよほどの遅れでもない限り、処分を食らうことはまずないが、それでも先輩からは叱声《しっせい》を浴び、仲間うちで恰好《かっこう》の笑い話のネタにされてしまう。いや、処分を受けることや笑いものにされること以上に、遅れたそのこと自体が、パイロットにとっても機付員にとっても自らのプライドを傷つける、耐えられないことであるはずなのだ。自分で自分が許せなくなる。そのときも、彼の中にともかく一秒でも早くという気の焦《あせ》りがなかったとは言い切れない。彼は、若手と二人で点検を切り上げるようにすませると、不安を表情の奥に隠し、コックピットに向かって準備完了のＧＯサインを出した。それが、パイロットを見た最後となった。

整備の第一線を退いたいまでも機付長は、酒がまわってくると、そのときの話を繰り返す。なんであのとき、もう一度……。そのつぶやきが終わるか終わらないかのうちに、眼には涙がふくれ上がり、大きな滴《しずく》となって呑《の》み屋のカウンターにしみをつくっていく。

昼間の機付長は、飛行隊長ですら一目おく、戦闘機のことなら知り抜いていると思わせるような大ベテランである。それだけに、悔いを重石《おもし》のように抱えこんでいる上司の打って変わった姿を間近にして、ますます若手の機付員たちは、点検をしている自分の眼はほんとうに確かなのかという不安にかられてしまう。その思いが、「もう時間がないぞ」という声を背にしながらそれでも彼らの眼を、もう一度、ライトの先に向けさせるのだ。

朝一番のフライトの前に行なわれる飛行前点検は一時間ほどで終了する。その頃には飛行隊のオペレーションルームでフライト計画や訓練の内容についてパイロットたちが打ち合わせるブリーフィングがはじまっている。部屋の一方の壁にはいちめんに巨大なボードがとりつけられ、その日の気象状況から滑走路の状態、どのようなルートを通ってどの訓練空域に入るか、訓練の種目などさまざまなデータやスケジュールが書きこまれている。パイロットはこのボードではじめて自分に割り当てられた戦闘機がどの飛行機なのかを知らされる。ただ、竹路三佐だけは、この朝一番のフライトで自分にアサインされる飛行機を事前に知らされていた。Ｆ15パイロットがふだん乗る飛行機は、アメリカのマクダネル・ダグラス社が開発したＦ15を日本仕様に変えたＪタイプという単座、一人乗りのものである。ところが竹路三佐には、同じＦ15でも、一緒に編隊を組む部下のパイロットとは違って、飛行隊にせいぜい一、二機と限られた数しかない複座、二人乗りのＤＪタイプが割り当てられることになっていた。二〇三飛行隊が保有するＤＪ二機のうち、整備の関係でフライトから外されていた分ではなく、機番１２－８０５１、通称０５１と呼ばれるＦ15である。このＤＪタイプは主として後席にベテランパイロットが乗り、前席の新米を指導するという教育用に使われるが、この朝のフライトでは、前席に航空自衛隊の戦闘機パイロットの中でもベスト３に入ると言われるほど部下から畏敬《いけい》の眼差《まなざ》しで見られている竹路三佐が、後席には、戦闘機に乗るのは生まれてはじめてという部外者、一般人が搭乗することがあらかじめスケジュールに組みこまれていた。それが、僕である。

「そろそろ行きますよ」

ヘルメットに埋めこまれたヘッドホーンから竹路三佐の柔らかなバリトンが流れてきた。キャノピーが閉じられた時点で、F15のコックピットの中は外界と完全に遮断される。極度に気密性が保たれたこの狭い空間にいると、F15のエンジンが立てる鼓膜を引き裂くような金属音も、イーグルの愛称そのままに鋭い嘴《くちばし》を持ち余分な肉をいっさい削《そ》ぎ落としたこの精悍《せいかん》な猛禽《もうきん》類が、離陸に備えて、ゆっくりと呼吸を整えているようにしか聞こえてこない。ただ、目の前に背もたれが見える前席の竹路三佐とは、ヘッドホーンと内蔵マイクでつねに会話ができるようになっている。しかも竹路三佐が向き合っている計器盤の上には、後席の様子がわかるような角度でミラーが据えつけられている。だから気を楽に持ってください、逐一チェックしてますから、と竹路三佐は安心させるように言ってくれたが、いったん離陸したら、そう簡単に帰ってくるわけにはいかないことは僕自身十分承知していた。というより、覚悟を決めたと言った方がよさそうである。

迂闊《うかつ》にもほんの二時間前まで、僕は、きょうのフライトはちょっときつ目のGやアクロバット的な飛行を体験させてもらって、三、四十分で帰還する、ごくふつうの体験搭乗だと決めてかかっていた。ところが二〇三飛行隊の隊長室でオレンジ色の飛行服に着替えているとき、外から声がかかった。

「そろそろブリーフィングがはじまりますから、急いでください」

僕は思わずカメラマンの三島さんや編集者のHさんと顔を見合わせた。ブリーフィングはミッションと呼ばれるさまざまな戦闘訓練を上空で実施するパイロットたちのためのもので、彼らとは別個に飛ぶ体験搭乗の自分には関係ないように思えたのだ。

「僕も出席するんですか」

聞き返すと、ドアを開けて基地の広報係が呆《あき》れた顔をのぞかせた。

「あたりまえですよ。杉山さんもミッションに参加するんですから」

「だって、僕は体験搭乗のはずですよ」

言いながら、声がか細くなっているのが自分でもわかる。

「そうですよ。杉山さんが、パイロットのことがわかりたいって言うから、彼らと同じ訓練を体験してもらうんです。遊覧飛行程度のフライトじゃ、パイロットのことは書けないでしょう。大丈夫、竹路さんには、目いっぱい絞ってやってくださいと頼んでおきましたから」

広報係は嬉しそうに言うと、またドアを閉めた。

予定されているミッションは、エアリアル・コンバット・マヌーバ、ＡＣＭの略称がついた対戦闘機戦闘訓練で、その中でももっとも動きの激しい二機編隊同士のものである。竹路三佐と僕が乗る051号機と、僚機のもう一機が、敵に見立てた別の二機と相対して、文字通り四機入り乱れての空中戦を展開する。映画『トップガン』でスクリーンいっぱいに展開した、あの眩暈《めまい》を起こしそうな、上下左右の感覚のない異次元の世界にいまから放りこまれるのだ。

ブリーフィングが行なわれるオペレーションルームには、麻雀《マージャン》卓のような四角いテーブルがいくつもおかれている。テーブルの上にはビニールシートをかぶせた北海道の空域図が張りつけてあり、編隊のリーダーは、その地図に赤鉛筆やら青鉛筆で飛行ルートや戦闘訓練のさいの互いの位置関係を書きこみながら、パイロットたちにミッションの内容を説明している。竹路三佐を囲むようにして座った三人のパイロットは、背すじをぴんと伸ばしたままの姿勢で時折メモをとりながらブリーフィングに聞き入っていたが、僕はと言えば、他でもない、自分の命のためにこれだけは頭に入れておかねばならないはずの、ベイルアウトの心得について、竹路三佐が説明してくれているのもほとんどうわの空であった。きのうまでは、万に一つでも墜《お》ちるかもしれないということがいちばんの気がかりだった。しかしいまは、ミッションの一時間という時間がとてつもなく長く、苦痛に思えて仕方なかった。訓練の足を引っ張るような真《ま》似《ね》だけはしたくない。でも、戦闘機に乗るのもはじめての自分がいきなり空中での格闘戦に身をおいて耐えられるだろうか。ひりひりとした不安は想像力をかきたて、自己増殖するアメーバのようにまた新しい不安をつくりだす。吐く、ちびる、大を漏らす、失神する、どれもこれもありえそうな気がしてくる。

それでも、じっさいコックピットのシートに座っていると、未知の世界への扉を目の前にした興奮がそうした不安を一瞬でも忘れさせてくれる。ヘルメットのすぐ上には、青というより群青色《ぐんじょういろ》に澄み渡った北海道の冬の空が眩《まぶ》しいくらいに広がっている。ガラスですっぽり覆《おお》われていることがコックピットの中の明るさをよけいに増しているようだ。

ヘッドホーンからは、竹路三佐の息づかいに混じって、機器の最終チェックをしているのか、英語の単語をしきりに呪文《じゅもん》のようにつぶやいている声が聞こえてくる。僕も酸素マスクの留め金をもう一度点検し、シートベルトを心持ちきつく締めて、背もたれに背中を押しつけた。計器盤の右端にある時計の針が、午前十時十分をさしている。いよいよテイク・オフの時間だ。

竹路三佐が、僕らの左隣りに寄り添うようにして機首をならべている839号機の方をちらっと見やった。コックピットの中で僚機を操る吉田二尉《にい》のヘルメットが微《かす》かに前後に動く。その直後、竹路三佐のかけ声がして、051号機は滑走をはじめた。意外にゆるやかな走りだなと思っている間に加速は増し、滑走路の路面も左右の風景も、いっさいがうしろにちぎれ飛んでいく。だが、離陸の感覚より次の瞬間の衝撃の方が圧倒的だった。あっ上がった、と体が離陸を感じとったとたん、まるでのけぞるようにすさまじい勢いでシートごと後ろに押し倒され、コックピットの外が青一色に染まった。

なぜ地上が見えないんだろう。疑問が浮かんだが、すぐに氷解した。空だった。空に向かってほとんど垂直にF15は突き進んでいるのだった。これは飛行機なんかじゃない。ロケットだ。全身をシートに押しつけられたまま僕は苦しい息の中でつぶやいていた。

Gの世界

三島由紀夫が生まれてはじめて航空自衛隊のジェット戦闘機F104に乗ってマッハの世界を体験したのは一九六七年十二月、三島が四十三歳の誕生日を迎える一カ月前のことだった。そのときの〈Gがやってきた〉感覚を、三島は、〈優しいGだったから、苦痛ではなくて、快樂だつた〉と書いている。しかし、四十三歳の誕生日の三日後にF15に搭乗した僕にとって、Gは、優しくも、快楽でもなく、かと言って苦痛には違いないのだが、それだけでもなく、これまで体験したそのどれにもあてはまらない独特の感覚だった。

僕が乗った051号機の離陸の模様をカメラマンの三島さんと編集者のHさんは両耳にティッシュを詰めこんで滑走路の端からカメラのファインダー越しにみつめていた。何機ものF15がエンジンをかけたまま離陸の順番を待っているこの場所はまさしく騒音の巣である。F15の機体の下に潜りこんで離陸直前の最終チェックを行なう機付員は鼓膜を保護するイヤーマーフを耳に当てているが、三島さんたちは少し離れた場所に停めた車の中に置き忘れていた。取りに引き返している間に051号機は滑走をはじめてしまうかもしれない。そこで、以前レンジャー訓練の取材で乗りこんだ、チヌークの愛称を持つ大型ヘリCH47の機内で、二基のローターが立てるすさまじい音の洪水を隊員たちがティッシュを耳栓替わりにして凌《しの》いでいたことに倣《なら》ったのだ。しかし、F15の、他の追随を許さない優れた上昇性能を支えるターボファンエンジンの大音響の中では、どんなに遮音性の高い耳栓で耳をふさいでいても、効果のほどはティッシュとほとんど変わらないに違いなかった。音は、耳から入ってくるというより、足もとから地鳴りのように湧《わ》き起こって、腹に響き、全身を震わせていた。

　滑走路を走りだした051号機は、三島さんたちが覗《のぞ》くカメラのファインダーの中で見る間に小さくなっていき、やがて機体が地面から離れた次の瞬間、いきなり見えなくなった。プロのカメラマンである三島さんにとっても、それはほんとうに不意討ちを食らわされたようなものだった。飛行機の離陸と言えば、大空の斜め上方に向かって、せいぜいきつくても四、五十度くらいの仰角で突き進んでいくと考えるのがふつうである。望遠レンズで狙《ねら》っていても機が上昇していく様子はさほどカメラの向きを変えずに捉《とら》えられるはずであった。それが忽然《こつぜん》と視界から姿を消したのである。三島さんはとっさにカメラの角度を上向きにして、機影を追った。051号機の姿はすぐに捉えられた。テールコーンと呼ばれる機体の尻《しり》に穿《うが》たれた排気口から黒ぐろとした煙ではなく、青みがかった、太く短い炎を勢いよく噴き出しながら急上昇をつづけている。しかもそのスピードは半端《はんぱ》な速さではない。カメラで追うのもやっと、ちょっと気を抜いたらたちまち見失ってしまいそうな速さである。ファインダーの四角の中に機の姿をしっかり捕捉《ほそく》しつづけようとすると、自然、カメラを持つ手はどんどん仰向けになっていった。そして、しまいにカメラは天を衝《つ》くように真上を向いたのである。

三島さんは、離陸直後の051号機がどんな音を轟《とどろ》かせて上昇していったのか、ほとんど聞いていなかったと言う。じっさいは、竹路三佐が操縦席のスロットルレバーを押しこんでアフターバーナーを点火させ機体の尻から炎が出た瞬間、ダーンという、何かをすさまじい力で地面に叩《たた》きつけたような、音というより衝撃が基地一帯に響きわたったのである。051号機が行なった、A／B CLIMB という方式のF15の離陸を、後日、滑走路の縁《へり》に立ってながめたことがあったが、火を噴きながら上昇するときに湧き起こる衝撃は、まるで爆風のように、脳を、肺を、そして腹を揺さぶった。それと同じものを、ファインダーに食い入る三島さんもまた体全体で受け止めていたはずなのだが、しかし、そのときの彼には気にかけている余裕もなかったのだろう。それほど急上昇しつづける051号機の姿をカメラで追うのに必死だったのだ。

逆に言えば、コックピットの中で身動き一つとれないまま呻《うめ》き声を発していた僕と同じく、三島さんも、超音速の戦闘機とは言え、飛行機であるF15が、まさかスペースシャトルを積んだロケットさながらナイフで大空を切り裂くように垂直に上がっていくとは想像もしていなかったのである。だが、F15の上昇をロケットに喩《たと》えることは決して大袈裟《おおげさ》な表現ではない。事実この戦闘機がロケットと呼ばれるにふさわしい途轍《とてつ》もなく強靱《きょうじん》なパワーをそのスリムな肢体の内側に秘めていることを裏づけるレコードがある。一万五千メートルの高度に達するまでの所要時間が、アポロ宇宙船を月に送ったサターンVロケットより十一秒も早かったというのである。F15の離陸がイーグルという猛々《たけだけ》しい愛称を授けられた戦闘機にしてはあまりにも平凡でゆるやかだっただけに、なおのこと、その直後の、一気の上昇は、同乗している者にとっても、地上からカメラで追っていた者にとっても圧倒的だった。

それは、ちょうどベートーヴェンの「運命」の出だしの力強い四つの音が、徐々に高まっていく不気味な興奮と緊張、そして怒濤《どとう》のような勢いで押し寄せてくる壮大なクライマックスを聴く者に予感させるように、これからはじまる一時間のフライトがいかにスリリングなものになるかを窺《うかが》わせるのに十分だった。もっともスリリングと言っても、僕が投げこまれる戦闘機同士の空中戦という未知の世界のその先にいったい何が待ち構えているのか、予測はいっさいつかなかった。少なくともはっきりしているのは、これからの一時間が、僕の手を完全に離れて、このスーパーマシンと、それを操る竹路三佐、そして「運命」にまさに委《ゆだ》ねられたということだった。

コックピットの中の僕は、二本のホースでF15の機体につながれていた。一本は蛇腹《じゃばら》の太いホースで、座席の脇《わき》から出て、顔に装着した酸素マスクに接続してある。このホースを通じて九九・五％の純度を保つ新鮮な酸素が勢いよく送りこまれている。文字通り命の綱である。さらにもう一本のホースは、座席右側のさまざまな機器の操作パネルが詰まったコンソールから出ていて、その先端は、オレンジ色の飛行服の上に穿《は》いた、腹巻きとズボン下を合わせたような衣服につながれていた。これがGスーツである。Gスーツの腹や足に巻きついた部分にはライフジャケットのように空気をためる袋がいくつもあって、Gがかかるとホースから圧搾《あっさく》空気が流れこむ仕組みになっている。Gも4Gを越えて、自分の体重の四倍以上の力が体全体に加わると、頭の血がどんどん足の方に下がっていき、視野がしだいに狭くなって、色彩が薄れ、あらゆるものが灰色一色に霞《かす》んでしまうという。空中戦で互いに相手の飛行機の尻に食らいつこうと、いわゆるドッグファイトを繰り返しているとGは6G、7Gとますます高くなる。その状態が一分もつづくと、ブラックアウトと言って眼を開けていても何も見えなくなり、しまいには意識を失ってしまう。こうしたGの体への影響を少しでも和らげようと、Gスーツを膨らませて血液が下半身に下がるのを防ぐのである。

垂直上昇をはじめてしばらくの間、Gスーツは風船のように膨らみ、おなかから両ももも、さらに膝《ひざ》のあたりにかけてをぐっと締めつけてきた。しかもこの締めつけとは別に、まるで布団蒸《ふとんむ》しにあったように体の上に何か重たいものが押しかぶさってきている。自然と呻き声が口をついて出る。ただ、息苦しさは感じていても、高G特有の症状はあらわれていない。この程度ではGもまだほんの序の口なのである。

僕の体はそれでなくてもGとGスーツのおかげで解剖台にくくりつけられたハツカネズミのようにシートにぴったり固定されたままだったが、ことさら僕は自分の後頭部を背もたれに押しつけて、目線をできるだけ動かさずにいた。Gがかかっているときにむりやり姿勢を変えたり後ろを振り返ったりすると、頸椎《けいつい》を痛めてムチウチ症になると聞かされていたからだ。そんな姿勢のままでいる僕の視界の縁に、白く雪をまぶした山々の連なりに囲まれるようにして千歳の街が見えてきた。街並みというより、もはや地上の景色は碁盤の目のようにしか映らない。

一方、地上で見守る三島さんたちの目には、まっしぐらに上昇をつづけていた051号機は小さな点となって、いつのまにか澄みわたった空の色の中にまぎれて見えなくなっていた。ところがしばらくしてまた頭上の空を爆音が切り裂いた。見上げると、051号機が離陸したのとは反対方向の南から基地のはるか上空を北に向かって飛んでいく機影のようなものがあった。三島さんは急いで望遠レンズを構えて、シャッターを押しつづけた。

飛行機は、基地の真上を通過してそのまま飛び去ったかと思うと、左に機体を大きくバンクさせて、ゆるやかな弧を描きながら、まるで名残りを惜しむかのように上空に舞い戻ってきた。そして、基地の真上で再び左への旋回をみせると、北に針路をとって、轟音《ごうおん》をうしろに残しながら今度こそ空の彼方《かなた》へ消えていった。

千歳基地には、全長三千メートルと二千七百メートルの二本の滑走路がそれぞれ並行して走っていて、このうちF15は新千歳空港寄りの、イーストランウェイと呼ばれる三千メートル滑走路を主に利用する。この朝、イーストランウェイでは、僕を乗せた051号機をはじめ訓練空域に向かう戦闘機が次々と離陸していく合間を縫うようにして、タッチ・アンド・ゴーの訓練が繰り返し行なわれていた。タッチ・アンド・ゴーとは、文字通り滑走路に降りてきた戦闘機が車輪を着地させただけで、すぐさま機首を引き起こして再び離陸していくものである。三島さんは、上空にあらわれ、そして旋回して飛び去っていった飛行機は恐らくこの訓練に参加している機だろうと思っていた。ところが撮影した写真を焼き付けてみると、飛行機の尾翼にしるされた機番が判読できないまでもぼんやりと写っている。そこでさらに大きく引き伸ばすと、はっきりと数字が浮かび上がった。051号機の機番を示す〈12－8051〉だった。

そんなことはありえないと思っていても、写真は、陰に隠れて僕たちが眼にしていなかった「事実」の細部を、手直しがきかないようにしっかり四隅を虫ピンで止めて見せてくれる。しかし動かぬ証拠である写真を前にしても、小さな点となって大空に消えていったものとばかり思っていた051号機が、いつのまにか上空に姿をあらわしていたということに、なお三島さんは狐《きつね》につままれたような思いを拭《ぬぐ》えずにいた。視界から消えていた間、F15はどこをどう飛んでいたのだろう。まさか四次元の世界に迷いこんでしまったわけでもあるまい。じっさいのところは灰白色の機体が陽の光に充《み》ちた青空に溶けこんで肉眼では識別できなかっただけなのだろう。そうではあっても、三島さんは、この戦闘機の油断ならない、猫のような敏捷《びんしょう》さを見せつけられたような気がしていた。

その点は、当の051号機に乗っていた僕も同じだった。三島さんから「証拠」の写真を見せられるまで、僕は、自分の乗った飛行機が垂直上昇したあとに訓練空域にはそのまま直行せず、まるで上空から基地の全景を見物させてくれるかのように旋回していたなどとは夢にも思っていなかった。051号機がロケットのような垂直上昇をやめたことにはじめて気づいたのは、座席の背に頭を押しつけたままでいた僕の視界の端に、地上の景色が捉えられてからだった。それまでは、機体が大きく左に傾《かし》ごうが旋回に入ろうが、いま自分が地上に対してどんな向きでいるのか、その姿勢の変化を、僕の体は感じとることができずにいた。どうやらF15がつくりだす上下左右の感覚のない非日常の世界に、早くも呑《の》まれていたようだった。

「杉山さん、高度計を見てください」

離陸してはじめて竹路三佐の声がヘルメットの内側から聞こえてきた。僕が座っているF15DJの後席には、前席の操縦席と寸分違《たが》わずにさまざまな機器の密集した計器パネルが正面と左右両袖《りょうそで》にある。このうち正面の計器パネルの真ん中にあるのは姿勢儀である。白と黒に上下塗り分けられたテニスボールのような大きさの球が、飛行機の姿勢が変わるにつれてくるくる回る仕掛けになっている。上半分の白い部分が空を、下の黒い部分が地上を示している。九十度の角度で垂直上昇しているときは黒地が隠れて、白一色になってしまうし、機首を少しずつ下げていくと黒の部分がのぞきはじめ、水平飛行に戻ると、白黒きれいに半分ずつに分かれる。パイロットはこのボールを見ながら地上に対して飛行機がどんな位置にあるのかをたしかめる。この姿勢儀をはさんで向かって左にあるのが速度計、右隣りが高度計である。高度計は、自動車のスピードメーターのように高度を刻んだ目盛りを針が指し示すアナログ式のディスプレイだが、その中央に、デジタル表示でも見られるようにと高度数が一目でわかるボードが埋めこまれている。見ると、そのボードの数字が17000前後を行ったり来たりしている。一万七千フィートと言えば、五千メートルを優に越えている。この高度を保ったまま、051号機は北海道の西、利尻島と奥尻島にはさまれた日本海上の訓練空域に進出するのだった。

僕は座席の背もたれから上体を起こし、ゆっくり頭をめぐらせながらコックピットの外を見渡した。眼下には蝦夷《えぞ》富士の別名を持つ羊蹄山《ようていざん》や支笏洞爺《しこつとうや》にまたがる山並みがつづいている。稜線《りょうせん》に沿って粉砂糖でもふりかけたように白く雪で覆《おお》われ、その隙《すき》間《ま》からところどころ黒ぐろとした山肌がのぞいている。右手に遠く絨毯《じゅうたん》を敷きつめたように見えるのは札幌の市街地だろう。陸と海の境はあまり判然とせず、前方の日本海はぼってりとした量感をみせていた。

僕は、太陽光線から目を保護するためにヘルメットの前に下ろしていたバイザーを押し上げた。光を得て、コックピットの中のものが急に生気を取り戻したかのように生き生きと輝きはじめる。全面磨きこまれたガラスに覆われたキャノピーの外はもっと明るかった。その明るさのせいか、空の広がりがさらに大きく果てしなく感じられる。空の色は上に行けば行くほど濃さと深みを増し、奥に宇宙があることを予感させていた。僕の視界をさえぎるものは何もなかった。機体は安定して、自分が時速七百キロのスピードで動いているという感覚すらまったくなかった。動くものと言えば、息を吸うごとに頬《ほお》に押しつけられる酸素マスクのゴムくらいなものである。頑丈そのもののヘルメットに守られた耳の内側では、絶え間なく酸素を送りこんでくるレギュレーターの音の他、自分が立てる規則的な呼吸の音だけが響いている。

静かな、見渡すかぎりの空に囲まれて、僕は、すべてから解き放たれていくような、不思議な解放感に浸っていた。空を飛んでいて、そんな感覚を味わうのははじめてだった。もちろん飛行機に乗るということならこれまでにもかなりの数をこなしてきている。そのすべてが、乗り心地のよいジャンボ機のゆったりとしたシートにただ腰を落ち着けてまどろんでいればすんでしまう気楽なフライトばかりではなかった。

上空でホヴァリングする航空自衛隊の救難ヘリ、バートルからワイヤー一本で標高二千メートルを越える白山山系の山頂に吊《つ》り下げられたときは、しずしずと降下していくワイヤーにしがみつきながら、恐る恐る四方を見まわすと、雲海がゆったりと波打ったように広がり、その上に南アルプスや北アルプスの山々が黒ぐろとした稜線の連なりを波間に浮かぶ岩礁《がんしょう》のようにのぞかせていた。ふうは望んでもまず眼にすることのできない眺めなのだろうが、一億数千万の人々が住む日本列島は足の下に広がっていて、文字通り日本の屋根の上で自分はたったひとり宙吊りになっているのかと思うと、とても雄大な自然のパノラマをゆっくり楽しんでいる余裕はなかった。

墜《お》ちたら零下の冬の海ですから五分と持ちませんよ、と言われながら、飛行服の下にぶ厚いウエットスーツを着せられて最新鋭の対潜哨戒《しょうかい》ヘリに乗りこんだこともある。一機五十億は下らないSH60Jは、護衛艦の狭い甲板から飛び立つと、急上昇と急降下を繰り返したあげく、波のしぶきが見えるほど高度を下げ海面を舐《な》めるように飛びつづけた。

だが、いまF15のコックピットの中で感じていたものは、体内のアドレナリンが沸きたつようなスリリングな興奮でも緊張でもなかった。むしろそれは、蒼《あお》を塗りこめたような海の中に潜っていくときの感覚にどこか似通っていた。海の中も空の上も、ここでは酸素マスクをつけていなければ人は生きてはゆけない。ほんらい人間が存在することを許される世界ではないのだ。渓流のように耳もとに聞こえてくるレギュレーターからの酸素の流れが堰止《せきと》められたとき、それは紛れもなく死を意味している。まだしも海中であれば、ボンベの酸素の残量が0を指したとしても、潜水病にかかる危険を覚悟の上、誰の助けも借りずに自力で水面に浮上する可能性が残されている。だが、F15の中では脱出がうまく行くかどうかは射出装置にかかっている。だいたい酸素切れを言う前に、飛行機それ自体が故障を引き起こして、どんなに優秀なパイロットの腕をもってしてもコントロールがきかない状態に陥ってしまうかもしれないのだ。海に潜っているのと同じくらい、いや事によったらそれ以上、死は身にまとわりついている。そんな危うく不安定な状態に身をおいているにもかかわらず、しかし僕は不思議なほどのびやかでいられた。

目の前に竹路三佐がいることも忘れて、この広びろとした空の上にたったひとり、自分しかいないというそのことに、僕は酔いしれていた。天空にいるのは自分だけで、見映えのよい言葉ばかりが大手を振って歩き、声の大きな人間がいつだって幅をきかせている地上ははるか下にある。彼らが立てる猥雑《わいざつ》な騒音もさすがにここまでは届かない。誰からも束縛されず、誰にも気兼ねせず、ここでは自分は自分だけのものでいられる。というより、しまいにはそんな些細《ささい》なことなど、どうでもいいや、と思えるようになってくる。自分の体の中から、何もかもが抜けていって、空の広がりの中に溶けこんでしまう。上空一万七千フィートの孤独は、海の中で、体の重みも心の重みも感じることなく、ただたゆたっているときの、あの安らいだ気持ちを僕に思い出させてくれた。

のちになって、ベテランからまだ見習い期間中の若手まで何人ものF15パイロットに話を聞いていて、口には出さなくても、わかる、わかる、と思わずうなずき返していることが何度もあった。僕はまた例によって、あまりにも漠然としすぎて、すぐには答えの出てきそうもない質問を何の前置きもなく藪《やぶ》から棒にぶつけていたのだ。

「なぜF15に乗っているのですか」

おそらくパイロットたちは、「そう正面切ってたずねられても……」と言葉に詰まったり、困った顔をして黙りこんでしまうだろう。自分で聞いておきながら勝手な話だが、僕は半ばそう決めてかかっていた。どんな仕事についているにせよ、自分はなぜこれをしているのだろう、と自らに問いかけてみる人間なんて、そう滅多にいるものではない。むりやりたずねても、「仕事だから」とか「生活のためです」といった答えが返ってくるのがせいぜいである。いや、そうした答えのひとつひとつが、ありきたりではあっても、その人にとっては真実なのだろう。生活のため、という言葉の奥に他人からはうかがいしれない、さまざまな思いが塗りこめられているかもしれないのだ。むしろ、気のきいた台詞《せりふ》を引き出そうなどと考える方がよっぽど不純である。

ところが予想に反して、パイロットたちはそれほど面喰《めんく》らった様子もみせず、答えを探すように視線を宙に浮かせることもなく、ほんの少し間をおいてから同じような言葉を口にしていた。

「好きだからです」

腕の優秀な戦闘機乗りの中には、ひねくれ屋が多いと言われているが、総飛行時間四千二百時間というそのベテランパイロットもご多分に漏れず、悪意からでは決してないのだが、取材で飛行隊を訪れた日から帰る日まで、僕の質問を一度ははぐらかさないと気がすまないようだった。それでいて、はにかんだ少年のようにどこか一歩引いていながら、実は好奇心の虫がいつもうずいているというか、結構話し好きなのである。もちろん「なぜF15に乗るのか」という質問に対しても、皮肉のひと言も言うまでは答えが返ってこない。

「国を守るため。そう僕が答えてくれる、なんて杉山さん、期待していない？」

彼は少しおどけたように僕の顔をのぞきこんでから、悪戯《いたずら》っぽく笑ってみせた。

「そう言いたいのはヤマヤマなんだけど、やっぱり飛ぶことが好きなんだろうね」

僕は少し質問の角度を変えて、別のパイロットに聞いてみた。

「飛ぶのが好きだから乗っているんでしょう？　なら、旅客機のジャンボやヘリコプターのパイロットでもよかったんじゃないですか」

「いや、それは、15でないと……」

「なぜ、ですか」

質問は振り出しに戻った。

「一人で空を飛べるからですよ」

F15のパイロットになって二年半の彼の場合、何もはじめからF15に乗るのが目標だったわけではない。「航空学生」という自衛隊のパイロットを養成する二年間の教育コースに入った当時は、戦闘機というより、ただ飛行機乗りになって空を飛びたいという漠然とした憧《あこが》れを抱いていた。それが、プロペラの練習機T３で生まれてはじめて一人で空を飛んだとき、思いが変わった。

「うしろを振り返っても、誰もいないんですよ。ただエンジンの音と無線の音しか聞こえない。そのとき、ああ、飛行機は一人で乗りたいって」

しかし、彼の望みをかなえてくれる飛行機は限られている。当然のことながら輸送機やヘリコプターの中にはないし、戦闘機でも、ベトナム戦争で一躍その名が知られるようになった通称ファントム、F４はうしろにレーダーを操るナビゲーターを乗せている。となると一人乗りの飛行機は、F15か、15よりひと回り小振りで、低空飛行で陸や海の目標を攻撃するのがお家芸の国産支援戦闘機F1に絞られてしまう。しかし、15とF1とでは、戦闘機としての用途が違うだけに性能にも大きな開きがある。大空をマッハのスピードで自由自在に駈《か》けめぐり、空中戦の主役を演じるというイメージが強いのはやはり15だった。彼の希望は15に傾きつつあった。

そんな彼の前に大きなハードルが立ちはだかる。戦闘機に乗れるかどうかのふるい分けがされるコースの途中で、パイロットにとって命ともいうべき視力が落ちてきたのだ。航空自衛隊では裸眼で一・〇なければ戦闘機に乗れないことになっていた。ところが彼の視力は〇・八。教官からは、「このままでは戦闘機はあきらめてもらうかもしれん」と輸送機パイロットを養成するコースへの変更をほのめかされるようになった。ただし、希望がまったく断たれたというわけでもなかった。最終的なコースが決まるまでにまだ四カ月の時間が残されている。つまりそれまでに視力が戻っていれば、夢をあきらめなくてもすむのである。彼は藁《わら》をもつかむ思いだった。新聞の広告で大きな活字が眼《め》を剝《む》いて、「あなたの視力は回復する！」としきりに訴えている通信販売のキャッチコピーを眼にすると、矢も盾もたまらずに申し込む。四万円と引き換えに送られてきたのは、カセットテープと簡単なテキストである。テープの声に指示されるまま、効果のほども疑わしい運動をそれでも彼は真剣にやりつづけた。夜、勉強が一段落すると、彼は窓を開けて、星を見た。休みの日には、車で遠出をして、遠くの緑を眼にさらしてみる。ともかく眼にいいと言われていることはすべて試みた。

そんな彼の努力が少しは目に見える形となってくれればまだしも、視力はいっこうに回復する兆《きざ》しをみせなかった。そして四カ月がたち、コース振り分けの日、同期の四人とともに彼は飛行隊長室に呼ばれた。一人一人、隊長から最終コースを言い渡される。彼は四番目だった。「輸送機」という言葉が隊長の口から出るものと腹をくって、隊長の前に進み出た。

彼は耳を疑った。眼鏡をかけて、F15に乗ることが許されたのである。視力が○・二足りないというだけで優秀な人材をみすみす落してしまうのはもったいないと思われたのか、あるいは、眼鏡をかけた戦闘機乗りのテストケースとして試しに乗らせてみようということになったのか、真相は定かではない。ただ、彼もあとで教官から「前代未聞《みもん》なんだぞ」と耳打ちされている。それほど、何ごとも規則一点ばりの自衛隊ではほんらいありえないことだった。

三カ月後、F15パイロットの教育コースがある九州宮崎の新田原《にゅうたばる》基地で、彼はF15に生まれてはじめてたった一人で乗る日を迎えた。ヘルメットをかぶり、ヘルメットとこめかみの間に眼鏡の蔓《つる》をさしこむようにしてかけ、バイザーを下ろす。Gがかかっても、眼鏡はヘルメットで押さえつけられているから、ずれ落ちることはない。レンズも特殊なものではなく、ふだん通りで十分である。

上空に上がり、水平飛行に入ったところで、彼はうしろを振り返った。15のコックピットは、昔のゼロ戦のように機体の上部に水滴のような膨らみをみせた風防ガラスをのせただけという感じで、ＭｉＧ《ミグ》やミラージュといった他の戦闘機に比べてずば抜けて後方の視野がきく。じっさい、ぐるりと見回しても三百六十度、視界をさえぎるものは何もない。うしろを向いた彼の眼にも垂直に屹立《きつりつ》した二枚の尾翼の間から澄み切った空がすっかり見通せる。彼は、自分がいま一人で空を飛んでいるという実感に思い切り浸っていた。大空が自分のグラウンドで、自分と一体となった機を思いのままに動かしている。それは、飛行機に乗ってというより、ほとんど自分自身が空を飛んでいるという感覚だった。

しかも、飛ぶことは彼を飽きさせなかった。飛ぶたびに空は違った顔をみせてくれる。夜空の星は地上で見ているときも、二万フィートの上空から見ているときも、光る点でしかないが、空は違っていた。中でも昼と夜を分かつ空の美しさは格別だった。夜の気配に色濃くつつまれていく中で、日の光の残滓《ざんし》が空の縁《へり》を茜色《あかねいろ》に染めている日没直後、そして、荘厳《そうごん》な音楽を奏《かな》でているような日の出。ナイトフライトでぶ厚い雲の中から脱け出たとき、それまで計器類に釘《くぎ》づけになっていた視線をふっと操縦席のすぐ前に移すと、キャノピーの表面に青白い光が走っている。放電の一種とわかってはいても、妖《あや》しいまでのその美しさに、何か人間にははかりしれない神秘的なものを感じたりもする。

あるパイロットは、「仕事は飛ぶことです。趣味も飛ぶことです」と言い、別のパイロットは、「飛んでいると、何もかも忘れています。子供のことも忘れています」と語る。一万七千フィートの孤独を知った僕には、死と背中合わせの大空に駆りたてられる彼らの思いがほんの少しだけわかりかけたような気がしていた。

０５１号機は、積丹《しゃこたん》半島を右に見ながら、やがて日本海の上空に出た。視界のはるか下の方にはいつのまにか雲が純白の絨毯を押し広げていて、ところどころから海の色が覗《のぞ》き見える程度である。この日の対戦闘機戦闘訓練《ACM》は、北緯四十三度二十四分、東経百三十九度三十四分を頂点にした一辺が六十キロほどの三角形を描いたエリア内で行なうことになっていた。もっとも三角形のエリアと言っても、それは地図の上の話であって、じっさいはこれに高さが加わる。そして訓練のさいにはこの高さ、それもどこまで高度を下げていくと雲の中に入ってしまい、どこまで高度を上げると雲にさえぎられるかということが重要視されてくる。

　自衛隊では、雲の中での戦闘訓練は安全が保てないという観点から行なわれていない。四方を白い壁で囲まれたような、ぶ厚い雲の中に入ってしまうと、飛行機の操縦から、ルック・アラウンドの言葉で総称される、目標の発見や周囲の安全確認といった見張りまですべてを計器にたよらざるを得なくなる。パイロットの神経は、レーダーやさまざまな計器類のディスプレイが示すデータを瞬時のうちに読み取って、飛行機がおかれている状態を判断することに注がれる。そんな中で急旋回や宙返りといった激しい動作を繰り返していたら、空中衝突などの事故を引き起こしてしまう。そこで、訓練に熱中しているうちにいつのまにか雲の中に迷いこんでしまったということがないように、あらかじめ雲の高さを測定して、訓練ではどこまで高度を下げてよいかをたしかめるのである。

　あ、宙に浮いた、と思った直後、何か体が取り残されていくような感覚とともに、いきなり051号機は降下をはじめた。座席から放り出されるはずもないのに、思わずシートのアームを握ってしまう。目の前の高度計のボードはどんどん数字を下げていく。そして、5000を切ったあたりからキャノピーのまわりが霞《かす》みはじめ、やがて白く煙ったような雲に視界は完全に閉ざされてしまった。ウェザーチェックの結果、今回の訓練は、ミニマムアルト、つまり下限の高度を雲のかかりはじめる五千フィートからさらに千フィート余裕を持たせた六千フィートと設定して、そこから間、二万フィートとった空域で行なうことになった。

だが、これでただちに訓練に移るわけではない。Gウォームアップが残されている。僕ははじめ、F15に搭乗するのも戦闘訓練を体験するのもはじめての僕が、Gにどこまで耐えられるかを前もってチェックするためにやるのだろうとてっきり思っていたが、別に初心者を同乗させていなくても、訓練の前には必ず実施する、一種の体馴《な》らしなのである。Gをかけてパイロット自身の体調をチェックするだけではなく、そこには飛行機の調子を見るという意味あいも含まれている。人間の体にかなりの衝撃を加えるGは、当然のことながら飛行機の機体にも大きな負担を強いることになる。このため本格的なGをかける前に、馴らし飛行をして、異音がしないか、操縦桿を動かしたとき飛行機が何か妙な動きをみせなかったかを調べるのである。

竹路三佐の声がした。

「これからGをかけていきます。大体、4Gから最大で5Gくらいになりますが、どんな具合になるか、みていて下さい」

そのぅ……と、僕はおずおずと声をかけながら、何も心配で聞いているわけではないというように、さりげない風を装《よそお》って、たずねてみた。

「5Gというのは、訓練ではごく普通にかかるんですか」

5Gがどの程度のGにあたるのか、それがわかっていれば、じっさいの訓練で自分の体がどんな状態になるか、ある程度見当がつくし、それなりの覚悟もしていられると考えたのである。瀬踏みである。知らないことほど、こわいものはない、と思ったのも束《つか》の間《ま》、いや、なまじ中途半端《はんぱ》に知ってしまった方が、恐怖がつのってくるかもしれない。そうも思ってみる。情けない話、早くも腰が半分引けてしまっている感じなのだ。

「飛行機の動きにもよりますが、きょうのACMなら、5Gはふつうですね。たぶん、もうちょっと行くと思いますよ」

「もうちょっと、って、どのくらいですか」

「そう、6Gとか、6・5ぐらいかな」

6Gと言うと、大雑把《おおざっぱ》な言い方をすれば、僕の体の上に相撲の力士が二人のしかかってくるようなものだろう。しかもその圧倒的な力は、骨や筋肉を通り越して、体内の血管や内臓を締めつけにかかる。骨がきしみ、血管がはじける音が聞こえてきそうだ。
「準備はいいですか。首を痛めるかもしれませんから気をつけて下さい」
竹路三佐の最後の注意に、僕はもう一度深く座り直し、ヘルメットのうしろをしっかり座席の背に押しつけると、酸素マスク姿の竹路三佐が小さく映るミラーに向かって、握った左手の親指を突き立ててみせた。

ガクン、と衝撃があったその直後、Gはいきなり襲ってきた。僕は、有無を言わさぬ凶暴な力で、上から、そして前から押さえこまれ、締めつけられていた。いや、正確には押し下げられたと言うべきだろう。ヘルメットが鉛の塊に化したかのように重たく、しかもすさまじい勢いで頭の上にのしかかってくる。ただ重いというだけではない。重圧を伴っている。頭上からの力は顔にも及んで、目や頬の肉までプレスの機械にかけられたようにずんずん押し下げられていく。鏡を見たら、自分の顔がまるで老人の背中や尻《しり》のように皺《しわ》が寄り、張りを失って、だらんと下がっていくのがわかったはずである。

戦闘機乗りはベテランであればあるほどじっさいの年齢より老《ふ》けた顔をしている。二十代のパイロットは、逆に同年代のサラリーマンなどより表情にまだ世間の荒波にもまれていない、幼さ、純《ピュア》な部分を残しているが、キャリア六、七年を数えたあたりから一気に老けこむのである。二〇三飛行隊の隊長は、いかにも歴戦の勇士という面構《つらがま》えで、逞《たくま》しく日焼けした額に幾筋も深く皺が刻みこまれている。はじめて会ったとき、そのどことなく老成した感じから、僕より四つか五つ上の四十代後半かな、と思っていたが、じっさいは一つ歳下《としした》だった。連日の訓練でGに顔の筋肉を痛めつけられ、額や頬の肉を押し下げられることを十数年も繰り返していくうちに、年輪を越えた皺を重ねていったのかもしれない。

Gは、体の中でも表面積のより多い部分を選んで集中的に攻めてかかるようだった。その点、座席の上にさらされている太ももやアームにのせた腕は恰好《かっこう》の餌食《えじき》だった。ロープでがんじがらめに縛りつけられたというより、腕や太ももの中に重たい砂袋でも入れられたような重量感が耐えがたいまでに強まっていく。動かそうにもびくともしないのだ。

やがて僕は、高G特有の、血や内臓や体内のありとあらゆるものが下に、下に、押し下げられていくのを感じていた。Gスーツが万力のように、腹を、両足を締めつけにかかり、血液の下降に抗《あらが》おうとする。体の力を抜いたら、たちまちどこかに持っていかれそうな気がして、僕は全身をこわばらせ、足を踏ん張りつづけた。

だが、Gは容赦しない。お腹《なか》が重たくなって、ずんずん下がっていく。頭の端で、いま急に腹がしくしくなったら、ひとたまりもないな、と思ってしまう。踏ん張る自分の力より、下に押し下げようとするGの力の方がはるかに強いのだ。膀胱《ぼうこう》も下がってきているのか、乗りこむ前にトイレで用はすませたはずなのに、すでに尿意を感じはじめている。ただ、離陸する前から僕の中では、Gがかかると気持ち悪くなって、戻してしまうかもしれないという不安があったが、どうやらその心配だけはしなくてすむようだった。たとえむかむかして、生温かいものがこみ上げてきそうになっても、すべてを下降させるGの力に遮られ、胃の底に押し戻されるに違いなかった。

Gに強くなるには、何よりもまず筋力を鍛えること、中でも水泳がもっとも効果の上がる運動とされ、米軍の戦闘機乗りの中には自宅にプールまでつくってトレーニングに励む者がいるという。一応この僕も毎日近くのスポーツクラブのプールに通って、三十分はノン・ストップでクロールを泳ぎつづけている。しかし少なくとも僕の場合は、水泳は何の役にも立っていないようだった。Gがかかりだして三十秒とたっていないのに、早くも典型的な高Gの症状があらわれだしたのである。

足がだるく、痺《しび》れたようになっているのは鬱血《うっけつ》がはじまっているせいだろう。そして視界が、ちょうど暗幕が引かれるように両端から少しずつ狭まってきた。僕は意識して呻《うめ》いていた。苦痛のためでもあったが、呻くことで、自分の意識をはっきりと保っておこうとしたのである。

しかし、Gは来たときと同じように、突然去っていく。ふうっと、体から力が抜けるのを感じたとたん、金縛りから解放されたように楽になった。

「5Gはどうでしたか」

竹路三佐の落ち着きはらった声に、僕は即答できなかった。トラックを全力疾走した直後のように呼吸が荒くなり、素肌の上から直接着た飛行服の腋《わき》の下や股《また》のあたりが汗に濡《ぬ》れている。

「きつかったです」と僕は正直に答えた。変に強がりでも言って、竹路三佐をおもしろがらせ、本番ではもう少ししごいてやるか、などと予定よりさらに強いGでもかけられたら目も当てられない。

僕は、操縦席の背もたれの横からのぞく、竹路三佐の頑丈そうな二の腕や、飛行服の上からでもがっしりと盛り上がっているのがわかる肩をぼんやりとながめていた。Gがかかっている間、僕がどんなに力をこめて引き上げようとしても、鉛の詰めものでもされたようにびくともしなかったその手や腕の筋肉を動かして、竹路三佐は操縦桿《かん》を操り、左右から少しずつ暗幕が引かれるように視界が狭まっていくその眼をカッと見開いて、パネルにずらりとならぶ何十種類もの計器を眼の端にとらえながら、キャノピーの外への警戒を怠らなかった。しかも、これからはじまる訓練の中では、そうした動作に加えて、15のパイロットは、目標を捉《とら》え追い詰めながら、敵に回避の操作をする暇を与えないくらい瞬時のうちに兵器システムの複雑なモードを選択して、一撃を加えるのである。

そう考えると、僕には、いま目の前に座っている竹路三佐が、とても自分と同じ「人間」のようには思えなくなってきた。

遺影

ただただ待っている時間は、長い。ひとしお長い。恋人からの電話を待っているとき、肉親が担架で運ばれていった手術室の赤ランプが消えるのを待っているとき。気持ちがひとところを空回りするばかりで、一時間が三時間にも四時間にも感じられる。その待つ時間の長さ、もどかしさを、日に何度も繰り返し味わっている人たちが、戦闘機の基地にはいる。

僕を乗せた051号機が積丹《しゃこたん》半島沖六十キロの日本海の上空で、仲間の戦闘機を敵にみたてて、お互い一瞬でも早く相手の尻《しり》に食らいつこうと組んずほぐれつの空中戦をはじめようとしていた頃《ころ》、この051号機を「自分の機」と呼んで、まるで預かった子供を大切に育てる乳母のように、機体の手入れや一本一本のピンの点検整備に心を砕いている機付長《きづきちょう》は、誘導路の近くにある待機所で、飛行機が訓練を終えて無事基地に戻ってくるのを待っていた。

戦闘機がいったん離陸してしまうと帰還してくるまでの間、その機を受け持つ整備員たちは全員、ドライバーなどの工具をさしたツールベルトを腰に巻いた恰好《かっこう》で待機所に詰めている。どこの飛行隊の待機所もいささかくたびれたような長いソファがならべられただけの殺風景な部屋である。若い整備員の中には、一時間前後の待機時間を利用して、F15を点検するさいの二百項目近いチェックポイントが書き込まれた整備のバイブルともいうべき手順書を読み直したり、飛行隊長が、まだ詰め襟の学生服を着て高校に通っていた頃からすでに第一線で戦闘機をいじってきたようなベテランの先輩相手に、経験があってはじめて得られる整備のさまざまなノウハウについて教わる者もいる。

機付長として戦闘機を一機まかされるようになるには、いくつものハードルを越えなければならない。航空自衛隊に入隊してすぐ行なわれる新隊員教育で適性や成績から整備員のコースに振り分けられ、飛行隊に配属されたからと言っても、ただちに飛行機に触《さわ》らせてもらえるわけではない。半年ほどは整備小隊のオフィスでのお茶汲《く》みや掃除といった丁稚《でっち》奉公をさせられる。わずかなりとも整備の仕事に関係があることと言えば、せいぜいF15の点検に必要な、三十種類にのぼる工具の名前、使い方を覚えることくらいである。戦闘機それ自体が桁外《けたはず》れに高価なものだけあって、その手入れの道具である工具も並みのものではない。たとえばドライバー一つとっても、一般に用いられているような製品だと、使っているうちに飛行機が発する磁気をしだいに帯びてきて、ドライバーそのものが磁石のようになってしまう。これでは、電子の眼《め》と耳を持つコンピュータ・マシン、F15にダメージを与えることになる。そこで、15の場合はアメリカのスナップオンというメーカーの特殊な工具を使用している。特殊だから当然値も張る。ドライバーやレンチで一万円以上、中には五、六万は軽くするという高価なものもある。

戦闘機の整備の仕事は横文字の専門用語が飛び交う世界である。TEWSとかASEといった耳馴《な》れない言葉は、搭載している電子機器や兵器の名称に限らない。新入りの隊員が格納庫で先輩たちの仕事ぶりを見学していると、聞いたこともないような単語が飛んでくる。何のことかさっぱりわからないまま所在なさそうにその場に立ちつくしていると、いきなり工具の一つを目の前にかざされて怒鳴りつけられる。それではじめて先輩が口にしたのが工具の名前で、それを持ってくるように指示されたのがわかるということは、彼らが一度ならず経験することなのである。新人の整備員たちにいきなり技術教育を施さず丁稚奉公をさせるのは、知識を頭に詰めこむより、まず現場の空気にじかに触れて、先輩たちの毎日の仕事を間近でながめながら、用語や工具の名称を、机上の言葉としてではなく、仕事の流れの中の生きた言葉として体で学ばせていこうというところにねらいがあるのかもしれない。

半年をしのぐと、新人にはようやく浜松の第一術科学校で三カ月ほどの技術教育が用意される。ここでじっさいのF15を前にして機体のメカニズムやエンジンの構造、整備の手順などについてひと通り教わってから、3レベルという資格が与えられ、再び飛行隊に戻ってくる。戦闘機に触ることは一応許されるが、それでもまだ見習いである。先輩の機付員にぴったり付いて、行動をともにする中で仕事を覚えていく。そして十カ月後、今度は5レベルという資格のための筆記試験にチャレンジする。この資格を得ると、タキシングをすませた戦闘機を滑走路の手前で改めてチェックして、飛行機を飛ばしてもよいかどうか、文字通りラストチャンス、最終の技術判断を一人で下せるようになる。だが、「自分の」飛行機が持てるまでにはなお年月がかかる。試験があるわけではないだけに、日頃の仕事ぶりから上官に腕を認めさせるしかない。むろん部隊が所有している戦闘機の数は限られているから機付長のポストに空きがないと順番は回ってこないが、ふつうは5レベルを取得してさらに二年近く経験を積んでから、晴れて「自分の」機を持てるようになる。

5レベルの試験ではたいてい六、七人に一人が不合格となる。落ちた場合は半年後に再受験できるが、それも三度まで。四回失敗すると、容赦なく整備の仕事から外されてしまうのである。つまり3レベルのままでいられるのはもっとも長くて二年四カ月、それを越えてもなお上のレベルに行けない隊員は有無を言わさず職種転換を迫られ、事実上、飛行隊にいられなくなる。航空自衛隊でいちばんの花形と言われる、TAC、戦闘機部隊の一員だったのが一転して、飛行機の姿さえ見えない、基地の隅にある古ぼけたオフィスで書類と向き合う毎日を送る羽目になる。都落ちの感はまぬがれないのである。一定期間の間に試験に通らなければ、職場を追い出されてしまうほどの厳しい人事システムは、陸海空を通じて自衛隊ではきわめて稀《まれ》なものである。その腕しだいで、パイロットの生命を左右し、百三十億円の国有財産を焼け焦《こ》げた残骸《ざんがい》にしてしまうかもしれない整備員だけに、F15の面倒をその人間にまかせられるかどうかのふるいはより厳格にならざるをえないわけだ。

「自分の」飛行機を持つための、パスポートともいうべき5レベルの試験を控えた見習いの機付員たちは、ふだんは忙しくしていてなかなかじっくり口をきいてもらえない先輩たちが、一箇所に押しこめられて動きがとれないでいる待機時間を狙《ねら》って、試験の傾向を聞きだしたり仕事上の疑問点を質《ただ》したりする。たしかに待機所をのぞくと、自分の機が訓練から帰ってくるのを待っている整備員の大半はソファにもたれて煙草《たばこ》を吹かしたり、時間つぶしに仲間同士でカードをしたりしている。それでなくてもヘビースモーカーが多い自衛隊の中でも、飛行隊の一人あたりの煙草の消費量はコーヒーの消費量とともにおそらく群を抜いているはずだ。「スモーキン・ブギ」の歌詞さながら、彼らはひと仕事すませるたびにコーヒーを傍らにおいて一服する。パイロットは、フライトを終えて休憩室に入ってくると、いつもつくりおきがたっぷりあるコーヒーメーカーのポットからマグカップにコーヒーを注いでソファに腰を下ろし、おもむろに飛行服の胸のポケットから煙草をとりだして火をつける。パイロットが煙草を吹かしている間、整備員はエプロンや掩体《えんたい》で飛行機にとりついているし、パイロットが空にいる間は、整備員が一服する。じっさい飛行隊のどこかしらからつねに煙草の匂《にお》いは漂ってくる。まるで飛行隊の建物の壁にはニコチンとカフェインが染《し》みついてしまっているようだ。

整備員たちは、自分の機の面倒をみている間はポケットに煙草の箱を忍ばせることも自ら控えているせいか、待機所にやってくるとここぞとばかりに煙草を吸い出す。狭い室内は、たちこめる煙りで青白く霞《かす》んで見え、しばらくいるとこちらの頭まで痛くなってくる。あるいは、飛行隊で消費されるニコチンとカフェインの量は、彼らが受け止めているストレスの量に比例しているのかもしれない。

待機所の中の整備員たちは、雑談にふけったり煙草をくわえたままカードを切ったりしていかにも暇をもて余しているようにみえるけれど、そうしながらも、あることが喉《のど》に刺さった小骨のように意識の片隅から離れない。送りだした「自分の」機のことだ。訓練は何事もなくうまく行っているだろうか、調子の悪いところはないだろうかと、幼稚園に見送った我が子のことが気になる母親のように、何をしていても、空の上にいる自分の飛行機のことをどこかで考えている。

待機所におかれた電話のベルが鳴ると、あちこちで大声や笑い声が飛び交っていた室内は一瞬、ざわめきのトーンが下がり、静かになる。カードを配る手の動きはわずかに止まり、誰もが電話のやりとりに聞き耳を立てている気配が伝わってくる。受け答えの様子から、それが、アウト、つまり何らかの故障や、エマー、緊急事態の連絡であることがわかると、整備員たちは、考えたくはないけれど、トラブルを起こしたのは自分の飛行機ではないかとどうしても思ってしまうのだ。不安にかられた頭の中を、最悪のシーンも含めてさまざまな想像が駈《か》けめぐる。空の上でトラブルが発生した場合、一報は、まず飛行隊のオペレーションルームから待機所に電話で入ってくる。やがて、機番と飛行機の状態、現在位置が手短に伝えられる。自分の機番が呼ばれなかった者は、正直、ほっと息をつき、ババのカードを引き当ててしまった受け持ちの機付長と機付員は、工具箱を抱えて、飛行隊差しまわしのバンか、それが間に合わなければ待機所の前に停めてあった自転車に飛び乗り、飛行機が降りてくる方向の滑走路の端をめざして懸命にペダルをこぐのである。

その間にも、スピーカーを通じて、トラブルの発生した飛行隊のコールサイン、機番、トラブルの内容が基地内に放送される。コールサインは、竹路三佐の所属する二〇三飛行隊ならイーグレット、千歳基地にもうひとつあるF15の戦闘機部隊、二〇一飛行隊ならモールである。放送と同時に、二〇一飛行隊の格納庫にほど近い消防小隊の建物からは、一万五百リットルの水とライトウォーターと呼ばれる薬剤を満載した大型の化学消防車が赤色灯を点滅させながら滑走路に向かって走り出し、基地の北端にある救難隊のエプロンでは、駐機している救難ヘリコプターUH60Jにパイロットと救難員が駈け寄り、いつでも飛び立てるようにローターを回転させはじめる。基地は、最悪の事態に備えてアラートの態勢に入るのである。

機付長たちが向かった滑走路の端には、「BAK《バーク》―12」と言って、飛行機が空母に着艦するさいに使う拘束装置のように、緊急着陸した戦闘機の尾部から降ろしたアレスティング・フックを引っかけて、停止させる装置がある。機付長と機付員はこのBAK―12の手前で、「自分の」機が空の彼方《かなた》から姿をあらわすのをひたすら待つ。

少し経験のある整備員なら、誰しもこの位置に何度か立っている。ある隊員の場合は、自分の機が滑走路に向かってアプローチしてくるのを、心臓が締めつけられるような思いをしながらここからみつめていた。着陸態勢に入ろうとしている飛行機には素人《しろうと》が見てもはっきりとわかる異常があった。車輪が出ていないのである。ギアトラブルを起こしたらしく、通常のノーマル作動をいくら試みても車輪が出ない、とパイロットは無線を通じて悲痛な訴えを寄越していた。BAK－12の手前には、いまコックピットの中で機械のように冷静になろうと自分自身に言い聞かせつづけているパイロットの同僚と、機付長、それに機付員を含めた整備のクルーが駈けつけた。パイロットの同僚は、双眼鏡をのぞきながら、高度を下げてくるF15の状態を逐一、トランシーバーで飛行隊に報告している。相変わらず車輪は出ていない。やがて肉眼でも飛行機の状態が見分けられる高度にまで、15は降下しつつあった。依然として車輪は機体の底から顔をのぞかせていない。上空に戻って、もう一度着陸を試みるしかなかった。15は、轟音《ごうおん》を上げながら頭上を通過し、やがてゆっくりと旋回しながら来た方向に引き返していく。空の上で発生しているギアトラブルは、あるいは、整備のクルーがちょっと手を加えたり機材を交換したらたちまち解消できる程度のものかもしれない。しかし、飛行機は空の上にいて、機付長たちは地上にいる。地上の彼らにできることと言えば、見守ることと、祈ることの他、ないに等しかった。

もどかしさがつのる中で、機付員の彼は、トラブルの発生を知ったときに真っ先に感じた、自分のミスじゃないかという思いに再びさいなまれていた。いまさら自分を責め立てたところでどうしようもないことはわかっていても、なすすべもなく、むなしく旋回していく自分の機を茫然《ぼうぜん》とただながめているしかない苛立《いらだ》ちは、なんであのとき、もっと点検しなかったのだろうという悔いとなって、自分自身にはね返ってくるのだった。

上空に戻ったF15のパイロットは、ノーマル作動と手動操作による脚下げをもう一度試みた。やがて同僚のパイロットが耳に当てているトランシーバーから、手動で車輪が出たらしいという報告が聞こえてきた。その場にいた整備員たちは互いに顔を見合わせて、ほっとしたようにうなずきあった。だが、安心はまだできない。車輪が下りたことを示す計器盤のランプは相変わらず消えたままだという。飛行機の車輪がしっかり地上をつかんで、滑走を止《や》めるまで、気を抜くわけにはいかなかった。双眼鏡で15の機影を追っていた同僚のパイロットが、車輪がたしかに出ていることを確認した数分後、15は整備のクルーがじっと見守るはるか手前で、停止した。

飛行機が無事生還したあとでも、アウトやエマーなどのトラブルが発生した飛行隊は重苦しい雰囲気につつまれる。オペレーションルームの隣り、ちょっとした教場のように、壁いちめんに黒板が架けられ、長椅子《ながいす》がならべられたコーナーに、機付員である彼も含めた関係者が集められる。朝のミーティングがここで行なわれるときと違って、中の様子がうかがえないようにアコーディオンカーテンが引かれ、周囲から隔離される。そして、トラブルの内容について報告がなされると、飛行隊長や整備幹部が居並ぶ前で、パイロットや機付長はさまざまな角度から問い質《ただ》されるのである。車輪がなぜ出なかったのか、この席ではもちろんのこと、その後の調査でもはっきりした結論は得られなかった。トラブルを起こしたF15の問題の箇所を改めて地上で点検してみると、異常はみられなかったのである。空の上では点灯しなかった、車輪が出たことを示す計器盤のランプもどういうわけか正常に作動した。ただ、一回故障が出た機材については、その後、異常がみられなくても、信頼性が持てないという観点から航空自衛隊では交換されることが多い。その通例に従って計器盤のランプも交換されたが、整備に落ち度があったことを示唆《しさ》する材料も結局出てこなかった。それでもしばらくの間、機付員の彼の中で、自分のミスだったのではという思いはなかなかふっ切れなかった。

あれから四年がたっているというのに、いまでも下村三曹は、訓練に飛び立った「自分の」機が一時間半を過ぎても基地に帰ってこないと、さわさわするような胸騒ぎを覚える。F15の訓練はふつう一時間前後で終わる。訓練空域からの移動時間を考えあわせると、離陸してから一時間半までには基地に戻っている。それを越えるというのは、よほど欲張りなミッションをこなしたか、気象条件が悪くてなかなか着陸許可が下りないか、それとも……。

下村三曹がもともと就こうとしていた仕事と、F15の機付長といういまの仕事の間に共通点があるとすれば、それはともに「世話」をするということだろう。生まれ故郷の鹿児島で高校に進学するにあたって、彼は普通高校ではなく、農業高校の酪農科を選んでいる。はじめから酪農家になろうという確固とした目標があったわけではないが、実習で牛や豚の世話をまかされているうちに、結構この仕事が性に合っていることに気づくようになったし、酪農を営んでいる叔母から、高校を出たらうちに来ないかと誘われていたこともあった。むろんまだ迷いはあった。と言って、特別なりたいものがあったというのでもない。なんとはなしにこのまま酪農に進んでいくのだろうと、漠然とながら自分なりの将来の青写真が見えてきたような気がしていたのである。

そんな高校二年の夏休みを控えたある日、宮崎の新田原《にゅうたばる》基地にいる親戚《しんせき》の人から電話がかかってきた。休みを利用してちょっと遊びに来ないかというのだ。親戚が自衛隊にいることは聞いていたが、それが航空自衛隊だとは彼も知らなかった。というより航空自衛隊が何をしているところなのか、そのことすらわからなかったし、考えたこともなかったのである。新田原は恐ろしく辺鄙《へんぴ》な所にあった。彼の実家は桜島を望む隼人《はやと》町だが、そこから電車を乗り継ぎ、さらに道の両側から迫ってくる高い樹木が空を遮って、昼でも薄暗い山の中をいくつも抜けると、突然、前方が開けて、基地が姿をあらわした。彼はその基地で生まれてはじめてジェット戦闘機を眼にした。

新田原基地には、戦闘機乗りとしてキャリアを積んだベテランパイロットが経験の浅い若手に胸を貸して戦技の指導をする、いわゆるアグレッサー、対抗機部隊の飛行教導隊がある。ここのパイロットたちは、全国の戦闘機部隊を回って、いかにもベテランらしいやり方で若手パイロットの目を欺《あざむ》くような攻撃を仕掛けたり逆に追尾させたり、さまざまな訓練の相手になりながら、若手をより実戦に近い状態に追いこんで、彼らの腕を磨かせるのである。教官をつとめるのは、いずれもそれぞれの飛行隊でエースの名をほしいままにしてきたようなすご腕揃《ぞろ》いだ。ちなみに僕の前で051号機の操縦桿《かん》を握っている竹路三佐もここの出身である。

下村三曹の親戚は、この教導隊で機付長や整備のクルーを束ねる整備小隊長の職にあった。エプロンにずらりと機首をならべたF15やファントムを前にして、親戚の人は、休みの日でもわざわざ格納庫に出てきて受け持ちの飛行機を自分の車以上に念入りに磨く隊員のことや整備の仕事についてさまざまな話をしてくれた。それを聞きながら、彼には、動物の世話をするのも飛行機の世話をするのも一緒のような気がしてきた。そしていま目の前で点検する機付員たちにすっかり身を預けたようにほっそりとした肢体を静かに横たえている戦闘機が、彼が毎日餌《えさ》をやり、体をブラッシングして、ねぐらを掃除してあげる乳牛と同じように、世話をしてくれる人に、そうとわかる温《ぬく》もりのある眼を向ける生き物のように思えてきたのである。

下村三曹は航空自衛隊に志願することにした。いずれ酪農をやるにしても、一度は違う世界をのぞいてからはじめた方がよいのではないか。それが表向きの理由だったが、ほんとうのところは、新田原で戦闘機の恰好《かっこう》よさを目《ま》の当たりにしてからというもの、すっかりその虜《とりこ》になってしまったのだ。

彼の場合、一般の隊員と違って、スタートの段階から下士官の養成コースに乗る曹候補士という制度を受験して入隊した。ふつうに入隊すると、三曹となって下士官の仲間入りをするのには最短でも四年かかり、しかも昇任試験にパスしなければならないが、曹候補士はよほどの問題がない限り入隊後三年で三曹のバッジが与えられる。ただ曹候補士でも、実にさまざまな仕事がある航空自衛隊の中でどんな種類の仕事につくのか、そのコース分けが基礎教育の成績しだいでなされる点は一般隊員と変わらない。どうしても戦闘機の整備員になりたかった下村三曹は、曹候補士の基礎教育が行なわれる四カ月間、いままでこんなに真剣に机に向かったことはなかったと思うくらい勉強に身を入れた。しかし航空機整備のコースにとりあえず組みこまれ、浜松の術科学校で技術教育を受けられることになっても、今度はプロペラ機とジェット機のコース分けがあり、さらにその中でも輸送機と戦闘機のふるい分けが行なわれる。教官との面談の席で下村三曹の希望はすんなり通った。基礎教育期間中に猛勉強の成果を認められ、もらっていた成績報奨というご褒美《ほうび》が印籠《いんろう》の役割を果たしてくれたのだ。

ふつうに入隊して整備の仕事についた隊員の技術教育が三カ月なのに対して、曹候補士のそれは一年近くに及ぶ。整備点検の実務者教育というより、ゆくゆくは、戦闘機を単にいじれるだけでなく、メカにも精通した整備の中堅技術者に育てようという狙いからか、油圧、燃料に至るまでジェット機の全般にわたる広く浅い知識が教えこまれる。だが、知識はしょせん知識である。千歳の飛行隊に配属されてほとんど日も置かないうちに慌《あわ》ただしい整備の現場に放りこまれたときは、さすがに下村三曹も面《めん》喰《く》らった。

彼にしてみれば、それは、農業高校の教室で乳牛について教わるのと、じっさい乳牛と向き合ってその世話をする違いのようなものだった。術科学校の授業でも実物の戦闘機を使って、作動油圧点検をしたり、エンジンをスタートさせてパワーを上げてみたり、燃料を補給する実習を何度も繰り返したが、基地のエプロンで耳にするエンジンの音はまったく違って聞こえた。彼の言葉では、戦闘機は「毎日火が入って、生きている」のだった。

一日の仕事が終わり、営内班と呼ばれる基地内の宿舎に帰ってくると、下村三曹は手順書を読み返して、次の日の作業に備えた。機付長や整備のクルーが交わしている話から、あしたはどんな作業が中心になるのか、大体の見当はつくので、その作業のやり方が書かれている手順書のページをともかく頭に叩《たた》きこむのである。だが、「生きている」戦闘機を相手にする整備の現場に、予習は通用しない。人間の体調と同じで、戦闘機にもその日その日の調子がある。訓練から15が帰ってきてエプロンでエンジンを切るとき、飛行中に15の調子に問題がなかった場合は、パイロットは親指を上に突き立てて、OKのサインを出す。調子がおかしかったり、故障が出たようなときは、親指を真下に向ける。こうなると、整備のクルーは問題の箇所を徹底的に調べにかかり、原因を究明しなければならない。その日予定していた作業内容は大きく変わってしまう。下村三曹にとっては、予習していなかったページをいきなり問題に出されたようなものである。

だが、彼は、わからないことを決して隠そうとはしなかった。農業高校の実習で飼育していた動物の世話をしていたとき、わからないことを口に出して聞かなかったばかりに動物を死なせてしまったことがあったのである。その苦い体験以来、わからなければ聞く、忘れたら聞くことを、彼は自分自身に習慣づけさせることにした。聞けば、「何だ。おまえ、勉強もしていないのか」と当然のように怒られる。農作業の実習をしていても、ずいぶん先生に怒られたが、怒られて教わったことは大抵は忘れない。たとえ忘れてしまったとしても、また聞けばいい。それを繰り返しているうちに頭から離れないようになる。逆に聞かずにいて、万一取り返しのつかないことになったときのやりきれない思いを考えると、怒られることなど大したことではないと彼は思うのだった。まして自分がいま扱っているのは、パイロットを乗せる戦闘機である。その場で聞けばすむものを、わからないままに自分勝手に解釈して、飛行機を飛ばし、あげくに墜落する羽目にでもなったら、それこそ、聞かなかったことを一生後悔しつづけるに違いなかった。

下村三曹が千歳に赴任してちょうど一週間が過ぎた日、一機のF15が、本州のほぼ半分を縦断する一時間半ほどのフライトを終えて基地の上空に姿をあらわした。二人乗りタイプのF15DJ、機体には〈12―8079〉と機番がくっきりマークされている。15を見馴《みな》れている千歳基地の隊員たちの目にも、その飛行機が際立《きわだ》って映ったのは、薄いグレイに塗りこめられている機体が、染みもくすみもなく、基地のエプロンにならんでいる他の15よりはるかに白っぽかったからである。079号機が誘導路を抜けてゆっくりとタキシングしてくると、機体の白さが日射《ひざ》しに映えて、まるでそこだけに太陽の光があたっているかのようにあたりが明るくなった。そう見えたのも当然である。この飛行機は、F15のライセンス生産を請け負っている三菱重工小牧《こまき》南工場でついこの間、誕生し、数々のテストをクリアして航空自衛隊に引き渡されたばかりの新造機だったのである。そして下村三曹は、彼の指導係となっていた上司の機付長がたまたまこの機を受け持ったため、整備の現場に出てまだ日もたっていない新米だというのに、新品の戦闘機の世話をできる特権に与《あずか》れたのだった。

彼は、ほとんどの機付員がそうであるように自分の機にニックネームをつけるようなことはしなかった。呼ぶときはただ、「079」と機番で呼んでいた。戦闘機にペットのような名前をつけるのはそぐわない気がしたし、番号にしてもニックネームにしても、しょせんは他との区別をする記号にしか過ぎない。そんなものより、圧倒的な存在感を持ったこの飛行機が「自分の」ものとして目の前にあるということを、内心ひそかに思っていられるだけで、彼には十分だった。しかし、079と一緒に過ごす時間が長くなるにつれて、単なる記号のはずの、その数字の響き自体に、下村三曹はしだいに特別な感情を呼び起こされるようになっていくのだった。

079がひっそりとうずくまっている格納庫の中には、新車のドアを開けたとき漂ってくる、新品が持っている独特の、胸につんとくるような匂いが充《み》ち満ちていた。15の機体は、とてもチタンをつなぎあわせ、鋲《びょう》で留めていった工作物とは思えないほど、微妙で柔らかな曲線を描いている。レーダーを内蔵した機首から胴体にかけての15のすっきりと形のよいシルエットは、トウシューズを立てて伸び上がるバレリーナの肢体のようだ。そのいかにも真新しい、汚れひとつない079を前にして、下村三曹は、これがこれから自分が面倒をみていく戦闘機なのかと、つい頬ずりしたくなるような思いにかられ、機体のラインに沿って、手のひらでそっとなめらかな表面を撫《な》でてみた。

その週の週末から休みの日でも下村三曹の姿は格納庫にあった。機付長から機体を磨かせてもらう許しを得たのだ。基地内に住んでいたからということもあったのだろうが、土日にぼんやり部屋で過ごしていると、「自分の」機の姿が見たくなって、格納庫の方に足が向いてしまう。外出していても079のことが気になって、用事がすむとやはり格納庫に直行した。当直に断って、格納庫の端の小さな非常扉を開け、体を中にくぐりこませると、彼と同じように休みの日なのにわざわざ「自分の」機を磨きにやってきた隊員たちが黙々と手を動かしている。若い隊員だけでなく、機付長クラスのベテランもいる。朝一番でやってきて、自分の車を飛行隊の裏にある駐車場に停め、昼はその車を走らせて基地内の食堂で食事をすませたあと、また夕方までせっせと機体を磨く隊員もいた。

日に二回や三回のフライトを毎日繰り返していれば、戦闘機は、旋回やロールのたびに自分が吐き出す高温の排気煙の洗礼を受けたり、空に浮かぶスモッグの層をすり抜けるうちに無数の塵《ちり》がこびりついて汚れていく。機体の外回りは訓練から帰ってくるたびに拭《ふ》くし、一日のフライトが終わったあとは特に念入りに行なうが、それでも点検に追われる中では手が回らない箇所もあって、汚れはたまっていく。左右の主翼のつけ根に口を開けている空気の取り入れ口や、そのすぐ手前、機番のマークがついている胴体の部分は黒ずみが目立ってしまう。下村三曹はまずそうした箇所を洗浄剤を使ってきれいにする。ハイドロがついているところは廃油を使って汚れを落とし、仕上げはワックスをかけて磨き上げる。機体の外板自体はから拭きするだけである。

そうは言っても、F15は、全長約二十メートル、全幅十三メートル、高さは五・六メートルに達する。飛んでいる姿からはなかなか実感できないが、いざ目の前にすると、意外にもその堂々たる大きさに圧倒される。外回りをたった一人で拭くというのもかなりの労力と時間を要する作業なのだ。

　だが、下村三曹としてはそれだけでは飽き足りなかった。できることなら飛行機そのものを格納庫の外に出して、動物を洗うように、機体に水をかけて本格的な洗浄をしてあげたかった。ただ、機体洗浄が行なわれるのはごくたまにで、それも飛行隊の整備員の手を離れたときだった。下村三曹のように飛行機の日常的な世話をする機付の整備員とは別に、基地には整備補給群と呼ばれる組織があって、飛行機の修理や検査にあたる整備員がいる。いわゆるドックである。ふつう機体洗浄は飛行機が定期検査でこのドック入りしたときに行なわれるのだ。むろん機付の整備員の中にも、一週おきぐらいに格納庫から自分の機を引っ張り出してきて、水をかけてあげる隊員がいないわけではなかったが、それはベテランの機付長に限られていた。15を格納庫から出し入れしているさいに百三十億の国有財産を傷つけたり故障させるようなことにでもなったら大事《おおごと》である。15の扱いに馴れたベテランなら、彼が好きでやることに整備の幹部もいちいち嘴《くちばし》を容《い》れることはないだろうし、たとえ上の者がいない休みの日でも安心して任せておくこともできようが、相手が整備の現場で仕事についたばかりの新米だと話は別である。15に水をかけたいなどと口に出して頼もうものなら、それこそ十年早いと一蹴《いっしゅう》されるに決まっていた。

０７９が千歳にやって来て、あしたで四週間になるという日、下村三曹は、訓練を終えてエプロンで翼を休めている「自分の」機の前に立って、０７９と自分のツーショットの写真を先輩に撮ってもらった。師走《しわす》に入り、年賀状の受け付けがそろそろはじまろうとしている。自衛隊に入って三年目の新しい年を迎えるこの年賀状に、彼には以前からある趣向を凝らしたいというアイディアがあった。自分が世話をしているF15と一緒の写真を年賀状に載せて、郷里の鹿児島にいる友人たちに送ろうというのである。航空自衛隊の整備員となってはじめて戦闘機を受け持たされ、いよいよ自分も新しい世界で新しい人生にスタートを切ったことをみんなに報告したかったし、自分の「彼女」を披露するように、これが僕の機なんだと友だちに見せびらかしたいというどこか誇らしげな思いもあった。

その三日後の一九九一年十二月十三日、下村三曹はいつものように朝の七時前には基地内の宿舎を出ると、自転車のペダルをこぎながら０７９が眠りについている格納庫に向かった。予報では午前中いっぱいは雪模様とのことだったが、低気圧が予想を上回るスピードで東方に去り、上空には冴《さ》え渡った冬空が戻っていた。空気は冷たく引き締まって、出勤する隊員たちの吐く息が道路の端に白くたなびいている。その日が十三日の金曜日であることは、彼自身、承知していたが、だからと言って、特別何かを意識するわけでもなかった。勤務についた彼は、久しぶりで地上にふりそそいでいる新鮮な朝の日の光をたっぷり味わわせるかのように０７９のことをエプロンに引き出すと、格納庫に置いてある工具箱の中身をあらためてから、毎朝一番で行なっている外部点検に早速とりかかった。Ｆ15の機体の表面には、ドライバーで留め金を半回転させるだけで開けられるドアが六十七枚あって、特殊な工具がなくても中の状態が点検できる。下村三曹は、機付長と手分けして機体の外周をじっくり見てまわりながら、それらのドアを一つ一つ開けて内部をたしかめていった。やがて、０７９に関するスケジュールの変更が伝えられた。

前日までの予定では、この日、飛行隊に配属されている二人乗りタイプのＦ15のもう一機が、石川県小松基地に訓練で向かうことになっていた。ところがその飛行機が、朝になって急に故障を起こしたため、代わりに０７９に出番が回ってきたのである。

テイク・オフの午前九時少し前、飛行前点検をすませた０７９にパイロットが乗り込み、水滴のような形をしたキャノピーがゆっくりと下ろされる。全面を強化ガラスで覆《おお》われたその表面は、旅客機の窓と違って、遮っているものの存在を忘れさせてしまうほど透き通って、曇りも傷もない。自動車のフロントガラスにあたる風防やコックピットをつつみこむキャノピーの表面を磨くときは、軍手をはめたまま布拭きすると目の荒い軍手の繊維がガラスに当って、表面を傷つけてしまう恐れがあるため、機付員は必ず素手で作業することになっている。この朝も下村三曹は、女性の肌を優しくさするように、手のひらを、079のキャノピーと風防の表面にゆっくりと這《は》わせることを何度も繰り返した。気温は零下五度を大きく割りこんでいた。そんな冷気の中で、素手のままキャノピーを布拭きしていると、手がかじかんできて、しまいには感覚がなくなってしまう。

　戦闘機にとって、キャノピーはひとつの兵器と呼んでも大袈裟《おおげさ》でないくらい重要な役割を果たしている。たしかにコックピットに座ると、お腹《なか》のあたりから上の部分はすべてガラスに覆われているせいで大空のパノラマを満喫することができるが、何もそのために見晴らしがよくなっているわけではない。パイロットはフライトの間中、決してレーダーにたよっているだけではなく、このキャノピーを透かして周囲に万遍なく視線を注いで、目標がいまどの位置にあるか、付近を飛んでいる他の飛行機はないかをたしかめる。もし前日の雨の跡がキャノピーに染《し》みをつくっていたら、それだけで目標の発見が遅れてしまうことにもなりかねない。キャノピーの視界をできる限り広くしておくことの重要性は、戦闘機にレーダーが搭載されていなかったゼロ戦やグラマンの時代とさほど変わっていないのだ。下村三曹が、手が凍りつきそうになるのを我慢して、素手でキャノピーや風防を布拭きするのは、こうした飛行中のパイロットのためを思ってのことである。だが、それとは別に、やはり飛行機の眼ともいうべきこの部分は、いついかなるときでも汚れや曇りのない、澄んだ瞳《ひとみ》にしてあげておきたかった。079は「自分の」機なのだから。

下村三曹は、079のフライトがあるたびに、自分の手を離れて、花道をしずしずと進む歌舞伎《かぶき》役者のように誘導路をタキシングしていく飛行機のうしろ姿を見送ることにしていた。そしてこの朝も、いつものように079が誘導路の端に向かってしだいに小さな点となるまでしばらくの間その姿を追っていた。

数分後、すさまじい爆音とともに、体の底にまで達する衝撃波が湧《わ》き起こり、滑走路の方を見ると、一機のF15がいままさに離陸していくところだった。キャノピーの後ろが少し盛り上がっているその形から、複座のDJタイプであることがわかった。

079は、一気に上昇して、硬く青く光る空の中に吸いこまれていった。

生きている自分の機を見たのは、それが最後だった。

０７９の離陸を見送ったあと、下村三曹は格納庫に隣接している機付員の休憩室でさまざまな雑用をこなした。先輩たちに缶コーヒーを運んだり、自衛隊では「煙缶」の呼び名で通っている灰皿を掃除したり、忙しく立ち働いた。自衛官として彼も二年生のはずなのだが、じっさいに整備の仕事についてからはまだ一カ月足らずである。現場でのキャリアから言えば、この春に入隊した新人より格下ということになる。お茶汲《く》みをさせられるのも仕方なかった。

雑用をすませた彼が流しで手を洗っていると、先輩の隊員が入ってきた。

「大変なことになったな」

先輩は下村三曹の顔を見ないで、ぽつりと言う。

「何がですか」

「０７９が落ちたって」

下村三曹は笑い出した。先輩の中には、真顔で意地悪を言う人が結構いるのだ。

「また、僕をかつごうとして……。冗談なんか言っても駄目ですよ」

「冗談じゃない。海に墜《お》ちたんだ」

少し蒼《あお》ざめたように顔をこわばらせている先輩を見て、下村三曹は言葉も出なかった。先輩の口にしたことが信じられないというより、何が起こったのか、理解できないという思いの方が強かった。休憩室に行くと、定時のニュースを流すテレビの前に整備の隊員が群がっていた。やがて画面に「自衛隊機　墜落」の文字が映し出され、「事故」を淡々と伝えるアナウンサーの声が聞こえてきた。

〈……きょう午前十時ごろ、石川県小松沖約六キロの海上で、航空自衛隊千歳基地所属のF15戦闘機が、火災を起こし墜落しました。パイロットはパラシュートで脱出して、近くを航行中の漁船に救出され、加賀市内の病院に運ばれましたが、軽いけがをしただけで無事でした。航空自衛隊の話によれば……〉

その日の午後から空幕の命令でF15の飛行はスクランブル待機も含めていっさいが禁止された。千歳基地だけではない。F15を配備した全国六カ所の基地でいっせいに飛行差し止めの措置がとられたのだ。それでなくても手持ちの戦闘機を一機失い、事故の当事者という難しい立場に立たされてしまった飛行隊は、重苦しい空気につつまれた。先輩や同僚たちは、下村三曹のことを気づかってか、遠巻きにそっとしていてくれたが、当の本人はふだんより言葉数が少なくなったくらいで、ふさぎこむことも涙をみせることもなく、午後の仕事を黙々とこなしていた。むしろ彼の中で、「自分の」079が事故を起こして墜落したことが、実感をともなってはっきりと形をとりはじめたのは、勤めを終えて基地内の宿舎に戻ってからだった。

十二月の金曜日の夜である。クリスマスを控えて、街は浮き立つような音楽にあふれ、うっすらと雪化粧しはじめた通りのあちこちは色とりどりの豆電球で飾りつけられている。同じ部屋の仲間たちは、とっくにそれぞれの週末を楽しみに出かけていた。そんな中で下村三曹だけが、ひとりぽつんと部屋に残って、ベッドに横になっていた。天井をみつめているといろんなことが思い出されてくる。真新しい079が誘導路の向こうからはじめて姿をあらわしたときのこと。エンジンの中の焼けたオイルの匂《にお》い。ベテランのパイロットに「079はいつもきれいだな」と誉《ほ》められたこと。そして空に消えていった最後の姿。

手のひらには、ほんの半日前に磨いた機体の感触がまだ生々しく残っている。しかし、その飛行機はもう海の下で死んでいる。そう、下村三曹は079が墜落したことを言い表すのに、たしかに「死んでいる」という言葉を使ったのである。彼の中では、079は、飛んでいても飛んでいなくても、エンジンに火が入っていても格納庫で翼を休めていても、やはり「生きていた」のであり、それが海に墜ちて、もう二度とあの姿を目にすることができなくなったことは、すなわち「死んだ」ことに他ならなかったのだ。飛行時間はたった三十六・九時間、生まれてすぐ千歳にやってきて一カ月と六日の短い命だった。

いままでこらえていた感情が、堰《せき》が切れたように一気にこみあげてきた。自分の祖父や祖母が亡《な》くなったときより、つらく、切なく、涙がひとりでにあふれ、そのあとは抑えがきかなくなった。

「事故」は翌十四日付けの全国紙の朝刊でも大きく報じられた。それによれば、079が小松基地に着陸態勢に入ったとき、半分近く残っているはずの燃料計が突然ゼロを示したため、基地に緊急連絡を入れたその直後、今度は機体の後方から大きな音と同時に炎が見えたという。079が火を噴いていた様子は、偶然小松基地の隊員にも目撃されていた。墜落の原因が火災にあることは間違いなかったが、なぜ火が出たのかというかんじんな点は謎《なぞ》のままだった。

次の日から下村三曹と先輩の機付長は基地司令部や警務隊の呼び出しを受けた。テーブルの向こうにならぶ係官からのさまざまな質問に答えながら、彼はとまどっていた。何が何だか、わけがわからなかった。二十歳そこそこの彼には、自分がどうして呼ばれたのか、そもそもこれは何をする場なのか、まだきちんと把握できていなかったのである。自分がいわゆる「事情聴取」というものを受けたということがわかったのは、三日間にわたる呼び出しが終わってからだった。自分のおかれていた立場を知ったことで、かえって彼はつらくなった。事故調査は年明け後もつづけられ、広島から民間のクレーン船を狩り出して、海底に沈んだエンジンやタービンを引き揚げる大がかりなものとなった。しかし火災原因を突き止めるまでには至らず、考えられることとして燃料系統や燃料の内部の問題があげられたが、そう決めつける証拠もなかった。ただ、整備について言えば、通常の点検ではまず発見できなかっただろうとみられていた。とりあえず整備の現場に落ち度はないとされたのである。

しかし、そのことが伝えられても、下村三曹には少しも慰めにならなかった。たしかに墜落の原因は、通常の点検の範囲をはるかに越えた、言わば内臓の深いところを蝕《むしば》む病巣《びょうそう》にあったのだろう。でも、そうだとしても、ひょっとしたら、もの言えぬ079は何かSOSのシグナルを出していたのかもしれないのだ。その無言の訴えに、自分は気づかずにいた。下村三曹は、ベテランの整備員がいつも口にしていた「飛行機はその日その日で匂いが違ってくる。だから機付員は眼で見るだけでなく、鼻や肌で感じとるようにならなければ」という言葉をあらためて嚙《か》みしめていた。もし、自分の五感がもっと鍛えられていたら、経験をもっと積んでいたら、そして079のことをもっと気にしてあげていたら、あるいは、あいつは死なずにすんだのではないだろうか。その苦い思いは、事故から月日がたつごとに何かの拍子に疼《うず》きだし、いつまでも彼の中から消え去ることはなかった。

自衛隊の戦闘機やヘリコプターが墜落したというニュースを耳にするたびに、決まってその日の夜、下村三曹は079の夢を見るようになった。夢の中で、彼は、主翼の手前にある「079」と機番の番号がしるされたところを磨いている。ここは黒ずんで、いちばん汚れが目立つから、きれいにしてやるんだよなと、自分の機に話しかけながら、機体のラインに沿っていねいに手を動かすのである。

事故から半年が過ぎた九二年六月、全国の戦闘機部隊が一堂に会して、模擬空中戦やダート射撃の勝敗を競い合う戦技競技会が金沢にほど近い小松基地で開かれ、下村三曹も整備の支援要員として派遣されることになった。小松には術科学校で机をならべたクラスメートがいる。同級とは言え、彼より歳上《としうえ》にあたっている。その友人に下村三曹は頼みごとをした。

「休みの日に連れて行ってもらいたいところがあるんですが……」

友人は彼に最後まで言わせなかった。

「なんだ、海に行くんか」

うなずくと、黙って彼のことを車に乗せて、小松から南西に十キロほど行った、橋立《はしだて》という小さな漁港の近くに連れて行った。

夏も間近の日本海は波立ちもなく眠っているようにおだやかだった。この橋立の沖合六キロに、下村三曹の０７９は墜ちたのである。水深二十メートルという比較的浅い海底に機体は沈んだ。一度はダイバーが垂直尾翼をはじめ機体のかなりの部分を発見していたが、いざ引き揚げという段になったとたん、冬の海は、機体の回収を拒むかのように猛烈に時化《しけ》はじめ、三カ月後に作業を再開したときには、エンジン一基とタービンを残して、機体の残骸《ざんがい》はいずこへか消えてしまったという。その海に向かって、彼は手にした花束を思いっきり投げた。

次の年も、そのまた翌年も、下村三曹は小松に出張するたびに橋立の海を訪れて、花束を投げることを欠かさなかった。それが、死んでしまった０７９を供養《くよう》するための「墓参」とするなら、彼にとっていまだに事故のあった十二月十三日は「命日」である。毎年その日がやってくると、０７９が墜落した時刻の午前十時に合わせて、彼は格納庫や整備小隊の建物の片隅で人目につかないように黙禱《もくとう》する。作業に追われてとてもそんな時間がとれないときは、夜自宅に帰ってから部屋でひとり眼を瞑《と》じる。

それでも、あの日から四年という歳月の流れは下村三曹の身の上に変化をもたらしていた。一人の女性とめぐりあい、結婚したこと。彼の表現を借りれば、妻は「基地の外でのパートナー」である。一方、０７９に代わる「基地の中でのパートナー」はすでに三機目を数えていた。はじめて受け持った飛行機を事故でなくして、傍目《はため》にも気落ちしている様子がうかがえる下村三曹のことを元気づけてやろうという配慮からか、職場のチーフは、事故の記憶もまだ生々しい翌年の春には、彼の希望をかなえて079と同じ複座タイプの新しい伴侶《はんりょ》を見つけてくれた。機番は一つ若い078、しかも機付長として078のいっさいを任されることになった。休日の格納庫通いがまた再開され、以前にも増して機体の扱いは優しくなった。パネルや点検用のドアを閉めるとき、相手は金属の固まりだから多少乱暴に扱っても傷《いた》む心配はないのだろうが、彼としては、そっと閉めなければ気がすまない。まるで女を扱っているようだな、と先輩にからかわれても、彼は否定しなかった。じっさい「女の人」を扱うように扱ってやりたいと思っていたのだ。

078は手のかからない飛行機だった。ふつう一つの飛行機を長く受け持っていると、一度や二度はエンジン本体のトラブルに出くわすものだが、078は二年半たっても目立った故障を起こさなかった。その078ともやがて別れのときがやってきた。浜松の工場に定期検査に出したあとは、彼に代わって新人の機付長が担当することになったのだ。

浜松に行く二週間ほど前、下村三曹はいつものようにエプロンに駐機している078にとりついて、重量一キロあたり八キロの推力を発揮するという、F15の強力なエンジンをスタートさせるため、ジェット・フュエル・スターターと呼ばれる補助エンジンを始動させた。そのとたん、ボーンというすさまじい爆発音とともに、噴射孔から炎が噴き出し、078はエンジン停止の状態に陥ってしまった。火の粉があちこちに飛び散り、危うく大火傷《おおやけど》をするところだった。彼の手を離れるという矢先の、はじめてのトラブルである。しかし下村三曹には、そのトラブルも、いつもおとなしげに見えて実は二年半ずっと我慢を重ねてきた078が、最後の最後になってついにこらえきれず倒れたように思えてならなかった。

下村三曹は、家に帰ってから「基地の中でのパートナー」のことについて「基地の外でのパートナー」相手に話すことがよくある。もちろん妻は、夫が熱心に話してくれるその内容があまり理解できない。ただ、夫の話の中には彼がいままで受け持った飛行機がいろいろ登場する。機番はいちいち言ってもごっちゃになるだけだからと下村三曹も口にしないが、それでも妻は、それらの飛行機のどれに夫がもっとも強い思い入れを抱いているかはわかる。墜落した飛行機、つまり079である。その飛行機の話をしていると、夫の顔色がしだいに変わっていくのだ。

先日、下村家は引っ越しをした。そのお祝いのため、下村三曹は整備の現場で世話になっている先輩や後輩の機付員を招いて、ささやかな宴を開いた。酒がまわるうちに079のことも話題にのぼっていた。翌日、彼は妻にこう言われている。

「あの飛行機の話をしているとき、顔は笑っているけど、目は笑っていないよね」

下村三曹は、妻に自分の心の内を見透かされたような気がした。たしかに079のことは、彼の中ではまだ終わっていない。

下村三曹にはいつも肌身離さず持ち歩いている手帳がある。基地にいるときは作業服の胸のポケットに入れてある。整備の仕事で気づいた点、先輩から教わったこと、そして作業に必要な、受け持ちの飛行機に関するさまざまなデータが書きこまれている。点検しながら手帳を見返すたびに、カバーにはさみこまれた写真の中の飛行機が彼をみつめる。いまの機ではない。二年半持った078でもない。死ぬ三日前に下村三曹と一緒のところを写した、079の姿をこの世にとどめる、たった一枚の遺影である。

写真の中の079は、下村三曹のいちばん近いところにいつもいて、彼の鼓動を聞いている。

ファイター

戦いが、いつ、どんな風にはじまり、どんな形で進行しているのか、空中戦を現に演じているその戦闘機のコックピットに座っていながら、僕にはまるでわからなかった。「トップガン」のような映画の中なら、主人公と敵の戦闘機が入り乱れて戦っている様子は、スクリーンという一つの枠の中にきっちり収まって、観客はまるで自分たちが空中に静止しているかのように、双方の動きを同時に眼《め》で追うことができる。しかし、つくりものと、じっさいは違うのである。

飛行前のプリ・ブリーフィングでは、敵にみたてた野口二尉《にい》と入江二尉の操縦する二機の飛行機は、僕が乗っている051号機と、その右斜め後方を飛ぶウイングマンの吉田二尉が操縦する839号機の二機編隊に正面から向き合うようにやってくることになっていた。戦闘機乗りの言い方にならえば、十二時の方向である。パイロットたちは、方向をあらわすのに、「左斜め前方」とか「右斜め後方」と言ったまわりくどい表現をせずに、自分のいまいる位置を時計の中心と考えて、問題の方向は時計盤の円周に沿ってしるされた数字で言うと、何にあたるかで言いあらわす。たとえば同じ「右斜め後方」でも、僕の真横より少し後ろに下がった位置を飛んでいる吉田二尉の飛行機は、「四時」の方向にあると言うし、それよりさらに斜め後ろは「五時」の方向ということになる。そして、自分の真後ろは「六時」、反対に、六時の向かい側にあたる十二時は、時計の中心にいる自分からすると真ん前の方向になるわけである。

僕にとっての十二時の方向には、竹路三佐の座る操縦席が立ちはだかっている。だからその横合いからのぞく水彩絵の具のような淡い青をにじませた空の向こうに、僕はじっと眼を凝らしていた。しかし、F15の機影はいつまでたっても視野の中に入ってこない。おかしいな、敵は前方からくるはずなのに、と思いながら、それでも15のシルエットを捜すことに神経を注いでいた僕の体は、何の前ぶれもなくいきなり座席ごと右に傾《かし》いで、あの、ふわっとした、どこかへさらわれていくような、ひどくたよりなげな感覚を味わった次の瞬間、猛烈なスピードで下降をはじめたのである。Gが重石《おもし》のように全身にのしかかってくる。そのあとは、自分がシェーカーの中に放りこまれて勢いよくカクテルされているかのように、右に左に大きく揺さぶられ出した。まわりで起きていることを見逃すまいとしっかり眼を大きく見開いているのに、焦点が定まらない。敵にみたてた飛行機と、それを追い詰めようとしている051号機との間で繰り広げられている、スピードをともなった三次元の動きに、僕の思考や判断力が追いついてゆけないのだ。051号機はいま空中のどのあたりをどんな航跡を描きながら飛んでいるのか、操縦桿《かん》を握る竹路三佐は目標に向かって何をしようとしているのか、かんじんの敵はどこにいてどんな動きをみせているのか、まったくつかめないまま、すべては僕を置き去りにして進行していった。

ACM、対戦闘機戦闘訓練は、違ったタイプの飛行機を訓練の相手として想定しながら、ミッションの難度を段階的に引き上げていく。いま僕がその渦中《かちゅう》にある最初の訓練には「B要撃」という名称がついている。Bはボンバー、爆撃機の略である。つまり敵を爆撃機と想定した訓練である。野口二尉と入江二尉は、自分が乗っているのがF15であっても、爆撃機と同じ旋回能力や速度しか出せないという想定のもとに機を操縦する。そして訓練の第二ステージでは、彼らは、F15より若干性能の劣るF4ファントムクラスの第三世代の戦闘機の役を演じ、最後の訓練では15と同じ高性能な第四世代の戦闘機として、15の持っている力をフルに出して、僕らの機に互角の勝負を挑んでくるのである。訓練の段階をへるごとに、より性能の高い飛行機を敵機として想定していくわけだから、それを追いかけるこちらのスピードもしだいに速くなり、当然、Gのかかり具合もきつくなっていく。しかし、この日の訓練の中ではいちばん軽めのメニューで、本番を前にしたウォーミングアップともいうべき「B要撃」でも、僕は、空の向こうから「敵」がやってくるその最初の段階から、「敵」とからみあい、追い詰め、止《とど》めの一撃を加えて離脱する最後まで、ついにこの目で「敵」をたしかめられずに終わった。視界の端をかすめるということもなかった。

F15にじっさいに乗り込むまで、空中戦と言ってすぐに思い浮かべるのは、やはり「トップガン」に代表される映画だった。そこでは、僕たちはいかにも戦闘機のパイロットになりかわったかのように、スクリーンの中の敵機を追いつづけることができる。前方に敵の垂直尾翼が見えたと思う間もなく、機影はどんどんふくらんでいき、やがて細長い胴体に描かれたマークがくっきりと読みとれるまでになる。コックピットの中でうしろを振りかえり、もう逃れられないことを知って、断末魔の叫びを上げるパイロットの悲痛な声が聞こえてきそうである。スクリーンいっぱいに大きく映し出される敵機の姿をながめていると、現実の空中戦でも、相手の飛行機は、キャノピーからパイロットの顔がのぞけて見えるくらいの大きさで眼前に迫ってくるのだろうとてっきり思ってしまう。じっさいの空中戦など、たとえ訓練であっても体験する人はめったにいない。語られることもない。となれば、映画に描かれたイメージが僕らの脳裏に刷りこまれてゆく。

だが、そんな風に空中戦を想像していたのは、どうやら地上を永遠の栖《すみか》にしている僕らだけではないようだ。毎日空の上に行って「ひとりきりの世界」にひたってくる戦闘機乗りも、なりたての頃《ころ》は、じっさいの体験がないだけに、空中戦というものを映画で見たイメージだけで思い描いてしまうという。

千歳基地にもう一つあるF15戦闘機部隊の二〇一飛行隊で、空を飛んでいるキャリアがもっとも長い和田光範《みつのり》三佐は、竹路三佐と同じく千歳にくるまでは飛行教導隊の教官として若手を相手にたっぷり冷や汗をかかせるような訓練を施して、生意気盛りの彼らの鼻をへし折ってきた折り紙付きの敏腕パイロットである。和田三佐も竹路三佐も、二〇一と二〇三という隣りあった飛行隊でともにナンバー2の飛行班長というポストにありながら、しかし二人はまた違ったタイプの戦闘機乗りである。竹路三佐が15の操縦席に体を潜りこませるのが苦行に思えるくらいのすらりとした長身であるのに対して、和田三佐はどちらかと言えば小柄だが、筋肉質のがっしりとした体格の持ち主である。いつも落ち着き払っていて、理詰めでものごとを考えるというタイプの竹路三佐とは対照的に、和田三佐の口からは、ストレートではない、ひねりを効かせた変化球気味の冗談がぽんぽん飛び出してくる。

パイロットは、機付員《きづきいん》と違って「自分」の機を持っていない代わりに、飛んでいるときの自分の名前ともいうべきTAC《タック》ネームをそれぞれ持っている。言わばパイロットとしての芸名である。レーダーサイトと交信したり、編隊を組んでいる仲間同士でお互いを呼び合うときに、フライトのたびに替わる機番や同姓同名もいる本名で「自分」のことを言いあらわしているとまぎらわしいため、こうしたコールサインを設けるのである。タックネームは、他のパイロットがすでに使っているものでなければ、本人の好き勝手でつけてよいことになっている。サザンのファンというパイロットはお気にいりの歌の題名から「ＥＬＬＩＥ」を自分のタックネームにしているが、たいていは自分の本名を少しもじったネームをつけている。ちなみに二〇一飛行隊の内倉一尉は「ＵＣＣＨＹ」だし、亀岡二尉はそのままずばり「ＫＡＭＥ」である。そんな中で、竹路三佐と和田三佐が自分自身につけたタックネームには、名は体をあらわすではないが、それぞれの個性や好み、考え方のようなものが、どことなく投影されていそうな気がする。竹路三佐のタックネームは、主人、先生、といった他に、名人、名匠という意味もこめられている「ＭＡＳＴＥＲ」である。辞書を引くとこの単語は同時に、勝利者という意味を併せ持っている。一方、和田三佐が自らにつけた名前は「ＳＴＡＲ」である。

「スター？」と聞きかえすと、フライトから戻ったばかりで顔に赤黒く酸素マスクの跡がくっきり残っている和田三佐は、「星の、ＳＴＡＲ」と答えている。飛行隊の休憩室というパイロットのたまり場になっている、男臭《くさ》く殺伐《さつばつ》とした雰囲気の部屋で話をしているのに、つなぎの飛行服を身につけた戦闘機乗りの口から出てきた「星」という言葉に、なぜかごく自然に『星の王子さま』のことが頭に浮かんだ。

「たいせつなことは目に見えないんだよ」と言って、ほんとうのことだけを知りたがる小さな星からやってきた王子さまと、砂漠に不時着したパイロットが織りなす、あまりにも有名なこの物語は、戦闘機乗りでもあり作家でもあったアントワーヌ・ド・サン＝テグジュペリが書いている。幼い頃から大空に憧《あこが》れていた彼は、陸軍の航空学生を皮切りにパイロットの道を進み、その傍らにパイロットを主人公にした数々の作品を発表していく。ナチスドイツに占領された祖国フランスを逃れてアメリカに亡命するが、連合軍の反攻が本格化すると、自由フランス軍の戦闘機乗りとして少佐の階級章をつけて戦線に参加、再び祖国の空を飛びながらおもにドイツ軍の偵察にあたっていた。そして連合軍がノルマンディーに上陸した翌月、コルシカ島のアメリカ軍基地から双胴の最新鋭戦闘機ロッキードP38を駆って、九度目の出撃に飛び立ったまま、消息を絶った。サン＝テグジュペリの愛したパリが解放されるのはそれからわずか一カ月後である。もとよりその日、街中にあふれかえった歓喜の鐘の音が彼の耳に届くことはなかった。

空への思いを捨て切れず最後までパイロットでありつづけたそんなサン＝テグジュペリに惹《ひ》かれるものがあって、和田三佐は、タックネームに『星の王子さま』の「STAR」をつけたのではないか。何の脈絡もなくそう思えてきて、本人にたずねてみると、「違う、違う」と端《はな》から否定されてしまった。自分はそんなロマンチストではないし、『星の王子さま』からタックネームをつけたなんてことになったら、後輩たちに馬鹿《ばか》にされちゃいますよ、と苦笑する。だが、否定しているその口ぶりが、どうにも本心をあらわしているようには思えないのである。どこか、無理をしているような気配がうかがえる。

和田三佐は、見た目にはなかなかにとっつきにくい人物である。インタビューをはじめようとすると、これ、とテーブルの上のカセットレコーダーを指さして、テープが止まったのをたしかめた上でなければ口を開かない。しかも、「僕は仕事の話はしないよ」とあらかじめ断りを入れてみせる。けれど、自分のことを話したがらないのかと思っていると、そのくせ、空気がしだいになごんでいくにつれて口もなめらかになる。二〇一飛行隊の隊舎に御用聞きよろしく毎日顔を出しては、パイロットたちと雑談を交わすようになって何日目か、彼らが行きつけにしている千歳の小さなスナックで和田三佐とグラスを傾けていたとき、ここだけの話、というようなひそひそ声で、彼は照れ臭そうに打ち明けた。

「あれね、ほんとうのことを言うと、やっぱり『星の王子さま』からとったんだよ」

その「STAR」が、おもしろい話を聞かせてくれた。

生まれてはじめて空中戦の訓練で「敵」と戦ったF15の新人パイロットたちは、生身で体験した追いつ追われつのドッグファイトのスリルに興奮するどころか、たいていがっかりして地上に帰ってくるという。じっさいに空の上で戦ってみると、映画と違って敵は大きく見えない。米粒より小さいくらいである。ほんものは映画以上の迫力があるだろうと期待していただけに、なんだ、こんなものか、と拍子抜けしてしまうのである。

戦闘機と言うと、MiG《ミグ》にしてもミラージュにしても小回りのきく小ぶりな飛行機が多い中にあって、15はF14トムキャットとならんで、もっとも大きい部類に入る。それでも幅は十三メートル、ジャンボ機のわずか五分の一に過ぎない。15の機影を肉眼で識別できるのは、訓練された戦闘機パイロットの眼にして、目標が二十キロより手前に近づいてからである。それも漫然と空をながめていては発見できない。

人間の眼はカメラと同じで、何もない空の一点に焦点を合わせようとしても、なかなかピントは合ってくれない。それでもなおただの空間をみつめていると、だんだん瞼《まぶた》の裏が重たくなって、しまいには遠近感がなくなり、ぼやけてしまう。そこでパイロットたちは、はるか彼方《かなた》の雲や水平線にまず焦点を合わせて、そこからしだいに視線をずらしながら、敵を捜すのである。何しろ、飛んでいる戦闘機は、見えたとしても、ポツンと空の中に小さなゴミが浮かんでいるようにしか見えてこない。いや、はじめは、見えるという感じからは程遠い。何かがそこにあるという気配を感じとるのである。空のその部分だけ、周囲とは違った空気が張りつめている。殺気を感じる、と言ってもよいのかもしれない。そこに眼を凝らしていると、ゴミのような小さな黒点が、最初はかすかに、やがてくっきりと焦点を結ぶようになる。

機影はしだいに大きくなっていくと言っても、映画のように戦闘機そのものの形が目の前に大きく迫ってくるわけではない。スローモーションの映像ならまだしも、こちらも相手もすさまじいスピードで向かってくる。互いに時速九百キロのスピードを出しているとすれば両者は千八百キロの速さで近づいている計算になる。高度にもよるが、音の一・五倍近いスピードである。見えた、と思ったら、あっという間に、米粒のような物体がすれ違っているという感じなのである。それを相手にするのだから、戦っているという実感はまず湧《わ》かない。蠅《はえ》を追っているようなものである。和田三佐によれば、新人パイロットの頭の中から、『トップガン』などの映画を見るうちに形づくられてしまった空中戦の幻影をいかに払拭《ふっしょく》させて、米粒程度でしかない「敵」に対する闘争本能をどうやってかりたてるかということが、彼らを一人前の戦闘機乗りに育てていくさいの、大切で、しかしむずかしいテーマなのだという。

パイロットの条件と言えば、素人《しろうと》の僕らにも、第一に目は良くなければ駄目だし、反射神経も鈍くてはつとまらないとか、緊急事態が発生しておろおろとうろたえてしまうような人は不向きだろうといったことくらいは容易に思いつく。むろんあのジャンボ機のコックピットをぎっしり埋めつくした計器類を見れば、この高度にコンピュータ化されたシステムを理解して操作できる頭脳が何より必要なことは言うまでもない。だが、戦闘機乗りになるためにはどうやらそれだけでは不十分なようである。むろんプラス・アルファが必要なのは何も戦闘機乗りに限ったことではない。空を飛ぶ人間として最低限求められるものは変わらないが、そこから、操縦する飛行機の種類や用途に応じて、パイロットに要求される資質や能力がさらに枝分かれしていくのである。

千歳基地には、実は竹路三佐や和田三佐をはじめとする戦闘機パイロットの他にも二種類のパイロットがいる。まず、身内の自衛隊機が遭難したときだけでなく、冬山や時化《しけ》た海、離島といった厳しい自然の中で発生したさまざまな事故のレスキューに駈《か》けつける救難隊のパイロット、彼らが扱っている飛行機はUH60Jヘリコプターと MU2と呼ばれる双発のプロペラ機である。そしてもう一種類のパイロットとは、政府専用機ボーイング747のパイロットである。天皇や首相が外遊するさい、羽田空港に駐機したジャンボ機のタラップの上でそうしたVIPをブルーの制服姿の航空自衛官が出迎えるシーンはテレビのニュースでよく流されているが、恐らく視聴者のほとんどは出迎えの人間のことにまで注意を払わないし、だいいち、眼にとまったとしてもどれが航空自衛隊の制服なのか区別はつかないだろう。だから政府専用機を航空自衛隊のパイロットが操縦していることはあまり知られていない。僕のようによほどもの好きで、そのことを知っている人間がいたとしても、専用機とパイロットがふだん千歳基地にいることまではさすがに聞き及んでいないはずである。僕自身、政府専用機は羽田に常駐しているものとばかり思っていた。だが、じっさいは、お呼びがかかるたびにわざわざ千歳から出向いているのだ。

「大変ですね、毎回、千歳からでは……」といささかの同情をこめて言うと、政府専用機の機長であり、この専用機二機だけを配した七〇一飛行隊の隊長もつとめる田中一佐は、「飛べば、たったの二時間ですから、十分、通勤圏ですよ」とおだやかに笑ってみせた。

田中一佐をはじめ政府専用機のコックピットに座る機長、副操縦士は、七〇一飛行隊にくるまで、全員が航空自衛隊の輸送部隊で六十人乗りのジェット輸送機C1の操縦にあたっていた。もちろん自衛隊の輸送機のパイロットがすぐにジャンボ旅客機の操縦桿を握れるわけではない。それなりの訓練が必要である。だいいち彼らが飛ぶのは、使い勝手がわかっている国内の空港や基地ではない。日本の旅客機がまだ一度も車輪を降ろしたことのない海外のさまざまな空港に、国賓として招かれていたり首脳会談に出席する要人を運ばなければならない。皇室の外遊のように何カ月も前からスケジュールがきっちり組まれている場合は、前もって専用機をじっさいに現地に飛ばして、空港の下見をしたり離着陸の予行演習を行なう。しかし外交上の問題が持ち上がり急に特使の派遣やトップ会談がセットされるときはそんな余裕もない。あすの何時までに出発準備を整えてほしいといきなり言い渡されることもあるのだ。「非常呼集」のかかったクルーは、目的地までの気象状況をチェックしてルートを検討し、寄港先の情報をあらゆるチャンネルを使って収集する一方、スチュワーデス役をつとめる婦人自衛官《WAF》たちは機内に積み込む食料や飲料水の手配に追われることになる。このため七〇一のパイロットは、永田町に住む雇い主の無理難題に応《こた》えて、海外のどんな空港にも離着陸できるように日頃から訓練を重ねていなければならない。そうした訓練用のシミュレーター装置がここ千歳に設置されている。

シミュレーター自体は一見すると、工業用ロボットの脚のような細長い支柱の上に箱型の小部屋がのっているという感じだ。だが、小部屋の中に一歩入ると、そこはもうジャンボ機のコックピットそのものである。左右にならぶ操縦席の周囲は、天井から床まで赤や青やグリーンの光が点《とも》る液晶化された計器類に覆《おお》われている。シミュレーターの中では、飛行機に搭乗したときと同じように座席に座ってシートベルトをきっちり締めていなければ危険である。タキシングしているさいの微妙な震動から、離陸時に体にかかる圧迫感、さらに上空を飛んでいるときの機体の揺れ、着陸時の衝撃まで、操縦している状態がかなりリアルに再現される。コックピットの外の気象状況を変えることもできる。視界は何キロメートル、風速は何ノット、と細かい数値まで指定して、その条件の下で飛んでいる飛行機の状態をそっくりにつくりだす。操縦席の前面に広がる窓の向こうには、天候や飛行機の操作に合わせてじっさい窓から見えるシーンがコンピュータ化された画像として映し出される。操縦舵輪《だりん》を右に動かして旋回の操作をすれば、前方の風景は右に大きく傾斜したようになり、前に倒すとその動作に反応して機首が下がり地上の景色が迫ってくる。霧が出てくると前方は白く霞《かす》んだように視界がきかなくなり、雨雲の中に突っ込むと、さすがに窓に水滴がつくところまでは行かないが、あたりが一気に暗くなる。パイロットは地上にいながらにしてさまざまな気象条件の下でのフライトを体験できる。

だが、それだけなら、ゲームセンターに置いてある、百円玉一枚でF1のコースを走り抜けているような感覚を味わえるバーチャルリアリティのゲームマシンと大して変わらないことになる。むろん真に迫っている感じはかなりの開きがあるが、ただ、シミュレーターということでこの機械が何よりも優れている点は、成田、羽田の他、海外のいくつかの空港やその周辺空域のデータがインプットされていることである。

「きょうは羽田から飛び立ってみましょう」といつもとは逆に副操縦士の席となっている右側の操縦席に座った田中一佐が言うと、窓の向こうには、羽田空港でVIP用の特別機が横づけされる32番スポットが、いかにもコンピュータ画像らしくいささか省略された感のあるタッチで姿をあらわした。やがてジャンボ機はスポットから少しずつ離れ、向きを変えて、タクシーウェイに入っていく。シートから伝わってくるかすかな震動を感じながらスポットが遠ざかっていく画像をながめていると、自分がいまほんとうに羽田に駐機しているジャンボ機に乗って、動いているような錯覚にとらわれてしまう。シミュレーターのコンピュータは、整備員の存在も忘れずにきちんと画面に登場させている。ゲームソフトにありがちなのっぺりとした顔つきの整備員は、見上げるような高さの操縦席に向かって誘導のサインを送っている。誘導路をゆっくりと進んでいくと、淡いグリーンで描かれた芝生のはるか彼方には工場や倉庫の立ちならぶ湾岸の風景が見えてくる。コンピュータにインプットされた羽田空港はどこまでもリアルなのである。

「操縦を代わってみますか」

それまでジャンボ機をタキシングさせていた田中一佐が傍らの機長席に座っているカメラマンの三島さんに声をかけた。原付の免許すら持っていない僕と違って、四駆を愛車にしている三島さんはハンドルの扱いに馴《な》れている。何度か三島さんの運転する車の助手席に座ったことがあるが、いかにも走り馴れているという感じのハンドルさばきで、前を向いて彼と話を交わしているうちに、いま運転しているのが誰なのかということをふと忘れてしまうくらい、なめらかに車を走らせる。ジャンボ機の地上走行の向きを変える操作は、操縦席の目の前にある、コントロールホイールと呼ばれるハンドルタイプの操縦舵輪ではなく、操縦席の右脇《わき》にあるレバーで行なう。これが、百八十トンを越すジャンボ機の巨体を支える車輪の舵《かじ》なのである。ハンドルとレバーの違いこそあるが、瞬間を逃さない仕事をしている三島さんなら、勘のよさでこつを巧みにつかみ、うまく滑走路までジャンボを運んでくれるだろうと僕は思っていた。

窓の下から伸びている誘導路は少し行ったところでゆるやかな右カーブを描いている。曲がるときは前車輪を切り過ぎないように、と田中一佐がアドバイスする。コックピットは地上から九メートルほどの高さにある。しかも機首の部分はレドームが鼻先のようにこんもりと盛り上がって、操縦席から真下はのぞけない構造になっている。このため目線のかなり先に見える誘導路の白いセンターラインに機首方向を合わせていくしかない。三島さんは、ゆっくり慎重にレバーを右に傾けていく。と、そのとき、ガクン、と制動がかかったような、かすかな揺れを感じた。僕は、三島さんの操縦ぶりをのぞくため、機長席のすぐうしろにある航空機関士席からシートベルトをはずして、半身を乗り出していた。しかし、前かがみの不安定な姿勢をとっていたその僕が、ぐらついたりよろめいたり、つんのめったりすることはなかった。ほとんど気にならないくらいの、それはごく微妙な揺れでしかなかったのである。

しかし、田中一佐はにっこり笑って言った。

「ちょっと揺れてしまいましたね。うしろのキャビンではいま頃、スチュワーデスがひっくり返っていますよ」

ジャンボ機は全長が七十一メートルある。F15を四機ならべた長さに匹敵する、と言っても、15の実物を見たことのない人が圧倒的だからこれでは比喩《ひゆ》の意味をなさないだろう。むしろ大型バスを十台連ねたくらいと喩《たと》えた方が、その胴長ぶりが実感できるはずだ。これだけ長ければ、鉛筆の芯《しん》の部分を押さえて少し動かすと、先の方が大きくぶれるのと同じで、機首の部分ではわずかでしかなかった動きも、うしろに行けば行くほど大きな動きとなってあらわれる。つまり前車輪の向きの変え具合をほんのちょっと大きくしただけで、たちまち尻振《しりふ》りを起こしてしまう。

三島さんによると、自動車でカーブを曲がるときの要領で、ある程度、レバーに遊びを持たせながら、これ以上はないというくらい、少しずつレバーを傾けさせていたのだという。しかし、その少しずつという加減がむずかしい。円を描くとき、勢いよくペンを走らせるときれいな曲線が描けるのに、ゆっくりゆっくりペンを動かしているとペン先が小刻みに揺れて、妙に筆跡の震えた円しか書けなくなる。ちょうどそんな感じだった。誘導路に引かれたセンターラインの白い線をつねに真ん中におこうと意識してレバーを動かしている間に、いつのまにか中心から外れていき、それを引き戻そうとして、つい手に力が入ってぶれてしまったのである。

「これほどとは思いませんでした」と三島さんが素直な感想を述べると、田中一佐は、そうでしょう、というようにうなずいた。輸送機を長年操縦していた彼が、はじめてジャンボ機を動かしたときも、操縦のさいの、力の加減の仕方にとまどったという。要するに、トラックを走らせていた人間がいきなり都バスの運転手になったようなものなのである。運転しているのは路線バスなのに、カーブを曲がるとき、トラックのつもりでハンドルを切ったとしたら、まちがいなくうしろの座席に座っていた幼児は床に転げ落ち、吊《つ》り革につかまっていた老人ははじき飛ばされる。運転する車によって、気を遣うところが違ってくる。同じようにジャンボ旅客機のパイロットは、絶えずうしろのキャビンのことを気にかけながら操縦していなければならない。旋回するときも高度を下げるときも、いま誰が通路を歩いていてもいいように、彼らは注意深くホイールを傾ける。

　田中一佐のように自衛隊のパイロットでありながら、ジャンボのような旅客機を操縦することはふつうは考えられない。もちろん輸送機のパイロットから政府専用機を抱える七〇一飛行隊に配属替えになれば話は別だが、少なくとも戦闘機のパイロットにそうした機会はまずめぐってこない。戦闘機乗りが旅客機を飛ばそうと思ったら、自衛官の制服を脱ぐしかないのである。

　北海道の空の玄関とも言うべき新千歳空港を抱えている割りに、千歳のホテルで観光客を見かけることはほとんどない。その代わりロビーで目につくのは、頑丈そうな黒の革鞄《かわかばん》を手にした航空会社のパイロットや、紺のパンプスをはいてカートを引いたスチュワーデスの姿である。彼らは、千歳止まりの最終便の勤務を終えたり翌朝一番のフライトにつくといったフライトスケジュールの関係でここに宿をとる。そうしたパイロットの中には、以前は自衛隊で戦闘機に乗っていた者もいる。自衛隊のパイロットを民間の航空会社に転出させる、いわゆる「割愛制度」が全盛だった頃は、日本航空一社だけでも年に二十人近くが、自衛隊の制服を脱いで、戦闘機ではなく鶴《つる》のマークの旅客機を操縦するようになっていた。何しろ二十五年前は、JALの日本人パイロットの、実に五人に一人までが自衛隊出身者だったのである。民間レベルでパイロットの養成がほとんどできなかった昭和三十年代前半、日航や全日空といった航空会社は、パイロット不足を、国が膨大な税金をつぎこんで掌中の珠《たま》のように大切に育ててきた自衛隊のパイロットを引き抜くという形で補おうとしていた。自衛隊よりはるかに高い給与水準、しかも国際線の花形パイロットという華やかさに惹《ひ》かれて、戦闘機乗りが次々と一本釣りで民間にヘッドハンティングされていった。

民間が釣り上げるのは、当然のことながら優秀なパイロットが多い。このままでは自衛隊には民間からも声のかからない、質の劣るパイロットしか残らなくなると危機感をつのらせた防衛庁は、「引き抜き」の条件をつくった。民間に天下りさせるパイロットは防衛庁が「推薦」した人間に限るという、これが割愛制度である。推薦と言っても、人材流出になるのがわかっていて、防衛庁が優秀なパイロットをすすんで差し出すわけがない。むろん「割愛」された中には、自衛隊の懸命な引き止め工作を振り切って、本人の強い希望で戦闘機を下りたケースもあるが、優秀な人材をとるための「引き抜き」は、同時に、自衛隊がもて余しているパイロットを民間が「引き取る」という側面も併せ持つようになっていく。その後、航空各社がパイロットを自力で養成したり航空大出身者を多く採用するようになったことや、パイロットの途中採用自体を手控えたことから、自衛隊からの転出組はかなり減った。それでも、四十を過ぎると否応《いやおう》なく戦闘機から下ろされデスクワークに回されてしまう自衛隊での「余生」に見切りをつけて、民間で第二のパイロット人生をはじめようとする者は年に数人いる。

そうした元戦闘機乗りたちは、同期や後輩がこの千歳の飛行隊でいまも戦闘機に乗っていたりすると、勤務の関係で千歳に泊まることになったついでに空き時間を利用して、かつての仲間の顔を見に基地を訪れる。僕たちが取材に入っていた時期にも、F104に乗っていたという旅客機のパイロットが、クルーのスチュワーデスを連れて飛行隊に遊びに来ていた。「お、男所帯にスッチーなんて、珍しいんじゃない？」

と若手の戦闘機乗りを冷やかすように顔をのぞきこむと、それがどうしたんですかという顔をしている。

「よくあの人が連れてきますよ、千歳にフライトで寄るたびに、なんか遊びにくるみたいです」

大空や飛行機への憧《あこが》れがあってスチュワーデスになったくらいだから、彼女たちも戦闘機には人並み以上の関心を抱いている。格納庫に案内されると、一日のフライトを終えて、ひっそりとうずくまっているF15を前にして、まるでアイドルの男の子の品定めでもするように、「映画で見るよりカッコいいじゃない」とか「結構、大きいのね」とにぎやかに言い交わしながら、うっとりした眼差《まなざ》しを向けている。

そのそばでは、先ほどの妙に醒《さ》めた反応をみせたパイロットとは別の、独身の戦闘機乗りが、フライト前のブリーフィングに臨んでいるときからは想像もつかない、たよりなさそうな表情で、彼女たちに話しかける頃合いをしきりにうかがっていた。それでもちゃっかり合コンの約束はとりつけたようなのである。一方、くだんの元戦闘機乗りは、いかにもスチュワーデスの付き添い人らしく、つかず離れず、若者たちが盛り上がっている様子をそっと見守りながら、かつての同期と昔話をしている。やっぱりなつかしいですか、とたずねると、元戦闘機乗りは、そうだね、と言ってうなずいた。

「たまには、ひとりで思いっきり飛びたくなるものな」

そんな元戦闘機乗りの一人とF15パイロットのたまり場とも言える千歳の酒場で隣り合わせた。間口の狭い店の中は、十二、三人が座ればいっぱいになってしまう細長いカウンターがあるだけで、はじきだされた客は、腰高のストゥールと壁の間の、人ひとりがやっと通れるくらいの隙間《すきま》で立ち呑《の》みする。平日の夜は閑散としているが、金曜の夜ともなると、一週間の訓練から解放された15のパイロットが押しかけ、ストゥールのうしろにはグラスを手にした彼らが満員電車の吊り革にぶらさがっている乗客のように横一線にずらりとならぶ。店内の、壁という壁、柱という柱には、訓練で千歳を訪れた他の部隊の戦闘機乗りや日米共同訓練に参加した米軍のパイロットたちが記念に残していった名刺、飛行隊のエムブレムなどがいたるところに貼《は》りつけてある。カウンターの中には若手のパイロットが入って、客の先輩たちに水割りをつくってまわり、「ビール！」と言われれば身のこなしも軽やかに冷えた一本を冷蔵庫からとり出して栓を抜く。ママは店のことをにわかバーテンにまかせきりにして、隅の方でベテランパイロットと話をはずませている。煙草《たばこ》の煙がもうもうとたちこめ、男たちの騒々しい喚《わめ》き声が交錯するところは他の酒場と変わらないが、ただ、客たちの会話の端々に素人が耳にしても何のことかさっぱりわからない、専門用語や英語の単語が混じっている。店の中は、パイロットでなければちょっと入るのに気後れしてしまうような、濃密な空気に充《み》たされるのである。じっさい飛行隊の宴会から流れてきても、整備員や地上勤務の隊員たちはこの店には決して足を近づけない。その代わり、中すすきのに遠征していったもの好きや他の店をはしごしてきたパイロットたちが、申し合わせたわけでもないのに、いつしかここに舞い戻り、再び戦闘機乗りが一堂に会しての酒盛りとなるのである。

何しろ店の名前からして、F15の愛称、「イーグル」である。もっともこの屋号、以前、千歳基地に所属していて、いまは那覇に移駐したF4ファントムの部隊、三〇二飛行隊のコールサインがイーグルだったところからつけたというのが真相だが、いずれにせよ、飛行隊のコールサインを店の名前にするくらいだから、戦闘機乗りとの縁は浅からぬものがあるのである。僕の隣りに座っていた元戦闘機乗りは、この「イーグル」のなじみと言うほどではないが、フライトの関係で千歳に寄ると、15の飛行隊にいるかつての同期とよくこの店で待ち合わせて、仕事や仲間の話を肴《さかな》に酒を呑むのだという。戦闘機乗りの世界というのは、戦闘機から下りて、もはや戦闘機乗りでなくなってしまってもなおそこに足が向いてしまうくらい、血の濃い世界なのかもしれない。

そんな彼に、戦闘機乗りと旅客機のパイロットとでは、やはり全然違いますかとたずねると、元戦闘機乗りは、それはもう、とうなずいて、千歳に降り立つまでにその日一日彼が飛行機を飛ばしてきたルートを話しはじめた。前夜、大阪泊まりだった彼はいくつかの地方空港を結ぶフライトをこなしたのち、千歳にやってきたのである。

「ファイターパイロットのフライトというのは実にバラエティに富んでいますよね、ACMもやるし、射撃もやる。スクランブルにも出る。宙返りもやれば、横転もする。でも僕らの仕事は、ただ飛ぶこと、たった一日の間に、次はここ、今度はあそこ、と指定されるまま国内のあちこちを何時間もかけて飛び回っている。ファイターに比べれば、単調に見えるけど、これはこれで結構きつい仕事なんです。一人で飛んでいるときと、うしろに何百人も乗せているときでは、勝手が違いますからね。飛んでいても、なんかこう、うしろの方が重たく感じられるんです。飛んでいるというより、乗せているって感じかな。だから、とにもかくにも安全第一。ファイターの頃は先輩から〝ビー・タイガー〟と言われていましたが、いまは、虎《とら》になっては駄目なんです」

むろん戦闘機乗りも、ジャンボのパイロットが後方のキャビンのことを気づかいながら飛行機を操縦するように、安定飛行だけを心がけているときもある。たとえば編隊飛行をしている場合、パイロットは、前を行く編隊長機との間合いをつねに一定に保つように操縦しなければならない。視界のきかない雲の中では、編隊長機の主翼の端についているランプの赤やグリーンの明かりが目の前に見えるところまで間隔を詰めていく。つまり前の飛行機とうしろの飛行機は、翼の分、横にずれているだけとなる。うしろのパイロットが他のことに気をとられて、ちょっとでも自分の機を前に出し過ぎたり、編隊長機のスピードが落ちたのに気づかないでいたら、たちまち翼が接触して、二機もろとも墜落する。パイロットに求められるのは、レールから外れない正確さである。このときは、さすがに戦闘機乗りも闘争本能を剝《む》きだしにする虎であってはならないのだ。

戦闘機乗りに向いていないのはどんな人か、竹路三佐に聞いたことがある。その答えは、裏返してみれば、竹路三佐自身が、もう二十年近くもの間、第一線の戦闘機乗りでいられつづけている自分のことをどんな風にとらえているか、うかがわすものとなるかもしれなかった。彼はほとんど考える間もなく言いきった。

「ひじょうに優しい人」

もっとも、「だからと言って、優しくない人が戦闘機乗りに向いているというわけじゃないんだけどね……」とつけ加えることも、彼は忘れなかった。

竹路三佐には、自分のすぐ横を飛んでいた同僚の飛行機が墜落していくその一部始終を見守っていたという体験がある。そうしたシーンを目の当《ま》たりにすると、ふつうなら、飛んでいても、何かをきっかけに記憶の底の傷が疼《うず》きだして飛ぶことが恐《こわ》くなったり、気持ちが千々に揺れて、しばらくはなかなか立ち直れないものである。

だが、竹路三佐は、同僚の死に接しながらも、心の中では、その死を悼《いた》む気持ちとはまた別に、彼自身に言わせれば、「遺族に対して不謹慎にあたるような」ことを考えていたのである。それは、もし、あれが実戦のさなかだったら、どうなっていただろうかということだった。

フライト中、自分の味方が墜落するということは、訓練ではあり得ない。あるとしたら、それはまさしく同僚が召されたような「事故」としてである。しかし実戦では、彼が目撃した「あり得ない」ことがじっさいあり得るのだ。というより、自分の同僚や部下が目の前で墜落していくことが、あたり前のように起こるのが、実戦なのである。ついさっきまで自分のすぐうしろを飛んでいた部下の飛行機の姿がなく、いるはずのところには、真っ赤にたぎる火の玉が見える。やがて火の玉はくるくると螺旋《らせん》を描きながら落ちていく。実戦のさなかにそんな光景を前にして、それでも自分は戦闘機乗りでいられるだろうか。同僚が目の前で死んでいくということがどういうことか、身を以《もっ》て知ってしまった竹路三佐の中で、ふとそうした疑問がかすかに頭をもたげはじめた。

ほんらいなら自分の見ているところで味方の飛行機を失おうが、編隊長は部下の死などものともせずにすぐさま態勢を立て直し、残りの味方を率いて反撃に打って出るのだろう。いまや炎に包まれた一個の巨大な棺《ひつぎ》と化してしまった部下の飛行機に一瞥《いちべつ》をくれただけで、彼は心の動揺もあらわさず、三番機はどの方向、四番機はどの方向、と矢継ぎ早に命令を下さなければならない。敵の餌食《えじき》となるのは、今度は自分かもしれないのだ。相手が死ぬか、自分が殺《や》られるかの、二つに一つである。悲しみにくれている場合ではない。

だが、竹路三佐は、そんな場面に立たされたとき、自分が感情を持たないハイテク兵器のようになって、残った味方で敵にどう立ち向かうかを考えるところまでほんとうに頭が回るのか、自信が持てなかった。墜《お》ちたのは、操縦している人間の顔も見えない、いやそれどころか、人がじっさいに乗っていたのかどうかさえ遠すぎてわからない、米粒のような敵機ではない。好きな食べものも、弱点も、奥さんとのなれそめも、子供の自慢も、家ではたぶん口にしたことがないだろう夢のことも、すべて知っている自分の部下なのである。その死を前にしながら、はたしてそれ以降の戦闘などできるものだろうか。少なくとも、目の前で同僚の飛行機が墜落していったあのときの自分に置き換えてみたとき、竹路三佐は、自分がすぐに気をとり直して、敵機めがけて突っ込んでいけたとはとても思えないのである。

たしかに映画や小説の世界では、「部下の仇《かたき》！」とばかり、機首を翻《ひるがえ》して、敵に戦いを挑むことになっている。だが、いざ身近な人間の死を前にしたとき、たいていの人は茫然《ぼうぜん》とするばかりで、何も手につかなくなってしまう。それが人間としては当然の反応なのだろうと竹路三佐は思っている。あのときの自分も同僚の飛行機の最期《さいご》を見届けるかのように上空をただ旋回しつづけていた。操縦しながら、しかし、頭はほとんど思考停止の状態に陥っていた。時間も風景も、自分のまわりの何もかもが、飛行機が炎を噴き上げながら落ちていったあの瞬間に凍りついてしまったかのようだった。だからこそ、実戦の中でたとえ味方がやられても、むしろ自らを奮い立たせて戦闘に集中させるには、よほど強靭《きょうじん》な精神力や敢闘精神を持ち合わせていなければ駄目なのだ。仲間を失うその場におかれれば、誰もが映画の主人公のように敵に立ち向かっていけるなどと考えたら、それはとんでもない思い違いである。実戦は、そんな生易しいものでは決してない。並みの精神ならたちまち足はすくみ心は萎《な》えてしまう。

敵に立ち向かうべく腰を上げるということ自体、戦いなのである。自分との――。
同僚が目の前で墜落するという体験があって、はじめて竹路三佐はそのことを学びとったと考えている。死んでいった同僚の遺族に対して自分が「不謹慎」なことをしていると彼自身が気にするのは、同僚の身近にいた人たちが一様に喪に服すように悲しみに打ちひしがれ、故人へのさまざまな思いにかられている中で、自分ひとりは同僚の死さえ実戦や戦闘機乗りについて考えるひとつのきっかけにしてしまっているからだ。しかし、涙で目が曇ることなく、頭の中に醒めた部分があるというそのこと自体、竹路三佐が「戦闘機乗り」であることの、何よりの証《あかし》と言えるのかもしれない。

竹路三佐の所属する二〇三飛行隊の本部隊舎は、飛行隊のF15を格納しておく掩体《えんたい》と同じように、千歳基地が敵の攻撃にさらされた万一のことを考えて特殊な造りになっている。玄関に「二〇三飛行隊」と刻まれた看板が下がった小さなコンクリート造りの建物の中に入っていっても、部屋らしいものは見当らない。階段が、それも下に降りる階段が一つあるだけである。飛行隊を動かすさまざまな機能は、ぶ厚いコンクリートに護《まも》られて、すべてこの地下に潜っている。訓練前のブリーフィングが行なわれるのも、フライトを終えて帰ってきたパイロットや整備員が一息ついたり食事をとるのも地下である。飛行隊の事務にたずさわったり、パイロットが身につけるGスーツやヘルメットなどの保全にあたる裏方の隊員たちは、出勤したら最後、勤めを終えて帰るときまで、地上に出ることなく、空調のファンが人の声もよく聞きとれないほどの騒々しい音を立ててまわりつづける密室にとじこもって、まる一日過ごすことになる。ジェームズ・ボンドの映画に出てくる地下要塞《ようさい》さながらここも秘密のヴェールで覆《おお》われている。それは、この地下司令部に取材を目的にして足を踏み入れることを許されたのは僕たちがはじめてだったという点からもうかがえる。当然、内部の撮影にあたっては、部屋の配置や全体の構造がわからないようにしてほしいといったさまざまな制約が加えられた。

二〇三飛行隊の本部を地下要塞とするなら、千歳基地に同居しているもう一つの飛行隊、二〇一飛行隊の本部隊舎の建物はさしずめ西部劇に登場する酒場である。建物正面は、F15がずらりと機首をならべたエプロンに面していて、サンルームのようにいちめんのガラス張りになっているため、ここに立っていると、エプロンの向こうに広がる滑走路や基地上空に近づいてくる訓練機の様子まですっかり見通せる。逆に言えば、外からは、飛行隊本部の中で何が行なわれているか、わかってしまう。

建物入口のガラス戸を開けたところには、パイロットがブリーフィングを行なうための四角いテーブルが椅子《いす》を配していくつもおかれ、その奥に細長いカウンターがつくりつけになっている。フライトを控えたパイロットはここにもたれて、前の壁にかけてあるスケジュールボードを見ながら気象状況や訓練のスケジュールをたしかめる。テーブルと言い、カウンターと言い、ボードを外して、洋酒をならべた棚でもとりつければ、すぐにでもショットバーが開店できそうなつくりである。器が一風変わっていると、やはりそこに盛られる中身も独特の味つけがされているのかもしれない。

僕がその奇妙な光景を目にしたのは、午後の訓練が大方終わり、Gスーツを脱いだパイロットたちがデブリと呼ばれる訓練後のブリーフィングもすませて、椅子に体を投げ出してほっと人心地ついているようなときだった。ガラス戸が音を立てて開き、紺色の制服の肩にひときわ目立つ銀色の桜を二つならべた、堂々とした体格の紳士が入ってきた。二〇一、二〇三両飛行隊を統《す》べる第二航空団、というより千歳基地、二千五百人の自衛官の頂点に立つ司令官である。桜二つは空将補の階級をあらわしている。つまり少将である。その将軍が姿をあらわしたのにもかかわらず、居合わせたパイロットの誰ひとりとして椅子から立ち上がらなかった。敬礼はおろか、軽く頭を下げてそれなりの敬意を示すわけでもなかった。仲間と雑談をしている者はこの訪問者の方をちらと見やっただけですぐにまた他愛《たわい》のないお喋《しゃべ》りに戻り、コーヒーを啜《すす》っている者も眼だけ動かして相変わらずカップに口をつけている。そして輸送機とは言え、かつてはパイロットの一人だった将軍も、若い隊員たちの反応をいっこうに気にかけていないらしく、奥から出てきた飛行隊長と冗談を言い合っている。ここでは、桜の数は何の意味も力も持たないかのようだった。

ニューヨークはアメリカではない、と言われるように、ある部分、航空自衛隊のF15パイロットも自衛官ではない。では、彼らはいったい何なのか、と問われれば、F15パイロットは、やはり「戦闘機乗り《ファイター》」以外の何者でもないのである。

ライト・スタッフ

自動車メーカーというよりいまや日本の代名詞として世界に通用する「ホンダ」のナンバー2の座を抛《なげう》って、成長株とは言え新興のゲームメーカー、セガのナンバー2へ、世間をあっと言わせる転身を遂げた入交《いりまじり》昭一郎さんは、少年の頃、大きくなったら戦闘機がつくりたいと考えていた。その話を入交さんの口から直接聞いたのは、僕が以前キャスターをつとめていたテレビのトーク番組の収録中だった。

入交さんは小学四年生のときに読んだ本の題名を四十年以上が過ぎたいまもはっきりと記憶している。『飛行機革命』、日本初の国産旅客機YS11の開発を推進して航空工学の大御所と言われた木村秀政《ひでまさ》博士が著した飛行機についての本である。この本の中に、アメリカ空軍の戦闘機乗りであるチャック・イエーガーが、ベルX1を操縦して、人類史上はじめて音の壁を突き破ったときのことがドキュメンタリータッチで描かれていた。

イエーガーがマッハ1に挑戦したのは、チャーチルが「鉄のカーテン」という言葉で冷戦の到来を予言した翌年の一九四七年十月十四日のことだった。実はイエーガーは、このテスト飛行に飛び立つ二日前の日曜の夜、週末をくつろぐたいていの戦闘機乗りがそうするように、しこたま酒を呑《の》んで羽目をはずしていた。ただ戦闘機乗りと言っても、彼の場合、大学や士官学校出のエリート・パイロットと違って、いかにもアパラチアの山奥から出てきた荒くれ者らしく、羽目のはずし方が人並みはずれていた。酔いの勢いで馬にまたがり、彼が日頃乗り馴《な》れている戦闘機のつもりでいい気になって鞭《むち》を入れているうちに、全速力でバーの入口に激突して、地面に放り出され肋《ろっ》骨《こつ》を折ったのである。

肋骨が折れた痛みなら僕にもわかる。普通科連隊の野営訓練に参加して一〇六ミリ自走無反動砲と呼ばれる「豆タンク」のような車両に乗っていたときのことである。ハッチから体半分を出して穴だらけの砂利道をかなりのスピードで走っていると、車両が揺れるたびにちょうど脇《わき》のあたりが鋼鉄の装甲に、これでもか、これでもかと何度もぶつかるのだ。そのときは何ともなかったが、中隊の隊員と一緒に匍《ほ》匐《ふく》前進しながら突撃の訓練を繰り返しているうちにだんだん疼《うず》きだした。カメラマンの三島さんが「肋骨が折れてるかもしれませんよ」と脅すので、まさか、と笑ってみせたが、痛みは収まるどころか、取材を終えて東京に帰った翌日頃からひどくなった。医者でレントゲンをとってもらうと、フィルムに映ったあばらの一本が、折れるというよりボタンをかけ違えたようにずれている。さらしを巻いて安静にしているように言われたが、呼吸で横隔膜が動くたびに僕のあばらを刺激するらしくズキズキする。笑ったりくしゃみをするとてき面だった。笑ったとたんに、脇のあたりに激痛が走り、苦しい息の隙間《すきま》からハハハと力なく声を出しながら、顔の方は苦痛に歪《ゆが》んでみせるという奇っ怪な状態を示すのである。ちょっと体の向きを変えるにしても、ものをとる動作をするにしても、ふつうに呼吸をしながら体を動かすと、たちまち耐え難いほど脇が疼く。満足に腕も伸ばせない。そこで痛む方の脇に片腕をぴったりつけて、まるで水の中にいるように息を止めて、恐る恐る体を動かすしかなかった。

だが、イエーガーはその状態のまま狭い操縦席に潜りこみ、右腕がほとんど使いものにならないため、左手だけでX1を操ったのである。イエーガーの乗ったX1は、F15とは似ても似つかない、坐薬《ざやく》のような形のずんぐりとした胴体に翼が二ついた、不恰好《ぶかっこう》な飛行機だった。燃料に限りがあって単独飛行もままならないX1は、爆撃機B29の翼の下に抱えこまれるようにして上空まで連れて行かれ、高度二万六千フィートに達したところで切り離される。大戦が終結してわずか二年、半世紀も昔の話である。現在と違って、パイロットの身を守るためのさまざまなセキュリティの手立てはほとんど講じられていないに等しかった。緊急時にパイロットを座席ごと空中に放り出すベイルアウトの装置もなかったし、Gを軽減するGスーツもなかった。超音速飛行に臨んだイエーガーが頭にかぶっていたヘルメットにしてからが、15やファントムのパイロットがかぶる強度の高いヘルメットではなく、フットボールの選手が使っていた革製の帽子だった。ジェット機の性能も装備も、スロットルをちょっと操作すればまるで部屋に出入りするように軽々とマッハの境界を行き来できてしまう現在とは比べようもないくらいお粗末なものだったが、いや、そうだったからこそ、音速の壁めがけて突き進んでいったイエーガーのフライトには、かつて犬ぞりで極地をめざしたり、小さな帆船で大海原に乗り出していった人々の冒険に相通じる、人の想像力をかきたてスリリングな興奮を呼び覚ます要素がこめられていたのだ。

そのイエーガーの冒険について記した文章を、小学四年生だった入交さんは憑《つ》かれたように夢中で読みふけった。読み進むうちに胸に何度も熱いものが走った。そして読み終わる頃には、小さな心の中に、まだおぼつかない十歳の少年の体のどの部分よりもしっかりと形づくられた決意が生まれていたのである——とにかく僕は飛行機をつくるんだ。

入交少年がつくりたかった飛行機には具体的なイメージがあった。カウボーイにとっての馬のように、イエーガーが毎日それを駆って大空を自由に飛びまわっているジェット戦闘機である。十歳のとき心に決めた、戦闘機をつくるというその目標に向かって、入交さんは彼自身の言葉を借りれば、「中学も高校も大学も、一直線に」進んだ。大学はむろん航空学科のある東大工学部である。しかし、三年生のとき実習で三菱重工といったメーカーをはじめてたずねて、技術的にも資金的にも日本がまだジェット戦闘機を開発できるような状態にないことを思い知らされる。それは、自分ひとりの力ではどうにもならない現実である。待っていれば、いずれ国産のジェット戦闘機が日本の空を飛ぶような日はやってくるかもしれないと言っても、それが十年先になるのか二十年先になるのか誰にもわからない。ひょっとしたら永遠にそんな日はめぐってこないかもしれないのだ。少年のときから入交さんが心の中でふくらませてきた夢は、断念せざるを得なかった。

しかし社会に出る日は確実にやってくる。進路を真剣に考えなければならない時期にさしかかっていた入交さんの目に新たにとまったのは、レーシングマシンである。空と地上の違いはあっても、人間が知力のすべてを傾けてスピードに挑戦するという点において、それは、翼を持たないジェット戦闘機とでも言うべきものだった。夢はついえたわけではなかった。形を変えて、入交さんの中で生きつづけていたのである。トーク番組では、嘘《うそ》はつけない。化けるのが仕事の役者や場数を重ねたプロの司会者ならまだしも、少なくとも僕の場合はそうだった。どんなに取り繕ってみても、一時間近く同じ人物と一対一のトークをつづけていると、ブラウン管の向こうでながめている人は、相手の話を聞いているときの僕の表情や受け答え、それこそ目線の移ろい、口もとの動きといった、微妙で些細《ささい》な変化まで見逃さず、僕が相手にどんな印象を抱いているかをすばやく嗅《か》ぎとってしまう。一般のモニターから寄せられた番組への感想には、思わずドキリとさせられることが書いてあったりする。僕が、口ではどんなに、なるほど、と調子を合わせたり、精一杯笑ってみせていても、ちゃんとその裏側に隠されている相手への本音を見透かして、「司会者はゲストのことをあまりよく思っていないみたいですね」と的確に言いあてるのである。その点、入交さんとのトークがオンエアされると、モニターだけでなく、番組を見たという僕の周囲の何人もの人から、「ずいぶん楽しそうに話してたじゃない」と感想を聞かされている。じっさい、スタジオでの入交さんとのトークは、僕が一年半にわたってキャスターをつとめた番組のトークの中でもいちばんの部類に入るほど話がうまく嚙《か》みあって、肩に力が入ることもなく、実に自然体で、気持ちよく流れていった。過ごしてきた時代も世界もまるで違うのに、なぜか、懐《なつ》かしい時間の中に浸っているような心地よさがあった。

トークの終わりしなに僕は、「入交さんは欲張りですよ」と言った。

「小さいときはジェット戦闘機に憧《あこが》れ、ホンダではF1のレーシングマシン、そしていまはバーチャルリアリティのゲームマシンと、入交さんが追い求め、手がけてきたものは、いつもそのときどきの少年が憧れているものでしょう？　それをどんどんつちゃって、すごい贅沢《ぜいたく》だなあって思っちゃうんですが……」

「そうか、そのときに子供がやりたいことだよね」

入交さんは、はじめて思い当ったようにうなずいてみせた。

「そうですよ、その時代、時代で子供がいちばんやりたいことですよ」

僕が駄目押しのように重ねて言うと、入交さんはいかにもおかしそうに声を出して笑った。

「そうか、僕は幼いんだ」

収録が終わり控え室に戻った入交さんは、一時間近くもライトに照らされカメラにみつめられる独特の雰囲気の中で喋《しゃべ》り詰めだったことから喉《のど》が渇いていたらしく、出されたコーヒーをきれいに呑み干し、スタジオで「オヤジさん」と口にしていたホンダの創設者、本田宗一郎氏をめぐる思い出話を、あらためて僕や番組の女性スタッフ相手に聞かせてくれたあとで疲れた様子もみせず席を立った。部屋を出ようとする入交さんに、僕はお礼の言葉とともにちょっぴり自慢気に、「来週、千歳でF15に乗るんですよ」と話した。

入交さんの足が止まり、「ほんとですか」と目を輝かせながら、まるで男の子が友だちの宝物をうらやましがっているような声を上げた。

「いいなあ、僕も乗りたいな」

少年のときの憧れに、どうやら時効はないようである。


ジェット戦闘機はまぎれもなく戦いの道具である。そのことはわかっていながら、それでもなお、スピード、メカニック、飛び道具、と男の子をわくわくさせるすべての要素をとりこんだこのマシンには、元少年だった大人たちの目を輝かせ、冒険や大空に憧れていた少年の日々に一足飛びに引き戻してしまう魔力のようなものがそなわっている。外見の裏側に隠されているものにまだ目をやる余裕のない少年にとって、見映えのよさがすべてである。そして戦闘機はたしかに見映えがいい。理屈抜きでカッコいいのである。

むろん来る日も来る日も基地騒音に悩まされている人々にとって、戦闘機は日々の平穏をかき乱す存在としか映らない。轟音《ごうおん》を立てながらロケットのように垂直上昇していくその姿にも、喚声どころか、「うるせえな」という苦々しげな呟《つぶや》きが口をついて出るだけだろう。ましてその騒音や震動のせいで体に変調を来たしたり、仕事や勉強に影響が出るなどの被害を受けていたら、怒りを通り越して、戦闘機なんか木っ端《こっぱ》みじんに吹き飛んでしまえばいいと、憎悪《ぞうお》の念がむらむらと頭をもたげて当然である。神経に障《さわ》る音は、自分が自分でなくなってしまうほど人を狂気に誘う力を持っている。その前ではどんな理屈も通用しない。

一方、肉親を空襲で奪われた人々にしてみれば、戦闘機は、忌《い》まわしい戦争の記憶を甦《よみがえ》らせる悪の化身のように見えるにちがいない。あたりを聾《ろう》するF15の爆音は、人々を、B29の大編隊がサーチライトの明かりの中にキラキラと機体の白い腹を光らせながら飛来してきたあの夜に一気に連れ戻す。惨劇を二度と繰り返さないためには戦いにまつわるすべてを拒否しなければと考える人々に、領空侵犯を繰り返すロシア軍機を追い返すためにも戦闘機は必要なのだと説いてみたところで、大して説得力はない。戦闘機を持つこと自体が憲法違反なんだと決めつける人もいれば、別に攻撃を仕掛けているわけじゃないのだから、立ち去るまでじっと待っていればいいと考える人もいる。彼らにとっては、領空侵犯されることより、自分の国の戦闘機の方がはるかに自分たちに害をもたらすものに見えてしまうのだ。体験に根ざした深いところからの拒絶反応の前に、やはり理屈は無力である。

戦争というあまりにも重たい負の遺産を引きずっているために、半世紀をへてもなお、防衛に対する国民の最小限のコンセンサスすらできていないこの日本では、戦闘機の存在ひとつとってみても、人々が示す反応には、それぞれの人間が背負ってきた人生の道のりや、この社会に対する考え方が、まるで鏡に映った自分の姿のようにそっくり投影される。めいめいのフィルターを通してしか、戦闘機というものをながめられないのだ。

だが、そうしたバックグラウンドのまだない子供の目に、戦闘機は、その姿形がそのままに入ってくる。相手をリングに倒すという目的のためにだけ鍛えられたボクサーの肉体のように、贅肉をいっさい削《そ》ぎ落とした戦闘機のメカニックな美しさは、レーシングカーやガンダム戦士と同じように、ランドセルをまだ背負っている年頃の男の子の心を妙にくすぐるのである。そして、メカニックな美しさに魅《ひ》かれるものの中には、ひょっとしたら性的な匂《にお》いにどこか通じるものがあるのかもしれない。少女も少年もひとしく戦闘機に憧れるわけではなく、男の子だけが魅かれるのはそのためなのだろう。

そう、だから、元少年なら誰しも一度は戦闘機に憧れていた時期があったはずなのである。少なくとも僕が小学生だった頃、と言っても、もう三十年以上も昔の話になってしまうが、その頃は、子供が夢中になるスポーツと言えば野球か相撲、プロレスくらいしかなかったように、少年の興味の及ぶ範囲が限られていたせいもあって、戦闘機は、男の子の「憧れ」の最たるひとつだった。教室に最新の航空雑誌を持ってきた男子生徒のまわりには必ず人垣ができて、とりあえずその日一日は、彼がクラス中の男子の関心をひとり占めできたし、遊びに行った先に、ていねいに彩色されたアメリカ製の戦闘機のプラモデルがならべてあったら、いまで言えば難関のゲームソフトを攻略した子供に対してのように、仲間たちは「すげえ」と讃嘆《さんたん》の声を上げたはずだ。だが、世界が少しずつ広がり、世の中には自分の興味を刺激することが他にもさまざまにあることを知るにつれて、憧れはまた別の憧れにとってかわり、パイロットになりたいと思っていた少年も、いつしか自分がそんな夢を抱いていたことさえ忘れるようになっていく。

しかし、中には、大空への夢を捨て切れずにいる少年もいる。そこから十何年後か、夢がかなって戦闘機の操縦桿を握る者が生まれてゆく。だが、戦闘機乗りになるというのは、ある部分、そこからふるい落とされ、夢を諦《あきら》めて退場していった者たちの、無数の無念という思いの上にのっているのである。戦闘機乗りをめざす道が狭き門であることはすでにさんざん言いつくされていることだが、ただこの狭き門は、司法試験をはじめ難関と呼ばれる試験と違って、本人が一心不乱に目標に向かって努力に次ぐ努力を重ねたからと言って、それだけでひらかれるわけでは決してない。むしろ本人の努力ではどうにもならないものに左右されているところが大きいのである。それを、持って生まれた資質と呼んでも差し支えないかもしれない。

アメリカの作家トム・ウルフは、戦闘機乗りから宇宙飛行士になった七人のパイロットについて描いた物語の中で、それを持っているか持っていないかで、戦闘機乗りになれる人間となれない人間が、はっきり分かれてしまう「資質」があるとしている。その資質は、そうしたものがあることを知っている人の間ですら口に出して語られることはないし、だから言葉として表現されたこともない。しかし彼らパイロットの世界に、それは厳然と存在しているのである。そんな曰《いわ》く言いがたい資質を、トム・ウルフは、「ライト・スタッフ」と名づけている。たとえば勇気、それもライト・スタッフに含まれる。だが、あくまで資質を形づくっている一部にすぎない。しかも、ライト・スタッフが要求している勇気とは、無鉄砲とか命知らずといった類《たぐ》いの勇気とは別物である。

吉行淳之介などは、昔、同人誌で同じように作家をめざしていた仲間が世に出られなかったのは才能のせいではなく、むしろ「鈍」なる部分がなかったため、としている。名を成す要素として、運や根、は誰もが言いそうなことだが、もう一つに、鈍、をあげる点がいかにも人間観察の鋭さにかけては定評のあった作家の言葉らしく、なるほどさまざまな競争をくぐり抜けながらいつのまにかスターダムについていたという人々のサクセスストーリーをたどってみると、運や根ばかりではなく、時として繊細さとは対極の、鈍であったから、並み大抵のことでは這《は》い上がってゆけない成功の階段を逆にのぼりつめることができたのだろうと、なんとなく納得できてしまったりする。

だが、ライト・スタッフの資質とは、運、鈍、根のような、まるで数学の公式のように名を成すための条件として別の職業や世界にもひとしくあてはまるというものでは決してない。この「資質」は、他のどの世界を見回してもそれに相当するものがないくらい、戦闘機乗りの世界だけに独特のものなのである。トム・ウルフの表現に従えば、ライト・スタッフの持ち主に要求されるものとは、〈機《マシン》を駆って疾風のごとく空に駈《か》けのぼり、死の瀬戸際《せとぎわ》まで挑み、機《マシン》が制御できなくなるぎりぎりのところで、闘魂と反射神経と経験と冷静さを総動員して機を立て直し帰還する〉(『ザ・ライト・スタッフ』中央公論社・中野圭二、加藤弘和訳)ことを、来る日も来る日も、パイロットを辞めて戦闘機から降りる最後の日まで繰り返すことである。つまり、そうした孤独な戦いに耐え抜く、そしてここそが何よりも重要なのだが、その孤独な戦いに、いまこの時だけでなく、これからもずっと耐えることを持続できる者にのみ与えられる、ナイトの「称号」が、ライト・スタッフなのである。

サラリーマンは、彼らにとっての制服とも言うべき背広を着ていても、名刺を出さない限り、名前はむろんのこと社内での部署も地位もわからないが、その点、自衛官は制服が名刺代りである。何よりもまず制服の肩や襟に輝く階級章はその人の自衛隊での地位をあらわしているし、胸には名札がついている。さらに陸上自衛隊の場合は襟もとに、海上自衛隊では胸に、どんな部隊に所属しているのか、戦車部隊なのか、潜水艦なのかといった部隊の種類をあらわすさまざまな徽章《きしょう》をつける。だが、これらの徽章はデザインが複雑だったり、なじみがなかったりで、他の部隊の隊員にはなかなかわかりにくいものだが、そんな中でたいがいの隊員なら一目でそれとわかる徽章がある。パイロットの制服の胸もとを飾るバッジである。航空自衛隊の戦闘機乗りにせよ、海上自衛隊に属する対潜哨戒機《しょうかいき》のパイロットにせよ、自衛隊の飛行機野郎は全員が制服の胸に、翼を大きく広げた鷲《わし》をあしらった銀色の徽章をつけている。これが、自衛隊のパイロットをめざす候補生にとって夢にまで見る、憧れのウイングマークである。候補生は、将来操縦したい飛行機が何であろうと、とりあえずこのウイングマークを手にするまでは自衛隊のパイロットになれないのである。

自衛隊のパイロットをめざすには、大きく分けて二つの道がある。防衛大や一般大から自衛隊の将校を育成するコースに乗り、奈良にある航空自衛隊の幹部候補生学校で学んでいる間に単発のプロペラ機に同乗してじっさい操縦桿《かん》を握りながら、パイロットとしての適性があるかどうか、チェックを受けたあと、パイロットの教育課程に振り分けられるのが一つ。ただ、防大から航空自衛隊に進めたとしても、パイロットへの道のりが遠く険しいことに変わりはない。パイロット養成コースにスイッチできるのは、航空自衛隊に入った防大組の、わずか三分の一にも満たないのだ。一般大出身者となるとなおさらである。

自衛隊のパイロットをめざすもうひとつの道は、高校を卒業してから「航空学生」という制度を利用することである。学生と言っても、防大生と違って身分的には入学した段階で自衛隊に入隊したことになり、二等空士と同じ給与が支払われるが、二年に及ぶ教育期間の間は航空工学や電子工学、英語といった授業や体力の練成に重点がおかれ、まさに自衛隊のパイロットになることだけを方向づけられた純粋培養のコースである。僕の乗った051号機を操縦している竹路三佐も、「STAR」こと二〇一飛行隊の和田三佐も、この航空学生の出身である。戦闘機部隊である飛行隊にはふつう二十五人前後のパイロットがいるが、このうち防大出は三人に一人程度に過ぎない。残る六割強の戦闘機乗りは「航学」の呼び名で言い表される航空学生出身者で占められている。防大出のパイロットは、航空自衛隊の将来のリーダー要員と目されていることから、高級幹部になるためのさまざまな教育や司令部でのデスクワーク、海外留学などに時間を割かれ第一線を遠ざかることがあるが、その点、航学出身の戦闘機乗りは、防大出よりパイロットとしてのスタートが三年ほど早いことに加え、現役でいられる二十年あまりの大半を「生涯一戦闘機乗り」として飛行機に乗って過ごすことが許される。むろん飛行時間や訓練の頻度だけがパイロットの技倆《ぎりょう》を左右するわけではないし、防大出の中にも、ブルーインパルスで、編隊長をつとめたり、編隊の後尾について僚機の引き起こす乱流の影響をもろに受けるだけに操縦にもっともデリケートさが求められる、四番機に選ばれるパイロットも少なくない。それでも、第一線の飛行隊のパイロットからスゴ腕という評価をかちえる戦闘機乗りは航学出身者に多いのである。ちなみに竹路三佐が飛行班長をつとめる二〇三飛行隊で、戦闘機乗りとしていまいちばん力のある「トップガン」は誰かとたずねると、竹路三佐も防衛大出の飛行隊長も口を揃《そろ》えて、僕が参加したミッションで敵役をつとめた二尉《にい》の名前をあげた。彼もまた航学出身者なのである。

航空学生は、戦闘機乗りになるための最短コースと言われるだけあって、人気は高く、毎年七十人ほどの枠に二千人の応募者が殺到する。三十倍近くの難関である。試験は三次まであり、一次では、国、社、数、そして物理を含む理科、英語と多岐にわたって学力が試され、最終選考ではプロペラ機に乗っての適性検査が行なわれる。この適性検査は幹部候補生のそれと同じで、前席には点検官と呼ばれるベテランパイロットが乗り、後席に受験生が座る。航学の受験生のほとんどは高校卒業を控えた、まだほんの十七、八歳の若者である。そんな彼らが、自動車免許の路上実習のように点検官がそばで、いざというときに備えているとは言え、操縦桿を握って、いままさに空を飛んでいる飛行機を自分ひとりで操るのである。もちろん、彼らにとって生まれてはじめての体験に違いない。操縦桿を手にして、恐る恐る動かしてみたそのときの感覚、感触は、何年たっても、たとえF15に何千時間乗るようになっても、はっきりと覚えているらしい。

宮崎の新田原基地でF15パイロットを育てている主任教官は、いまも思い出そうとすれば、二十年近くも前の、その感覚が手のひらに甦ってくるという。点検官から操縦を代わって彼がはじめに抱いた感想は、「飛行機って、なんて敏感なんだろう」という思いだった。ちょっと操縦桿を傾けただけで、飛行機は大きく反応する。事前に参考書を読んで操縦桿の操作についてはひと通り頭に叩《たた》きこんでいたつもりだったが、じっさい自分で動かしてみると、頭が真っ白になって、付け焼刃の知識なんかどこかへ吹き飛んでしまった。

操縦桿を左に倒せば、飛行機は左に傾く。たしかにその通りなのだが、問題はそのあとである。自分の操作で水平姿勢を崩してしまったとたんに、飛行機がいまどんな姿勢をとっているのか、水平線に対してどんな位置にあるのかわからなくなってしまう。再び水平姿勢をとり戻そうと思っても、操縦桿をどう動かせばよいのか、とまどってしまい、焦《あせ》ってレバーを右に左にいじっている間に、操縦桿を思わず握りしめてしまう手の力も加わって、飛行機は教官の助けを借りなければどうにもならない状態に陥るのである。

前席の教官から、「次は左側に行きましょう。向こうにこんな形をした雲がありますね、あれをめざして向きを変えてください」と指示が出る。だが、操縦桿を動かし、前方の景色が移り変わっていくうちに、目標にしていたはずの雲を見失ってしまう。あれ、さっきまで見えていたのに、どこに行ったんだろうと、あちこち見回している間に、また飛行機の安定が悪くなる。首を動かしたり、動揺したりすると、その微妙な変化は操縦桿を握る手に伝わり、それに応じて飛行機がすばやく反応してしまう。自動車なら、左に曲がれと言われて、道を見失う者はまずいない。ところが飛行機は違う。大地のような、たしかなものが何ひとつとしてないのである。彼は教官から、「きみの目の前に俺の後頭部が見えるだろう、その頭のこと、このあたりを、水平線に合わせれば、高度が変わらずに飛べる」と言われていたが、それも天気しだいである。水平線はちょっと雲がかかっただけで見えなくなってしまう。そういうときは仮想の水平線を引きなさい、と言われてみても、思わず、そんなふたしかな、と言い返したくもなる。たよるもののない中で、パイロットはよく飛行機を自分が行きたいと思う方向や角度に飛ばすことができるな、と感心する一方、はたしてこんな芸当が自分にできるだろうかという不安がしだいにつのっていく。

適性検査のためのフライトは合計四回にわたった。回を重ねるにつれて、操縦桿を動かすだけで、水平線や地上の景色が、右や左に傾いたり上昇したり下がったりする、そのときの不思議な感覚を味わえるくらいの余裕もでてきた。それは、地面を歩いているときからは想像もつかない、かと言って逆立ちしているときとも違う、まるで新鮮な感覚だった。そして、ほんの少しずつではあったが、操縦桿を触っていると、あるほど、こういうときはこうすればいいのか、ということが体でつかめるようになっていったという。理屈ではない。口でいくら説明されても、頭でどんなに理解しようと努めても駄目なのである。ふとした瞬間に、まるで神の啓示を受けたかのように、体の中の何かが、そうか、と感知するのである。その、体で感じとる、センスとしか言いようのないものに、戦闘機乗りとしてのかなりの部分が左右されていることを、彼は、パイロットになるまでも、そしてなってからも、折りにふれて思い知らされるのだという。

しかし、狭き門をくぐり抜け、晴れて航空学生となったからと言って、航空学生の課程が終わる二年後に同期の全員がパイロットの養成コースに乗れるわけではない。学科試験で及第点に達せずコースアウトさせられる者もいるが、むしろ毎月行なわれる視力検査に引っかかって、課程の半ばで去っていく者の方が多い。航空学生の課程を終えた段階で次のコースにステップアップできるのは、全体の七割、残りはパイロットに不適格の烙印《らくいん》を捺《お》され、競争から脱落していく。もちろん自衛隊に残って別の職種につくことは認められるが、彼らは、自衛官ではなく、パイロットになりたい一心で航空学生というコースを選んだ者ばかりである。防大ならまだしも卒業の段階で心変わりがして自衛官にならなくても、とりあえず大卒の資格は手に入る。一般企業に就職する第二の道もひらけてくる。

ところが航空学生は、二年間の課程を終えても、得られる資格は何ひとつとしてない。専門学校を卒業したわけでもなければ、民間の航空会社に働き口がみつかるような技術を身につけたわけでもない。ただ、自衛隊に二年間勤務したという職歴が残るだけである。パイロットにならなければ何の意味もない、それこそ「棒に振った」ような二年間と言っても過言ではないのだ。その点は航空学生から次のコースにステップアップできても変わらない。自らも航空学生から一段一段パイロットをめざす長い階段をのぼってきた竹路三佐は、「航学」出の身分の不安定さを、「つぶしが効かない」という言い方で表現している。自衛官にもなりきれず、かと言ってパイロットになれるという保証をもらっているわけでもない。視力が落ちる危険を覚悟で夜遅くまで勉強を重ね、思うように操縦できないもどかしさや、自分はパイロットに向いていないのではないかと弱気に傾きがちな自分自身をこらえながら必死に訓練に耐えていても、パイロット不適格の判断を下された段階で、いままでの努力はすべて水泡に帰してしまう。竹路三佐自身、ウイングマークを取得して自衛隊のパイロットとして認められるまでは、自分の将来はどうなるのだろうという不安にかられることがしばしばだったという。

じっさい航空学生の課程を終えても、ウイングマークをもらえるまでに、パイロット候補生は二年半近くの歳月をかけて四つの関門をくぐり抜けなければならない。地上準備課程で操縦に必要な英語のヒヤリング、ディクテーションといったより実地に即した講義を受けてから、T3と呼ばれる単発のプロペラ機でいよいよ空を飛ぶ訓練をスタートさせ、このステージをクリアすると、ジェット機の操縦訓練に入る。飛行機はセイバーに似たT1、T3に比べて速度は倍以上、加速も加わる。たとえば着陸する場合、プロペラ機はエンジンの出力を最小にして降りていくが、ジェット機は一度、出力を絞ってしまうと、なかなかもとに戻らない。着陸をやり直そうとゴーアラウンドをかけてもパワーをすぐには得られないのである。このため、車で言えばある程度までアクセルを入れたまま、速度を落さずに滑走路へのアプローチを試みることになり、それだけ的確な操縦とすばやい判断力が要求される。T1を乗りこなせるようになると、続いての関門はウイングマークを取得するための基本操縦課程、ブルーインパルスの機種にも採用されているツインエンジンのT4が割り当てられる。

教育の内容は、飛行機の種類が変わっても基本的には変わらない。離着陸からはじまって、ソロ、編隊飛行、最後に計器飛行と、難度が段階的に上がっていくカリキュラムが組まれている。つまり中身的には同じメニューの訓練を、その都度、より性能の高い飛行機を使ってこなしていくのである。

候補生にとって気が気でないのは、それらの、どの段階で、エルミネイト、「首」と言われ、パイロットへの道を断たれてしまうかわからないということだ。大学生のように学期末にまとまった形の試験があるわけではない。パイロットになれるかなれないかの「首」を賭《か》けた試験は、決して大袈裟《おおげさ》な言い方でなく、毎日待ち構えているのである。ふつう自衛隊のパイロット養成コースでは、教官とアシスタントコマンダーの二人で候補生二人を教育する。ほぼマン・ツー・マンに近い指導である。単独飛行に行きつくまでは候補生が操縦する飛行機に教官が同乗するが、それ以降は、教官は地上や、別の飛行機に乗って、候補生のフライトを毎回チェックする。

『兵士に聞け』の取材をはじめてまだ間もない頃だから、もう四年前のことになるが、パイロット候補生にとって胸つき八丁の最大の難所とも言うべき、基本操縦課程の教育が行なわれている浜松の第一航空団をたずねたことがある。ここには、第三一と三二の二つの教育飛行隊があって、入校時期の早さの順に、チャーリー《C》、デルタ《D》、エコー《E》、フォックス《F》と呼ばれる四つのクラスの計五十人あまりの候補生がウイングマークをめざして訓練をつづけていた。教育期間は七カ月半、T4に乗りこんでの訓練開始から四カ月ほどで民間でパイロットの仕事につける事業用操縦士資格の国家試験が行なわれ、これにパスした上で、さらに自衛隊が定めた計器飛行の検定に通ってはじめて自衛隊の操縦士資格であるウイングマークが得られる。

上空で訓練が行なわれている間、飛行隊のオペレーションルームは閑散としている。滑走路が見渡せるようにサンルームよろしくいちめんのガラス張りになってオペレーションルームからつきだしている一角でソファにもたれ、ことに秋のおだやかな気配の漂う午後、柔らかな陽ざしにつつまれながらコーヒーを啜《すす》っていると、ついうとうとまどろんでしまう。しかし、そんな僕の傍らでは、教官が無線のマイクを手にしたまま、候補生の乗った飛行機の機影を追うように空の一点をみつめている。

やがて候補生がフライトを終えて帰ってくると、装具を外すのもそこそこにオペレーションルームの奥にある、黒板のかかった小部屋に入っていく。ここで候補生は、机をはさんで向き合った担当教官から、いましがた終えたばかりのフライトについて講評を受けるのである。教官は、操縦のどこがどう悪かったのか、事細かに指摘しながら最後に、グレイドスリップと呼ばれる評価用紙に成績を書きこむ。候補生にとって緊張の一瞬である。評価は、秀、優、良、可、不可の五段階だが、秀はまずない。ほとんどは、良、可、不可のいずれかである。問題は、不可と書きこまれたときである。以前はこの不可の評価だけをピンク色のカードに書いていたことから、いまだに候補生の間では「ピンクをもらう」という言い方が語り継がれている。それでもピンクが一回ならまだ次に頑張ろうという余裕もあるが、二回となると顔つきが変わってくる。精神的にもかなり追い詰められる。そして三回つづけてピンクをもらう羽目にでもなったら、万事休すである。Ｐチェック、「プログレス・チェック」と呼ばれる審査にかけられ、別の教官が同乗した飛行機でもう一度チャンスが与えられる。ここで躓《つまず》くと、いよいよエルミネーション・チェックが行なわれ、候補生は飛行班長が後席から見守っている中で課題の操作を試みる。その結果、見込みがないと判断された場合、担当教官や飛行教育隊の幹部が出席する合同審査にはかられ、最後の審判が下されるのである。

候補生はフライトが日に二回ある。つまり前の日のフライトが二回ともピンクカードで、さらに翌日の午前のフライトもピンクだったりすると、それだけでもう三回。わずか一日半の間に奈落《ならく》の底に落ちる気分を味わわされる。おとといまでは、絶好調と乗りに乗っていても油断は禁物、いっぺんでお先真っ暗という状態に追い込まれるわけだ。しかも候補生を不安にさせる材料はまだある。ピンクを三回連続でもらっていなくても、可の成績がしばらくつづいて、そこにピンクカードが加わると、それだけでピンク三回に相当すると判断され、Ｐチェックにかけられる。最悪の場合、数日のうちに彼は荷物をまとめ、航空学生以来、ライバルでもあり、苦労をともにし互いに励ましあう伴走者でもあったクラスメートに別れを告げて、たったひとり浜松の基地を出ていかなければならない。少なくとも彼があとにした世界で、彼は落伍者《らくごしゃ》という烙印をおされたのである。そして彼は、自衛隊のパイロットをめざすというそれだけのためにすべてを傾けてきた三年あまりの日々を自分の中で帳消しにして、基地のゲートを出たその時点から自分の将来設計を一から立て直す必要に迫られるのだ。

教官の話によれば、ピンクカードがつづいたりしてコース半ばで脱落していくというのは、たいてい一点集中と言って、ひとつの操作をしたり計器を見ることに注意が集中するあまり、他のことへの目配りがおろそかになって、ミスを重ねてしまうケースがほとんどなのだという。たとえば、高度を上げろと教官が指示を出すと、一点集中の候補生は、高度計の目盛りにばかり気をとられてしまい、他のいっさいが目に入らなくなる。このため、飛行機をとんでもない方向に飛ばしていても気づかなかったり、自分が操作すべきものと、操作してはいけないものを混同したりする。パイロットは、高度を上げたり下げたりするとき、逆に高度計にはほとんど注意を払わないという。見ていてもしようがないというより、他にやるべきことがあるからだ。

高度を上げるときは、薬指の腹で軽く操縦桿を引いて機首をわずかに上げる。飛んでいる飛行機は自然と上昇していく。このときパイロットがしなければならないのは、むしろスロットルレバーの操作と飛行機が妙な方向に進まないように心がけることである。坂を登ろうとする自動車がアクセルを踏まなければスピードが落ちてしまうように、飛行機も上昇させる場合は、スロットルレバーを開き気味にしてスピードが落ちるのを防ぐ。そして、ある程度まで高度が上がった段階で、ちらっと高度計に目をやり、目標の高さに向けて高度を調節しながらゆっくり飛行機の姿勢を水平に戻していくのである。いつ戻したらよいかは、決まり切った法則があるわけではない。潮時をみはからうしかないのである。その潮時は、これもある意味で頭で覚えるより、体の中の何かが、訓練を通じて、あっと会得《えとく》することなのである。つまりはセンスの問題なのだ。

だが、思い通りの高度を得て、飛行機を水平にする場合でも、一点集中の候補生は、飛行機の姿勢を直すことにばかり気をとられて、スロットルレバーが開き気味にしてあることを忘れてしまう。水平飛行で飛んでいるからスピードはどんどんついて、高度も上がっていく。異常に気づいた候補生は焦って機首を押さえにかかる。すると高度が思いっ切り下がったり、飛行機の針路が狂ったりする。

F15のコックピットに座ってみると、操縦席の正面と左右を文字通り埋めつくしている計器やスイッチ類の数の多さにまず圧倒される。優に百は越えるこれらのさまざまな装置を、パイロットはどのように操っているのだろうと、思わず目をこすりたくもなる。安定飛行をしている間はまだしも、百分の一秒や千分の一秒の判断の遅れが命とりとなりかねない、離着陸や不測の事態、空中戦訓練の激しい動きの中で、並みの神経の持ち主なら、どこからどう手をつけたらよいのか、頭が混乱して、おろおろと棒でも呑んだようにすくんでしまうに決まっている。

「要は、先を見ながら操作するわけですよ」

しきりに首をかしげてみせる僕の前で、ベテランパイロットの一人は笑いをにじませながら、いとも簡単に言ってのけた。

飛行機の姿勢が変われば、その変化は目に見えてくる前に、実は操縦桿に伝わってくる。右に傾きすぎるというときは操縦桿がその兆候を微《かす》かな動きで予感させる。パイロットは、それを、操縦桿をつかんでいる指の腹で感知する。これもまた、先を、指の腹で「見て」いるのである。

一方、高度をいじろうとしたら、高度を変えることによって飛行にどんな影響があらわれるのか、一歩先を読んで、その変化を示す計器や装置に注意を払う。それも食い入るようにみつめるのではなく、目のはしで一瞬のうちに計器の目盛りの動きをとらえるのだという。たしかにくんずほぐれつの空中戦を演じているとき、計器にみとれている時間はない。米粒のような敵の機影を追いつつ、右手で機を操りレーダーのモードを切り替えミサイルの発射ボタンを押し、左手ではスロットルレバーを動かしさまざまなスイッチを操作する。同時にこなさなければならないことが三つも四つもあるのだ。パイロットは、いまこの瞬間、何がいちばん大事なのかをほとんど無意識のうちに選択している。

竹路三佐は戦闘機乗りに向かないタイプとして、「ひじょうに優しい人」をあげていたが、さらに付け加えれば、じっくり腰を据えてひとつのことに取り組むような研究者肌、あるいは綿密に計画を立てなければ気がすまない慎重派、そして真面目《まじめ》の上にクソがつくようなタイプもトップガンにはもっとも縁遠い存在なのだろう。航空自衛隊の気風をさして言う言葉に「勇猛果敢、支離滅裂」というのがあるが、これは多分に戦闘機乗りの「資質」を皮肉っているのかもしれない。

ある教官が担当した候補生はいつまでたっても独力で着陸ができなかった。スピードをキープしろと言われれば、その操作はする。だが、着陸に必要な他の操作がすべてお留守になってしまう。警報が鳴っていても気づかない。失速寸前になるところを、教官がとっさに操縦を代わってことなきを得たというきわどいケースもあった。弱った教官は、候補生に、着陸のさいやるべき操作の手順を口に出して言わせることにした。言われたことはきちんと守る、どちらかと言えば生真面目なタイプの候補生は、高度を下げつつあるコックピットの中で、「チェック、エアスピード、スピード」と大声を上げながらまるで念仏のように唱えていた。だが、声に出したまではよかったが、それで確認作業も終えたと思いこんだらしく、かんじんのスピードチェックは忘れてしまったのである。すでにピンクカード二枚、あと一回ミスを犯せば、「首」が危うくなってくる。せっかくここまで頑張ってきたのに、ゴールを目の前にして放り出すのは忍びないと思った教官は、最後の切り札として着陸の操作をふつうより早目にさせることにした。車輪を下ろすタイミングも安全な範囲内で少し早くした。操作を先に先にと行なえば、その分、余裕ができて、次のことを考えられる。何回か繰り返して練習させると、候補生はようやく着陸のコツをつかむようになり、一年後、晴れて戦闘機乗りの仲間入りを果たした。だが、教官にしてみれば、さんざん苦労させられた教え子だっただけに、自分の手を離れて何年が過ぎても、元候補生のことを思うとつい、先々を読みながらちゃんと空を飛んでいるだろうか、手順を声に出してもそれに気をとられて手が別のことをやっているようなことはないだろうか、と我が子を気遣う親のような、いらぬ心配をしてしまうのだった。

しかし、心配がいらぬ心配で終わらずに、後悔に変わるときもある。その日、F15

パイロットを育てる教官だった彼は、基地内で行なわれていた研修で整備に携わる技術将校の講義を聞いていた。いまでもはっきりと覚えているのは、その将校が話の結びを、「……ということで、15の安全性は他の航空機に比べて格段に高く、まず墜落することはありません」と締めくくったときに、部屋のドアが音を立てて開き、年かさの下士官が小走りに将校の立つ教壇に駈《か》け寄って、上ずった声を上げたことである。

「百里の15が墜《お》ちたようです」

部屋のあちこちでざわめきが起こりだし、受講者の中には講師に向かって「いま15は墜ちることはないと言ったばかりじゃないですか」と声を荒らげる者もいた。飛行隊の隊舎に戻った彼は、墜落して行方不明になっているパイロットの名前を聞いて、全身が鳥肌立ったようになった。名前を知っているどころではない。彼が半年にわたって文字通り一対一で寄り添うようにして育てたパイロット、それも15の教官になってはじめて受け持った教え子だったのだ。

パイロットは、「アンコントロール！」という送信を最後に消息を絶っていた。アンコントロール。教え子が言い遺《のこ》したその言葉がいつまでも彼の耳に残った。教え子にいつもフライトを終えたあとのブリーフィングを行なっていた同じオペレーションルームでコーヒーを口に運びながらひと息ついているときも、家で風呂《ふろ》につかっているときも、無線を通した教え子の叫びが聞こえてきそうになる。それは、教官だったこの自分に向かって発せられた、助けを求める遭難信号のように思えてならなかった。

おれのやった教育は十分だったんだろうか。アンコントロールの対処法について、何か教育し忘れたことがあったんじゃないか。何度も何度も彼は自分自身に問いつづけた。むろん、答えが出るはずもない。それはわかっていても、それでもなお、彼は問いつづけないわけにはゆかなかった。

第二部「実戦」

V107、通称バートル

F 転

ある日突然、上司に、ちょっと、と目配せされて、ひとり別室に連れてこられたとき、たいていのサラリーマンは心が騒いでいる。そんなときは、サラリーマンとしてのこれからを左右する、転勤や昇進といった重大な決定を、「まだ正式な話ではないんだが……」と前置きがあった上で、上司の口からこっそり告げられるものと相場が決まっている。思わず小躍りしたくなるようないい話もあれば、膝頭《ひざがしら》がわなわなと震えだしそうな悪い話もある。

戦闘機パイロットも自衛隊という組織の中で禄《ろく》を食《は》む勤め人である以上、異動の話に耳をそばだて、一喜一憂する点は、企業に勤めるサラリーマンと変わらない。K二尉《に い》が飛行隊長に、ちょっと、と声をかけられて、隊舎の二階にある隊長室に通されたのは、F4ファントム戦闘機のパイロットになって四年半が過ぎた頃のことだった。

もともとK二尉はファントムのような二人乗りの戦闘機ではなく、戦闘機パイロットの多くがそうであるように自分ひとりで飛行機を操って大空を駈《か》けめぐることのできる単座の飛行機に憧《あこが》れていた。当時航空自衛隊のひとり乗りの戦闘機と言えば二つのタイプがあった。その導入をめぐっていったんは他の機種に内定していたのがさまざまな疑惑の噂《うわさ》が飛び交う中、白紙撤回され、すったもんだの末、「最後の有人戦闘機」という異名を奉《たてまつ》られるほどの速度と上昇力が買われて主力戦闘機の座を射止めた、いわくつきのＦ１０４。それに、国産初の超音速戦闘機として登場して間もないＦ１である。しかし、Ｋ二尉が航空学生の課程を終え、とりあえずの目標だったウイングマークも取得して、いよいよ戦闘機乗りになるために越えなければならないハードルに挑戦しようという矢先に、Ｆ１０４のパイロットを養成するコースは閉じられてしまった。

空の守りについてすでに二十年近い歳月がたち、さしもの「最後の有人戦闘機」も装備や性能の見劣りが指摘されていたし、何よりもまず飛行機の適性を度外視した無理な使い方がたたって、訓練中の事故は後を断たず、何人ものパイロットの貴重な生命が失われていた。もとはと言えばＦ１０４は、売り物の上昇力を生かして一気に一万メートルの上空に駈け上がり、敵機に一撃を加えたらすぐさま地上にとって返すことを想定して設計された戦闘機だった。上昇のさいのその類《たぐ》い稀《まれ》なスピードを、三島由紀夫は、「銀いろの鋭利な男根」の「射精の瞬間」になぞらえている。一秒でも早く空に上がって領空侵犯した飛行機を捉《とら》えることが要求されるスクランブルにはたしかに打ってつけである。だが、類い稀な特性も何かを犠牲にして得られるものである。１０４の翼はまるで両腕をすぼめて脇《わき》の下にくっつけたように小さく、その分、翼の表面にかかる荷重は極端に大きくなり、旋回性能は、むしろ一世代前の戦闘機で、Ｆ１０４に空の守りの主役の座を明け渡したはずの、Ｆ86セイバーに比べて劣っていた。つまり戦闘機でありながら、かんじんの空中戦には不向きだったのである。

こうした理由もあってＦ１０４は、製造国のアメリカでは空軍の戦闘機として正式採用されないままに終った。だが、自衛隊は、直球しか投げられないようなこの剛腕投手の戦闘機に変化球が勝負の空中戦訓練を長年強いてきた。訓練でＦ１０４と旧式のセイバーが敵味方に分かれると、１０４のパイロットたちは、朝鮮戦争で使われていたような時代遅れのポンコツ飛行機になめられてたまるかと妙な負けん気を起こし、旋回にかかる時間を少しでも短くしようとして性能ぎりぎりの勝負に打って出たという。それがいかに無茶なことだったかは、Ｆ１０４の生みの親ともいうべき設計者がアメリカから来日したとき、上空でくんずほぐれつのドッグファイトを繰り広げている１０４を見て、驚きのあまり腰を抜かしそうになったという逸話からもうかがえる。

だが、そのあまりにもの荒々しさや気まぐれな性質ゆえ、「駻馬《かんば》」はまだしも「駄馬」とまで呼ばれていた１０４の芳《かんば》しくない評判をどんなに耳にしていても、Ｋ二尉は、戦闘機乗りをめざすからには、やはり花形の座にあったこの104を操縦したいと思っていた。ただ、パイロットの養成が打ち切られてしまった以上、104の操縦桿を握るチャンスは永遠にめぐってこない。遠からずF104は日本の空から姿を消していくのである。代わりに、最新のハイテク兵器を搭載し、急旋回を繰り返すドッグファイトでも威力を十二分に発揮できる、言わば強力な槍《やり》と盾の両方をそなえた新世代戦闘機、F15イーグルが導入されることがすでにスケジュールにのぼっていたが、K二尉のような戦闘機乗りの卵を対象に15のパイロットを新規に養成するコースはまだ開講されていなかった。結局K二尉は、ひとり乗りの戦闘機を操縦するという希望を捨てて、二人乗りのF4ファントムのパイロットになった。

ファントムでは、前席と後席で役割がはっきり分かれている。操縦桿《かん》を握りミサイルの発射ボタンを押すのは前席の機長で、後席の搭乗員はレーダーやさまざまな航法装置を操作して機長をバックアップする。アメリカをはじめファントムを配備している国のほとんどが、後席には、ウエポン・システム・オフィサー、通称ウィゾと呼ばれる、パイロット資格を持っていない、武器管制の仕事だけを専門に受け持つ士官を配置しているのに対して、航空自衛隊は前後席ともにパイロットを搭乗させている。ずい分と贅沢《ぜいたく》な使い方をしているわけである。当然のことながら後席にはファントムのパイロットになりたての若手が座る。

僕を乗せて日本海上空で空中戦の訓練を行なった051号機はF15の複座タイプだが、竹路三佐が機を操っている前席だけでなく、僕が座っていた後席にも、ちょうど股《また》ぐらのあたりから操縦桿のスティックが顔をのぞかせていた。フライト前のブリーフィングの席で竹路三佐から、この操縦桿には絶対手を触れないで下さいときつく言い渡されていたが、じっさいコックピットの中に入り、飛行機が動き出してみて、はじめてそのわけがわかった。先端にさまざまなスイッチやボタンがとりつけてあるそのスティックは、051号機が格納庫を出てからフライトを終えて帰ってくるまでの間、前に倒れたかと思ったら、斜めに傾《かし》いでみたりと、まるでそれ自体が生き物のように僕の股の間でひとり勝手な動きを繰り返していた。後席の操縦桿は前席の操縦桿と連動している。要するに生きているのである。もし僕が妙な気を起こして、飛行機が旋回や宙返りをしている最中に、自分の股ぐらから突き出ているスティックを動かそうものなら、前席の操縦桿が効かなくなり、飛行機が操縦不能に陥るようなことにもなりかねないわけだ。

前後席の両方に操縦桿が備えつけられていて、それらが同じ動きをみせる点は、ファントムの場合も同じである。つまり後席の新米パイロットは、目の前の操縦桿に軽く手を添えていさえすれば、前席で先輩がどんな風に機を操っているか、ドッグファイトのどういう場面のとき操縦桿をどう操作して敵を追い詰めていくのか、手のひらに伝わってくるスティックのかすかな動きで読みとることができる。ある意味で後席に座っている期間は、先輩たちのさまざまな秘技を盗みとるチャンスでもあるのだ。そうは言っても、単座の戦闘機F1に乗っている同期が、たったひとりで機を動かし訓練を重ねて確実に腕を上げていく間、ファントムの新米たちはれっきとしたパイロットでありながら、機長のうしろでひたすらレーダーをみつめるだけの裏方に徹しなければならない。それも、二年もの間である。パイロットは、前の晩にどんなに呑《の》み過ぎて体からまだ酒が抜けきっていないというときでも、自分で操縦桿を握って機を操っている限り、気分が悪くなって吐き気を催すようなことは決してないと言われるが、ファントムの後席のように、上下左右の感覚のない世界に放りこまれるフライトの間中、うつむいてレーダーを監視したり機器を操作しつづけていると、ことに体調のおもわしくないときは喉《のど》の奥の方から生温かいものがこみあげてきたりするのだという。ファントムのパイロットは、パイロットほんらいの仕事につくよりもまず、そうした飛行機酔いの洗礼をたっぷり味わわされてからはじめて自分の手で飛行機を操れるようになる。

つまり年数から言えば、ファントムに乗ってすでに四年半が経過していたK二尉は、二年間の下積み生活を終え、機長の仕事もひと通りマスターして、いよいよこれから編隊を率いるエレメントリーダーとしてのスキルにさらなる磨きをかけるという、もう一段高みをめざす時期にあたっていた。飛行隊から戦力の一翼をになう位置にいるとみなされていて当然のはずであった。だから、飛行隊長に、ちょっと、と声をかけられて、ひとり隊長室に呼ばれたとき、K二尉は、いったい何の用だろうと、狐《きつね》につままれたような面持ちでいたのである。

日本の空の守りの主役がF104からF15にバトンタッチされる交代劇は、長い時間をかけて少しずつ進んでいた。月一機のペースでライセンス生産される15は、K二尉がファントムの前席に移ったあたりから、第一線の飛行隊に実戦配備されるようになり、それにともなっていままで104やファントムを操縦していたパイロットたちが、15の要員として引き抜かれていった。K二尉の飛行隊からも、15に乗り換えるための機種転換教育を受けるパイロットが本人の希望や適性に応じて選ばれていたが、彼より二、三歳上の中堅どころがほとんどで、K二尉は、もし自分に転換の話がくるとしても、もうしばらく先のことのように思えていた。

デスクの前で「気をつけ」の姿勢をとっているK二尉に向かって、飛行隊長は、「まだ正式な話ではないんだが……」といった、もったいぶった前置きは口にしなかった。有無を言わさぬ口調で、いきなり本題を持ちだしてきた。

「来週から救難の課程に入校しろ」

K二尉は一瞬、隊長が言っていることが何のことか、呑みこめなかった。あまりにも思いがけない内容に、思考の回路がどこかで寸断されてしまったかのように、救難、入校、という隊長の言葉だけが頭の中で空回りしている。返す言葉もなく、ただ茫然《ぼうぜん》と立ちつくしているK二尉に、隊長はさらに駄目押しのひと言を吐いた。

「救難に行けという命令が出たんだ」

隊長のいつになく硬い表情から、それが、盾突くことを許されない、紛れもない命令であることが読みとれた。

救難とは、文字通り事故などで遭難した人たちを救出するレスキューのことである。航空自衛隊は、戦闘機だけでなく、それぞれに用途の異なる飛行機をいくつも持っている。その品揃《しなぞろ》えのバラエティに富んでいる点はまちがいなく日本一である。日航や全日空のようにジャンボジェットを政府専用機として保有しているし、練習機、輸送機、偵察機の他にも、地上のレーダー網をすり抜けて超低空で侵入してくる目標をキャッチする、「空飛ぶレーダーサイト」と呼ばれる早期警戒機もある。そしてメニューの中にもうひとつ、救難機の文字があるのだ。

航空自衛隊に遭難者を救出するための飛行機があると聞いて、たいていの人は、「警察や消防でもないのに、なぜ？」と、その取り合わせを意外に思うだろう。もっとも、ここで言う、遭難者とは、ほんらいは自衛隊の戦闘機が墜落したさいの、パラシュートで緊急脱出したパイロットのことをさしているのである。

軍隊とは、自己完結の組織でもある。人手にたよらず、いつ、どこででも作戦行動が可能なように、何ごとも自前でできるようにシステムがつくられている。人や物資を運ぶのはもちろんのこと、食事をつくったり水を確保するのも、トイレを用意するのも、寝る場所をつくるのも、すべて自前である。まさに組織そのものがサバイバルキットになっているのだ。だから、味方の飛行機が墜落した場合でも、誰の助けも仰がずに救出にかけつけられるようにレスキュー専門の飛行機が用意してある。まさか戦場で「119番」するわけにもいかないのである。

だが、身内のためにあるはずの自衛隊の救難機がほんらいの目的で出動するという場面は思いの外少ない。むしろ身内の事故より、冬山の遭難や漁船の沈没、台風や地震などの災害、そして離島や僻地《へきち》からの急病人の搬送といった、一般の人々が相手のレスキューに狩りだされるときの方が多いくらいだ。その分、働きぶりは人目にふれる。しかも、危険を冒して人の命を救う仕事である。防衛という目に見えにくい仕事と違って、自衛隊の存在を人々に知らしめ、理解してもらうには、もっともわかりやすく、共感を得やすい部分のはずである。当然、自衛隊の中でも評価は高いのだろうと思っていると、これが必ずしもそうではないようなのだ。

救難機を備えているのは航空自衛隊の中の救難隊という部隊で、三沢と築城《ついき》を除く戦闘機を配備したすべての基地と、松島、浜松、芦屋《あしや》といったパイロット教育が行なわれている基地、そして自衛隊の航空部隊がいないにもかかわらず、秋田、新潟の民間空港にも常駐している。レスキューのための航空機は警察や消防、海上保安庁にもあるが、山だろうが海だろうが、いざというときはどこへでも駆けつけられるように全国を隈《くま》なくカバーしている点に関して言えば、航空自衛隊の救難隊は図抜けた存在である。

救難隊も、戦闘機を抱える飛行隊と同じく、パイロット、整備員、飛行管理員、ヘルメットやパラシュートといった救命装具の保全を担当する救装員などで構成されている。ただ、救難隊ならではの特徴は、救難員、通称メディックと呼ばれる隊員がいることだ。このメディックは、パイロットが両手両足を巧みに使って操っている救難ヘリコプターから、切り立った崖《がけ》やいまにも転覆しそうな船の甲板にワイヤー一本で降りていき、遭難者を救助する。

戦闘機の飛行隊の場合、大空に舞い上がり最前線に出て行って侵入者と立ち向かうのはパイロットだけである。つまり整備員も飛行管理員も、主役のパイロットを支える縁の下の力持ちと言っても決して過言ではない。それゆえ航空自衛隊で戦闘機乗りは「槍の穂先」と呼ばれている。戦闘機乗り以外はさしずめ槍の「柄《つか》」の部分なのである。

これに対して救難隊では、槍の穂先はパイロットではなく、むしろ遭難者を嵐《あらし》や吹雪の中から身ひとつで救い出すメディックにとって代わられる。パイロットは、メディックを現場まで運び、救出作業がはかどるように飛行機を操るサポート役に回る。むろん、メディックをすばやく現場に降ろして、遭難者を安全にピックアップできるかどうかはパイロットの腕にかかっていると言えるが、ただこれもメディックの助けなしには果たせないことなのである。メディックが現場に降りていくときも、遭難者をピックアップするときも、救難機の中では、もう一人のメディックが半身を機外に乗り出して、救出に使うワイヤーを上下させるホイスト・ウインチを操作しながら、「右にあと十度」とか「高度をもうちょい下げて」というように、救難機の後方や真下の現場を直接見ることができないパイロットになり代わって位置の指示を出している。パイロットは機内に残ったこのメディックのタクトに従って飛行機を操るわけである。少なくともここには、コックピットの中ですさまじいGに耐え、持てる限りの知力と体力とテクニックを駆使して、目標を追い詰めていくという、戦闘機乗りだけが担《にな》える孤独な特権はない。救難を成功させた功績は、メディックが現場に降り、パイロットがサポートし、またそれを別のメディックが支える、そのチームワークの上に分配されるが、救難の最前線に立って遭難者と向き合うのは、将校であるパイロットではなく、あくまで下士官どまりのメディックなのである。

メディックは、パイロットが居合わせる場で、チームワークの和を乱すようなことは決して口にしない。しかし、フットボールというよりむしろサッカー選手を思わせる、いかにも敏捷《びんしょう》そうな引き締まった体を持ったそのメディックの三曹は、僕と二人きりになったとき、ぽんと投げ出すように言った。

「パイロットのことは、自分ら、運転手だと思ってますから」

大胆な言葉があっけないほどさらっと出てきたので、冗談だろう？　というように彼の顔を見返すと、三曹は、今度はきっぱり言い切った。

「メディックはみんな、パイロットより自分らが上だと思ってます」

それは、メディックという仕事への強烈な自信と誇りが言わせた言葉に違いなかった。

Ｋ二尉が飛行隊長から言い渡された「救難に行け」という命令は、そのメディックから自分たちの「運転手」と思われている救難のパイロットになれ、ということである。戦闘機乗りを、航空自衛隊の「槍の穂先」とすれば、救難隊はその穂先を支える「柄」であり、救難のパイロットは、救難という「柄」の、さらにまた「柄」をつとめることになる。

飛行隊長は、彼に、その「柄の柄」になれ、と言うのである。それは、もう二度と「穂先」には戻れないことを意味していた。戦闘機を操縦することは永遠にないのである。ありていに言ってしまえば、Ｋ二尉は、飛行隊長自身の口から、戦闘機乗りとしておまえはお払い箱になった、と宣告されたのだった。「ライト・スタッフ」がないという、不適格の烙印《らくいん》を捺《お》されたのである。まだしも戦闘機乗りになっていない段階で、つまりゴールをめざして、いくつものハードルに挑んでいる途中で、戦闘機は向いていないから救難に行け、と言われたのならある程度納得も行くし、あきらめもつくだろう。だが、自分は学生でもパイロットの卵でもない、ファントムに四年半乗ってきたキャリアを持つ、現役の戦闘機乗りなのである。しかもいまは、後ろに乗せている後輩たちから操縦のテクニックを逆に盗まれる立場の機長であり、編隊を率いるリーダーでもある。そんな自分に向かって、ある日突然、戦闘機はクビだ、と「解雇通知」を突きつけるのは、パイロットとしての自信と誇りをないがしろにした仕打ちとしか思えなかった。

隊長は、飛行隊にいる二十数人のパイロットの中から、なぜ彼ひとりに狙《ねら》いを定めて救難行きの命令が出されたのか、理由をいっさい明らかにしなかった。それを言えば、本人の立つ瀬がなくなると武士の情けを示したのかどうか、ほんとうのところはわからないが、K二《に》尉《い》にしてみれば、理不尽という思いがつのるばかりだった。いままでファントムに乗っていてキャリアに傷がつくような事故を起こしたことも資質を心底疑われるような基本的ミスを犯したこともない。思いあたる節はないのである。たしかにパイロットになってからの四年半は、自分の至らなさや未熟さに歯がみすることの連続だったが、彼は彼なりにスキルを伸ばすべく懸命に努力を重ねてきた。きょう相手の尻《しり》にうまく回りこんだからと言って、あしたも相手が同じ位置、コースにくるということは決してない。空間、時間、さらにエネルギーを加えた五次元の世界で、それぞれの飛行機が複雑にからみあう空中戦には、一度として繰り返しはないのである。それだけに戦闘機乗りは、一回一回のフライトのたびに地上に戻ってから、訓練の中での自分の動き、相手の動きを、順を追って再構成して、わずか数分の戦闘の勝負の分かれ目がどこで、どこに問題点があったのかを洗い出し、予測のいっさいつかない次のフライトに備えている。飛行隊のオペレーションルームに設置されているビデオの前では、顔に酸素マスクの食いこんだ跡を赤黒く残したままのパイロットたちが、戦闘機に内蔵されたカメラが撮影してきた訓練のビデオに見入って、追尾の仕方や射撃のタイミングをいく度となくチェックしている。K二尉もまた、そうした日々の地道な積み重ねを欠かしたつもりはなかった。だが、上層部は、もうこれ以上、彼のことを戦闘機に乗せても無駄だと断を下したのである。

K二尉の中で、命令を聞かされたときの動揺はすでに去っていたが、自分がおかれた立場を冷静にみつめられるようになった分、かえって静かな怒りが体の底にしこりのように重たく残っていた。

「救難ですか」

たしかめるように聞きかえしたK二尉に、隊長は大きくうなずいてみせた。

「私、退職させていただきます」

K二尉がそう答えることはあらかじめ織りこみずみだったのだろう、隊長は驚いた素振りもみせず、よく考えろ、とだけ言って、彼を退室させた。

隊長室を出て、パイロット一人一人のデスクがならぶ飛行班の部屋に戻ったK二尉は、急に自分ひとりになってしまったような思いにかられていた。隊長室にいたのはたかだか二、三分だったのに、そのわずかな間に、この部屋も、窓の外に広がるファントムの機体をならべたエプロンも、その彼方《かなた》につづく見馴《みな》れた滑走路も、自分を取り巻くすべてが、何か自分とは違った遠い世界のもののように映っていた。俺はもうここにはいられない。もう必要とされなくなってしまったんだ。そう思うと、はじめて悲しくなってきた。

のちになってK二尉が赴任した先の救難隊の先輩も、戦闘機乗りをクビになったパイロットだった。理由も告げず、ただ救難に行けという命令だけを一方的に伝える飛行隊長の前で、先輩は、なんでこの俺が行かなくちゃならないんですかと食ってかかったという。言いながら、悔しさや切なさがこみあげてくる前に、自分でもわからないうちに涙が流れていた。そしてK二尉と同じく、隊長室を出て行くときは、自衛隊を辞めると捨て台詞《すてぜりふ》を吐いている。

だが、その先輩だけではなかった。戦闘機から救難に移ったパイロットのほとんどが、戦闘機にはもう乗れないとわかった時点で、一度は「退職」を真剣に考えていたことを、K二尉は本人たちの口から聞かされている。いや、考えただけでなく、じっさい行動に移した人間もいる。K二尉に救難行きの命令が出たとき、実は他の戦闘機部隊でも肩を叩《たた》かれたパイロットがいた。K二尉とは航空学生で同期の男である。しかしその彼は、救難パイロットへの転換教育がはじまる日、レスキュー要員を養成する小牧の学校に姿をあらわさなかった。ほんとうはK二尉と二人で机をならべてヘリコプターの操縦法を教わるはずだったのだ。同期の彼は、戦闘機に乗れないのなら自衛隊にとどまる意味はないとして制服を脱いだのである。

もっとも、救難行きの命令をおとなしく聞き入れて、気持ちも新たに転換教育に臨んでいるかにみえたK二尉にしても、心の踏ん切りがはっきりとついていたわけではなかった。レースがはじまる前にK二尉の同期が救難のゼッケンを破り棄《す》てる中で、ひとりコースに残った彼のことを、小牧の学校は手厚く扱った。救難への転換教育を受けるパイロットにはふつう教官がマン・ツー・マンで指導にあたるが、彼の場合は同期を担当するはずだった教官も加わり、二人の教官がつきっきりで面倒をみた。しかし、K二尉は誰にも打ち明けたことはなかったが、操縦桿をファントムからヘリコプターに代えて、文字通り教官から手とり足とりホヴァリングの手順を習いながらも、胸の奥ではひそかに制服を脱ぐ決意を固めていたのである。問題は辞めどきだった。いつ辞めればみんなに迷惑がかからずにすむか、小牧での教育をひと通り終えてからにした方がよいか、あるいは救難隊に配属されてからにするか、その時期をはかりかねていた。

　K二尉が、同期の男のように救難のスタートラインに立つ前にあっさり制服を脱いでしまわずに、ともかく小牧基地のゲートをくぐったのは、ファントムの飛行隊で世話になっていた飛行班長のひと言が心の隅に引っかかっていたからだった。

　戦闘機だろうが救難ヘリコプターだろうが、飛行機を飛ばしている航空自衛隊の部隊をいくつも取材でたずねてみると、隊長と、パイロットを束ねるのが仕事の飛行班長という、トップとナンバー2の取り合わせが、どこの部隊でも、人事の妙と言うか、長年連れ添った老夫婦のように好一対をなしていることに気づかされる。飛行機を扱う部隊は、何よりもパイロットや整備員といった隊員たちのチームワークに支えられている。トップガンといえども、整備員や他のクルーとの連係プレイがなければ飛行機を飛ばすことすらできないのである。そうした何よりも「和」を尊ぶ部隊の中で、隊長と女房役の飛行班長が互いに牽制《けんせい》しあったり、しっくりいかなかったりすると、組織の常として隊員たちの間に妙な色分けができてしまい、部隊の足並みは乱れ、隊内の空気もよどんでくる。地上でのそうした不協和音はやがて空の上にまで持ちこまれる。ほんのちょっとした気の緩みからパイロットや整備が常識では考えられないようなミスを犯すようになり、やがていつ大事故を誘発してもおかしくない、組織としてタガの外れた危険域にはまりこんでゆく。それだけに航空機部隊の場合、トップを誰にしたら女房役は誰が適任かという、組み合わせの問題が、他の組織や部隊に比べてはるかに大きな意味を持ってくる。少なくとも僕が訪れた飛行隊や救難隊では、隊長と飛行班長のポストに、見る人をして、なるほど、とうなずかせるような、まさにはまり役の人間が選ばれてコンビを組んでいた。

湘南《しょうなん》育ち、防大出のおっとりとした救難隊長の下で女房役をつとめていた飛行班長は、大声で部下を叱《しか》り飛ばす航空学生出身の元戦闘機乗りだし、剣客として鳴らした新撰組《しんせんぐみ》の副長、土方歳三《ひじかたとしぞう》を思わせる、沈着冷静を絵に書いたような竹路三佐がナンバー2の、二〇三飛行隊の隊長は、腰から手拭《てぬぐ》いをぶら下げた恰好《かっこう》で昔の青春ものの教師役に出てきそうな、細かいことにはこだわらないというバンカラタイプである。千歳にもう一つあるF15の戦闘機部隊、二〇一飛行隊の隊長が、呑み会になれば部下とつるんで呑み明かす、いかにも面倒見のいい親分肌の人間なのに対して、隊長とは前任地からコンビを組んできた間柄の女房役、STARこと和田三佐は、カウンターで呑んでいても狭い店内に若手が入りきらないからとひとり姿を消して別の店ではしごをするような、結構気配りの人である。

　そしてK二尉が所属していたファントムの部隊でも、頭ごなしに「救難に行け」と命令する隊長とは対照的に、飛行班長は何かと部下に心を砕くタイプだった。このときも、隊長の言い足りないところを言い添えるように、K二尉にさりげなく声をかけたのである。

「どうせ辞めるんなら、いつ辞めたって同じだろう？　それなら、とにかく救難に行ってみたらどうかな。そこでやっぱり駄目とわかったら、辞めればいいじゃないか」

　班長は笑顔でつけ加えた。

「辞めるのは、いつだって辞められるさ」

　そのひと言でK二尉は気持ちが少し楽になった。とりあえず小牧に行くだけ行ってみよう、辞めるのはそれからでもいいか、と辞表を出すことはいったんは思いとどまったのだ。

　しかし、十八週間に及ぶ転換教育が終わっても、K二尉は依然として制服を脱がずにいた。自分の中で迷いをすべて断ち切り、救難パイロットとして再出発するという決意を固めたわけではない。辞めるつもりでいることに変わりはなかったが、どうしても心の踏ん切りがつけられずにいたのだ。もう少し、もう少し、と自分に言い訳をするように行動に移す時期をずるずる先延ばしにしているうちに、辞める潮時を見失ってしまったのかもしれない。彼はひどく中途半端《はんぱ》な気持ちで、最初の任地となった千歳に降り立った。

千歳基地は、当時はまだ民間の空港と同居する形になっていて、現在自衛隊が二本とも使っている滑走路の西側、二千七百メートルの一本を自衛隊が、長さ、幅とも西よりある東側の三千メートル級を民間の航空会社がそれぞれ分け合って使っていた。

空港のターミナルからでも、ジャンボ旅客機が離発着する滑走路の向こうに自衛隊の格納庫が横一列にずらりとならび、その前で翼を休めているF104やすでに千歳への配備がはじまっていた最新鋭機F15のスレンダーな肢体が銀色に輝いているのが眺められる。やがてK二尉の眼は、コックピットのキャノピーが、F104やF15と違って、前と後ろに二つ開いている特徴的な戦闘機の姿を捉《とら》えた。ほんの五カ月前まで彼が乗りまわしていたファントムである。だが、滑走路をはさんで向かい側のターミナルから基地の様子をざっとひと通りうかがったK二尉が、この先自分の職場となる千歳救難隊はどのへんにあるのだろうと、管制塔や格納庫のたちならぶ一帯を見まわしても、それらしき建物はどこにも見当らなかった。

無理もない話である。救難隊は、基地の建物が集中する地区からはずれた、滑走路の北端にぽつんと捨て置かれたように居を構えていたのだ。対になった格納庫と小さな建物が身を寄せ合うようにひっそりと基地のはずれに立っているところは、さしずめ左遷《させん》されてオフィスのいちばん隅っこに席を追いやられた窓際族《まどぎわ》のようでもある。

だが、救難隊にこんな場所があてがわれているのは何も千歳だけではない。小松でも新田原《にゅうたばる》でも、救難隊の建物をめざすとなったら、それこそ基地の端、背後には手つかずの雑木林が迫っているようなところまで車を走らせなければならない。百里の場合は、基地のゲートを通り過ぎてすぐ右手に救難隊の建物が見えてくるが、それでも敷地のはずれにある点は変わらない。救難の隊員にとって、だから自転車は必需品である。徒歩で遠く離れた隊内の食堂に行っていたら、行き帰りだけで時間を食われ、せっかくの昼休みもゆっくりくつろげなくなる。これに対して戦闘機を飛ばす飛行隊の隊舎や格納庫はと言えば、戦闘機の離発着に便利なように、たいてい滑走路に面した基地の臍《へそ》とでもいうべき中央部に配してある。

K二尉は、自分のように戦闘機乗りをクビになり、救難や輸送といった他の飛行機に転換させられたパイロットをひと括《く》りにして言う、「F転」という言葉の、どことなくさびしげで、うらぶれた響きを、救難隊での勤務につくようになってはじめて実感したような気がした。ファントムの飛行隊にいたとき、滑走路はいつも目の前に広がって、視野の左右にきれいに収まっていた。ファントムが機首を弾ませて滑走路の端からすべり出し、やがてテールコーンから真っ赤な炎が噴き出した瞬間、猛烈な加速とともに離陸していくその一部始終を、目で追うことができた。

しかし、基地の端にある救難隊の隊舎から滑走路の全景を見渡すことはむずかしい。ここは、ちょうど戦闘機が離陸して、空を仰ぎ見るような姿勢で一気に上昇していく位置にあたっている。つまり戦闘機は、両脚で地上を蹴《け》ったときのすさまじい爆音をまるで置き土産のように救難隊の隊舎に叩きつけて飛び去っていくのである。離陸のたびにそれこそ耳を聾《ろう》する強烈な音が頭上からまともに降りかかり、腹にずしんと響く衝撃波がモルタルづくりの粗末な建物を震わせる。

小松救難隊の隊長室で朝のコーヒーを御馳走《ごちそう》になりながら隊長と雑談を交わしているときも、次々と飛び立っていくF15の爆音で会話はしばしば中断させられた。「音の暴力」という形容詞がもっともふさわしいその前では、いくら相手が大声を出していても、何を喋《しゃべ》っているのかまるで聞きとれない。15が遠のくまで互いに黙りこみ、気を取り直してまた話しはじめると、再びドーンと頭上で爆弾が炸裂《さくれつ》したような衝撃音が襲いかかる。さすがに隊長は、「うるさいな」と苛立《いらだ》った声を上げて滑走路の方を苦々しげに振りかえると、ソファを立って、少し開いていた窓を閉めに行った。こちらは車を持っていない身の上なのに、毎回毎回他人の車の排気ガスを顔いっぱいに浴びせられているようなものである。この救難隊長は、戦闘機乗りを経由しないできた生粋《きっすい》の救難パイロットだったから、まだしもF15が立てる「音の暴力」への苛立ちを、何のためらいもなく、ごく自然な反応としてストレートにあらわしたのだろうが、これが元戦闘機乗りの「F転」だと心中はもう少し複雑である。

ついこの前まで自分は頭上を飛び去っていくあの戦闘機を操縦する側だったのに、いまは基地のはずれでその戦闘機が落としていく騒音だけを毎日数えきれないほど聞かされつづけている。舞台から降ろされたということを、これほど明白に、しかも残酷な形で思い知らせてくれるものはない。K二尉は、自分自身に、「都落ち」という言葉を重ね合わせるようになっていった。

「F転」になったことを実感するもうひとつは、給料である。戦闘機乗りだったとき、K二尉は、本給の他に、ジェットパイロット手当として本給の七五パーセントを受け取っていた。ところが救難に移ってヘリコプターを操縦するようになると、パイロット手当は本給の六〇パーセントにダウンしてしまった。同じパイロットなのに、ジェット戦闘機からヘリコプターに変わっただけで、月給が四万円近くも少なくなったのである。

しかも先輩が愚痴のようにして言うのには、戦闘機乗りが上級の司令部に転勤して地上勤務になってもジェットパイロット手当の半額は保証されるというのに、救難へリのパイロットの場合、デスクワークについたとたん、なぜかこの手当はカットされてしまう。たとえば階級がお互い一尉なら、司令部で机を隣り合わせていても、戦闘機乗りと救難パイロットとでは給料に十万円もの開きが出る。唯一《ゆいいつ》救難の彼らがもらえる手当と言えば、地上勤務でもパイロットには操縦のスキルを落とさないために年間で最低何時間と時間数が指定されて、飛行機を飛ばすことが義務づけられているが、このフライトを行なったときに受け取る手当だけである。それも一日あたり平均二千九百円とハンバーガーショップのカウンターに立つ高校生のバイト代より少ない額である。司令部勤務はたいてい三十代後半から四十代にかけての、家のローンや子供の教育費がそろそろ両肩に重くのしかかってくるあたりだから、こうした手当のカットは家計に痛いはずなのである。

ただ同じ「F転」でも、戦闘機をクビになったあと救難に行くのか、あるいは他のパイロットになるのか、その行き先しだいでこれまた待遇に差が出てくる。救難以外では、たとえば北海道から沖縄までの自衛隊の基地を結んで兵員や物資を運んだり、阪神大震災などの災害時に救援物資をピストン輸送する輸送航空隊のパイロットが考えられる。航空自衛隊が持っている輸送機は、ハーキュリーズの愛称で知られるプロペラ機のC130とYS11、そしてC130よりひと回り小さいC1だが、これはジェット機である。つまり、戦闘機から輸送機のパイロットに回されても、C1を操縦することになれば、ジェットパイロット手当がつき、救難のように給料が減る心配はない。しかも輸送航空隊が保有しているC1の数はハーキュリーズやYSの倍近い二十七機にのぼり、単純に計算すればC1のパイロットになる確率は半々なのである。じっさい、パイロット候補生の段階で戦闘機乗りになることをあきらめ、それ以外のコースをめざす人たちに、救難と輸送のどちらの飛行機を操縦したいか、希望をとると、輸送の方が多くなるという。輸送を希望する理由の中には当然、手当の問題も含まれている。

千歳に来てひと月が過ぎても、K二尉の宙ぶらりんの気持ちは変わらなかった。ただ、変化があったとすれば、救難と自分との距離が縮まるどころか、ますます開《ひら》いていったということだった。新しい職場で何を見ても、半年前までいたファントムの飛行隊とつい比較している自分に、彼は気づいていた。救難隊には格納庫がひとつしか割り当てられていない。夜間はそこに、バートルと呼ばれている大型ヘリV107二機と捜索用のプロペラ機二機を収容する。だが、それは収めるというより、ほとんど押しこめると言った方がよいくらいだった。バートルの回転翼は直径が十六メートルとてつもなく大きい。そのローターが巨大な昆虫を思わせる機体の上に前後二ついている。このバートルを、捜索機を収容している格納庫にさらに二機入れようとすると、回転翼がはみだして、格納庫のシャッターが降りなくなってしまう。どうするのかと見ていると、整備員がどこからか煙突掃除に使うような長い竹ざおを持ってきて、先についている輪っかをローターの端に器用に引っかけ、翼の向きを変えてみせる。輪っかを離すと、ローターが回ってしまう恐れがあるので、整備員が竹ざおで押さえている間にシャッターを降ろすのである。この作業を朝夕の二回、毎日繰り返していると聞いて、K二尉は深いため息をつくしかなかった。

そんなある日、官舎で寝ていた彼は、非常呼集のブザーに叩き起こされた。空がしだいに明るみはじめる中を、支度を整えて救難隊の隊舎に急ぐと、無線機をはさんで切迫した声のやりとりが切れ目なしにつづいていた。やがて無線機の横でメモをとっていた先輩のパイロットが、殴り書きした一枚をそっと彼にさしだしてくれた。

〈釧路《くしろ》南東沖二百五十マイル、大韓航空ジャンボ機墜落〉

ミッション

発進命令は一時間たっても下りなかった。救難隊のオペレーションルームからは、いつもならジャンボ旅客機や戦闘機が滑走路の路面をひと蹴《け》りして、長く尾を引いた機影と轟音《ごうおん》を地上に残しながら飛び去ってゆくその模様が望めるが、明け方のこの時間にはまだ飛行機の動く姿はなく、基地と空港がひとつづきになっている広大な敷地は砂漠のように静まりかえっていた。ただ、滑走路の手前、救難隊の隊舎に面したエプロンでは、一機体の上半分を白、下半分を黄色に塗り分けた救難ヘリコプターのバートルが、フライト前の準備をすべて整え、すぐにでもローターを回して飛び立てる状態のまま待機していた。

飛行班長から救出の先遣隊に加わるように指示されていたK二尉《にい》は、オレンジ色の飛行服に着替えをすませ、ヘルメットを手にして、同じバートルに乗りこむ先輩のパイロットやメディック、機上無線員の隊員らとともにオペレーションルームのソファにもたれていた。K二尉は、救難隊にじっさい身をおくようになって、待つということが救難の重要な仕事のひとつに数えられていることを思い知った。待つことに耐えるのもまた救難の身上なのである。K二尉が、そのままの恰好《かっこう》で飛行機に乗りこめるように、飛行服の上からさらにさまざまな救命具を装着したライフベストをベルトでしっかり固定して、他の乗員とともにオペレーションルームでじっと出番を待ちつづけていたのは、何もこの朝がはじめてではなかった。

戦闘機が訓練に飛び立つと、その機の整備を受け持っている機付員《きづきいん》は格納庫の脇《わき》や誘導路の近くにある待機所で自分の飛行機が無事帰ってくることを祈りながら、考えないようにしていてもつきまとう影のように心の隅から離れない、その万一の場合に備えて待機をつづけているが、彼らと同じように、戦闘機が訓練を終えて全機着陸をすませるまで、ただただ待ちつづけている人たちが基地にはいる。飛行隊の隊舎の隣りに車庫を構えている消防隊の隊員がそうだし、滑走路のメインテナンスを担当する作業隊の隊員もそうである。もっとも、千歳や小松基地の作業隊の隊員は、冬が訪れて連日のように雪に見舞われるようになると、戦闘機が上空にいる間、何もせずにずっと詰め所のソファを暖めているだけというわけにはいかなくなる。滑走路に十センチ雪が積もっただけで、F15は飛べなくなる。いくら世界最強と言われる戦闘機であっても、滑走路が使いものにならなくなったら単なる置き物と化してしまう。国籍不明機が領空を侵犯してきても、滑走路を雪にとざされていては追尾の飛行機を差し向けることもできないのだ。基地として手足をもがれたも同然である。このため作業隊の隊員たちは滑走路に降り積もる雪が五センチを越えそうになると、昼夜を分かたず除雪車を走らせる。鋭くとがったドラムが高速で回転する除雪車は、雪を掻《か》き分けるというより、滑走路の路面に刃を突き立てて火花を散らしながら雪を削りとっていく。

　零度を割りこむ寒さと吹きつける雪の中での除雪作業も、苦役には違いない。だが、待機室のソファで何もせずにただ座りつづけているというのは、苦行という表現の方がふさわしいほどに辛《つら》い「仕事」のはずである。消防隊の隊員は、戦闘機が胴体着陸したり着陸に失敗して火災を起こすという、まさに万にひとつの、もしもに備えて待機をつづける。基地の外の、ふつうの消防署員と違って出番はまずないと考えてよい。彼らにとってはひたすらソファを暖めることが、仕事なのである。そして戦闘機が離着陸する段になると、消防隊の車庫のガレージが開き、おもむろに消防車に乗りこんで、今度は車内のシートに座りつづける。

　もちろん訓練はある。航空燃料で満たした専用のプールに火をつけて、それを消火するのだが、やってもせいぜい三カ月に一度である。あとは滑走路脇の雑草を刈ったり、時折、化学消防車から水を噴射させてみたりする他はひたすら待機である。このため持て余し気味の体力を発散させる手段として、当直員以外は毎日ランニングをしたりさまざまな陸上トレーニングに勤《いそ》しんでいる。そうでもしなければ、自分からすすんで何かをやるわけにはいかない、ただ何かが起こるのを待っているだけという、退屈な日々の繰り返しに耐えられなくなる。救難隊のメディックになる前は消防隊にいたという若手の三曹は、やはり消防に回された同期が、気が遠くなるほど暇な毎日に嫌気がさして次々と辞めていく中で、自分もメディックの試験にパスしていなかったらまちがいなく自衛隊を辞めていただろうと言い切ってみせる。

戦闘機乗りは、神経の一本一本にヤスリをかけるような訓練を日に二、三回繰り返し、時には夜間のフライトもこなす。それを、より強い戦闘機乗りになる道はより多く飛ぶことというように月曜から金曜まで顔に酸素マスクの跡をくっきり残しながらつづける。日常の訓練の他に、スクランブルの当直にも交代でつかなければならない。週末になると、連日Gに痛めつけられ、神経を張りつめてきたツケが、重たい疲労となって砂鉄のように体の中にたまっている。こうした戦闘機乗りの休日の過ごし方と言えば、家族の買物につきあったりドライブしたり官舎で読書にふけったりというのが相場である。体を動かすにしても、買物がてら首の筋肉強化に役立つかもしれないと気休め程度に子供を肩車してみたり、気分転換を兼ねてゴルフの打ちっ放しに出かけるくらいである。戦闘機乗りにとって土日は、週明けからスタートする新たな訓練に向けての、まさしく息つぎのようなものである。これに対して消防隊の隊員の中には、休みの日の方が平日よりはるかに忙しいという者が少なくない。地域の少年サッカーやリトルリーグの指導を買って出ているのだ。ある隊員の場合は、六月から十一月にかけての休みはすべてこの手のボランティアでつぶれてしまうという。消防隊の待機室の壁には、消防隊のチームがノルディックの競技会や街のスポーツ大会で優勝したり入賞を果たしたさいの表彰状が何枚も飾ってある。それらは、彼らの「仕事」の一部となってしまっている、いつ終わるとも知れない「退屈」と引き換えの報酬なのかもしれない。

どんな組織でも、その組織にとってより重要とされる部分に金はつぎこまれていく。とすれば、槍《やり》の「穂先」と「柄」とでは金のかけ方が違ってきて当然なのだろう。領空侵犯機を追い払うスクランブルのため、交代で待機する戦闘機のパイロットには、筋肉をほぐす全身マッサージ機や気分をゆったりとさせてくれるリラクゼーションの装置が待機室に用意されている。だが、スクランブルに備えて待機しているのは、「穂先」の彼らだけではない。

戦闘機が上空で訓練をつづけている間、救難隊のオペレーションルームでも、アラートクルーと呼ばれるその日の待機要員になっている救難ヘリと捜索機の乗員計九人が、「レスキュースクランブル！」のベルが鳴ったと同時にエプロンに飛び出し駐機している飛行機に全速力で駈《か》け寄って離陸の操作ができるように、いまK二尉が座っているそのソファで身支度を整えて待機している。アラート待機は月に五、六回まわってくる。待機についていないときはヘリを飛ばして山中や海上での救出訓練を繰り返す。訓練は、夜間だろうが、雪が横なぐりに吹きつける荒天下だろうがお構いなしに行なわれる。身内の事故以外で救難隊にお呼びがかかるのは、たいてい警察や海上保安庁のレスキュー隊でも出動に二の足を踏むような、きわどい場所や悪天候の中での救出活動のさいである。だから訓練もわざわざ危険なときを選んで行なうのである。メディックの一人は、「一をやるためには、十ができていないといけないですから」と語る。訓練で本番の上を行く危険を味わっておかなければ、いざというときには役立たないというわけである。じっさいK二尉が所属する千歳のように日本海をエリアに入れている救難隊では、冬場にいく度となく繰り返す海上での訓練そのものがかなりの危険をはらんでいる。

たとえば雪が降りしきっている上に、気温が零度を割って海面から白い湯気が立ちのぼるくらい空気が冷えきっていると、ホヴァリングしているバートルの背中の部分はしだいに凍りついていく。バートルの背中には巨大な翼を三つつけたローターが前後にあるが、このうち後ろのローターのつけ根にはそれぞれ千五百馬力の出力を持つターボシャフト・エンジンが左右にとりついていて通気孔が口を開けている。バートルの翼は大体、畳を四枚半つなげたくらいの大きさがある。それが前後合わせて六つある。しめて二十七枚の畳が回転して、あたりの空気を切り裂いていることになる。海面すれすれでホヴァリングしていれば、バートルの翼が起こすすさまじい風圧は海水を巻き上げ、機体の背中にしぶきとなって降りかかる。ローターは前も後ろも風を左からかきこむ。このため左後部のエンジン付近はもろに波をかぶっているようにしぶきが集中する。

風に乗って雪もやはりこのあたりに運ばれていく。まさしく吹きだまりである。氷点下だからそれがどんどん氷結して、やがて巨大な氷の塊となっていく。そして、ウエットスーツを着ていなければ五分としてつかっていられないような厳寒の海にダイビングのフル装備のまま飛びこんで訓練をつづけていたメディックを吊《つ》り上げ、よし上がるぞ、と機体を上昇させたとたん、エンジンの周囲に張りついていた氷は、塊ごと剝《は》がれて、ドーンという衝撃音とともに通気孔からエンジンの中に吸いこまれてしまう。横なぐりの吹雪の中を飛んでいても、バートルのエンジンは、雪を吸いこんだくらいではびくともせずにそのまま飛行をつづけられるが、さすがに氷の塊となると、ひとたまりもない。片肺飛行である。シングル・エンジンになったからと言って、ただちに飛行不能、墜落という最悪の事態に陥るわけではないが、しかし水平飛行やホヴァリングは難しくなる。

山間部でエンジンの片方がいかれた場合は、機体がどんどん谷底に落ちていくのにまかせて、その落ちる勢いで逆にスピードをつけ、上昇して、山を越えるというやり方をとる。いわゆる転位揚力を利用するのである。これが海の上だと、ともかくヘリに搭載されている重たそうなものを、燃料も含めて次々に投棄して機体を軽くし、少しでも長く高く飛べるようにする。パイロットのことを、「自分らの運転手」と豪語するメディックといえども、このときばかりは、パイロットの腕を信じて、すべてを託すしかない。

マッハに近いスピードで空中戦訓練を繰り返す戦闘機と救難ヘリとの間で、訓練の危険度を比べる物差しはないが、ただこれだけははっきりと言える。救難パイロットにとってもつねに「死」は、手を伸ばせばすぐ届くような、指のほんの少し先にある。いや、ことによったら、墜落現場に真っ先に駈けつけて、戦闘機乗りの「骨拾い」をしなければならない救難パイロットは、より「死」というものを身近に感じとっていると言えるのかもしれない。

救難隊員の待機は、上空での訓練を終えた戦闘機が全機、基地に戻ってきた時点で終了する。編隊の最後尾につけていた一機が車輪を地上に降ろし、空力ブレーキによる制動で滑走をすませると、オペレーションルームの、さまざまな通信機器がならんでいるデスクの上で電話が鳴る。飛行隊との直通電話である。「15、全機着陸しました」という報告に、救難隊員が「了解」と応答し、ソファで待機しているアラートクルーに向かって、「コールオフ」と声をかける。それが解散の合図である。

だが、この朝、オペレーションルームでいつものように、発煙筒や照明筒などの救命装具がしまいこんであるライフベストで上体を締めつけられた、いささか窮屈な恰好のまま、ソファに座りつづけているK二尉ら九人のクルーには、何時間たっても発進命令はむろんのこと、「コールオフ」の声もかからなかった。通常の待機であれば、二つの飛行隊が別々の空域で訓練に入っていたとしても、戦闘機の訓練が一時間半を越えることはまずないから、長くて三時間のうちには「コールオフ」がかかり、苦役から解放される。しかし、いまついている待機は、訓練中の戦闘機に何かあったら、という、もしもに備えてのものではない。すでに事故は起こっているのだ。にもかかわらず、第一報が入ったと同時に現場に急行するわけでもなく、こうして悠長に待機をつづけて、いたずらに時間を過ごしているのは、まだどこからも自衛隊に対して、「助けにきてほしい」というお声がかからないからだろうと、K二尉は思っていた。

実に奇妙な話なのである。何か事故が発生したとき、警察や消防、そして海上保安庁は特別な要請がなくても事故を知った段階ですぐさま出動する。ところが自衛隊はそれが許されない。阪神大震災のケースでもさんざん指摘されたが、町や村が破壊され、何千という人間が建物や土砂の下に生き埋めになり、その家族から火の手が迫らないうちに埋まった肉親を助け出してくれと悲痛な叫びが上がろうとも、自衛隊は、自分の判断ですばやく大部隊を被災現場に送りこみ、一刻を争う、瓦礫《がれき》の下敷きになった人々の救出作業にあたらせることができなかった。

しかし、仮に自らすすんで救出に駈けつけたとしても、現場での行動はかなり縛られてしまう。民家への立ち入りや建物の取り壊しをする権限が、警察と違って自衛隊にはないのである。その権限を与えてくれるのは、都道府県知事が自衛隊に対して行なう、災害派遣要請という「お墨つき」である。もちろん自衛隊法は、緊急のさいにはこの「お墨つき」がなくても独自の判断で部隊を派遣できるといちおうの抜け道をつくっているが、自衛隊が存分に救助活動に乗り出せるのは、やはり知事が「助けてくれ」とSOSを打ってからなのである。

こうした点は航空機事故でも変わらない。派遣要請なしに救難隊が出動できるのは、身内の自衛隊機が墜落したときに限られている。極端な話、小松のように自衛隊と民間が同居している空港で旅客機が事故を起こした場合でも、救難隊は事故現場のすぐ目と鼻の先にいながら、要請がなければ飛行機が炎上していくのをただながめているしかないということになる。もっとも、名古屋空港で中華航空機が着陸に失敗して滑走路に墜落した事故では、空港に隣り合っている小牧基地の隊員たちが、派遣要請の出ていない段階から現場に一番乗りして救出活動を行なったし、奥尻《おくしり》島の地震のさいは島のレーダーサイトの隊員たちが誰に命令されたわけでもないのに、山崩れ現場に駈けつけて生き埋めになった観光客の救出にあたっている。ただいずれの場合でも実態を後追いする形で自治体の長や空港事務所長が自衛隊に派遣要請をして「お墨つき」を与えている。

航空機事故で自衛隊に派遣要請ができるのは、都道府県知事をはじめ、空港事務所長、海上保安庁長官、そして管区海上保安本部長と特定されている。漁船が座礁《ざしょう》して船内に取り残された乗組員を救出するという海難事故の場合は、都道府県知事や海上保安庁からの要請を待たなければならないし、山で遭難したパーティを救出するさいには都道府県知事が要請の権限を握っている。それ以外の人たちからどんなに助けを求められても、自衛隊は動きたくても動けない。地元の警察ですら直接頼みこむわけにはいかないのだ。その場合は、所轄《しょかつ》の警察はまず県警本部に自衛隊の助けを借りてほしいと願い出て、県警本部が県の消防防災課に要請を依頼、それを受けた知事が自衛隊に派遣要請するという、いくつもの手続きを踏まなければならない。その間の連絡はどんなにスムーズに行っても最低三十分はかかってしまう。この三十分という時間は、ことにつるべ落としと呼ばれるような季節の日没間際《まぎわ》には救出活動の成否を左右する重大な意味を持ってくる。たった三十分違っただけであたりは急速に暗くなり、日中でも波間やガスの切れ間に見え隠れする遭難者の姿を上空から捜し出すのはむずかしいのが、一縷《いちる》の発見の望みまで断たれ、助かる者も助からなくなる最悪の結果を招いてしまう。

自衛隊の救難組織が配備している航空機の数は、航空自衛隊の救難隊だけでなく海上自衛隊のレスキュー部隊である救難飛行隊も含めると、ヘリコプターから捜索用ジェット機、さらに飛行艇に至るまで八十機近くにのぼり、これらが北海道、小笠原《おがさわら》、沖縄を結ぶ陸地と海の広大なエリアを守備範囲にして緊急事態に備えている。だが、スケールの点でも機動力や即応能力の点でも、他のレスキューの組織を圧倒する、タスク・フォースともいうべきこうした自衛隊の救難部隊が、じっさいの救難活動の場面で活用されているかと言うと、必ずしもそうではないのである。山や海での遭難事故を聞きつけた救難隊が警察や海上保安本部に気をきかせたつもりで「応援を出しましょうか」と持ちかけても、「いやこちらで十分対応できますから」というつれない返事が返ってくる。

レスキューは時間との勝負である。手はいくらあっても、足りているということはないはずだ。ことに遭難者が依然として発見されていなかったり、大人数を救出しなければならないときは、時間もさることながら投入する航空機の数の勝負というところがある。飛行機の数が多ければその分、捜索範囲は広がるし、限定された区域なら捜索はよりキメが細かくなりエリアの隅々まで眼が行き届く。だが、縄張り意識が邪魔するのか、プライドが許さないのか、警察や海保からは自衛隊に対して滅多にお声がかからないのである。

「準備までしても、県警にとられたり、海保に持っていかれたり、こっちはいつだって待ちぼうけですよ」

腕は鳴るけれど見せ場がないメディックは口惜《くや》しそうに言う。まさに宝の持ち腐れなのである。

それでいて警察や海上保安庁は、救出作業が自分たちの手に余ると、自衛隊に助けを求めてくる。三十メートルの強風が吹きまくる冬山で大学生のパーティが滑落するという事故があった。はじめは県警のヘリコプターが出動して現場上空まで行ったが、風に煽《あお》られてホヴァリングができないと救出を断念して引き返してきた。そこでいつものように自衛隊にお呼びがかかった。救難隊が救出活動の最前線で使っているバートルは、誕生してからすでに四十年近くの齢《よわい》を重ね、一見すると、図体《ずうたい》ばかりでかい、かなりの老体のようでもある。しかし何事も見た目で判断してはいけないのである。年齢の割りに安定性は指折りで、中でも横風や追い風に強い特性を持っていて、突風が吹き荒れたり気流が複雑に変化する山頂や谷間でのホヴァリングに強みを発揮する。県警のヘリよりはるかに優れ物だったのである。

別の冬山の遭難事故では、鋸《のこぎり》の尖《とが》った歯の間のようにあまりにも鋭く切れこんでいて、ふだんは雪がつかないと言われる岩場にパーティが孤立していた。県警のヘリに代わって最後の切り札として登場した救難隊のバートルには、警察の山岳警備隊員が同乗していた。その隊員は、基地を飛び立つときには、自分が一番手で降りて救出すると言っていたが、山の上空にさしかかり、ヘリの窓からはるか下に雪煙に霞《かす》む現場をのぞいたとたん、顔色が変わった。ふだん雪が積もらない場所が白一色に染まっている。数日来の大雪で不安定な岩場にも雪が降り積もったのだ。このためパーティは進むことも退《ひ》くこともできず、その場に雪洞《せつどう》を掘って、救助を待っていたのである。

県警の隊員は、手のひらを返したように「降りるのはやめた」と言いはじめた。こんな状態ではいつ雪崩《なだれ》が起きても不思議ではない。いま降りるのは自殺行為だ、とまで言い切った。だが、遭難者の姿が真下に見えていながら、救出に降りないというわけにもいかない。航空自衛隊の救難隊では、現場に降りていくのがメディックの仕事とされているし、レンジャーと空挺《くうてい》部隊の訓練を掛け合わせたものよりさらに苛酷《かこく》と言われる、メディックになるための半年に及ぶ教育を通じて、彼ら自身、どこであろうとメディックは降りるもの、ということが徹底して頭に叩《たた》きこまれている。

山の天候は変わりやすい。すでに、山の斜面を這《は》うようにして雲がぐうっと湧《わ》き上がってくるのが視界に入っている。一刻の猶予《ゆうよ》も許されなかった。

「うちらなら絶対降りません」と、忠告しているのか、それとも弁解しているのか、警官がしきりに口にする言葉を背中で聞きながら、結局、メディックがワイヤーにつかまって五十メートル下の現場に降り、パーティを救出した。

K二尉が戦闘機乗りから救難ヘリのパイロットに「F転」になって気づいたことのひとつは、ファントムの部隊にいたとき、パイロット同士で日常の何げない挨拶《あいさつ》と同じくらいあたりまえのように交わしていた言葉が、この救難隊では違った意味で使われているということだった。

　ミッション、ＭＩＳＳＩＯＮ。ちなみに手もとのコンサイスをひいてみると、派遣、使節団、伝道といった意味の他に、軍事用語として、単機又は編隊による航空作戦行動、任務と出ている。往年の人気テレビドラマ「スパイ大作戦」のテーマソングがバックに流れて、僕を含めて四半世紀前に十代や二十代だった男性を懐《なつ》かしがらせたトム・クルーズ主演のヒット映画に“MISSION：IMPOSSIBLE”というのがあるくらいだから、ふつうは「任務」と訳されるのだろう。訓練を終えた戦闘機のパイロットが地上に帰ってきて飛行機から降りると、まず機付長からボードにはさまった「飛行記録」の用紙を差し出され、それにサインを求められるが、この用紙の、任務、と書かれた欄にも、ＭＩＳＳＩＯＮという英語がならんでいる。

　だが、ふだん自衛隊のＦ15やファントムの戦闘機乗りが「ミッション」という言葉を口にするときは、「任務」というより、より具体的にそこには「訓練」という意味がこめられている。生まれてはじめて戦闘機に乗りこむ僕を交えて、二〇三飛行隊のオペレーションルームで行なわれたフライト前のブリーフィングの席でも、上空でこれからはじめる対戦闘機戦闘訓練のことが、ＡＣＭミッションという表現で呼ばれていたし、テイク・オフの時間が刻一刻と迫ってくるにつれてしだいにうつろになっていく僕の眼に心の動揺を読みとったのか、竹路三佐が緊張を和らげるように言ってくれた言葉は、「最初はGのかからないミッションからやっていきます」というものだった。

　しかし、救難隊に行って、戦闘機部隊のつもりでこの「ミッション」という言葉を使うと、大きな誤解を招くことになる。たとえば訓練を終えた救難パイロットに、「きょうのミッションはどうでしたか」とたずねても、「ミッション？」と一瞬、怪訝《けげん》な顔をされて、「そんなの、きょうはありませんよ」とあっさりかわされ、逆に、こいつ、何とぼけたこと言ってるんだろうという、呆《あき》れた目で見られてしまうだろう。

　救難隊で「ミッション」とは、自衛隊機が墜落したり、山や海で事故が起きたり災害に襲われたとき、現場に飛行機を飛ばして遭難者の救助や行方不明者の捜索を行なう救難活動のことをさしている。ミッションほんらいの意味である「任務」には違いないが、戦闘機部隊のように「訓練」をさして言っているわけでは決してない。訓練のことは、救難隊ではあくまで「訓練」とか「練成訓練」と言う。救難隊のミッションとは、訓練ではない、じっさいの救難活動のことなのだから、言い方を変えれば、要するに「本番」なのである。つまり救難パイロットにとっては、訓練とは別に、ちゃんと本番があって、それが、ミッション、イコール任務とされているのだ。これに対して、少なくともミッションで言い表される戦闘機パイロットの「任務」の中に、本番という意味はない。本番は抜け落ちているというより、軍隊であってはならない自衛隊の戦闘機パイロットにとって、訓練こそが任務なのである。そしてミッションという言葉にもう少しこだわってみれば、「国籍不明機発見！」の一報で上空に駆け上がり、ロシア軍機などを追尾するスクランブルのことを、パイロットたちは、ミッションの上に「実」をつけて「実ミッション」と呼ぶことがあり、ふつうのミッションと使い分けている。Ｆ15パイロットの一人は、「訓練では失敗が許されても、赤い星のマークの飛行機を相手にしたスクランブルでは絶対失敗が許されない。ひとつ間違って、ちょっとでもボタンを押せば、戦争ですからね」と言う。戦争という本番が、現実のものとなるかどうか、誰にもわからない以上、自衛隊の戦闘機乗りにとっては、失敗の許されないスクランブルが、とりあえずの本番と言えるのかもしれない。

ミッションという同じ用語なのに、Ｆ15やファントムを抱える戦闘機部隊では、訓練を意味し、救難隊では、本番という意味となる。単なる用語の使い方の違いに過ぎないと言ってしまえばそれまでだが、しかし、この対比からは、航空自衛隊で「槍の穂先」と呼ばれる花形的存在の戦闘機パイロットと、「槍の柄の、そのまた柄」に甘んじている救難パイロットの、見た目とはまた違う、角度を変えることで映し出されるもうひとつの姿が、透けて見えてくるようである。

　オペレーションルームで待機がかかったままのK二尉は、ソファにじっと座りながら、それでも尻のあたりがむずむずとして仕方なかった。救難隊に配属されてそれなりの月日がたち、こうして待ちの姿勢をとりつづけていることにも馴《な》れてきたはずである。それがきょうに限ってどうにも落ち着かない。ついさっきトイレに立ったばかりなのに、また行きたくなる。K二尉は、前にもこういうことがあったと思った。ファントムのパイロットとして、はじめてスクランブルの待機についたときである。

　スクランブルのベルはいつ鳴り出すかわからない。自分の待機時間中には鳴らないかもしれないし、五秒後に突然、緊急発進を命じる電話が入るかもしれない。こればかりは予想というものがいっさい立たないのである。扉を隔ててアラート用戦闘機がひっそりと翼を休めている待機室の中では、何度もスクランブルを体験して、ＭｉＧ《ミグ》やバジャーの姿をカメラに収めてきたベテランのパイロットが、つかの間の休暇を楽しむように煙草《たばこ》をくゆらしながらカードを配っている。だが、K二尉は、先輩たちとカードを囲んでいても、ベルのことが気になって、ゲームに身が入らなかった。耳に神経を集中させるあまり、全身の血液がいっせいに流れを変え、二つの耳に向かって押し寄せてくるようだった。カードはあきらめて、彼はソファにもたれて、テレビをつけた。しかしそれも無駄だった。トイレに行こうと立ちかけて思い直したり、意味もなくあたりをうろうろして、しまいに先輩から「いい加減、おとなしくしてろ」と怒鳴られる始末だった。

そして、いまもあのときと同じように、口の中が妙に渇いている。どちらもはじめてなんだ、と彼は思った。このまえは初のスクランブル待機にあたっていたが、もしいまここで発進命令が下りて出動ということになったら、それが、K二尉にとっては救難パイロットになってはじめての、訓練ではない、本番の救難活動ということになる。彼は、ファントムの部隊から救難隊に「F転」になって、まだここで言うところの「ミッション」に出たことが一度もなかった。つまりこれが、初ミッションとなるかもしれないのである。

寝込みを襲われる形での非常呼集から半日近くがたとうとしていた。いつまで待っても新しい情報が入らず、どっちつかずの状態にクルーたちもさすがにうんざりした様子だった。オペレーションルームから離れるわけにはいかないが、コーヒーを呑《の》んだり朝刊を広げたり、それぞれに時間をつぶしていた。

やがて十一時を回った頃、発進命令が下りた。弛緩《しかん》していた部屋の空気がいっぺんで張りつめ、K二尉は緩めていたベストのベルトを慌《あわ》てて締め直した。だが、上級司令部との通信をすませた幹部からの指示に、クルーたちは信じられないという顔で口々に疑問の声を上げた。事故をめぐる情報は錯綜《さくそう》するというが、しかしここまで第一報と違ってくるというのも珍しかった。墜落位置がまるで逆方向、距離にして八百キロも離れているのだ。

「なんで稚内《わっかない》に行くんですか」「現場は釧路沖のはずじゃないんですか」

当の幹部も首をかしげている。

「理由はわからん。でも、とにかく稚内に飛べという命令なんだ」

「稚内についたら何をやればいいんですか。海上での捜索ですか、それとも墜落地点は陸地なんですか」

機長をつとめるベテランパイロットがたたみかける。予想される救難活動の内容によって、現場に降りていくメディックの装備もヘリに積み込む器材の種類も違ってくる。

「わからん。稚内に行けというだけだ。進出している間にあるいは新しい情報が入ってくるかもしれん」

状況がまるでつかめないまま、クルーは、墜落現場が陸、海どちらでも対処できるように器材を新たに積み増して、飛行機に乗りこんだ。重量が増える分、燃料を食って行動範囲が狭まり、現場で動ける時間も少なくなるが、このさい仕方なかった。

正面に大きく窓をとったバートルの操縦席からは、ひと足先に捜索機のＭＵ２がプロペラ音を響かせながらいかにも軽々と飛び立っていく様子が見えている。

救難隊の捜索活動は、まずバートルの倍近いスピードが出る双発プロペラ機ＭＵ２が、現場と思われる上空に飛来し、方形拡大と言って、徐々に一辺の長さが長くなっていくような正方形を空に描きながら、目標を捜し出す。飛行機の墜落事故であれば、その機の機影がレーダーから消えた位置に、とりあえず航法目標弾という発煙筒を落として、ここを起点として、捜索の線を伸ばしていく。北に一マイル行ったら、九十度右に折れて東に一マイル、再び右に折れて今度進むときは倍の二マイル南に下りていってエリアを広げ、西に二マイル行ったあとは、北にさらに三マイルと、捜索の範囲を拡大していくのである。

救難ヘリのバートルが現場で活動できるのは長くて一時間、この限られた時間をフルに救出作業に振り向けるためには、ＭＵ２は足の遅いバートルが到着するまでに目標を見つけ出しておかなければならない。目標を発見すると、海上なら、マリンマーカーと呼ばれる信号筒を飛行機から投下する。この信号筒が海面に落ちるとまるでバスクリンを溶かしたようにあたり一面が鮮やかな緑色に染まり、同時に白い煙が噴き上がる。煙は四十分間出つづけて、バートルに目標の位置を知らせる。

夜間であればさらに照明筒を投下する。空も海も闇《やみ》の中に塗りこめられたようになると、闇の濃さに感覚を奪われて、パイロットは、一瞬自分の飛行機がいまどんな姿勢をとっているのかわからなくなる。水平飛行をしていて、計器もちゃんとそれを示しているのに、どうしても旋回しているような感じが体から離れなかったりする。いわゆるヴァーティゴ、空間識失調である。ヴァーティゴは、どんなパイロットにとっても鬼門とされていることだが、海面ぎりぎりまで高度を下げたり、崖《がけ》や山の斜面すれすれに近づいて救難活動を行なうバートルのパイロットにとってはなおさらである。

このため、洋上での夜間訓練やミッションでは、上空を飛ぶMU2に照明筒を落としてもらう。照明筒には落下傘《らっかさん》がついていて、投下して間もなくこのパラシュートが開き、三分間、光を放ちながら、ゆらゆらと落ちていく。その光の落ちる様子をたよりに、パイロットは、頭の中に水平線を思い描いて、自分の機の姿勢や位置をたしかめながら慎重に高度を下げていく。救難のミッションは、現場で直接救出にあたる救難ヘリの単独プレイというわけではなく、ちょうどメディックとパイロットの関係のように、ペアを組む捜索機との連係がうまく行ってはじめて実を結ぶチームプレイなのである。

クルーの中から走り出るようにしてバートルに乗りこんだK二尉は真っ先にエンジンのスイッチを入れた。機長が操縦席に座る前にエンジンをともかく早くランアップさせておくことが副操縦士《コーパイ》の仕事である。やがて、この巨大なイナゴかバッタのような機体を空に浮かべる六枚の翼が頭上で唸《うな》りを上げて回転をはじめた。ヘリの外では、翼が空気をつかみとり切り裂いていく、どこか鳥が羽ばたくときの音に通じるような回転音が聞こえるが、機内ではただ轟音《ごうおん》が充満している。いったんローターが回りだすと、頬が触れ合うほどに顔を近づけても相手の声は聞こえない。会話はヘッドセットのマイクを通じてするしかない。K二尉の耳もとに、右隣りに座る機長の声が流れてきた。

「初ミッションは結構、長引くかもな」

バートルの離陸は、そうとは感じさせないくらいにゆるやかである。機体を小刻みに震わせるローターの轟音が最高潮に達して、そろそろ上がるかな、と思っているうちに、ふわっ、と体が浮かび上がる感じがして、窓の外を見ると、すでに地面を離れ、いつのまにかエプロンで誘導している整備員の姿が小さくなっている。バートルはそのままの姿勢で、眼の位置だけがどんどん高くなり、やがて飛行隊の格納庫や滑走路が見渡せる高さにまでなる。そこでしばらくホヴァリングしていたバートルは、機首を心もち下げながら伸び上がるようにして一気に上昇し、針路を北にとった。

　千歳から稚内までは一時間半ほどのフライトである。その間、K二尉はいく度となく無線で上級司令部や救難隊を呼び出してみたが、ミッションについての新しい情報は何ひとつとしてなく、稚内に行けという指示を繰り返すばかりだった。そして現地に着いたら着いたで、今度は「そのまま待機」と言うのである。だだっ広い敷地に管制塔だけがぽつんとそびえるローカル空港に降り立ったクルーは、情報の少なさに苛《いら》立《だ》つより、どことなくうらさびれた風景も手伝って、こんなところまでいったい何をしに来たのだろう、というある種の脱力感にとらわれていた。

　海難事故が多発する津軽海峡以北の北の海と北海道全域をカバーする千歳の救難隊は、全国十カ所に展開する航空自衛隊の救難隊の中でも一、二を争うほどミッションの多い第一線部隊なだけに、ミッション初体験のK二尉を除くクルーの全員が、さまざまなレスキューの現場をくぐり抜けてきていた。不確かな情報に振りまわされて見当違いの場所を捜索していたということも何度もあった。しかし、そんな彼らでさえとまどうほどに今回のミッションはわけがわからなかった。半日近くの待機に耐えて、ようやく空に上がったのもつかの間、理由を明かされないままにまたしても待機を命じられている。ただ、いつ捜索の指示が下りてもいいように、燃料は補給しておかなければならない。バートルにはあと三時間分の燃料しか残っていなかった。先に到着したMU2も似たようなものである。それに食事の問題がある。K二尉は機長とともに空港事務所に足を運んだ。

「燃料を入れたいんですが、どうしたらいいですかね」とたずねると、職員は「ここだと、あそこが来てくれますよ」と市内の燃料会社の名前を口にした。そのやりとりはまるで旅行中のドライバーが地元の人にガソリンスタンドの場所を聞いているようなものだった。もし二人が飛行服を身にまとっていなければ、傍目には、とても旅客機の墜落事故の捜索に駆《か》けつけたレスキューのようには映らなかったに違いない。稚内には航空自衛隊のレーダーサイトがあるし、陸、海の自衛隊もそれぞれ沿岸監視隊などの部隊を配置している。救難隊の飛行機が稚内に飛ぶことはあらかじめわかっていたのだから、現地の部隊に対して燃料や食事を手配しておくように、上からのひと言があってもよさそうなものだし、千歳を出発する救難隊のクルーに、燃料などは現地の部隊に支援してもらえと指示すればそれでもすむ話だった。どうやら、そんな細かなことにいちいち気を回していられないくらいに、上は上で混乱していたようなのである。

燃料、食事、そしてバートルとMU2の駐機場所をどうするか。それが、墜落機の捜索に出動したはずのK二尉らに当面与えられた課題だった。空港のロビーで今後のことを相談していたクルーは、いつのまにか何人もの男に取り囲まれていた。男たちは手に手にメモを持ち、肩からカメラを下げている。稚内に支局を構える新聞社やテレビ局の取材陣である。空港に自衛隊のヘリが降りて、何かやっているという情報を、どこからか聞きつけてきたのだろう。この日、テレビは朝からアンカレッジ経由でソウルに向かっていた大韓航空機が消息を絶ったというニュースをしきりに流していた。昼前になると速報の形で「サハリンに強制着陸させられた」という情報が伝えられたが、すぐあとには一転して、強制着陸は未確認と、トーンダウンしたニュースを流すなど、マスコミも安否のわからない大韓機の行方を突きとめるのに躍起となっていた。そんな中、サハリンを望む国境の街、稚内に自衛隊機が突然、飛来したのである。よほど勘の鈍い記者でも、何かある、と「事件」の匂《にお》いを嗅《か》ぎとったはずである。記者たちは救難隊のクルーに、大韓機が見つかったのか、乗客を引き取りに行くのかと質問を浴びせかけてきた。だが、新しい情報を教えてほしいのは、むしろクルーの方である。

「自分らも、何をするのか全然わからないのですよ」

機長が、苦笑して言った。K二尉も事実をありのままに伝えた。

「とにかく、行けと言われたから、来ただけなんです」

記者たちは、救難隊の動きを見届けようとしばらくロビーにたむろしていたが、いつまでたっても飛び立つ気配を見せないことに痺《しび》れを切らしたらしく、やがて引き揚げていった。

大韓機撃墜の衝撃的なニュースを、クルーは空港ロビーのテレビで知らされる。その直後、支援戦闘機F1を擁する三沢基地では、スクランブル、緊急発進を告げるベルが鳴りだした。

緊急発進《スクランブル》

乗員乗客二百六十九人を乗せた大韓航空機がソ連軍の戦闘機スホーイSu15の発射したミサイルによって撃ち墜《お》とされたその日、航空自衛隊のパイロットT三尉《さんい》は、青森県の三沢基地で、スクランブルが発動されたさい、戦闘機に飛び乗って国籍不明機の追跡にあたるアラート勤務についていた。

アラート勤務は、通常、朝の七時から翌朝七時までの二十四時間、スクランブル専用の戦闘機が格納されているアラートハンガーに隣接した詰め所で、いざというときに備えて待機をつづける。二十四時間と言っても、まる一日寝ずの番をしているわけではない。一回のスクランブルで飛び立つ戦闘機は二機だが、アラートハンガーにはこの他に戦闘機がもう二機翼を休めている。スクランブルがかかって最初の二機が上がってしまったあとに、別の方向から国籍不明機があらわれたときでも、追尾の戦闘機を差し向けることができるように控えの飛行機が用意されてあるのだ。パイロットの詰め所にも二組のクルーがつねに待機していて、スクランブルの言わば先発と控えの役を、五、六時間おきに交代でつとめている。先発のクルーは、五分待機と呼ばれ、スクランブルのベルが鳴ったら五分以内に飛び立たなければならない。一方、控えのクルーは一時間以内に出動できる態勢を整えておけばよいため、五分待機をはずれて控えに回っている間は、詰め所の中にある仮眠室でゆっくり睡眠をとることができる。

しかしこの日、T三尉は仮眠室で体を休めることもなく、クルーを組んでいる先輩のパイロットとともに詰め所のソファにもたれて、大韓航空機の安否をめぐって二転三転する情報を伝えるテレビに見入っていた。当初、行方不明を伝えていたテレビは、韓国外務部の担当者が、ジャンボ機は「サハリンに強制着陸」と自信を持って発表する様子を映しだしている韓国のテレビニュースをそのまま衛星中継で放送し、昼のニュースもトップで「強制着陸」を報じていた。だが、すでにこの時間、夕刊各紙の一面に大きく見出しとして組みこまれていた「強制着陸」の情報は、やがて「未確認」と腰の引けた調子に変わり、今度は一転して「墜落の可能性」が囁《ささや》かれだした。

スクランブルに備えて二十四時間、詰め所から一歩も外に出られないアラートクルーの食事は、朝昼夕とも、運搬食と言って基地の食堂から運ばれてくる。三食の他に、深夜にまたがって勤務をつづける彼らには、握り飯とおしんこ、それに汁物という簡単なメニューだが、夜食も用意されている。ご飯や汁物は保温容器に入れられているが、おかずは詰め所に備えつけのレンジで温め直す。ご飯を盛ったりお茶を入れたりといった食事の支度はクルーの中でいちばん歳下《としした》のパイロットの役目である。この日で言えばT三尉がその配膳《はいぜん》係にあたっていた。先輩たちの食事の用意や跡片付けをしている間も、しかしT三尉の眼《め》はテレビに釘《くぎ》づけになったまま、刻一刻と深刻さの度合いを深めていく事件の行方を追っていた。四人のクルーは、大韓航空機関連の特別番組やニュースを流している局はないかとテレビのリモコンを押してはチャンネルを変えることを繰り返した。

やがて三時近くになって、「強制着陸」説が急速にしぼんでいったあと、新しい情報のしばらく途絶えていたテレビから、「撃墜」という衝撃的な言葉が流れてきた。テレビのアナウンスは、未確認と断りながらも、政府関係者の情報として大韓航空機がソ連の戦闘機によって撃墜された可能性が高いという見方を伝えていた。

四人のパイロットは思わず顔を見合わせた。互いに口には出さなかったが、彼らの頭にあったのは、可能性などではなく、撃墜されたのはもはや間違いないな、という確信にも似た思いだったはずである。

北海道の海岸線に沿うようにして配備された航空自衛隊のレーダーサイトは、サハリンはむろんのこと、シベリアの沿岸部に至るまで視野に入れてソ連軍機の動きを逐一監視している。さらにその実態については同じ自衛隊員でも窺《うかが》い知れない部分があ

ると は言え、ソ連軍の無線のやりとりをかなりの精度でひそかに傍受しているセクションが自衛隊の内部に存在することくらいは戦闘機のパイロットも承知していた。だいいちこの三沢基地には、「象のオリ」と呼ばれる、直径三百メートルに及ぶ円筒型をした米軍の通信施設があって、アンテナでつくられた巨大なガスタンクのような、その特徴ある外見は、米軍と基地を共有している三沢の自衛隊員にも馴染《なじ》みのものであった。象のオリ自体はフェンスに囲まれているだけだが、通信施設の建物の方は、自衛隊では考えられないほどの厳重なセキュリティ・チェックが敷かれ、そのものものしさはここで極めて高度な軍事機密のからむ作業が行なわれていることをうかがわせるに十分だった。しかし、そうした厚いヴェールに覆《おお》われながらも、この施設が、北東アジアの上空を飛び交うさまざまな軍事通信を傍受していること、そして正式には「第六九二〇電子安全保障飛行中隊」と呼ばれるこのセクションが、在日米軍の隷《れい》下《か》におかれながらも、その指揮命令を受けず、〈Never Say Anything〉、訳せば、何も喋《しゃべ》るな、という異名を持つ、CIA以上にその活動の実態が謎《なぞ》に包まれているアメリカの情報機関NSAに属する秘密通信基地であることは、三沢に勤務する自衛隊員なら間違いなく頭の隅に入っている知識であった。

もし大韓航空機が消息を絶ったことにソ連軍が何らかの形でからんでいるのであれ

ば、ウサギの耳と鷹《たか》の眼を持つ自衛隊や米軍の情報機関が、北海道のすぐ鼻先で起こったこの種のキナ臭い事件について何のフォローもしていないということはありえなかった。大韓航空機がみせたに違いない異常な動きは、彼らが二十四時間広げている監視の網に必ずかかっているはずであった。そして、「撃墜」という、事件の様相を一変させ、国と国の外交関係に深刻な影響をもたらしかねない決定的な言葉が、政府部内で語られているのだとしたら、それは、ソ連軍の動きをつねにマークしているセクションからの、何らかの根拠をもとにしたものに違いないし、それだけにかなり確度の高いもののように思われた。

「撃墜の可能性」を伝えるニュースがブラウン管に映しだされている間、T三尉を含めてアラート待機のクルーの全員が、詰め所のテレビを、身じろぎもせず食い入るようにみつめていた。テレビは、午後四時から首相官邸で後藤田官房長官が記者会見を行なう予定になっているとも伝えた。事件発生からはじめて政府の首脳がマスコミの前に姿をみせて公式の発言をするのである。あるいはそこで何らかの発表がなされるのかもしれなかった。しばらくしてテレビは再び通常の番組を流しはじめたが、四人のパイロットは、撃墜という二文字を耳にした衝撃からなかなか醒《さ》めやらなかった。一人が、誰にともなく、戦争になるな、とぽつんとつぶやいた。だろうな、と別のパイロットが相槌《あいづち》を打った。T三尉もうなずいた。

戦後の世界で、国の違いを越えて人々が同じ不安に怯《おび》え、息詰まるような時間を過ごした事件と言えば、キューバに建設中だったソ連軍のミサイル基地をめぐって米ソが一触即発の睨《にら》み合いを演じた「キューバ危機」があげられる。二十年ほど前だから、T三尉にはほとんど記憶らしい記憶もないが、ただ、危機と言っても、このときはソ連軍の手でアメリカ国民の血が流されたわけではなかった。さすがにソ連もアメリカの領土や国民を直接脅《おびや》かすような思い切った行動に打って出ることは控えていた。しかしアメリカにしてみれば、自宅の裏庭とも言うべきカリブ海にミサイルを持ちこまれたのだから、背中にドスを突きつけられたようなものである。平然と構えていられるはずがない。ホワイトハウスはただちにキューバを取り巻く海域に艦艇を派遣して海上封鎖を行ない、航行中のソ連船が停船命令を拒否すれば、二十四時間以内にソ連との全面対決も辞さないと最後通牒《つうちょう》を突きつけたのである。結局、危機は、全世界の不安を一身に背負いこんだケネディ、フルシチョフの両首脳が相手への不信に心を揺らし恐怖に体を竦《すく》ませながらも、最後のボタンを押す役にだけはなりたくないという、ぎりぎりのところで歩み寄り、米ソ双方の血が流される前に回避された。

だが今回、大韓航空側が発表した事故機の搭乗者名簿には、この飛行機がニューヨークとソウルを結ぶ便だったこともあって、韓国人、日本人の他、アメリカ人が多数含まれていた。のちにわかることだが、この中には、ソウルで催される米韓防衛協定記念式典にアメリカ側の賓客として招かれていた民主党下院議員の名前もあった。いずれにせよ、血はすでに流されてしまったのだ。いくら領空を侵したとは言え、民間の旅客機を撃ち墜とすソ連の野蛮な行為に対して、自国民を殺されたアメリカが、果たして非難の文句をならべ立てるだけですませるだろうか。

T三尉には、想像の世界のことでしかなかった「戦争」が一足飛びに現実味を帯びて、すぐそこまで黒ぐろとした大きな影を地面に這《は》わせながら迫ってきているように感じられてならなかった。そうした思いは他のアラートクルーにしても変わらなかったのだろう。四人のパイロットはいつになく思い詰めた声で「戦争」について語り合っていた。

不意に、詰め所の隅、飛行管理員が座る机の上で電話が鳴った。パイロットたちは、弾《はじ》かれたようにいっせいに電話の方を振り返った。ふつうの人の耳には、何の変哲もない電話のベルにしか聞こえないが、パイロットには、そのベルの音色だけで、それが何を報《しら》せる電話なのか、これから何が起ころうとしているのかがわかっていた。北は稚内から南は宮古島まで全国二十八ポイントで昼夜を分かたず監視をつづけているレーダーサイトが、フライトプランに上がっていない国籍不明機、UNKNOWN《アンノウン》をキャッチして、その行方を追っていることを報せる電話である。そして、もしUNKNOWNが日本の領空に近づくような動きをみせたときには、ただちに最寄りの戦闘機基地にスクランブル、緊急発進がかかるのである。

T三尉は、膝《ひざ》がガクガクと震え出すのを意識した。パイロットになってからも、これほどはっきりとした恐怖にとらわれたことははじめてのような気がした。いまスクランブルのベルが鳴っても、足がふらついてしまって、まともに走ることができないのではないかと、両手に力をこめて膝を押さえつけてみたが、まるでそこだけが別の生き物になってしまったかのように、震えは収まるどころか、しだいに体全体に伝わっていく。

大韓航空機がソ連の戦闘機によって「撃墜」された可能性が報じられて、先輩のパイロットたちと「これで戦争になるな」と話していた、ちょうどその最中に、国籍不明機が日本の領空近くに姿をあらわしたのだ。偶然と言うには、あまりにもタイミングがよすぎた。いや、偶然などではない。ほんとうに戦争ははじまろうとしているのかもしれない、とT三尉は思った。

もう口をきく者は誰もいなかった。T三尉は、傍らでGスーツのジッパーを上げている先輩パイロットの表情をそっと盗み見た。唇を固く引き締めたその顔からも、血の気が失われている。

詰め所の狭い空間には、息苦しいほどの予感が満ち満ちていた。耳を澄ませば、近づいてくる得体の知れぬ、空恐ろしいものの足音が聞こえてくるようだった。そのとき、ピヨピヨと、部屋に張りつめた濃密な空気からは拍子抜けするほどの、妙に軽い音色で、先ほどとは別の電話が鳴りはじめた。

先輩の動きは素早かった。ソファから跳ね起き、走り出したその勢いで体当りをかますようにしてハンガーに通じる鋼鉄製のドアを押し開けた。詰め所を出るとハンガーの入口までほんの一間ほど吹きさらしの通路があるが、三沢や千歳のように冬に降雪の激しい基地ではこの部分に凍結防止のロードヒーティングが施されている。Ｔ三尉は、先輩の押し開けた扉が閉まらないうちに全速力で後につづいた。その二人を追って、ジィーッという、耳に突き刺さるような鋭い音を立てて、スクランブルを告げるベルがあたり一帯に鳴り響いている。

ハンガーの壁には、明かりが灯《とも》ると、上から順に、ＳＣ、ＢＳＴ、Ｃ／Ｐ　ＳＴＢＹ、と三段階に分かれて文字の浮き出るランプが据えられているが、いま、その一番上の、ＳＣという文字が薄暗い庫内にくっきりと浮かび上がっている。これはそのままスクランブルのレベルを示すランプで、たとえば、C／P STBYは、スクランブルの中でも一番低いレベルのコックピット・スタンバイ、とりあえず戦闘機に乗りこむが、発進のGOサインが出るまで操縦席に座って待機をつづけるというものである。次のBSTは、バトル・ステーションの略。待機は待機でも、いつでも飛び立てるようにエンジンをかけたまま戦闘機を滑走路の手前に進ませておく。そしてSC、ホット・スクランブルは、字句通りの緊急発進である。パイロットは戦闘機に飛び乗るや一刻の猶予《ゆうよ》も与えられずただちに機を駆って滑走に移らなければならない。

スクランブルのベルに急《せ》き立てられるようにしてT三尉が、戦闘機の機体に立てかけてあるラダーを駈《か》け上がって、コックピットに体を潜りこませ、ヘルメットを装着している間にも、緑色の迷彩塗装を施した支援戦闘機F1のまわりでは、アラート待機の整備員たちがスリムな機体にとりついて手際《てぎわ》よく発進の準備を整えていた。彼らもパイロットの詰め所と背中合わせになっている整備の待機室で二十四時間のアラート勤務についている。ただ、パイロットのように別室の仮眠室が用意されているわけではなく、待機室の一角をアコーディオンカーテンで仕切って、ベッドがならんでいる。六人一組のアラート・クルーには女性の整備員が加わることもあるため、奥のベッドだけはさらに黒いカーテンで念入りに目隠しがされている。待機についている間、整備員は狭い部屋に閉じこもってカードをしたりテレビを見たりして暇をつぶしているが、時間を見計らっては、ハンガーに足を運び、戦闘機のエンジンを始動させる起動カートのウォーミングアップをしておく。いざというとき、一秒でも早くエンジンに命を吹きこむためだ。その起動カートが青白い煙を吐きながらスタートし、Ｆ１のターボファンエンジンが勢いよく回転しはじめた。

ヘッドセットを耳にあてた整備員が、機体の下をもう一度見回した上で、左右両翼に吊《つ》り下げてある燃料タンクから抜きとった落下防止用の安全ピンを手にかざして、離陸前のチェックをすべて終了したというラストチャンスの合図を送って寄越すと、コックピットの中からＴ三尉が、握り拳《こぶし》の親指を突き立てて、了解のサインで答えた。

日没まではアラートハンガーの扉は開かれた状態になっている。ハンガーに格納されたアラート機の操縦席に座っていても、視界の先に、水平線に吸い込まれるようにしてひとすじに伸びている滑走路が見渡せる。ここからは誘導路を経ることなくほとんどダイレクトに滑走路に進入することができるのだ。

パワーを上げたエンジンの唸《うな》りは最高潮に達している。主輪を押さえていた車輪止めが引き抜かれ、整備員が両腕を大きく振り上げてみせた。それを合図に、Ｔ三尉は、両足で踏みつけていたブレーキを緩め、Ｆ１を発進させた。

コックピットの中でスクランブル用にぎりぎりまで省略した計器のチェックをしているときには、その作業に追われて、恐怖が心に入りこむ隙《すき》はなかったが、機を滑走路の端まで進めて、離陸の最終許可を求める先輩と管制塔との無線のやりとりをモニターしている間、T三尉は、再び膝が小刻みに震え出すのを感じていた。

やがて一番機をつとめる先輩のF1が、機首をはずませて滑走に入った。ダーンと地面に叩《たた》きつけるような轟音《ごうおん》がしたのと同時に、真っ赤な炎の尾が吐き出され、一番機はすさまじい加速を示して滑走路を突っ走り、飛び立っていった。スクランブルで上がった二機の戦闘機は、ふつう連係しながらの追跡がしやすいように互いに五キロ程度の距離を保っている。この五キロという間隔は、それぞれの飛行機が離陸を十五秒ほどずらせば、自然とついてしまう。このため二機のアラート機が横一列の編隊を組んで同時に離陸することはほとんどなく、一番機が飛び立ったのを見届けてから二番機は後につづくのである。黒煙を引きながら遠ざかっていく先輩のF1を視界の端にとらえると、T三尉もスロットルレバーを押しこんで、機首を、どこまでも突き抜けていくような九月の空に向けた。

上昇をつづけながら、T三尉は、このままどこへ上がっていくのだろうと思った。自分たちが振り向けられる先で待ち構えていることが何なのか、状況がつかめていないだけに、かえって不安はつのっていく。針路が北なら、まちがいなく相手はソ連軍機となる。大韓航空機の撃墜で一触即発の危機をはらんでいるその渦中《かちゅう》に突っ込んでいくのである。何が起こっても不思議はないような気がした。

T三尉にとっては、これが二度目のスクランブルだった。しかも前回は、上空に上がったものの国籍不明機をキャッチするところまでは行かず、だからじっさいにソ連軍の飛行機を間近で目にしたことはまだ一度もなかった。それでもT三尉には苦い思いが残っている。スクランブルのベルを耳にしたとたん、彼はその場に立ち竦《すく》んでしまったのだ。あまりの緊張に足が硬直したように動かなくなった。体だけではない。すっかり気が動転して、頭の中まで真っ白になり、他のクルーや整備員が素早い動きをみせる中、ひとり茫然《ぼうぜん》としていたのである。T三尉は、先輩のパイロットに「何、もたもたしてる!」と一喝され、むりやり引っ張られるようにして詰め所から連れ出され、やっとのことで飛行機に乗りこむありさまだった。さすがに二度目のスクランブルではそうした失態は演じずにすんだが、しかし、いざ上空でソ連軍機を目の前にして、うろたえることなく与えられた任務を遂行できるかどうか、T三尉は自信が持てなかった。

どんなに肝っ玉の据わった戦闘機乗りでも、はじめてスクランブルで空に上がるときは、足の震えが止まらないという。まして、ソ連軍の飛行機とはじめて遭遇したときは、口の中がからからに渇くくらいの緊張に襲われ、相手の飛行機をカメラに収めなければならないのが、手が震えて、引き伸ばしてみると自分のコックピットが写っていたり、ブレて何を撮ったのかさっぱりわからない写真に仕上がっていたりというのがほとんどだという。

ファントムのパイロットであるその一尉《いちい》がソ連軍機と初遭遇したのは、パイロットとは名ばかりでまだ見習いとして二人乗りのファントムの後席でナビゲーターの仕事についているときだった。スクランブルがかかって飛行機が上空に上がると、彼は手もとのレーダーに視線を据えたまま、小さく光る輝点《ブリップ》を追いながら、前席で操縦桿《かん》を握る先輩に刻一刻と変わる目標の位置を報せていた。レーダー上の機影はたぐり寄せられるように近づいてくる。やがて先輩が興奮した声で叫んだ。

「見えた。二時の方向、捕捉《ほそく》したぞ！」

レーダーから眼を離し、コックピットの外を見やった彼は、思わず息を呑《の》んだ。

右斜め前方に、まるで巨大な鮫《さめ》を思わせる物体が、銀色の腹をのぞかせて大空を悠然と滑るように飛んでいる。ソ連が誇るツポレフTu16、バジャーの名で知られている爆撃機である。スクランブルで目標を捕捉しても、通常は相手をへたに刺激して過剰反応を起こさせることがないようにとの配慮から、二千フィート、約六百メートル以上近づいてはならないという内部規定があるが、このときは、バジャーが日本の領空すれすれを飛んでいて、侵犯の恐れが高いとされていたため、ファントムは五百フィートを切る位置まで目標に接近していた。百五十メートルである。だが、一尉の眼には、視界をふさぐようにコックピットのすぐ横を飛んでいるバジャーはもっと近くにいるような気がした。レーダーから顔を上げたら、まさに、ここにいるというくらい間近に感じるのである。それだけ相手の大きさに一尉は圧倒されてもいた。バジャーより高度を下げていくと、ファントムの三倍近い幅を持つ相手の翼がのしかかってくるような圧迫感に襲われる。

バジャーは真昼の太陽光線を浴びて、大きく広げた翼をキラキラ眩《まばゆ》いばかりに輝かせている。テレビや航空雑誌の写真で見たことは何度もあるが、こうして実物を眼にするのはむろんはじめてのことだった。色鮮やかな飛行隊のマークをつけているファントムと違って、ほとんど塗装も施さず、外板の金属を剝《む》きだしにしたままのバジャーの機体は、何か無機質なものに感じられるくらい妙にのっぺりとしていて、それだけにかえって尾翼と翼にくっきりと浮き出た真っ赤な星のマークが不気味に見えてくる。

一尉はあらためて、自分はいまソ連軍の爆撃機を目の前にしているのだと強く感じていた。飛行服の下がじっとり汗ばんでいるのは、何も三万フィートの高度を飛ぶためにコックピット内の温度を上げていたせいばかりではないこともわかっていた。もしここで不測の事態が発生して、バジャーと銃火を交えるようなことにでもなったら、たちまち日本とソ連との、戦争の危険をもはらんだ重大な外交問題を引き起こすことになってしまう。まさかそんなことはありえないはずだと思いながらも、それでも、いくつもの偶然とミスが重なって、誤って機関砲や赤外線ミサイルの引き金に手がかかり、銃弾が発射されたら、どうなるのだろうと、その可能性を頭の片隅で考えている。いまこの瞬間の、自分たちの判断や行動のひとつひとつに、日本という国の運命がかかっていると、一尉には本気で思えてきた。地上に降りて、そんなことを人に言ってみても、何を大袈裟《おおげさ》な、と笑い飛ばされてしまうに決まっているが、しかし、翼についた赤い星が圧倒的な存在感を持って迫ってくるバジャーと対峙《たいじ》しているそのときは、防衛の最前線に自分が立たされているという実感を、体全体で味わっていた。それは、剣士が互いの間合いを計るように息を殺してみつめあうときにも似た、背筋をぞくぞくとさせる、ある種、痺《しび》れるような興奮と緊張をともなっていた。しかもそれぞれが抱えこんでいるのは演習用の模擬弾ではない。一撃で相手を優に粉砕できる実弾なのである。バジャーの胴体下をのぞきこんだ限りではミサイルは搭載していないようだったが、爆弾を積んでいないという保証はなかった。

迂闊《うかつ》にできないな、と思えば思うほど、神経が昂《たか》ぶり筋肉がこわばったようになって、股《また》ぐらから二百ミリ望遠レンズをつけたＮｉｋｏｎをとりだす手も、もつれた。

自衛隊の戦闘機に追尾されている間、ソ連軍の飛行機は、たとえ日本の領空を犯していてもコースを変えようともせずに、たいていこちらの存在を無視するようにそのまま飛びつづけている。中には嫌がらせを仕掛けてくる飛行機もある。Ｆ15パイロットの一人は、ソ連軍機の武装をたしかめようと相手の下にまわりこんだとき、いきなり高度を下げられて焦《あせ》ったことがある。場所は、高度一万フィートや二万フィートといった上空ではなく、海の上だった。最初のうちは、何か機器の調子が悪くて仕方なく降下しているのかとも思ったが、ソ連軍機が高度を下げるのをやめず、猛烈な勢いで上から迫ってくるのを見て、意図してこちらを海面との間にサンドイッチにしようとしていることがわかった。まだしも視界が良好で、海面まで見通しが効くようなときなら余裕を持って回避の操作ができるが、その日、海面にはいちめん霧がかかっていて、どこからが海なのか、上からではまるでつかめない。そのパイロットはパニックに陥ることもなく何とかサンドイッチの間をすり抜けて上空に舞い戻ることができたが、とっさの判断がつかず、急降下してくるソ連軍機につられるようにして高度を思い切り下げていたら、そのまま海面に突っこんでいたかもしれなかった。帰投の指示をもらったあとでも、パイロットの操縦桿を握る手は冷たい汗で濡《ぬ》れていたという。

別の戦闘機乗りの場合は、月明かりがほとんどない中でのスクランブルだった。レーダーで目標を捉《とら》えて間合《とも》いを詰めていく。やがて闇《やみ》を塗りこめたような暗い夜空の向こうに、ライトを点して飛んでいる黒ぐろとした機影が薄ぼんやりと浮かび上がってきた。闇ににじむシルエットはほんとうにかすかにしか見えないけれど、飛行機のライトは左右の翼の端と尾翼の上下にそれぞれついているから、とりあえずその四つの光の点を結んでいけば、飛行機のおおよその輪郭は描けることになる。ぼんやりとしたシルエットだけでも飛行機の巨大さはうかがえたが、ライトを結んで輪郭の見当をつけても、目標は巨大と呼ぶにふさわしい飛行機だった。

ところがF15がさらに目標に近づこうとしたとたん、見計らったように、目標は翼端や尾翼に点していたライトを消してしまった。無灯火で飛行をはじめたのである。ライトを消したタイミングから言って、こちらに自分の機の種類などを特定させないようにする嫌がらせであることは明らかだった。これがもしソ連の領空だったら、国籍不明のスパイ機とみなされてたちまち威嚇《いかく》射撃を加えられていただろう。

二機のF15は、目標をはさみこむようにして少しずつ距離を縮めていった。ウイングマンのそのパイロットは後方から目標の右側にまわった。先輩の編隊長が乗る15は、目標をはさんで反対側につけている。目標と伴走するように飛びながら、先輩は自分の機の翼のつけ根についているアンチ・コリジョン・ライト、衝突防止灯を消した。そしてウイングマンのパイロットにはライトをそのままにしておくように指示した。衝突防止灯はジャンボなどの旅客機なら胴体の上下についているが、赤いライトがチカッ、チカッと点滅するところは戦闘機も旅客機も変わらない。目標の向こう側にいるF15の防止灯だけを点滅させておくと、先輩の位置からは、ちょうどストロボを発光させたときのように光の輪の中に目標のシルエットがくっきりと浮かび上がって見えてくる。

今度はその形と大きさがはっきりわかった。機体は長さだけでもF15の倍以上はある。どことなく旅客機のボーイング７２７を彷彿《ほうふつ》とさせる形状から言って、ピアと呼ばれているソ連軍の輸送機Tu１５４に間違いなかった。ウイングマンのコックピットからも尾翼についている赤い星は確認できた。

先輩がすべての国に共通する緊急無線交信用の周波数一二一・五メガヘルツを使って、ロシア語で相手にボイスを送る。

「このままではわが国の領空に入る。十度左に旋回されたし」

繰り返し指示を与えたが、ピアからは何の応答もない。領空をはずれるところまで二機のF15は一時間近くピアをはさみこんで飛びつづけた。だが、ピアは、いったん消したライトを最後まで点さずにいた。

生まれてはじめて自分の目の前をソ連軍機が飛んでいるその様子を、ファントムの後席から息を殺してじっとみつめていた一尉も、ソ連の飛行機がスクランブルで上がった自衛隊の戦闘機にさまざまなちょっかいを仕掛けてくるという話は耳にしていた。だが、目の前のバジャーは、ぴったり横についている二機のファントムの存在など気にもかけていないかのように相変わらず悠々と飛びつづけている。

前席の先輩が無線で、日本の領空に迫っているのでもっと遠ざかるように呼びかけてみたが、むろん何の答えも返ってこない。

一尉はバジャーに向けて、Ｎｉｋｏｎを構え、ファインダーをのぞいた。二人乗りのファントムの場合は、パイロットが機を安定させている間に、後席のナビゲーターが対象をしっかりフレームの中に収め、ピントを合わせてシャッターを押せばよいが、一人乗りのF15やF1ではそんな悠長なことはやっていられない。パイロットは左手で操縦桿を握りながら、高度だけをオートパイロットにしておき、空いた右手でカメラを操作する。だからスクランブルの経験が浅い若手の撮った写真は、手に緊張の震えが加わることもあってますます眼も当てられない代物《しろもの》となる。

　バジャーには、かつて太平洋戦争で日本の空を席捲《せっけん》して原爆投下や空襲の主役を演じたB29のように、ふつうの飛行機ではまず見受けないような部分に窓が設けてある。たとえばほとんどの飛行機がレーダーの収納場所にしている機首の先端には、網の目のような窓があって、前方の標的を狙《ねら》う、二三ミリ機関砲が据えてある。さらに機体の尻にも後方に向かって窓が開けてあり、やはり機関砲が機外を睨《にら》んでいる。

　こうした窓の一つ一つに、一尉はレンズを向けていった。そして、今度は操縦席を撮影しようとファインダーをのぞきこんだままカメラを動かしていった彼は、思わず眼を疑った。二百ミリの望遠レンズを通して拡大されたバジャーの操縦席の中で、パイロットが手を振っているのだ。そんな馬鹿《ばか》な、と思いながら、彼は眼を見開くようにして、あらためてレンズ越しに操縦席をのぞいてみたが、錯覚ではなかった。ヘルメットをかぶり、サンバイザーで相手の顔が隠れていたせいもあって、表情までは読みとれない。しかし、パイロットは紛れもなくこちらに向かって手を振っている。

　ぴんと突っ張っていたあちこちの神経が、風船が萎《しぼ》むように急速に張りを失っていく。肩すかしを食わされたような、はぐらかされたような、不思議な気分だった。一尉は、苦笑しながら何度もシャッターを切った。そしてふと、ああ向こうも人間なんだ、とあたりまえのことなのに、なぜかほっとしたような思いがこみあげてきた。

だが、ソ連軍の手で大韓航空機が撃墜されたばかりの、緊迫が戦争という沸騰点《ふっとうてん》に達するくらいふつふつと煮えたぎっている、その「北」に向かって針路をとらされるかもしれない、いまのT三尉には、スクランブルでそんな感慨に浸れるようなことがあるなど、想像もつかないはずである。F1のコックピットの中でセロファンのように震えているT三尉にしてみれば、ソ連軍のパイロットに手を振られるより、MiGやスホーイにミサイルをロックオンされる可能性の方がはるかに現実的に思えるに違いなかった。

やがて、SF映画に登場する秘密基地さながら航空自衛隊三沢基地の地下につくられている防空指令所から、どちらに向かって国籍不明機を追尾するのか、針路についての指示が無線に乗って送られてきた。T三尉は、おや、と首をかしげた。北ではなく、南に向かえというのである。方位や位置からすると、金華山沖の太平洋である。

ソ連のアフガニスタン侵攻以降、一気に高まった東西の緊張が依然として緩む兆《きざ》しをみせずにいたこの一九八三年当時、ソ連の軍用機が偵察や訓練を目的にして日本の周辺上空に姿をあらわすさいにはいくつかのパターンがあった。もっとも多かったのが、サハリンから日本海を南下するコースである。大半はそのままウラジオストクなどの沿海州方面に抜けていくが、中には対馬《つしま》海峡を縫って東シナ海以南をめざす場合もあった。この日本海南下コースを辿《たど》るソ連軍機の飛行は年に百七十回前後にのぼっていた。反対に、サハリンから太平洋側に出てエトロフ島を通って北海道の東方沖でUターンするものや、太平洋を一気に南下して沖縄沖まで進出するコースもあった。

そしてこれらとは別に、かつて太平洋戦争の頃、米軍のパイロットたちが、連日爆弾や焼夷弾《しょういだん》を満載して一路東京をめざして飛んでいた爆撃機のことを、ブラックユーモアたっぷりに「東京急行」と呼んでいたのにならって、そこを飛ぶソ連軍機に同じ名前をつけて、言いあらわしていたというコースもある。根室沖から東北の太平洋岸をなめるように飛び、さらに伊豆大島付近まで南下したところで、わざわざ東京をうかがうかのようにUターンして、北に帰っていくコースである。東京に爆弾の雨を降らせたアメリカ人がつけた名前をそっくり拝借して、今度は東京に接近するソ連軍機のニックネームにするあたり、いかにも戦後の日本人の心性を象徴しているようで、そうした名前をつけること自体がなかなかのブラックユーモアではある。

東京急行と呼ばれていた、このコースを辿る軍用機の飛行は月に一回程度だが、ソ連軍も気まぐれで飛行ルートを決めているわけではない。命令があってはじめて行動するのが軍隊だから、それなりの意図がある。軍事関係者の間では横須賀《よこすか》を母港にするアメリカ第七艦隊の動きや首都の防空能力をたしかめる偵察飛行とみられていた。そうしたソ連軍の意図を汲《く》みとるかのように、このコースに赤い星をつけた飛行機があらわれたときは、千歳、三沢、百里などの自衛隊基地から次々とスクランブルの戦闘機が飛び立っていった。

T三尉が国籍不明機の追尾のためにF1の機首を向けるように命じられた金華山沖は、まさしくその東京急行のコース上にあたっていた。しかし、北方海上で緊張が高まっているそのさ中だけに、問題の飛行機はあるいは別の使命をおびているのかもしれなかった。

レーダーに目標の機影が映りはじめた。かなりの低空を、スピードを落して飛んでいる。ジェット機というよりプロペラ機のようである。ソ連軍の輸送機にはありがちだが、偵察機型に機体を改修した機が、電子偵察のために飛来したのだろうか。

二機のF1は、目標に接近するために高度をじりじりと下げていった。

F1の後継機として近い将来、実戦配備されるFSXが、開発段階から国産にするかアメリカから購入するかをめぐって日米間で深刻な対立を引き起こし、二転三転したあげく、結局アメリカに押し切られる形でF16をベースにした日米混血の戦闘機として誕生することになったのと違い、F1は、エンジンを除いて純粋に日本の技術を結集してつくりあげた、戦後としては国産初のジェット戦闘機であった。そのF1が、F15やF4ファントムと異なるのは、そうした出自の違いという点だけでなく、むしろ戦闘機としての用途が大きく違っていることである。

F1はいわゆる支援戦闘機として開発されている。ほんらいの役割から言えば、F16のようなファイター・ボンバー、戦闘爆撃機であるはずなのだが、そこまでの機体性能はなく、アタッカー、攻撃機程度と言われている。敵機相手に空中戦を演じることは演じるが、それ以上に、地上の戦車や洋上の艦艇にミサイルを撃ちこんだり攻撃を加えることが、課せられた任務である。用途が違えば、飛行機の操り方も変わってくる。急降下したと思ったら、翼の下のタンクで地面をこすりそうになるくらいの超低空で目標に襲いかかり、攻撃を終えるや、さっと翼を翻《ひるがえ》して上空に舞い戻る。地をなめ谷を抜ける飛行がお家芸だから、T三尉も訓練で海面すれすれに飛んだことが何度もある。時速八百キロのスピードを出しながら海面からわずか十メートルのところを飛ぶ。操縦桿《かん》をほんのわずかでも押しすぎたら、たちまち激突だ。そんな低空をマッハに近い速度で飛べば、体が感じる速さはとてつもないものになる。文字通り弾丸である。視界の中にあるいっさいが、すさまじい勢いでうしろにちぎれ飛んでいく。

それでも波のしぶきがかかってくるのは眼の端にとまる。基地に戻って機体を見ると、迷彩色に塗られた翼や胴体が塩で真っ白になっている。だが、T三尉にとっては、そんなスリルがF1のたまらない魅力に映るのである。

のちにT三尉は、F1からF15のパイロットに転換させられるが、F1と15という戦闘機の違いが、飛行機それ自体の特性や使い方だけでなく、パイロットの気質から飛行隊という組織の考え方にまで及んでいることに気づかされたという。F15が生き残るための戦闘機とするなら、F1にはパイロットにも組織にも、「いざというときは眼をつぶって突っ込む」特攻隊の精神がみなぎっていた。F1に乗っていた年月より、15のキャリアの方が長くなったT三尉に、F1と15ではどちらが自分に向いているか、とたずねると、質問には直接答えず、「F1の方が楽しかったですね」と昔を懐《なつ》かしむような顔をした。サラブレッドより、荒くれの駻馬《かんば》により愛着があるのだろう。

T三尉が操るF1はその特性を生かして、低空で目標に近づいていった。翼が見えるほどの距離になったとき、彼は、えっと小さく声を上げた。

翼に浮き出たマークは、赤い星ではなく、赤い日の丸だった。大韓航空機事件で混乱を来《きた》していたのか、レーダーサイトのレーダーが捉えにくい低空を飛ぶ海上自衛隊の対潜哨戒機《しょうかいき》にスクランブルをかけてしまったのだ。

　あっけない幕切れとなったが、T三尉は正直ほっとしていた。これでもう大丈夫だな、という思いが何か温かな飲みものを口にしたときのように体のすみずみにまで広がっていく。操縦席の下からカメラを手にすると、彼は事後報告のための写真を撮りだした。スクランブルで上空に駈《か》け上がり目標に接近してカメラを構えるのははじめてである。その割りにネガを焼き付けてみると、「国籍不明機」は機番まではっきりと写っていた。むろん翼の「日の丸」も。

宴会

　最終便が飛び立ったあとの空港は、がらんとして、単調に伸びた滑走路の広がりばかりがやけに眼《め》につく。まして原野を切り拓《ひら》いてつくったような小さなローカル空港の場合はなおさらである。千歳救難隊の救難ヘリ、バートルが待機をつづけている稚内空港は、管制塔をのせたちっぽけな建物と、千二百メートルの滑走路が一本あるだけで、最果ての空港をイメージすればこうなるという、いかにもうらさびれた感じを漂わせている。

　この稚内に発着する旅客機は日に三、四便を数える程度とは言え、フライトがある間は搭乗客や出迎えの人たちで多少なりとも賑《にぎ》わいをみせる待合室も、いまはすっかり静まりかえって人気《ひとけ》がなく、観光客相手に土産物をならべたスタンドもあたりがまだ明るいうちから早くも店仕舞いしていた。

　バートルと、じっさいのミッションではこの大型ヘリとペアを組んで行動する捜索機MU2の二機に分乗して、千歳からやってきたK二《に》尉《い》ら救難隊のクルーは、相変わらず空港内に足止めを食ったまま、上からの命令待ちという手持ち無沙汰《ぶさた》な時間を過ごしていた。当初、情報らしい情報もろくに与えられず、ただ「稚内に行け」という簡単な命令一つで千歳を飛び立った彼らも、行方不明になっている大韓航空機は釧路沖ではなく、サハリン沖に墜落したらしいこと、しかもソ連軍機によって撃墜された可能性が高いとみられていることなど、「事故」が思いもよらなかった方向に大きくふくらみつつあることを、後ればせながらようやくつかみはじめていた。だが、それも上の方から伝えられたわけではなく、あくまで空港の待合室におかれたテレビを通じて見聞きしたものであった。

いま世界でもっとも緊迫していて、世界中のマスコミはもとより永田町やホワイトハウスやクレムリンの権力者たちが息をひそめてじっと熱い視線を注いでいる、その煮えたぎった現場と、目と鼻の先の場所に身をおいているにもかかわらず、K二尉たちは完全に蚊帳《かや》の外におかれていた。最前線に立っているのに、まるでその存在すら忘れられてしまったかのように、彼らは事故をめぐるさまざまな動きから取り残されていた。

しかし、待機がこのまま長引くにしても、命令が下りて本格的な救難活動にとりかかるにしても、当座の問題として彼らが対応を迫られていたのは、二機の飛行機の駐機場所をどうするかということ、それに燃料の補給、クルーの食事の手当だった。飛行機の方は空港事務所と掛け合いエプロンの空いているスペースを拝借することにして、燃料と食事は稚内の町はずれにフェンスをめぐらして陸海空の三自衛隊が同居している基地から運んでもらうことになった。

防衛庁が公《おおや》けにしている部隊等の所在地一覧によれば、稚内の自衛隊基地には陸空合わせて四つの部隊が配置されている。陸からは第三〇一沿岸監視隊、海の稚内基地分遣隊、そして空は第一八警戒群と第一〇三基地防空隊がそれぞれここにベースを構えている。これらのうちもっとも規模が大きいのは航空自衛隊の第一八警戒群で、サハリン上空までをエリアに入れて昼夜の別なく航空機の監視をつづけている、いわゆるレーダー部隊である。サハリン南部を横切っていた航空機の機影が忽然《こつぜん》と消えたという形で、北の空で起こった惨劇をいち早くキャッチしたのも、この稚内のレーダーサイトでスコープに映るさまざまな航跡を追っていた第一八警戒群の監視員である。

だが、常駐部隊はたしか四つのはずの稚内基地には、実はもう一つ、自衛隊の部隊が存在している。その名は東千歳通信所稚内分遣班。以前、取材した奥尻島のレーダーサイトにも、東千歳通信所という同じ組織名を冠に掲げたセクションがあった。そしてその部隊の名前も、稚内の部隊と同じように防衛庁が公表している部隊等の所在地一覧の、奥尻島の欄からは見当らない。言わば組織図上、存在しないことになっている秘密部隊である。

しかしそれは、島でいちばん標高の高い山の頂きにつくられたサイトの敷地内にれっきとして存在している。部隊に通じる道は、車が一台やっと通れそうなくらいの、狭い、それでもきちんとアスファルトで舗装された道路である。両側から迫ってくる木々の枝をすり抜けるようにして、いささか勾配《こうばい》のきつい下り坂を、山の斜面に沿ってくねくねと曲がりながら下りていくと、やがて前方に小高くなった小さな丘が見えてくる。丘の上は、そこだけ雑木林を切り拓《ひら》いたようになっていて、低層の二棟の建物がひっそりと立っている。建物の周囲はひときわ高いフェンスで囲まれ、その上部には、おそらく侵入者を感知するための電流が流れているのだろう、ピアノ線のようなか細い金属線が張り渡してある。

レーダーサイトに勤務する隊員は、誰ひとりとしてこの施設に立ち入ることを許されていない。みだりに近づくことも許されていない。その点はサイトの指揮官といえども例外ではない。サイトの指揮官は、この秘密部隊を含めて奥尻島に駐留する三百人あまりの自衛隊員を統《す》べる分屯地司令を兼ねている。だが、秘密部隊の隊員については直接指揮監督できる立場にはないのである。仕事への口出しはもとより、その内容について聞き出すことも、そればかりか、自分が管理を任されているサイトの敷地内に秘密部隊がいるということを口にするのさえ憚《はばか》らなければならない。丘の上のフェンスに囲まれた一帯は、サイトの一部でありながらサイトの指揮官の手の届かない、治外法権的なエリアなのである。

この秘密部隊のエリート将校に、僕は一度だけ会ったことがある。もちろん、仕事の話を聞こうとして会ったわけではない。いくら自衛隊が、検察や警察などに比べると外部からの取材に対して木で鼻を括《くく》ったような態度をみせるどころか、そこまで気を回さなくてもいいのにと思えるくらい積極的に対応するとは言っても、この秘密部隊が係わっている、いわゆる「諜報《ちょうほう》」の分野については完璧《かんぺき》なまでに門戸を閉ざしている。秘密部隊の内部深くに立ち入ることはもとより、部隊の隊員に接触することさえまず望むべくもない。最初に奥尻のレーダーサイトを取材に訪れたときは、一般隊員に混じって秘密部隊の隊員も寝泊まりしている宿舎に幾度となく足を運んだはずなのに、どういうわけか、彼らと知り合うチャンスはなかった。秘密部隊の隊員との間はやはり見えないバリアで遮られているようなのだ。その意味で、そのエリート将校と会えたこと自体が、ふだんなら考えられない、語弊を承知で言い切ってしまえば、ひとつの僥倖《ぎょうこう》だったのである。

九三年夏の奥尻島を直撃した「北海道南西沖地震」では、倒壊したホテルの下敷きになった何人もの泊まり客を、サイトの自衛隊員たちが瓦礫《がれき》の中に潜りこんで救出している。そうした隊員に一人一人あたりながら救出作業の生々しい話を聞くというインタビューを重ねるうちに、偶然にも隊員の口から秘密部隊の長をつとめている将校の名前があがったのである。地震の直後に倒壊現場に駈《か》けつけたその将校は、隊員たちの先頭に立って、柱や梁《はり》が幾重にも折り重なった瓦礫の隙間《すきま》から押し潰《つぶ》されたホテルの中に体を潜りこませていった。そのとき自らも釘《くぎ》を踏み抜いていたのだが、彼は足の痛みに気づかないほど無我夢中で瓦礫に下半身をはさまれていた一人の老人を助け出した。

インタビューに現れた将校の作業服の胸もとには、部隊の名前がしるされたプレートがついていた。そのプレートに視線を当てながら、本題に入る前の、ほんの挨拶《あいさつ》程度の軽い調子で、「レーダーとは別の、お仕事をされているのですね」と口にすると、彼は穏やかな表情を変えることもなく、しかし、きっぱりとした口調で言った。

「そういうお話なら、取材はお断りします」

レーダーサイト内の「独立国」とも言うべき奥尻の秘密部隊も、防衛庁が公表する部隊等所在地一覧では稚内の基地に存在しないはずの幽霊部隊「稚内分遣班」も、ともに「東千歳通信所」という組織を冠にしている。だが、防衛庁の所在地一覧では、東千歳には、最新鋭の90式戦車を装備した陸上自衛隊唯一《ゆいいつ》の機甲化師団、第七師団の司令部とその隷下《れいか》の戦闘部隊が名を連ねているだけで、またしても東千歳通信所の名前は見当らない。この組織の名前が公けの場に登場するのは、自衛隊の情報活動が俎《そ》上《じょう》にのった国会の委員会で防衛庁当局者が答弁に立ったときくらいである。そうした答弁をつなぎあわせておぼろげながらも浮かび上がってくる東千歳通信所の輪郭とは、陸上幕僚監部に属している調査部第二課別室、通称、「調別」と呼ばれる情報機関の下部組織で、北海道周辺に飛来してくるソ連軍の電波を収集する施設だということである。大韓航空機事件が起きた八三年当時、東千歳通信所は稚内と根室にそれぞれ分遣班を持って、この三カ所に設置したアンテナでソ連軍の電波をキャッチしていたが、その後、奥尻島のサイトでも通信傍受施設をつくるための工事がはじまり、九一年春に奥尻島分遣班が発足し、よりキメの細かな情報の収集が行なわれるようになった。

　調別には、東千歳の他にも、川越に隣接した埼玉県大井、日本海を望む鳥取県の美保、福岡中部の大刀洗《たちあらい》、奄美《あまみ》諸島の喜界島など各所に通信所があり、これらの通信所は極東の広いエリアにアンテナを向けて、上空を飛び交うさまざまな軍事がらみの情報に耳をそばだてている。しかし、この調別なる組織もまた陸上幕僚監部の組織図には載っていない。さらに奇妙なことに、陸幕調査部に二つある課長のポストには連隊長クラスを経験した一佐がつくが、調別は紛れもない陸幕の一セクションなのに、そのトップである室長を歴代つとめてきたのは自衛官ではない。同じように階級でランク付けされる世界とは言え、ここは、警視正という階級章を持った警察官僚の指定席なのである。奇妙なことはまだある。奥尻や稚内の「分遣班」をはじめ全国に散らばった調別の各通信施設が傍受したさまざまな軍事データは分析されたあと、陸幕を通じて防衛庁首脳に伝えられるが、これとは別に、自衛隊の組織を頭越しするようにして、調別と同じく警察官僚が牛耳っている内閣調査室、のちの内閣情報調査室から直接、首相の手もとに届けられる場合がある。調別そのものが、自衛隊内につくられた「独立国」のような性格をおびていると言えなくもないのである。

だが、じっさいのところ、この自衛隊の情報機関がどのような活動をしていて、組織の内実はどうなっているのか、国会の場で当局者が明らかにした以上のことは厚いヴェールに包まれている。いや、それとて、中に入ってたしかめた者はいないのだから、言われているもの以上のことをやっているのかどうか、真相はわからない。もっとも、情報機関がどんな形で情報を集めているのか、どの程度のことまで相手のやっていることがわかっているのか、その活動の実態が白日の下に曝《さら》されてしまったら、「諜報」とは言えなくなる。こちらの手の内を読まれずに相手のカードを盗み見るのが「諜報」なのだから、外部からうかがいしれないのは当然と言えば当然である。情報機関がガラス張りだったら、それは自ら情報機関であることをやめたようなものである。この点は、時代や体制が変わろうと、アメリカや中国は言うに及ばず、日本人の多くが平和国家というイメージで捉《とら》えているスウェーデンでも、スイスでも、どんな国の情報機関にもあてはまることだし、そしてまた、時と場合によってはそれが飼い主の手を噛《か》む狂犬に変わることはわかっていながら、情報機関を持っていないという国もないのである。

だが、情報機関なら決して冒さない、自分の手の内を見せてしまうという、常識では考えられないことが、大韓航空機事件をめぐっては起こっている。事件について当初知らぬ存ぜぬであくまでシラを切ろうとしていたソ連政府のことを、「撃墜」の事実を認めさせるところまで追いこむ、その切り札として、稚内分遣班が録音していたソ連軍機の交信傍受テープが使われたのだ。自衛隊のアンテナがキャッチした、大韓航空機を撃墜した瞬間のパイロットの肉声は、全世界に流され、たしかに目論《もくろ》見通りソ連に手痛い打撃を加えることはできたが、同時にそれは、自衛隊の組織図でも明らかにされていない秘密部隊の存在と、その情報収集力を、全世界に知らしめる結果にもなったのだった。

もっとも、稚内の自衛隊基地がマスコミのスポットライトを浴びて国際政治の表舞台に引きずり出されるのはのちのことで、撃墜からまだ半日しかたっていないこの時点では、墜落した大韓航空機の捜索に着手できないまま稚内空港で足止めを食っている千歳救難隊のクルーにしても、自分たちのところに航空燃料を入れたドラム缶と食事を届けてくれたその基地が、事件のもう一方の「主役」をつとめていようとは、思ってもみなかった。

稚内基地からの差し入れ品の中には、毛布と布団《ふとん》があった。捜索をはじめるにせよ、千歳に引き返すにせよ、上からの命令があるまで救難隊のクルーは空港を離れることができない。先輩のパイロットが予想した通り、どうやらK二尉の初ミッションは長丁場になりそうな気配だった。

待合室のテレビは大韓航空機関連のニュースを流しつづけていたが、クルーは夕食をすませると、搭乗客の手荷物が出てくるコンコースの床に布団を敷いて、泊まりこみの準備をはじめた。捜索の命令が下りた場合、夜明けを待ってすぐに飛び立てるように、早目に床に入ることにしたのだ。

翌朝、K二尉の姿はバートルの操縦席にあった。千歳救難隊の二機の航空機は、稚内の突端、ノシャップ岬から宗谷岬をへて知床半島に下っていく海岸線沿いに飛びながら、低空からの捜索を開始していた。遺体や機体の一部が波打ち際《ぎわ》に打ち寄せられていないか、漂流物はないかと、高度を下げて文字通り海面を舐《な》めるように飛んでいく。顔を突きだすと真下がのぞけるように球形に盛り上がっている、バブルウインドウと呼ばれる張り出し窓や半開きにした扉からは、メディックや機上無線員がくまなく海面に視線を這《は》わせているが、機長が操縦桿《かん》を握っている間は、副操縦士のK二尉も絶えず前方と左右に眼を配っていなければならない。

バートルのフライト一回あたりの航続時間は五時間ほどである。そのリミットいっぱいに燃料が尽きるまで飛び、稚内に引き返して燃料を補給すると、再び飛び立つ。夜明けと同時に捜索をはじめても、二回目のフライトを終えて帰ってくると、もうあたりは暗くなっている。

初日の捜索ではめぼしい成果は上がらなかった。クルーは、前日に引きつづいてがらんとした空港の待合室で稚内基地から運ばれてきた夕食をとった。さすがにまる一日ヘリの操縦席に縛りつけられていたK二尉の体には疲労が重たくたまっていた。地上に下りてからも体の中にローターの震動がいまだに残っているような気がする。それも、ヘリの操縦に馴《な》れたとは言えない彼にしてみればなおさらだった。体は、操縦桿を握って日も浅いバートルより、四年半もの間、乗りまわしてきたファントムの方を覚えている。ヘリも固定翼も飛行機に変わりないのだから、飛ばすことに本質的な違いはないと言っても、K二尉には、やはりスポーツカーを走らせるのとバスを運転するくらいの差はあるように思えていた。技術的な問題より、むしろ感覚のズレのようなものである。

たとえばパイロット訓練生としてK二尉がはじめてスティックを握り飛行機を操縦するようになってからというもの、コックピットから見える空の上の景色は、つねに前から後ろへ流れていた。それは、レシプロの練習機からジェット練習機、さらに戦闘機のファントムに飛行機を乗り替えていっても変わらなかった。というより、飛んでいて、景色が後ろに流れていくことなど、ヘリコプターを操縦するようになるまではあまりにもあたりまえ過ぎて、気に留めたことも特別考えてみたこともなかったのである。ところが、ヘリのパイロットになってはじめて彼は、空の上の景色は後ろに流れていくだけではないことに思い至る。

ヘリはローターを回転させながら空中で停止したり、そのまま後ろに下がることもできる。もちろんヘリコプターだから当然なのだが、じっさい自分でヘリを操って、操縦席の前の大きく明け放たれた外の景色が、ふだんとは逆に、前に前にゆっくりと送り出されていくのを見ていると、とまどうというより、何か落ち着かない気分にさせられる。気色悪いとさえ思えてくる。

しかも、前に進む動きを止めて、機体をホヴァリングさせるためには、速度をゼロに近づけていかなければならない。百ノット、百八十キロくらいから少しずつ速度を落としていく。マッハに近いスピードで戦闘機を飛ばしていた人間にとって、これもまたなかなかなじめない。失速するんじゃないかという不安がつきまとうのである。

バートルは、右手で操縦桿、左手でスロットルレバー、左右の足で方向ペダルを操作する。両手両足にまるで違った動きをさせて、空に浮かんだヘリを器用に操るところはまさに職人芸の世界である。加えてホヴァリングをはじめとしてヘリならではの気の遣い方が求められる。小牧で四カ月あまりバートルの操縦法を教わり、千歳救難隊に配属されてからも飛行訓練を十分に重ねてきたとは言え、戦闘機からヘリへの切り換えはそう簡単には行かない。頭ではわかっているつもりでも、体や感覚にもうひとつしっくりこないところが残るのだ。しかもK二尉にとって、これが初ミッションのフライトだった。いつになく神経を張り詰めていたせいもあったのだろう、6Gや7Gの重圧をこらえながら空中戦の訓練を繰り返したあとのように、あちこちの筋肉がぱんぱんに張っている。

　ほんとうなら、柔らかなベッドに横になってゆっくり休みたかったが、二日目の夜も、K二尉《にい》ら救難隊のクルーは、空港の固い床の上に布団を敷いて寝ることになった。野宿でないだけまだましかもしれないが、それでも建物の床をねぐらにすることなど、ファントムのパイロットのときには考えられなかった。戦闘機乗りの仕事場は、空の上か、基地の中に限られている。救難隊のヘリや輸送機と違って、戦闘機が民間の空港に下りることは、燃料切れや故障といった緊急時以外あり得ない。つまり飛行服を着た戦闘機乗りの姿というのは、フェンスで囲まれた基地の中でしか眼にできないのだ。彼らが演習や戦技競技会で自衛隊の他の基地に出向くことはたまにはある。ただこのときは、寝泊まりに基地内の宿舎があてがわれる。さんざん使い古してスプリングが伸び切ってはいるけれど、ともかくベッドの上で休むことはできる。

　しかし、いまのK二尉には、床に敷いた布団の上で寝ることが、さほど惨《みじ》めにも苦にも感じられなかった。それは、クルーと一緒だったせいもあるのかもしれない。バートルと捜索機MU2の乗員九人がコンコースの床に布団をならべて横になっている光景は、どこか運動部の合宿所を思わせる。もちろんここには酔って騒ぐ者もいなければ、カードで遊ぶ者もいない。隊員たちは、布団にうつ伏せになって事件の波紋を伝える新聞を広げたり、くつろいだ姿勢で一服したりしながら明日の夜明けからまたはじまる捜索に備えて思い思いに体を休めている。早くも寝息を立てている隊員もいる。しかし、パイロットからメディック、機上無線員まで、階級や職種の違う者同士が、最果てのうらさびれた空港でこうしてひとかたまりになって泊まりこんでいる姿を見ていると、K二尉には、自分たちがまさしくひとつのチームのように思えてくるのだった。

K二尉が救難隊の仲間入りをして、戦闘機部隊との違いに気づかされたことの中に、オフタイムの話だが、宴会がある。ファントムの飛行隊では、宴会と言えば、出席者は全員パイロットだった。パイロットだから右を向いても左を向いても将校ばかり、違いがあってもせいぜい防大出か、航空学生出身か、という程度である。士長、一士クラスの平隊員はむろんのこと、下士官はひとりもいない。

僕も、オリーヴグリーンの飛行服を私服に着替えた戦闘機乗りがずらりと顔をならべた飛行隊の宴会に飛び入り参加させてもらったことがある。トップの飛行隊長でも四十過ぎ、この中で誰がいちばん歳食《としく》っているのだろうと思って見回すと、愕然《がくぜん》となる。他ならぬ自分なのである。大半は二十代後半から三十代前半にかけての青年将校、それだけに気力体力ともはちきれんばかりの男臭さが、宴席の場に漲《みなぎ》っている。

飛行隊長が「乾杯」の音頭《おんど》をとって、この手の宴会につきものの儀式をひと通りすませると、後輩のパイロットがビール片手に先輩のところに酌に回る点はふつうのサラリーマンの宴会と変わらない。座のあちこちにベテランパイロットを囲んだ輪ができあがる。上層部の悪口や人事の生臭い話が肴《さかな》になるのは、酒の勢いを借りられる二次会、三次会に席を移してから。やはりここでは仕事のこと、つまり空の上での話が中心である。後輩のパイロットが、その日のＡＣＭ、対戦闘機戦闘訓練のことを持ち出してくる。

「先輩、なんであのとき右に旋回したんですか。ふつうだったら左に行くんじゃないですか」

ほどよくアルコールの回ってきた先輩は、馬鹿《ばか》だなあ、とニヤニヤしながら後輩の頭を軽くこづいてみせる。

「いいか、あそこはああいうふうに右に行っておけば、おまえは絶対左に大回りしようとするだろう。そこがチャンスなんだよ。おまえが左旋回をしている間に、こっちはすばやく回りこんで、下から、バン、というわけさ。先を読むのよ、先を」

後輩は、そうだったんですか、と感心したように何度もうなずく。

酒が入っても、空中戦のことが頭から離れない。それでこそ戦闘機乗り、と言ってしまえば、たしかにそうなのだが、赤い顔をした先輩が後輩のことを、「おい、ＳＹ

ＡＭＯ」とか「ＫＡＭＥ、おまえなあ」とタックネームで呼びつけては、やたら専門用語の混じった空の上の話を、酒臭い息を吐きかけながら若手相手に真剣な表情で連発している光景は、彼らがファイターパイロットばかりの純血集団であることを、あらためて見る者に強く思い起こさせるのである。

戦闘機乗りという人種は、誰もが空の上で同じものを目指し、地上に下りてからも、その同じ空の上のことを考えている。どうしたら空中戦で相手の尻《しり》に食らいつき、パー・オン・ターゲット、どうしたら空飛ぶ標的に銃弾を命中させられるか。飛行服を脱いで家路についてからも、ある意味で彼らはパイロットでありつづける。

戦闘機乗りの妻には、夫が妙なしぐさにひとりふけっている様子を眼にして、どきっとした経験がたいてい一度や二度はある。居間でくつろいでいるのかとのぞいてみると、吉本のお笑い芸人のように手をひらひらと泳がせていたり、風呂場《ふろば》を開けると、湯船につかりながら、両手で宙に8の字を描いたりしているのである。それが実は空中戦のイメージトレーニングだとわかって、何かに憑《つ》かれたように両手を踊らせている夫の姿を見ても、またやってる、くらいにしか思わなくなるのはあとになってからで、新婚の頃は、ひょっとしてうちの旦那《だんな》さん、どこかおかしいんじゃないかしらと真剣に悩んだりもするのだ。

全国各地の基地に散らばっているパイロットは、同期と会うチャンスも滅多にない。このため、たまに競技会や演習で同期が基地を訪れると、官舎に呼んで酒盛りとなる。妻は心づくしの料理をつくって、テーブルにならべ、夫の傍らに座る。ところがせっかくの料理を前にしても、夫と同期のパイロットは見向きもしないで話に夢中になっている。その話というのが、妻にはわからない。どうやら空の上のことらしいということは見当がつくのだが、横文字や専門用語が飛び交い、何を喋《しゃべ》っているのか、彼女ひとり蚊帳《かや》の外におかれている。結局、二人の会話に入ってゆけず、妻は、自分でつくった料理を夫の横で黙々と口に運ぶしかなかった。お酒の席くらい、他の話をすればいいのに、と同じ官舎の戦闘機乗りの奥さんに愚痴ってみると、うちも同じよ、と苦笑してみせた。やはりそこのご主人も、同僚が遊びに来ると、話題は必ず空の上のことに尽きてしまうという。戦闘機乗りが二人揃《そろ》ったら、話には入れない。周囲の人間はそう割り切るしかないのだろう。

その意味で、戦闘機乗りはきわめて同一性の高い集団と言える。海外に出ても、ファイターパイロットというだけで、言葉は通じないのに意気投合してしまうというのもそのせいだろう。要するに、血が濃いのだ。

K二尉がファントムの飛行隊にいたときも、宴席のいたるところで空中戦の話が飛び交っていた。もちろん独身のパイロットがかたまれば、つきあっている彼女のことで盛り上がるし、家族持ちのパイロットの間なら育児や子供の学校のことも話題にのぼる。しかし、話の行きつく先は、やはり空の上なのである。

そのK二尉がはじめて参加した救難隊の宴会は、彼のための歓迎会だった。会には、飛行班、整備小隊、総括班から組織される救難隊のうち、飛行班に所属している三十人あまりの隊員が顔を揃えていた。飛行班だけで宴会を開く点はファントムの部隊でもそうだったが、いわゆる戦闘機部隊の飛行班が全員パイロットから成る純血集団であるのに対して、救難隊の飛行班には、パイロットだけでなく、メディックや機上無線員も名を連ねている。その彼らが一堂に会しての宴である。当然、将校ばかりの飛行隊の宴会と違って、下士官もいる。いるどころか、将校と下士官の割合は半々である。

年齢的にもかなりの幅がある。希望と適性を秤《はかり》にかけられてそれぞれの部隊に振り分けられる一般隊員と訳が違い、メディックは、士長以上の志願者の中から選抜試験をへて、さらにパラシュート訓練をはじめ、半年に及ぶ苛酷《かこく》な教育をクリアした者だけが、桜に翼をあしらった救難降下員としてのバッジをつけることを許される、ある種イギリスのSASやドイツのGSG9といった特殊部隊の隊員にも似たエリートたちである。一方、機上無線員も通信部隊である程度無線の経験を積んだ者の中から選抜される。このため平の隊員はほとんどいないから、いちばん若くて二十一、二だが、数々の修羅場をくぐり抜けてきた筋金入りのメディックには四十代後半も珍しくない。

職種も階級も年齢もさまざまなこうした隊員がずらりとならぶ、救難隊の宴席の上座に座らされたK二尉は、会の雰囲気が飛行隊のときとはどうも違っていることを敏感に嗅《か》ぎとっていた。妙に和気藹々《わきあいあい》としているというか、無礼講が徹底しているというか、仕事の延長線上にあるような気がしないのである。

救難隊の宴の席では、空の上の話はまず酒の肴にならなかった。出席者のほぼ半数はパイロットだが、K二尉のようなバートルのパイロットはそのまた半分、同じ数だけ捜索機MU2のパイロットがいる。パイロットであることに変わりはないとは言え、操縦する機種はまるで違う。片やヘリコプターだし、MU2は双発のプロペラ機である。しかも救難隊は戦闘機部隊と違って、勝った負けたの世界ではない。MU2は捜索、バートルなら救出というそれぞれの役割に応じて連係をとりながら、持てる力はすべて遭難者を一刻も早く確実に助け上げるその一点に注がれる。互いに腕を競い合っているわけではないのだ。バートルのパイロット同士ならまだしも、MU2のパイロット相手に、あのときおまえの旋回はどうだったとやりあってもあまり意味がないし、機種が違うのだから話がうまく噛み合うはずもない。そのことを十二分に承知しているとみえて、救難のパイロットたちは酒の席で仕事の話を持ち出すような不粋なことははじめからしないのである。

だいいち宴がいったんはじまってしまうと、もうパイロットとかメディックとか言っていられなくなる。将校も下士官もない。その場にいた全員がいっしょくたになって、どんちゃん騒ぎにもつれこんでいく。

K二尉は、以前、アメリカに留学した経験を持つ飛行隊の先輩から海軍のパイロットたちがパーティの最後に必ず持ち出してくるという壮絶な余興について話を聞いたことがあった。いかにもパイロットの遊びらしく、キャリア・ランディングという名がついている。まず、パーティ会場にテーブルをならべて、その上にビールをたっぷり流す。テーブルの端にはロープを張り渡しておく。そして部屋の隅の方からひとりひとりダッシュして、まるでプールに飛び込むように、テーブルに向かって猛然とダイブしてみせるのである。手足を思い切り伸ばした人間の体が、ビールに濡《ぬ》れたテーブルの上をすさまじい勢いで滑っていく。足のつま先にうまくロープを引っかけられればよいのだが、そうでないときは、テーブルを滑り切って、頭から床の上に「墜落」する。テーブルを航空母艦にみたてているわけだ。パーティも最後だから、出席者には十分酒が回っている。いつもは沈着冷静を絵にかいたようなパイロットたちが歓声を張り上げながら、次々とテーブルに突っ込み、落下していく。興奮は最高潮に達するのである。

しかし、救難隊の宴会の洗礼を受けたK二尉には、羽目のはずし方という点においては、救難隊もアメリカ海軍に決して引けをとらないように思えていた。隊員たちのお定《き》まりの宴会芸につづいて、メディック総出による裸踊りが披露されるあたりまでは、たしかに勢いはあっても、さほど意表を衝《つ》く宴会とは言えなかった。問題はそのあとである。これでおとなしくお開きかと思っていると、メディックを中心にした隊員たちが、どこに用意していたのか、いきなり海パンに着替え、ゴーグルまでして、パンツ一丁のまま片道五キロのランニングをはじめたのである。途中、川に飛び込んでずぶ濡れになる者や、畦道《あぜみち》に落ちて顔を血だらけにして帰ってくる者もいる。

だが、あとで聞くと、なぜかこの手の、文字通り体を張った「芸」が救難の売り物なのだという。別の救難隊の忘年会では、宴たけなわというときに若手のメディックたちがやはり海パンに着替えはじめた。今回はどんな出し物をみせてくれるのかと先輩や同僚が期待をこめて見守っていると、海パン姿のメディックたちは、ご丁寧にシュノーケルをくわえ、スキー板を抱えて、ナイターの照明が煌々《こうこう》とついたスキー場に出ていったのである。スロープが白く霞《かす》んでしまうほど、雪が舞っている。いくら酒で体が暖まっていても、急激な温度変化は心臓に負担をかける。しかし、本番のミッションでは吹雪をついて身ひとつでヘリから遭難現場に降りていく彼らにしてみれば、この程度の寒さに耐え切れずにメディックが勤まるかという矜持《きょうじ》に似た思いがあるのかもしれない。スキー客があっけにとられている中、メディックたちは、鍛え上げた自らの肉体を誇示するかのように裸身をスキーの上に立てて、優雅にシュプールを描きながら一気にスロープを降りていった。

宴会からしばらくたって、K二尉は、若手のメディックの一人から、「昔、育ててもらったパイロットの人に言われたことがあるんですよ」と、こんな言葉を聞かされている。

地上では、でれっと、ナメクジのようにしていても別に構わない。ただ、いざミッションというときには、しゃきっとしろ。おれたち救難は、飛行機に乗って現場に着いてからが勝負なんだ。その一点だけわかっていたら、ふだんは塩かけられて溶けちまってもいいんだぞ……。

その言葉に、宴会での狂騒ぶりを重ね合わせながら、K二尉は、純血集団の戦闘機乗りとはまるで肌合いの違う、救難隊ならではの人間臭さを感じとっていた。彼は、「F

転」という言葉に縛られていた自分から、少しずつ抜け出していた。

発砲

最果ての海での捜索活動は連日つづけられた。ソ連軍機のミサイル攻撃を受けて大韓航空機が墜落したのは、稚内レーダーサイトの黄白色に光るスコープ上から忽然《こつぜん》と姿を消した大韓航空機と思われる輝点《ブリップ》の位置から推しはかると、サハリン西方沖に浮かぶ小さな島、セイウチがごろんと寝そべっている姿に島影が似ているところからセイウチの別名をとって名づけられた海馬島《かいばとう》の北二、三十キロの海域とみられていた。

だが、そのかんじんの墜落現場付近の海域は、サハリンから伸びたソ連の領海十二カイリゾーンと、海馬島からのソ連の領海とが、まるで肩が触れ合うくらいに接近している微妙な一帯にあたっていて、領海と領海の間はもっとも狭まったところでわずか三キロほどの間隔しか空いていなかった。ここを航行するのは、瀬戸内海に点々と散らばる小島の間を擦り抜けていくのと同じである。しかも海の上だから目安になるような境界線が引かれているわけではない。海流に流されたり針路がちょっとでもずれたら、たちまち領海侵犯ということになる。

しかし、その心配は無用だった。公海上でありながら、日本の巡視船がこの海域に向かう素振りをみせると、ソ連の沿岸警備艇やトロール漁船が取り囲んだり行く手を阻《はば》もうとする。結局、海上での捜索は現場海域に近づくことすらかなわなかった。海でこのありさまなのだから、空からの捜索はさらに難航をきわめた。

サハリンと北海道を隔てる宗谷海峡にはこの国境の海を真っ二つに区切るようにして自衛隊が設定した防空識別圏が東西に走っている。北海道の陸地にいちばん近い場所で宗谷岬から二十キロほど離れている。二十キロと言うと、海上であれば、どんなに脚の速い高速艇がガスタービンをフル回転させて鋭い舳《へさき》で波立つ海面を白く砕きながら突き進んでも二十分近くはかかってしまう。しかし、同じ二十キロも、音より速いジェット戦闘機の感覚では、所要時間一分とかからない、まさにひとっ飛びの距離となる。もしこの距離を軽々と越えて一気に南下してくる国籍不明機の機影を、稚内サイトのレーダーがキャッチして、ただちにスクランブルをかけたとしても、千歳基地から追尾の戦闘機が飛び立つまでに、問題の航空機は北海道の懐《ふところ》ろ深くに侵入している。海と空で、国境を目の前に控えた緊張感がまるで違うのは、このせいである。

撃墜事件のあったその日から国境の空では、連日マスコミ各社の取材機が撃墜現場近くの海馬島をめざして先を争うように北上を試みていた。だが、海馬島周辺のソ連の領空を避けて、さらに外側の空域を迂回《うかい》するような西寄りのコースをとって北上しても、たちまちソ連の戦闘機に追い払われる始末だった。日本なら、領空を侵犯されてもスクランブルで飛び立った自衛隊の戦闘機がせいぜい相手の飛行機に無線で呼びかけて退去を促すだけである。しかし、すべての国が日本と同じように、領空を越えるという行為に対して、いかにももの分かりのよい紳士のような態度で臨んでくれると思いこむのは危険である。むしろ、相手が領空の外に出るまで手出しもせずにおとなしく待っている日本の対応の方が、領空や領海というものに敏感な反応をみせる国際社会の常識に照らしてみればずい分と珍しく映るのである。現にこの撃墜事件の起きる五年前、北極圏のムルマンスク上空付近でやはりソ連の領空に迷いこんだ大韓航空機は追いかけてきたソ連軍機の銃撃を浴びて二人の犠牲者を出している。万一、ソ連の領空を侵したとなったら、ムルマンスクのときのように威嚇《いかく》発砲の上、領内のどこかに強制着陸させられるか、警告を無視してそのまま飛びつづければ容赦なく撃ち落とされることを覚悟しなければならない。

それでなくてもソ連側は、大韓航空機に領空を侵犯されたことでいつも以上に領空周辺の飛行には神経を尖《とが》らせているはずである。そんなソ連を変に刺激して不測の事態を招いてはまずいと慮《おもんぱか》ってか、捜索に向かったはずの海上保安庁の航空機は海馬島付近に近づこうとしないばかりか、マスコミの取材機よりはるかに飛行に慎重になっていた。日本の捜索陣が空、海ともに腰が引けた構えをみせている中で、嘉手納《かでな》基地から飛んできたC130ハーキュリーズと三沢基地に所属している対潜哨戒機《しょうかいき》P3Cオライオンの米軍機二機は、事件のあった翌日あたりから早くも北の空に姿をあらわし、ソ連軍機が睨《にら》みを効《き》かせている海馬島の、ソ連側領空の外で、公《おおや》けの空を飛んで何が悪いと言わんばかりに捜索やソ連軍の動きを探る監視活動をつづけていた。いくらソ連でも喧嘩《けんか》をするときは相手を見てするだろうとソ連の出方を見越したかのような米軍のプレゼンスだった。一方、自衛隊の救難ヘリはと言えば、海上保安庁の捜索機が飛んでいる空域よりさらに南の海上を、主に海岸線に沿って低空から捜索していた。

実は、ほとんど明らかにされていないことだが、以前、自衛隊の救難ヘリがソ連軍の潜水艦によって危うく墜落させられそうになるという事件があったのだ。

大韓航空機事件の三年前だから一九八〇年、やはり夏の終わりの出来事である。前の月の七月には、モスクワでオリンピックが開催されていた。社会主義圏ではじめて開かれるオリンピックとあって、ソ連は、史上最大で最高のオリンピックにすると強い意気込みをみせていたが、当のソ連がアフガニスタンに侵攻したまま、国際世論の再三の非難を無視して、撤退するどころか介入の度を深めていたため、その制裁の意味をこめてアメリカは真っ先に不参加を表明していた。西側諸国は、アメリカといちばん関係が深いはずの英国が開会式だけボイコットして他の競技には参加するなど、必ずしも足並みが揃《そろ》わない中で、日本は、アメリカに右へならえのボイコットに踏み切っていた。「事件」は、「デタント」と呼ばれていた束《つか》の間《ま》の、米ソの友好ムードが完全に冷えきって、両超大国の対立が再び深刻さを増していたそのさ中に起きたのだった。

現場は、北のさいはてではなく、南のさいはて、稚内とはちょうど日本列島の反対に位置する沖縄の、東百十キロの海上である。あらゆる事件事故の第一報というものがそうであるように、海上保安庁の応援要請を受けて出動した那覇救難隊の隊員たちが最初に耳にした情報もまたごく簡単なものだった。

潜水艦が火災を起こして救助を求めているというのだ。だが、それが、どこの潜水艦なのか、海上自衛隊の潜水艦なのか、あるいはアメリカ第七艦隊のものなのか、それともまったく違う外国の潜水艦なのか、そしてどんな潜水艦なのか、かんじんなくだりを第一報は語っていないし、火災の状態、規模についてもいっさい触れていなかった。逆に言えば、隊員たちは、現場で何が待ち構えているのか、予備知識らしい知識も与えられず、したがってそれに応じた備えも整わないままに、ともかく助けを求められたら一刻も早く現場へと、委細構わず飛び立っていったのだ。もっとも、備えと言えば、救難ヘリのバートルには、山でも海でも、考えられる救難活動のほとんどの場面に対処できるような装備を積みこんでいる。ただ、その考えられるというのは、一般の人々が自分たちが生活しているこの日本の社会で起こりそうな事故や災害としてふつう頭に思い描くものとそう大差なかった。数々のミッションをくぐり抜けてきて、どんな事態にもひるまず対応できるように訓練されているはずの救難隊の隊員たちも、彼らがいま向かっているような現場で救出活動を行なうことまでは、さすがに想定したことがなかった。

自衛隊と民間が共用している那覇空港から飛び立ったのは、いつものようにバートルと捜索機MU2の二機である。バートルには、雪山や荒れる海にワイヤー一本で降りてゆき、遭難者を救出するメディックの仕事について五年目のS三曹が乗り組んでいた。

二十七歳、独身だが、結婚式をひと月後に控えていた。間に立つ人があって、見合いのような形で五カ月前に知り合ったばかりである。しかしその間、相手の女性と直接会ったのはほんの数えるほどしかなかった。彼女が住んでいるのは茨城である。S三曹がたまに訓練のため浜松に出張するとき、彼女も電車を乗り継いで浜松まで足を伸ばす。ただ、那覇と茨城の距離を意識していたのはむしろ彼女の方だった。夜、彼の声が聞きたくなって、那覇の宿舎に長距離電話をかけるたびに、宿直の隊員がわざわざ部屋まで見に行ってくれるが、仲間と呑《の》みに出かけているらしく、いたためしがなかった。宿直の隊員にすまなそうな声で「外出してるみたいです」と言われていると、なんだか電話するのにも気後れを感じるようになってくる。だから彼女は手紙を書いた。だが、三回書いて一回返事がくればよい方である。ふつうなら相手と離れ離れでいると、そばにいたいという気持ちがますます強くなるはずなのに、彼はなんで平気でいられるんだろうと、彼女は不思議だった。ひょっとして自分のことがあまり好きじゃないのかもしれない。そんな風に勘ぐってみることもあったが、会って話しているうちに、彼の中では、那覇と茨城に分かれていても決して遠く離れているようには感じていないらしいことがわかってきた。那覇から出てくることを、まるで彼女が茨城から東京に遊びに行くのと同じような感覚で受けとめているようなのだ。やっぱり毎日空を飛ぶ生活を送っていると、距離感が変わってきて、頭の中の日本地図が私たちとは違ってくるのかもしれない。彼女にはそう思えた。

　結婚話は二人が考えているよりはるかに速いスピードで進んでいった。彼女もさることながら、海軍兵学校出の父親がS三曹に一目惚《ひとめぼ》れしてしまったことがアクセルの役割を果たしたのだろう。式は十月に茨城で挙げることが決まっていた。

那覇を離陸して四十分ほどで、S三曹を乗せたバートルは現場とみられている海域に到達した。すでに上空ではバートルの二倍の速さを持つ捜索機のMU2がひと足先に到着して旋回をつづけている。海上保安庁の航空機もいることはいたが、捜索用のビーチクラフト機が火災の状況を調べるため潜水艦の横合いをかすめるように飛んでいっては機首を返してまた近づいていくという飛行を繰り返していた。

S三曹のバートルが現場入りする一時間前にも、那覇の救難隊からはやはり同型機のバートルが先発隊として潜水艦めざし救助に向かっていた。ところが現場に着いて、上空でバスケットスリングと呼ばれる負傷者を収容する籠《かご》を潜水艦に降ろそうとすると、甲板にいた乗組員が手信号で、いらない、いらない、と何度も合図を送って寄越した。甲板では、乗組員たちがホースを構えて艦尾方向に向かってしきりに放水をつづけている消火活動のちょうど真っ只中《まただなか》らしく、とても救出作業に手を割けるような状態ではないようだった。しかもバートルの燃料は底をつきかけていた。このため那覇に引き返すことになり、その交代要員としてS三曹を乗せたもう一機のバートルが、先発隊が帰投するのを待たずに基地から飛び立ったのである。

どうやら身ひとつで真っ先に現場に降りていく、メディックとしての栄誉を担《にな》えるのは、二番機に乗りこんだS三曹のようである。その彼は、座席をほとんど取り払ってがらんどうになったバートルの機内の中ほどで、操縦席に向かって右側の円く張り出したバブルウインドウに額をくっつけるようにしながら、目標の潜水艦を求めて、眼下に広がる海面に視線を注いでいた。反対の左側の窓には機上無線員がとりついている。

やがて、船体の上半分を海面からのぞかせている潜水艦が見えてきた。重量感をたたえた潜水艦の黒い表面は、錆《さび》や汚れを落していないのか、まだらに赤茶けていて、かえってそのことがまるで生き物の息づく皮膚のように、妙に生々しく感じられる。だが、火災を起こしているという割りには、炎はおろか、船体のどこからも煙が上がっている様子はうかがえなかった。遠くからでまだ判然とはしていないが、ひときわ黒ぐろとそびえている艦橋《セイル》にも異常はないようだった。海の深みを泳ぐのに飽きた鯨が、しばしの間、巨体を海面に浮かべて休んでいるという感じだった。

バートルは潜水艦の姿を認めると、いきなり降下に入らずに、状況をたしかめるため、潜水艦の周囲を回りこむようにしながら上空でゆっくりと旋回をはじめた。すると、いままで艦橋の陰に隠れて見えなかった小さなボートが姿をあらわした。ボートは潜水艦に横づけされていたが、すぐに白く泡立つ航跡を引きながら、七百メートルほど離れた位置に停泊している貨物船とおぼしき船のところに向かった。貨物船は船尾に見たこともないような国の国旗を掲げている。しかし外洋を乗り越えてきた船にしてはずい分と小ぶりで、せいぜいが五、六百トンの大きさにしか見えなかった。

ボートには何かが積みこまれているようだった。貨物船の方に眼をやると、やはり甲板の上に、水揚げされたマグロでもならべているように何か白っぽいものが端をそろえていくつも載せてある。おそらくそれらも、潜水艦との間をボートが行き来して運んできたものなのだろうが、それが何かは、上空からは見当もつかなかった。ただ、火事なのに火も煙も出ていない点と言い、潜水艦から貨物船に得体の知れないものを積み替えている点と言い、どこかふつうの船舶火災とは様子が違うことだけはS三曹も気づいていた。

上空で大きく旋回していたバートルは、思い定めたように空中の一点で静止すると、徐々に高度を下げながら横向きに潜水艦に近づいていった。千、八百、六百、四百フィート……。メディックのS三曹には目測でも大体の高度がつかめる。彼はバブルウインドウに顔を押しつけたまま、自分がこれからワイヤーに吊《つ》るされて降りていく目標の状況をしっかり頭に叩《たた》きこむように、眼下に巨体を横たえている潜水艦にじっと眼を凝らしていた。

上空では船体の黒さに紛れていた細かなものが、しだいにくっきりと輪郭を結んで見えてくる。少なくともこの潜水艦の設計者は、船体のデザインを考えるにあたって、できあがった船が、見る人の眼にどう映るかということには一片の考慮も払わなかったようである。たしかに潜水艦は海中に身を隠しているのがほんらいの姿だから、見た目を気にする必要はないと言えばその通りだが、それにしても鈍重そうな船体のシルエットは、無骨というよりどこか垢抜《あかぬ》けていない印象さえ与えている。

船体の全長は百メートルほどだろう。艦首近くにソナーでも埋めこんでいるのか、甲板の先端がまるでこぶのように盛り上がっていて、そこからしばらく後ろに進むと、すぐに艦橋の構造物がそびえている。つまり艦橋は潜水艦のかなり前寄りの位置にあることになる。その艦橋は、ヨットの帆柱さながら背中を支えるように後方に、アンテナなのか潜望鏡なのか、太い支柱を立てているところが特徴的だが、ほんとうならこの艦橋に掲げられるはずの国旗も出ていないし軍隊旗も見当らなかった。

人ひとり体を横たえるのがやっとなくらい、幅に余裕のない甲板には、強い陽射《ひざ》しを遮る日除《ひよ》け代わりなのだろう、テントのようなものが張られて、負傷者らしい乗組員がうずくまっている姿がかすかにのぞけた。その横には、貨物船の甲板と同じように白い布にくるまったものが無造作にならべてある。乗組員たちはこのテントの周囲や後部甲板にたむろして、忙しそうに立ち働いていた。乗組員たちは、バートルが轟《ごう》音《おん》を立てながらしだいに間合いを詰めていくと、気になるらしく、一様に作業の手を休めて、上空を振り仰いでいる。

やがてバートルは、海面から三百フィート、九十メートルの高さまで高度を下げたところで降下をやめ、ホヴァリングをはじめた。潜水艦の真上というわけではなく、左舷《さげん》から幅にして五十メートルほどずれた位置の上空にいる。バートルの左側から潜水艦の姿は見えないが、機体の右側についているバブルウインドウからは乗組員の様子まではっきりみてとれる。そしてS三曹がワイヤー一本に命を託して現場に降りていくための扉も同じ右側に設けてある。ただワイヤーはフルに伸ばしても四十五メートルの長さしかない。救出作業に入るには、バートルを、潜水艦のちょうど真上に来る位置まで、横向きにさらに降下させなければならない。

バートルは再びゆっくりと高度を下げだした。すると、それまでバートルの様子をうかがうようにしていた乗組員たちの間に動きがあらわれた。艦橋にいた人間が双眼鏡でこちらをのぞいていると思ったら、双眼鏡を外すなり甲板の方に向かってしきりに合図を送っている。甲板上でも乗組員が慌《あわ》ただしく行ったり来たりしている。そのうち前部甲板のハッチが開いて、飛び出るように一人の乗組員が姿をあらわした。太い筒状のものを携えている。男は、白熱の光があふれる空に向かって空いている手をかざしバートルの位置を見定めるように一瞥《いちべつ》をくれてから、手にしたものをゆっくりと構え、まるでライフルでも撃つような恰好《かっこう》をしてみせた。

S三曹は、眉《まゆ》をひそめて、いったいなんだろうと、額が痛くなるくらいさらにバブルウインドウに顔を押しつけた。その間にもバートルは降下をつづけ、乗組員がこちらに向けているものがはっきりと見えてきた。

どうも銃にしては先端の口が大き く開き過ぎている。S三曹の眼には、ライフルというよりデモの鎮圧のときに機動隊が使うガス銃のように映った。しかし、そう思っても、どうこうしようという気はまるで起こらなかった。不思議なくらい落ち着いていた。

こっちは救助に来たんだから、まさか、撃つわけないよな。

確信にも似たその思いがあったからこそ、自分たちに向けられた「銃口」をまじまじとみつめることができたのだ。

音は聞こえなかった。S三曹の眼にいきなり飛びこんできたのは、煙である。緑色の煙を猛然と吐きながら、何かがバートルに向かって飛んでくる。

S三曹は、驚きの許容範囲を越えて、頭の中のヒューズが飛んでしまったかのように、声も出せず、煙の尾を後方に曳《ひ》きながらまるでほうき星のように向かってくる発煙弾を、呆然《ぼうぜん》とみつめていた。ヘッドセットについているマイクを通して、機長に、よけるようにとっさの指示を出すことも思いつかなかった。ただそれにしては、煙がやけに緑色をしているな、とその色だけは妙に鮮やかに眼にとまっていた。

　発煙弾は、自分のスピードによろめくように少し右に左にぶれながら、それでもすさまじい勢いでほぼ一直線にバートルをめざしてくる。このさい迫撃弾やミサイルではないから、発煙弾が機体に直接当ったとしても、そう大きなダメージを被《こうむ》るわけではない。だが、Ｓ三曹の頭上で一分間に何千回もの割合で高速回転しているローターに当ったとなると、話は別である。それこそ鳥の羽毛の先でひと撫《な》でするようにローターに軽く触れただけでも、ヘリは操縦不能に陥り、墜落する。

　見ることだけがいまできる唯一《ゆいいつ》のことであるかのように、眼を見開いているＳ三曹の、目線の斜め上の方を、発煙弾はかすめるようにして飛び去り、視界から消えた。その先には、激しく空気を切り裂いているローターがある。

　駄目かな、という思いが一瞬、頭をよぎる。もし発煙弾がローターに接触しても、破局はすぐに訪れるわけではない。おそらく回転翼の端がちぎれ飛び、そのぎざぎざした破片がローターのさまざまな部分を破壊して、バートルはバランスを失い、激しく身をよじるように錐《きり》もみしながら落ちていくのだろう。海面から百メートルと離れていないこの高度では、どんなに優秀なパイロットの腕にかかっても、いったん落下をはじめたヘリの姿勢を立て直す暇などないはずである。

だが、何も起こらなかった。頭上のローターは間断なく回りつづけ、機内に充満した耳をつんざく轟音の調子が変わることもなかった。発煙弾は間一髪のところでローターからそれて、空《むな》しく緑色の煙を吐きながら、やがて下りカーブを描いて海面のどこかへ落ちていったのだろう。S三曹は、ようやくわれに返ったように大声を張り上げて、マイク越しにコックピットに一報を入れた。

「撃たれましたよ！」

左右二つならんだ操縦席の右側に座っている機長は、「攻撃」にまったく気づいていなかった。前と横に大きく窓をとった機長席からは、ちょっと振り返れば潜水艦の前甲板くらいまでは望めるはずである。だが、ホヴァリングをしたまま高度を下げていくことに気をとられて、自分の右後方に描かれていった緑色の煙の筋にまで眼を配っている余裕はないようだった。しかし、いまあらためて潜水艦の甲板の方向を振り返ると、バズーカ砲のような発煙弾の発射機を構えている乗組員の姿が捉《とら》えられる。一発では威嚇の効果があらわれなかったとみて、二発目の発煙弾を装塡《そうてん》しようとしているのかもしれなかった。

S三曹の一報を聞きつけて、それまで機体左側の窓から救命具や筏《いかだ》につかまって救助を求めている人間がいないかと海面の様子をうかがっていた機上無線員も、S三曹がとりついているバブルウインドウのすぐ後方にあるもうひとつの張り出し窓のところに駈《か》け寄って、外をのぞくと、声を上げた。

「おおっ、また撃つみたいだぞ。やばいよ、これは」

バートルはたまりかねたように一気に高度を上げた。再び眼下で小さくなっていく潜水艦をながめながら、S三曹は、わざわざ救助に駈けつけた自分たちに向かって、攻撃を仕掛けるこの潜水艦の正体はいったい何なのだろうと、冷静さを取り戻した頭の中で考えてみた。

アメリカ海軍の潜水艦が自衛隊のヘリにいきなり発煙弾を撃ちこむわけはないから、それ以外の国だろう。しかも日本の周辺に出没する外国の潜水艦と言ったら、対象は絞られてくる。航空自衛隊のメディックである彼には、いつ、どこで、何をしているのか、その船体さながら黒くて厚いヴェールに包まれている潜水艦についての知識も興味もほとんどなかったが、それでも、ソ連海軍の潜水艦が津軽海峡を通過したり、日本海から対馬《つしま》海峡を抜けてこの沖縄周辺の海域に頻繁に姿をあらわしていることくらいは知っていた。おそらく、そのソ連の潜水艦がいつものようにアメリカや自衛隊の潜水艦を相手にした「隠れんぼ」に夢中になって、海中深くひそかに潜航しているうちに、何らかの原因で船内火災を起こして、潜水艦としては敵に探知されるよりもっと不名誉なことにちがいない、自分の姿を海面の上に出して人目に曝《さら》すという、最後のカードをしぶしぶ切る羽目に陥ったのだろう。

そこまで考えたところで、ひょっとしたら、とS三曹の脳裏にあまり想像したくないことが浮かんできた。その可能性は、しかし打ち消そうとしても、ますますありえそうなこととして頭の中で自らの存在を主張して大きくふくらんでいく。日本人の感覚からはまず理解できない、救助を拒むさいの、あの激しい拒絶のあらわし方と言い、船舶火災にしては、煙が出ていなかったり妙なものを運びだしていたり、どうもふつうでない点と言い、そう、潜水艦は潜水艦でも、こいつはふつうの潜水艦ではない、原子力潜水艦なのではないか。少なくとも、現場に近づけないいまのこの状態が、その可能性を何より裏書きしているように思えてならなかった。

バートルは、潜水艦を遠巻きにするように上空で旋回をつづけている。発煙弾の威嚇に驚いて高度を上げた自衛隊のヘリが、潜水艦に近づく気配がないのをたしかめると、潜水艦の細長い甲板の上では、乗組員の動きが活発になっていた。バブルウインドウから潜水艦の様子をうかがっているS三曹は、白い布に包まれたものが乗組員の手で次々とボートに積み込まれていく作業を眼で追っていた。

ボートは、潜水艦からの「荷物」を先ほどと同じように少し離れた位置に停泊している貨物船のところに送り届ける。ボートが貨物船に横づけされると、クレーンが降ろされる。クレーンのアームの先にはネットがついていて、「荷物」を吊り上げるようになっている。ボートの乗員たちが、潜水艦から積み込んだ白い布に包まれたものをいかにも重たそうに持ち上げて、このネットの中に入れていく。クレーンは、水を入れた袋のように重みでだらりと垂れ下がったネットを軽々と吊り上げ、貨物船の甲板に運んでいく。さっき甲板の上にならべられたその細長い「荷物」を上空から見て、S三曹はマグロのように思ったが、まさにそれは冷凍マグロの水揚げと変わらない作業風景だった。

クレーンは、貨物船の甲板の上方でいったん停止すると、ネットを降ろしはじめる。それを甲板で待ち構えていた乗員が受け取ってならべていく。S三曹は機長に頼んで、バートルの高度を下げてもらった。貨物船の上空なら、まさか撃たれる心配もないだろう。

白い布でくるまれたものは甲板の上に整然とならべられていた。そのいくつかは多少海水をかぶっていて、布地を通してでも、中身がくっきりとした輪郭を結んでいるのが見てとれる。ボールを思わせるやや丸みを帯びた盛り上がり、そしてこんもりとした丘のようななだらかなカーブがつづき、やがてまた先の部分がぽつんと小高くなっている。そんなシルエットを描くものは、この世にそうめったにあるわけではない。

中身がのぞけたわけではないが、S三曹はすでに確信を抱いていた。最初目にしたときからずっとそうではないかと思っていた通りの、人の体である。生きている人間を布でくるむわけはないから、それは死体ということになる。しかも潜水艦から運ばれてきたところからすると、間違いなく艦内の火災の犠牲になった潜水艦の乗組員である。ということは、潜水艦の甲板に白い布で包んでマグロのようにならべられている、他のそれらも、すべて死体なのだろう。

いったいどれほどの犠牲者が出ているのだろう。甲板におかれた死体を見る限り、とても片手で収まる数ではない。とすれば死者は十数人か、あるいはそれを上回る数なのか。

S三曹は、潜水艦の事故が自分が考えていたよりもはるかに大きく、甚大《じんだい》な被害を招いた惨事であったことをいまさらのように思い知った。そして、なおのこと強く、疑問が胸の内につのってくる。これだけの死者を出した火災だったら、もっとはっきりした痕跡《こんせき》があってもよさそうなものなのに、煙が出ていないことはもちろん、船体に焼け焦《こ》げた跡があるわけでもないし、付近の海上に何か焼けた船具が浮いているわけでもない。

しかし、その腑《ふ》に落ちないひとつひとつのことも、これが原子力潜水艦の事故だと考えれば、ジグソーパズルができあがるときのように、いままでちぐはぐに感じられていた疑問のそれぞれが、収まるところに収まるというか、不思議と辻褄《つじつま》が合ってくるようにも思えるのである。

バートルは現場の上空を旋回しながらそのまま三十分あまり潜水艦の監視をつづけていたが、指揮所がおかれた那覇の南西航空混成団司令部から、帰投せよ、との命令が出ると、機首を翻《ひるがえ》して針路を西にとり、基地をめざした。救出に向かおうとしたのにいきなり潜水艦が「発砲」してきたという報告は、すでに機長を通じて指揮所に伝えてあった。だが、予想もしなかった潜水艦側の反応にどう対処したらよいのか、上級司令部もさまざまな情報が乱れ飛んで、混乱を来《きた》していたらしく、かんじんの潜水艦の正体についても含め、「うじゃうじゃして、はっきりとした答え」は、結局出てこなかった。そのあげくの帰投命令である。発煙弾を撃ちこまれそうになるくらい潜水艦の鼻先まで迫り、万一のときは真っ先に犠牲になるかもしれなかった当のS三曹にすら、この時点でもなお、彼が救出に降りていこうとしていた先が、原子力潜水艦だったという決定的な事実は、知らされずにいた。もし、それがあらかじめ救難のクルーの耳に明確な形で伝わっていたら、放射能漏れの恐れを頭に入れて、潜水艦に接近するような無謀な真似《まね》はしなかったはずである。最前線が、もっとも情報から遠い場所だったのである。

基地に戻ったバートルは、救難隊の格納庫の前に設けられている専用のエプロンに機体の尻《しり》を下げるようにしながら降下し、やがて着陸した。ローターの回転が止まり、S三曹は機上無線員の助けを借りて、せっかく積み込んだのに活躍のチャンスを与えられなかったさまざまな救難用の装具を片づけて器材庫に運ぶ準備にとりかかろうとした。機体のいちばん後部にある、ランプドアと呼ばれる扉がゆっくりと下に降ろされ、沖縄特有のうるんでじっとりとした熱気とともに、眩《まばゆ》いほどの光を弾《はじ》いている滑走路の広がりが視界に飛びこんでくる。

S三曹は、おや、と思った。いつもならバートルが基地に帰ってくると、手の空いているパイロットやメディックが、誰が命じるわけでもないのにバートルのところに駆け寄ってきて、大きく口を開けたランプドアから機内に入りこみ、装具を運び出す作業を手伝ってくれる。ところが、きように限って彼らの姿がない。それればかりか、パイロットがエンジンを切るのを待ちかねていたようにバートルの機体にとりついて点検をはじめる機付の整備員も見かけなかった。

S三曹はランプドアから機外に出てみた。たちまち陽射しが容赦なく照りつけて、肌をちりちりと焦がす。S三曹は、なぜ誰も来ないんだろうと怪訝《けげん》に思いながらあたりを見回した。と、なぜか救難隊の格納庫の前にオレンジ色の飛行服を着た同僚や整備員がたむろして、バートルの様子を見守るように遠巻きにしている。だが、彼らはいっこうに近づいてくる気配をみせなかった。仕方なくS三曹は機上無線員と二人で装具を次々と機内からエプロン上に運び出した。そして器材庫まで持って行こうとしたとき、機長に、ちょっと待ってろ、と呼び戻された。S三曹は、思わず機上無線員と顔を見合わせた。

ふつうミッションを終えて基地に帰った救難のクルーが、着陸後もそのままエプロンで待機を命じられるというのは、洋上で外国船の船員などを救助したときくらいである。救助した相手がどんな伝染性の病原菌を持っていないとも限らないので、検疫をすませるまで機外に出てはならないことになっている。しかし今回は、誰も救助していない。現場にも降りていないのだ。S三曹には待たされる理由がわからなかった。装具をおいたまま、ランプドアのところでぼんやりしていると、機上無線員が素《す》っ頓狂《とんきょう》な声を張り上げた。

「なんだ、あの恰好？」

機上無線員が指さしている方向に眼をやると、宇宙服のようなものを頭からすっぽりかぶった男が二人、バートルの方に向かってくる。

このくそ暑いのに、あいつら何をやってるんだろう。そう思っている間もなく、男たちは二人の前に立った。頭を覆《おお》ったかぶりものは眼のあたりだけくり抜いたようになっていて、ダイビングで使うようなマスクをしている。そのマスクの向こうで青白く光る眼を見て、S三曹は、すぐに相手が日本人でないことがわかった。おそらく白人、たぶんアメリカ人だろう。男たちは、S三曹ら二人に、その場にならぶように手真似で指示すると、肩に掛けていた手提げ箱の形をした機械からマイクのような検査棒をとりはずして、二人の頭からつま先まで体の表面を撫でまわすように棒の先を当てていった。

やっぱりあれは原子力潜水艦だったんだな。

S三曹は、男たちがガイガーカウンターの目盛りをのぞきこんではゆっくり検査棒をオレンジ色の飛行服の上に這《は》わせていく様子を、他人事《ひとごと》のように冷静にながめながら、そう思っていた。ガイガーカウンターの針は、ほとんど基準値のレベルを指したまま、ぴくりとも動かなかった。放射能を感知すると、たちまち反応して異音を発するスピーカーも静まりかえっていた。

　青い目の男は、無表情に大きくうなずいてS三曹を解放すると、今度はパイロットを立たせて同じ検査を繰り返していた。あとで聞いた話では、彼らは米軍の嘉手納《かでな》基地から自衛隊の要請を受けて急遽《きゅうきょ》派遣された放射能専門の技術者ということだった。わざわざ米軍に「出張」してもらうということは、つまり、救難隊はもとより自衛隊の那覇基地に、放射能漏れを検出する装置の用意もなければ、それを操作する専門の隊員もおいていないということだった。逆に言えば、それらが必要となる事態が沖縄の自衛隊に訪れるとは、誰一人、予想していなかったのである。

　それにしても救難隊の仲間たちは口が悪い。S三曹が結婚式を間近に控えていることを知っていて、真顔でこんな冗談を言うのである。

「おまえ、種がなくなるかもしれんぞ」

　彼が、検査したから大丈夫ですよ、と笑いながら言い返しても、ああいうのは、な、あとから出てくるって話だぞ、と手をかえ品をかえ脅かすのである。

　新婚旅行から帰って間もなく、ふたりきりの生活をはじめたS三曹の官舎に仲間たちが一升ビンを抱えて押しかけてきたことがある。そこでも彼らはこの話を持ち出した。

「奥さん、こいつ、種なしかもしれませんよ」

新妻は理由を聞いてびっくりした。原子力潜水艦の事故でS三曹が所属する那覇救難隊のヘリが出動したことは、新聞やテレビの報道で知っていたし、彼も教えてくれた。しかし、自分の夫となる人が、そのヘリに乗っていて、事故を起こした原潜のすぐそばまで近づいていたとは、ひと言も聞かされていなかったのだ。まして、ガイガーカウンターの検査を受けたことなど……。きみによけいな心配をかけたくなかったから、という彼の気持ちもわかるし、検査の結果はまるで問題ないんだから、という言葉も信じていたが、それでも、彼女がまったく心配しなかったかと言えば、微細すぎてふだんは気づかないくらいだけれど、ふとしたときに感じるような心の引っかかりはあったのである。

しかし二年後、夫の言葉が正しかったことが証明された。男の子が誕生したのである。二人は、沖縄で生まれた子だからと、那覇の一文字をとって「那也《ともや》」と命名した。

S三曹の沖縄勤務は五年に及んだ。その間、実にさまざまなミッションを彼はくぐり抜けてきた。タグボートに曳航《えいこう》されているパナマの木材運搬船で乗組員がややいロープに足をからめとられ、瀕死《ひんし》の重傷を負った。月も出ていない暗夜の中、彼は、材木をつなぎとめるワイヤーが蜘蛛《くも》の巣のように張りめぐらされ、降下のポイントが定まらない甲板に上空のヘリから飛びこむようにして降り、負傷者をバスケットスリングに収容した。ところが負傷者を無事吊《つ》り上げたところでバートルが燃料切れとなった。バートルはS三曹を船に残したまま飛び去り、彼は言葉の通じないフィリピン人船員の中にひとりまじって朝を迎える羽目になった。

そうかと思えば、原油を満載した四十万トンの巨大タンカーが、沖縄の近海で舵《かじ》が故障して航行不能に陥るという事故があった。折り悪《あ》しく台風が接近していて、十数時間後には沖縄本島に上陸する。舵の効かないタンカーは台風の風と波に弄《もてあそ》ばれて北に流され、沖縄本島南端の喜屋武《きゃん》岬に激突する恐れが強かった。タンカーの油槽が壊れたら、エメラルド色の沖縄の海は流出した原油に覆いつくされ、珊瑚《さんご》や色鮮やかな魚たちは死滅する。生態系は完全に崩れ、沖縄の海は、何十年たっても海の青さが戻らない、文字通りの死の海と化す。史上最悪の環境破壊である。その最悪の事態を食い止めるには、ともかく糸の切れた凧《たこ》のように風まかせ波まかせになってしまったタンカーに、自力で動いてもらうしかなかった。そこで海上保安庁のヘリが舵を直せる技術者を漂流するタンカーの甲板上に降ろすことになった。メディックならヘリの明かりだけでも降りていくが、今回は民間人である。安全を考えると十分な照明は欠かせない。その役割を救難隊のバートルが仰《おお》せつかった。命綱をつけたS三曹は、全開したランプドアから台風の接近を思わせる強風が吹きつける空中に身を乗りだすようにして、ひと晩中、照明弾を海面に投げつづけた。

その後も彼はさまざまなミッションを体験してきた。しかし、救助の手をさしのべようとした相手から「攻撃」され、もう駄目かな、と思ったのは、あとにも先にもあの原潜事故のときだけである。発煙弾が緑色の煙を吐きながら自分の方に向かってまるで吸い寄せられるように突っ込んでくるその光景は、彼の瞼《まぶた》の裏にくっきりと灼《や》きついている。

飛行機が撃ち落とされるときは、ああいうものなのか。言葉もなく、ただみつめているしかないんだな。その思いは、時間がたてばたつほど、彼の心の底にしこりのように深く重く沈んでいった。

日本人の感覚では、助けに行ったのに、逆に「攻撃」されることがあるなんて、夢にも思わない。しかし、ソ連の原潜には、まさにその恩を、仇《あだ》で返されたのである。S三曹の中では、なぜ、という割り切れなさが残っていたが、事件からしばらくして上官から教えられたことがある。軍艦はどこを航行していようとその国の主権の下にあって、言わば治外法権だから、みだりに近寄れない、というのである。こちらは、一刻も早く負傷者を救出しなければと、善意で行動しても、相手によっては、善意と感じてくれないわけである。何しろ事故を起こしたのは、きわめて高いレベルの軍事機密で覆われたソ連海軍の原子力潜水艦。しかも、場所は米軍のアジア戦略で扇の要《かなめ》とされている沖縄の鼻先である。その熱く煮えたぎったレッドゾーンに、いくら相手の正体がわからなかったとは言え、ヘリで近づいたこと自体が、無謀だったのかもしれない。しかし、現場が先走ったわけでは決してない。それを言うなら、自衛隊にも、そして何より日本という国にも、恩も仇で返す非情な世界を感知するセンサーが備わっていなかったのである。

この原潜事故から三年をへて起きた大韓航空機事件の捜索活動では、自衛隊の対応は一転してまるで石橋を叩《たた》いても渡らないかのように慎重の上にも慎重を期したものとなった。むろん、現場海域が原潜事故のときとは逆に、ソ連領海のすぐそばという事情もあったが、自衛隊の救難ヘリは、日本側の防空識別圏という垣根から一歩も外に出ないで庭先を捜し回るようなやり方に徹していた。

だが、皮肉なことに結果的にはこの捜索方法は間違っていなかったのである。海馬島周辺の現場海域で懸命に捜索をつづけていた海上保安庁の巡視船は、大韓航空機の撃墜から一週間たっても遺体はおろか機体の破片すら発見するところまで行かず、目ぼしい成果を上げられないでいた。そして、墜落現場から遠く離れた知床半島で、岸辺のすぐそばを波間に漂っていた子供の上半身だけの遺体が見つかったのを皮切りに、オホーツク海に面した北海道東北部の沿岸で、銃弾の貫通したような穴が開いた金属片や座席などが浜辺に打ち上げられているのが次々に発見されると、捜索の主力は、サハリン沖の現場海域から、自衛隊のバートルが細々と捜索活動をつづけていた海岸線一帯へと移っていった。大韓航空機の残骸《ざんがい》や遺留品の一部は、激しい海流に流されて、墜落した海域から宗谷海峡を抜け、はるか南のオホーツク海沿岸に流れついていたのである。それまで軽いエンジン音を響かせて沖合にマス漁に出かける漁船の姿がちらほら見受けられる程度だった海上には、大型の巡視船や北海道警の警備艇が何隻《せき》も船体を浮かべて激しく行き交い、その上空を海上保安庁のヘリやセスナ機が一日中、轟音《ごうおん》を立てながら慌《あわ》ただしく飛びつづけている。静かだった北の海は一気に殺気だった雰囲気に包まれるようになった。

K二尉《にい》が乗ったバートルも、座席やクッションといった大韓航空機の遺留品を回収していた。波間に浮かんでいる何か漂流物らしいものを発見すると、高度を下げて接近する。だが、上空からながめているときは人間の頭のように思えていたものが、じつさい近づいてみると、鳥の死骸だったり、機体の一部かなと思ったものが、単なる木切れだったりと、めざしているものに遭遇するチャンスは滅多になかった。しかも、いざ発見しても、回収するのがこれまた骨の折れる作業なのである。海面から九メートルほどの高さでホヴァリングしているヘリからメディックが半身を乗り出して、先端に錨《いかり》をつけたロープを海面に垂らす。このロープの先の錨を漂流物に引っかけて、吊り上げるのだが、高度九メートルというほとんど海面すれすれの高さでホヴァリングしていると、ローターの巻き起こす風圧にはすさまじいものがある。海面はいちめん皺《しわ》が寄ったように波立ち、しぶきが舞い上がる。目標の漂流物も波に揉《も》まれて千々に揺れる。

そんな中でヘリから海面に垂らしたロープの先端の錨を漂流物に引っかけるのは、ゲームセンターのUFOキャッチャーを操ってお気に入りの品物をとるのとは訳が違う。こちらはチームプレイが必要なのである。上からロープを操っているメディックが、錨と目標との間合いをはかりながら、パイロットに「ちょい右」「ちょい前」と指示を出す。メディックにしてみれば、あと少し右に行けば届くのにと思っても、自分が動けるわけではない。ヘリが思う方向に動いてくれなければ駄目なのだ。しかも錨の先がうまく目標に引っかかったと思ったとたん、ヘリが風に揺れて、外れてしまうこともあるし、波にさらわれてしまうこともある。苛々《いらいら》するような、何とももどかしい作業である。

だが、それはパイロットにしても同じである。操縦席から機体の真下にあたる海面は見えない。メディックが眼にしているその漂流物の位置を、パイロットはわからないまま機を操らなければならないのだ。目隠しして、車を車庫入れするようなものである。「ちょい右」とか「ちょい前」と言われても、どのくらい機を動かせばよいのか、よほどメディックとぴったり息が合っていなければ、できない相談である。

だいいちホヴァリングしつづけるということ自体、高度なテクニックを必要とする。右手で握った操縦桿《かん》、左手のレバー、そして両足の方向ペダルを、それぞれ微調整しながら、スピードを殺して、機体を一定位置、一定高度に保たせる。操縦をちょっとでも誤ったら、機体のバランスはたちまち崩れ、失速する。海面に漂う点のような漂流物のところに、ヘリから垂らしたロープを命中させるには、一瞬の油断も許されないそのホヴァリングをしつづけながら、さらに機体の向きを少しずつ変えていかなければならないのだ。こうなると、技術と経験に加えて、戦闘機乗りと同じく、持って生まれたとしか言いようのない、ある種の天分、センスが必要とされるような、もう名人芸の世界である。

ミッション初体験のK二尉は、バートルの操縦に全神経を集中させている機長に代わって、ナビゲーターとして計器類のチェックをする傍ら、横目で機長の操縦ぶりをながめながら、その手さばき足さばきの鮮やかさに心の底から唸《うな》っていた。パイロットとして救難の奥の深さを、彼ははじめて目《ま》の当たりにさせられたような気がしていた。もし本番のミッションで自分が操縦桿を握るようになったとき、果たしてこんなにも巧みにヘリを操ることができるだろうか。しかも、遭難者が相手の、一秒を争うような場面で。

だが、そんなK二尉に、瞬間風速九十メートルの強風が逆巻く中、バートルを操縦して、断崖《だんがい》絶壁の岩場に取り残された子供連れ五人の救出に向かうときが訪れるのだった。

七蛇の鼻

どの地方でも、自然のはかりしれない力と意志がつくりだしたような眺めの場所には独特の呼び名がつけられている。けものや想像上の動物の体の一部になぞらえて言うこともあるし、この世のものとは思われないすさまじい景観に、閻魔台《えんまだい》や鬼押出《おにおしだし》といった、おどろおどろしい名前がつくこともある。あるいは、人間の力がとうてい及ばないその存在の偉容に、神がかった名がつけられ、信仰の対象として崇《あが》められているものもある。そしていま、副操縦士の二尉《にい》から昇進して機長となったK一尉が自らバートルを操ってめざしている現場にもまた、古くから地元の人々の間でそれにちなんだある種の因縁話とともに語り継がれてきた呼び名があった。七蛇《ななへび》の鼻、というのがそれである。

福井の越前《えちぜん》岬と奥丹後半島の経《きょう》ヶ岬《みさき》とに囲まれた若狭湾《わかさわん》は、ナイフでえぐりとったような鋭い切り口の入り江とそそり立つ岬の断崖《だんがい》とが互い違いに海に向かって複雑に入り組み、国定公園の名に恥じない変化に富んだ海岸線を描いている。その中でも、この「七蛇の鼻」と呼ばれる場所は、恐ろしいほどの迫力で見る人を圧倒する。もっとも、見る人と言っても、じっさい「七蛇の鼻」を目にできる人は限られている。歩いてこの場所にたどりつくことはできないからだ。道路はもちろんのこと、あたりには草木を踏みしだいてつくられたような小道さえないのである。陸路づたいに遠くからその姿を望もうと思っても、立ちはだかる険しい崖《がけ》や樹々《きぎ》に視界を阻《はば》まれてしまう。つまり「七蛇の鼻」を見るには、海に出るしかないのである。

若狭一の漁港、小浜港から船に乗って、鋸《のこぎり》の歯のように無数のぎざぎざとした海岸線が白い波しぶきに縁どられている荒々しい光景をいくつもやり過ごし、やがて内外《うちと》海《み》半島と呼ばれる大きな岬をまわると、次の岬まではほとんど垂直に切り立った断崖がつづいている。そこでは、背後に迫る山は海のへりまで来たところで、すっぱり断ち切られてしまったかのように一気に海面に向かって落ち込んでいる。その切断面にあたる崖は、実に不思議な姿をさらしている。高さは優に七、八十メートルはあるだろう、そそり立つ崖の上半分は、苔蒸《こけむ》したように松の樹海がへばりついているが、その下はいかにも堅牢《けんろう》そうなごつごつとした岩肌が露出している。そしてひときわ目を引くのは、この断崖を伝って海に落ちていく滝があることだった。黒ずんだ岩と岩の間から勢いよく水が噴出して、岩壁に幾筋もの白い帯を描きながら、水の塊《かたま》りが切れ目なしに波の打ちつける崖下に落ちていく。南米秘境のジャングルに迷いこんだのならまだしも、日本海の海岸線を船でめぐっていて、まさか視界に滝が飛びこんでくるとは思いもしないから、たいていの人はこの光景に驚かされる。

海上からながめると、この滝は、まるで大蛇が白い胴体をくねらせながら断崖を這《は》って海に降りていく姿のようにも見えてくる。ことに明け方や夕暮れどきは、薄暗くにじんだ景色の中に、滝の白さが妖《あや》しく浮かび上がる。船をさらに近づけてみると、滝の落ちる崖下のあたりは、波の浸食によるものなのだろう、洞窟《どうくつ》がざっくりと大きな口を開けて、いくつもならんでいる。洞窟の大きさはさまざまだが、その奥の方には、周囲の海とはまた違った、不気味な色の水をたたえた場所がある。

荒々しい岩の屹立《きつりつ》の間を縫うようにして落ちていく滝と、その下で牙《きば》を剝《む》くように口を開けているいくつもの洞窟。断崖絶壁をキャンバスにして自然がつくりだしたこの巨大な造形には、人間の能力や思考をはるかに越えた、何かの化身のような、底知れぬものが感じられる。月夜の明かりに白く映える断崖の滝を眼《め》にしたとき、古《いにしえ》の人々が、七つの頭を持った大蛇が、絶壁に白い胴体を這わせながら海に向かって鎌首《かまくび》をもたげている姿を思い浮かべたとしても不思議はなかった。

その日、「七蛇の鼻」は荒れていた。それでも朝のうちは晴れ間がのぞくこともあり、ゴールデンウィーク二日目にあたることから、リアス式海岸の雄大な眺めを楽しめる湾内には、家族連れを乗せた遊覧船が行き交い、休日らしい賑《にぎ》わいをみせていたが、昼を過ぎると、接近してきた低気圧の影響で一転して雲行きが怪しくなり、大粒の雨混じりの激しい西風が吹きつけるようになった。福井気象台は、若狭湾一帯に強風波浪注意報を発令するとともに、航行する船舶に対して、今後風雨はさらに強まるので十分な警戒を呼びかけていた。じっさい日が傾くにつれて、天候は上向くどころか、ますます悪化の兆《きざ》しをみせていた。海上では風速は二十メートルに達していた。海面は至るところで大きく盛り上がり、波は、砕けるより先に強風にあおられて、白いしぶきを散らしていた。

午後九時二十分、内外海半島の沖合をパトロールしていた敦賀《つるが》海上保安部所属の巡視船「あさぎり」が、「七蛇の鼻」の岩場で懐中電灯のライトをしきりに振って助けを求めているグループを発見した。巡視船がサーチライトで照らしてみると、男女四、五人が「七蛇の鼻」の洞窟の少し奥まったところにうずくまるようにして固まっており、双眼鏡をのぞいていた乗組員によれば、その中に二、三歳の幼児らしい姿もあるということだった。遭難者のいる場所から少し離れた岩場には彼らが乗っていたとみられるプレジャーボートが横倒しになっていた。ボートは激しい波浪に揉《も》まれるたびに岩礁《がんしょう》に叩《たた》きつけられ、すでに半壊状態で、砕けたマストや甲板の木切れがあたりいちめんに散乱していた。ボートはこの日朝からクルージングに出ていたが、天候の急変に伴い予定を切り上げて小浜港に引き返す途中、エンジンが故障して航行不能に陥ってしまった。もし強い西風を受けて流されるままに若狭湾から日本海上に出ていたら、低気圧の引き起こした高波に呑《の》まれてひとたまりもなかっただろう。だが、運よくボートは磯の方に寄せられ、「七蛇の鼻」の岩場に船体を乗り上げたのである。

しかし、夜が深まるとともに湾内でも風雨はますます激しさを加え、うねりは大きくなるばかりだった。接岸を試みる巡視船も四メートルを越す波に阻まれて、岩場に近づくことさえかなわなかった。海上保安庁は海からの救出を断念、美保からヘリを現場上空に向かわせた。

だが、空からの救出もそう簡単に運びそうにはなかった。何よりもまず問題は現場の地形である。遭難者の家族連れは、崖下の洞窟に身を寄せている。救出作業のため高度を下げたヘリは、そそり立った崖の表層にしがみつくようにして生えている松の枝にほとんどプロペラが接触しそうになるくらいまで機体を近づけて、ホヴァリングをつづけなければならない。無風に近い状態でも操縦桿《かん》を握る手につい力をこめ過ぎて、スティックの傾きを誤ったら、たちまち墜落という、文字通り綱渡りのようなきわどい操縦を迫られる。しかも、いまは二十メートルを越すすさまじい西風が吹きつけている。まともに風にあおられたら、ヘリは機体ごと思いっ切り崖に叩きつけられ、粉々になってしまう。加えて夜間である。ライトで照らしていると、かえって明るさの中に眼に入るものの奥行きがすべてのっぺりと溶けこんで、遠近感は薄れてゆく。ヘリと崖との間合いをとるのは至難の業《わざ》である。かと言ってライトがなければ、それこそ一寸先は闇《やみ》となる。

現場の上空まで来た海上保安庁のヘリは、さすがにこのまま崖下に向かって降下していくことは自殺行為と判断したのか、上空で空《むな》しく旋回をつづけるばかりで、やがて機首を翻《ひるがえ》すように飛び去っていった。

日付が変わって午前三時、航空自衛隊小松救難隊に対して第八管区海上保安本部から救難ヘリの出動要請が行なわれた。巡視船が遭難者を発見してからすでに六時間近くがたっている。海上保安庁も警察も、救出作業が自分たちの手に余るとわかった段階ではじめて自衛隊に助けを乞《こ》うてくるのである。せっかくのゴールデンウィークを自宅待機のまま過ごしていたアラート要員のパイロットやメディックに非常呼集がかけられ、基地内の宿舎に寝泊りしている独身者は自転車で、官舎に住んでいる隊員は自分の車を運転して、三十分もたたないうちに全員が駈《か》けつけてきた。Ｋ一尉もその一人だった。

ファントムで空を飛んでいた時間よりはるかに多くの時間をバートルのコックピットで過ごすようになっていたK一尉は、すでに救難隊でも中堅の部類に数えられ、彼と同じように意に反して戦闘機のパイロットから救難ヘリのパイロットに「F転」させられた後輩たちをむしろなだめ、力づけ、時には叱《しか》り飛ばしながら育てていく側に回っていた。

救難パイロットの振り出しを千歳で送り、ある程度経験を積んでから小松に移ったK一尉は、救難パイロットとしてきわめて恵まれたコースを歩んできたと言える。つねに最前線にいられつづけたことで、技術を、訓練だけではなく、かつてのエースと呼ばれた戦闘機乗りが実戦を通じて敵によって鍛えられたように、じっさいにミッションを数多くこなすうちに体で覚えこむことができたのである。場数を重ねた分、本番に強い救難パイロットになったと言うべきかもしれない。

小松は全国に十ある救難隊の中でも、千歳とともにミッションの数で他を大きく引き離している。もっとも、千歳の救難隊が、医療施設の整っていない僻地《へきち》や離島を多く抱える北海道という場所柄、急病人を大都市の病院に搬送する、言わば空の救急車として重宝され、狩り出される季節も道路が雪でとざされる冬が多いのに対して、前面に日本海が広がり、後ろには日本の背骨とも言える中部の山岳地帯がそびえている小松では、一年を通じて非常呼集のベルがけたたましく鳴り響く。ミッションの中身も、ただ単に患者を送り届ける「車」代わりというより、二次災害が心配されるような危険にあふれた現場から遭難者を「救出」するという、レスキューのプロとしての高度な技術とチームワークが何より求められるケースが圧倒的なのである。

このプレジャーボートの遭難事故が起きる一カ月前には、北アルプスの剣岳に登っていた三人のパーティが足を踏みはずして四百メートル滑落するという事故を起こしていた。富山県警はただちにヘリを現場に急行させたが、上空の風があまりにも強過ぎて、パワーの弱い県警のヘリではホヴァリングができないと救出を断念、やはり自衛隊に助けを求めてきた。小松基地から発進した救難隊のバートルは、現場上空からメディックを降下させようとした。だが、エンジンの出力から言えば、普通の中型ヘリの一・五倍近いパワーを有するバートルをもってしても、ホヴァリングしながら救助作業を行なうのが困難なほど風の勢いはすさまじく、気流の乱れも激しかった。このため肝心の救出は風が和らぐのを待つことにして、その間を何とかしのいでもらおうと、接近するヘリにも比較的元気な様子で手を振ってみせる遭難者に救援物資を上空から投下することにした。だが、彼らは、急斜面にわずかにできたスペースを見つけて、雪洞を掘ってビバークしている。ピンポイントで目標に物資を落とそうとしても、強風に加えてヘリの風圧が舞い上げる雪煙が邪魔をしてなかなか思うにまかせない。結局、十二回目にやっと遭難者のもとに物資が届くという状態だった。

　天候の方は三日たってもいっこうに回復する兆しをみせなかった。当初余裕のあるところをみせていたパーティも、さすがに寒さとケガによる体力の衰えで日ましに衰弱の度を深めていた。もはや、ためらっているわけにはいかなかった。現場の上空で危険を冒してホヴァリングをつづけるバートルから、風がわずかに弱まった瞬間を見計らって、メディックがロープを伝って降下を強行した。三人の遭難者を無事救出したその夜、現場を雪崩《なだれ》が襲った。

　この救出劇のほんの二カ月前にも、小松救難隊のバートルは、同じ剣岳で悪天候のため下山を阻まれ孤立してしまった登山者十一人を助け出すミッションに派遣されている。一機が現場に向かっている間に、反対側の尾根にも遭難者がいることがわかり、バートルを三機配備している小松救難隊からさらにもう一機が振り向けられた。そのヘリを操縦していたのはK一尉である。

　どんなにベテランの救難パイロットでも、夜の海と冬山での救出活動は、任務をこなして基地に戻ってからしばらくの間、肩の筋肉がこわばって動かなくなるほどの緊張を強いられるという。現にK一尉も冬の北アルプスで冷たい汗をかいたことが一度だけあった。メディックを山小屋に降ろして、再び収容するという、いたって簡単な内容の訓練で、三十分もあればすんでしまうはずだった。ホヴァリングに入る前に、K一尉は周囲の雲の様子をたしかめた。眼下に綿切れのような雲が浮かんでいたが、それはメディックが降りていく山小屋よりさらに高度の低いところで、雲の形からみて、K一尉は少なくとも三十分は心配ないだろうと考えていた。ところが降下したメディックが体に巻きつけていたロープをすばやくほどいて、中腰の姿勢で膝《ひざ》を突き出すように降り積もった雪をかき分けながら山小屋の方に行きかけたと同時に、雲がすさまじい勢いで湧《わ》き上がってきた。操縦席の前方もどんどん白く霞《かす》んでくる。下をのぞくと、すでにいちめん雲にとざされて山小屋の姿も見えなくなっていた。

ほんとうならパイロットは、この時点で間髪いれずヘリの高度を上げ、一刻も早く雲から脱け出さなければならない。だがK一尉は、一瞬ためらってしまった。やばい、と思って、スティックを動かそうとしたそのとき、下にメディックを残していることが、引っかかったのだ。今回は雪山に降下してまたすぐにピックアップするだけの訓練だから、メディックは特別な装備をしていない。零下の寒さの中で何日も過ごすような備えもなければ食料もない。文字通り体ひとつである。いったん現場を離れ、雲の切れるのを待って収容すればいいと言っても、天候はますます悪化するかもしれない。山小屋に避難しさえしていれば、航空自衛隊の一員でいながら陸上自衛隊の空挺《くうてい》レンジャーのバッジを持ち日頃からサバイバルの苛酷《かこく》な訓練を重ねている堅く引き締まった肉体と強靭《きょうじん》な精神の持ち主、メディックなら、寒さと飢えにも持ちこたえられるし、それをしのぐ知恵を身につけているはずなのだが、そうしたとっさの判断がつかなかった。ともかく、下に残しているということばかりが気になって、さまざまな迷いが浮かんでは消えていくうちに、すばやく頭を切り換えて次のアクションに移るそのタイミングをはずしてしまったのである。

バートルは四方を完全に雲に覆《おお》われた。いったん雲の中に入りこむと、どこが雲が濃くて、どこが雲の薄い部分なのか、まるでわからなくなってしまう。危ない兆候である。やがて、高度や姿勢の感覚がぼやけてくる。雲に覆われる前といまとでは、どちらが高度が高いのか、機はどこを向いてどんな姿勢で飛んでいるのか、自分が操縦しているはずなのにその実感がつかめなくなる。高度計の表示に反して、どんどん降下しているような気がするし、機体もなんだか右に傾いているように思えてならない。

〈このまま行けば、山にぶつかってしまう。機を左に戻さなければ……〉

〈いや、右になんか傾いていないぞ。ちゃんと水平に飛んでいるはずだ。左に動かしたらそれこそ反対側の尾根に衝突してしまう〉

焦《あせ》れば焦るほど、ヴァーティゴという迷路にはまりこんでいく。冷たい汗が額を伝い、操縦桿を握る手に力が入る。こうなったら自分ひとりで、心の中でアメーバのように増殖を繰り返す魔物と闘うしかないのである。耳もとで囁《ささや》くもうひとりの自分の声を振り切るように、K一尉は、計器のさし示すものだけに神経を集中させて上昇の操作をつづけた。それでも、いつ目の前に山肌が迫ってくるかと気が気ではなかった。雪の降り積もった山はケーキづくりのパウダーを塗りこめたように白一色だから、雲との境い目はほとんど見分けがつかない。雲が薄れて山肌が姿をあらわすと言っても、そうとわかった瞬間には、バートルの機体は山腹に激突して、吹き飛んでいるだろう。

やがて急速に周囲が明るみだした。と思う間もなくK一尉は一気に雲の上に出た。澄み切った青空が頭上に広がり、陽ざしが眩《まぶ》しいくらいだ。そのとたん、さっきまでとりついていたヴァーティゴが、憑《つ》きものでもとれたようにあっけなく去っていった。

バートルは上空でしばらくホヴァリングをつづけていたが、タイミングよく眼下の雲が切れたため、急降下してすばやくメディックを吊《つ》り上げ、現場を離れた。

両側から岩壁がしだいにせばめられていくような谷あいを進むとき、K一尉は、後ろを振り返り、振り返りしながら操縦した。前方だけを見て進んでいて、もし行く手に雲がかかってきたとき、ではバックしよう、と後ろを振り返ると、いつのまにか雲でふさがれていたというのでは、まさに行き場がなくなってしまう。だから、絶えず後ろも気にしながら、いざというとき前か後ろのどちらか一方に抜けられるように、逃げ道を確保しておくのである。これもまた、K一尉が小松にやってきて、冬山でのミッションや訓練を重ねるうちに学びとった「戦訓」だった。

戦闘機乗りから「F転」で救難パイロットになった「途中入社組」の割りには、もともと救難パイロットだった同僚に比べても遜色《そんしょく》ないくらい多くの修羅場をくぐり抜けてきたK一尉だが、その彼にしても、巡視船のサーチライトに照らし出された「七蛇の鼻」の現場をはじめて眼にしたときは、正直、ぞっとした。バートルの操縦席に座りながらも、つい腰が引けて、体が反り返ったようになっている。

当初K一尉の耳に届いていた情報は、いつものことながら断片的なものでしかなかった。遭難者は家族連れで、岩場から助けを求めているというのである。岩場と聞いて、K一尉は、磯釣りのポイントになるような陸地から少し離れた岩場を想像していた。それなら陸地とのクリアランスをあまり気にしないでホヴァリングができるし、捜索機のMU2に照明弾を落としてもらえば、何とかピックアップできるだろうと、小松を飛び立ってからの道々、救出のシナリオを頭で組み立てていた。

ところがいざ現場に着いてみると、巡視船のサーチライトは、「七蛇の鼻」のそそり立った岩壁や、崖裾《がけすそ》で波が白く泡立って砕けていくさまをぼんやりと薄明かりの中に浮かび上がらせてくれるのだが、遭難者の姿はどこにも見当らなかった。高波にさらわれないように、洞窟のさらに奥に身を潜めていたのだ。

陸地は闇の向こうにその全容を隠している。サーチライトで知れる岩壁が、崖の全体からすれば膝のあたりにあたるのか、胸の部分なのか、まるで見当がつかない。あるいは崖裾から上がせり出したような形になっているのかもしれないし、屏風《びょうぶ》のように垂直に切り立っているのかもしれない。K一尉は、白い波立ちが見える海岸線を越えて陸地に近づかないように、かなりの間合いをとって、ゆっくりと高度を下げていった。五百、四百、三百五十、三百フィート……。そして、巡視船のサーチライトの明かりが届く高度まで下がってきたところで、前の方から機体を慎重に崖に近づけていった。そのとたん、バートルはまるで乱気流に巻き込まれたように上下左右に激しく揺さぶられ出した。崖の間近まで来ると、陸地の方に引き寄せようとする強い西風に、崖の上から吹き下ろしてくる風が加わるのである。

K一尉《いちい》は、操縦席の右手に信じられない光景を眼にしていた。岩壁を白く長く尾を引いて、滝が流れている。だが、滝は崖から離れ、いままさに海面に落ちようとするその瞬間に、天に吸い込まれていくかのように、白いしぶきをたてながら上に上がっているのだ。風があまりにも強過ぎて、滝の水は落下しないで、吹き飛ばされているのだった。おそらく崖際《がけぎわ》の風は、平均で毎秒四十ノットから五十ノットは行っているだろうとK一尉は推測した。瞬間的には風速約九十メートル、ハリケーンをしのぐ強烈な風である。

遭難者の位置をたしかめるためにはさらに高度を下げて崖に沿って飛ぶようにしなければならない。K一尉は、バートルの機体が崖と平行になるように向きを変えることにした。だが、バートルは、自動車を車庫入れするのとは訳が違い、コックピットの窓から顔をつきだして機体の尻《しり》の方をのぞきこみながら操縦するということができない。不用意に向きを変えたら、闇にまぎれていた松の枝と接触してしまう可能性だってある。K一尉は、バートルの機体を崖に沿って平行にした場合、機体の尾部が崖のどのあたりに近づくのか、大体の見当をつけて、巡視船のライトとバートルに備わっているランニングライトでその付近を照らし出し、あらかじめ地形をたしかめた上で、機体を寄せていった。

崖に寄り添うようにバートルの向きを変えると、今度は機体の左側面で強風を受けとめることになった。もともと横風に強いヘリとは言え、K一尉は操縦しながら、機体が右に流されていきそうになるのがわかった。そのたびに操縦桿を支え、後部ローターのピッチを調節するペダルを思い切り踏みこんで何とか持ちこたえた。

崖からせり出した松の枝に注意を払いながら十五分も飛んだだろうか、機体後部のバブルウインドウに額を押しつけて捜索していたメディックが「何か光ってるぞ」と声をあげた。バートルのライトを浴びて光ったものがあるというのだ。その場でホヴァリングしたまま高度を下げていくと、波濤《はとう》が激しいしぶきを吹き上げている崖裾の洞窟《どうくつ》から少し入ったところで、遭難者が着こんでいるライフジャケットなのか、たしかに蛍光塗料のようなものが光っている。巡視船に頼んでサーチライトの明かりをその方向に向けてもらうと、しきりに手を振っている人の姿が映った。おそらくヘリの爆音に気づいて洞窟の奥から出てきたのだろう。

遭難者のいる場所はわかったが、メディックをワイヤーで吊り下げて救出作業にとりかかるためには、いま以上に機体を崖に近づけなければならない。そうなると、巡視船やバートルのライトだけでは不安が残る。K一尉は時計を見た。あと三十分もすれば、東の空が白みはじめる。天候は依然として回復していないが、少しは闇の濃さが薄らぐはずである。K一尉は、機長として現場待機の判断をクルーに伝えた。

午前四時四十五分、バートルは崖下の洞窟に向かってアプローチをはじめた。薄暗い中に、そこだけが闇から抜け出ていないかのように、黒ぐろとした輪郭をぼんやりと浮かび上がらせて「七蛇の鼻」の断崖がその姿をあらわしつつあった。二十五メートルまで高度を下げたバートルの操縦席からはまさに仰ぎ見るという感じで断崖がそそり立っている。

バートルは、機体の後部に余裕を持たせるように、斜めに崖と向き合うような恰好《かっこう》で、少しずつ崖との間隔をせばめていった。ヘッドセットをした耳もとに、後ろにいるベテランのメディックの声が流れてくる。

「大丈夫、まだまだ大丈夫、もう少し……」

操縦席からはたしかめようのない後部のローターと崖とのクリアランスを逐一、報告しているのだ。バートルに乗りこんだ二人のメディックのうち、下士官のトップ、曹長の位にいる彼は、メディックになって二十年以上の古強者《ふるつわもの》である。安心して後ろのことをまかせられる分、K一尉は操縦に専念できた。

コックピットの前面にしだいに岩壁が迫ってくる。操縦席から見て、崖との距離は十二メートルに縮まった。バートルのプロペラは一枚の長さが八メートル近い。つまりすさまじいスピードで回転して空気を切り裂いているプロペラの先端からだと、崖とは五メートルと離れていないわけである。五メートルと言えば、普通に走っている車でも、ブレーキを踏むタイミングが少し遅れたら、たちまちオーバーランしてしまう距離である。

Ｋ一尉は、バートルをその場でホヴァリングさせることに文字通り全神経を集中させていた。コックピットのすぐ後ろでは救出作業用の扉が開けられ、ヘルメットをかぶり、海水につかっても作業がやりやすいようにウエットスーツを着用したもう一人のメディックが、半身を機外に乗り出して降下の態勢に入った。風が不気味な唸《うな》りを上げている。

ワイヤーにつかまったメディックは、ウインチの働きでゆっくりと地上に向かって降りていく。ミッションはこれが四回目というメディックとしてのキャリアがまだ浅いこの三曹にとっても、二十五メートルの高さから降下するというのはそう珍しいことではない。訓練では五十メートルの高さをロープを伝って降りたことがあった。だが、三曹は、ワイヤーにぶら下げられ、岩場に向かっている間、「ずい分、長いな」と感じていた。空中に全身を曝《さら》しているメディックには、容赦なく風雨が叩《たた》きつけ、雨の滴《しずく》がつぶてのようにして顔に当っていた。

風は海上から陸に向かって吹きつけている。このため、バートルから垂らしたワイヤーも崖の方に流されていた。バートルをあまり崖に近づけると、今度はワイヤーにぶら下がったメディックが、鋭く尖《とが》った岩壁に叩きつけられる恐れがあった。三曹を吊ったワイヤーが目標をそれて崖の方に流されそうになるたびに、バートルの開け放たれた扉から降下の様子をじっと眼で追っているベテランの曹長が、ヘッドセットのマイクを通じて、パイロットのK一尉に、もうちょい左、と指示を送っては、ワイヤーの向きを調節していた。

宙を泳いでいた足が岩の固い感触を感じた瞬間、三曹は頭からもろに波しぶきをかぶった。そのまま波に体をさらわれそうになるのを、ワイヤーにしがみついて必死にこらえ、波が去っていくと、三曹はすばやい身のこなしで這《は》うようにして岩場の奥の方に逃れた。

三曹は、両足に、素足にぴったりフィットした、鳶《とび》の職人が使う地下足袋のようなブーツを履いている。ヘルメットにウエットスーツ、さらに地下足袋に似た履き物、というのは、何ともちぐはぐな姿に映るが、鳶が地上百メートルの工事現場をものともせずに足場から足場へ軽々と飛び移れるように、すべりやすい岩場での救出作業には、この恰好の方が足もとの不安がなく、身軽に動けるのである。

三曹が洞窟に入っていくと、懐中電灯の薄明かりが点《とも》る中、遭難者は身を寄せ合い、互いの体温で体を温めるようにひとかたまりになっていた。さすがに波は洞窟の中まで寄せてこなかったが、強風にあおられて、しぶきがバケツの水をぶちまけたように激しく降りかかってくる。全員、頭からずぶ濡《ぬ》れで、見た目にもはっきりとわかるほど体を打ち震わせていた。

「もう大丈夫ですよ」

三曹が声をかけると、年長者らしい男の人が、「ありがとうございます」と言って、深々と頭を下げた。隣りにいた若いカップルはほっとしたように表情をなごませたが、小さな女の子を抱きかかえていた母親らしい女性は、緊張がほぐれないらしく、顔をこわばらせたままだった。

女の子は両腕を母親の首に回してしがみついている。顔はうつ伏せていたが、まだ三歳にもなっていないようだった。遭難者の中に子供がいるとは聞いていた。ただ、こんなに幼いとは三曹も思ってもみなかった。まずこの子を抱いて上がらなければ……。

三曹は、中年男性に若いカップル、それに母親と女の子という遭難者の取り合わせを、目の前の五人を見回してあらためてたしかめるようにしながら、頭の中ですばやく救出作業の手順を決めていった。

彼は、母親の腕の中から女の子を受けとって、抱きかかえた。小さく、もげそうなくらい柔らかな割りに、意外にずっしりとした体の重みを両腕で受けとめたとたん、女の子は大声で泣き出した。独身の彼が馴《な》れないやり方であやそうとしても、当然のことながら泣きやむどころか、ますます泣きじゃくる。三曹は不安になった。もしこのままむずかる女の子をむりやり抱きかかえ、ワイヤーで吊り上げている間に、暴れるようなことにでもなったら大変である。女の子は、やはり母親と一緒に上げた方がよさそうだった。

三曹は、上空のバートルに頼んで、衰弱の激しい遭難者や体を動かせないケガ人を吊り上げるときに使う、バスケットスリングと呼ばれる籠《かご》を岩場まで降ろしてもらった。籠の中に母親を乗せ、女の子のことは胸もとにしっかり抱き寄せてもらい、ロープできつく縛りつけた。その作業の間も、横なぐりの雨が吹きつけ、砕けた波しぶきが荒々しく降りそそぐ。女の子は母親の腕の中でも泣き叫びつづけた。その母親の体は、恐怖と極度の緊張に、石のように硬くなっている。

三曹は、母親のうつろな眼に力を送るように、相手の眼とじっと向き合って、力強く言い切った。

「大丈夫です。安心してください」

三曹は、上空でホヴァリングをつづけるバートルを振り仰ぎ、両手を大きく振ってみせた。

母子を乗せたバスケットは、見ていてもどかしくなるくらいのスピードで上昇していく。その様子をサーチライトが追いつづけ、光の輪の中にくっきりと映し出す。バスケットはゆっくりとだが、回転している。その回転のスピードが増したとしても、三百キロまでの重さに耐えられるワイヤーが引きちぎられる心配はまずなかった。

操縦桿《かん》を握るＫ一尉は落ち着いていた。現場へのアプローチはすでに何回も繰り返して、崖との間合いは感覚でつかめていた。パイロットのバックミラーとなって、ワイヤーの向きについて指示をくれる曹長との息もぴったり合っている。あとは、突風が吹いても機体がぶれないように、両手両足に神経を行き届かせて、ホヴァリングの安定に努めていればよかった。

母子のバスケットを無事収容したあと、若いカップルをワイヤーで吊り上げ、引きつづき中年男性を、そして最後にメディックの三曹が上がってきた。

その頃には、あたりは明るみはじめ、切り立った岩壁を、白い胴をくねらせて滝が流れ落ち、崖裾に不気味な口を開けて洞窟がいくつもならんでいる「七蛇の鼻」の奇怪な全容が、薄く膜がかかったような朝靄《あさもや》の向こうに浮かび上がっていた。バートルは徐々に高度を上げ、白く泡立つ海岸線をはるか眼下にながめながら、機首を南に向けた。スティックをゆっくり傾けながら、Ｋ一尉は大きく息をついた。

機内ではヒーターが目一杯焚《た》かれ、毛布にくるまった遭難者たちに、メディックの曹長や機上無線員がポットに入れた温かなコーヒーをついでまわった。小松を発《た》つときに、この嵐《あらし》の中、前日の夜から岩場に取り残されているのだから何も口にしていないだろうと、わざわざ基地の食堂に頼んで取り寄せておいたパンも配られた。

四回目のミッションを無事やりとげた三曹は、救出された家族連れが暖をとるようにコーヒーの入ったカップを両手で支え持ってうまそうに啜《すす》っている間も、水を吸って重たくなったウエットスーツを着替えることもせずに、崖下に降りていったそのままの恰好で、母親が女の子の濡れた髪を拭《ふ》いて乾いたタオルでくるみ直すのを手伝っていた。女の子はすっかり泣きやみ、笑顔の戻った母親にしきりに甘えていた。

彼らを背にする形で操縦席に座るK一尉は、いつものように前面のパネルにぎっしりと詰め込まれたさまざまな計器類の目盛りや、窓の外の状況から注意をそらさずに操縦をつづけながらそれでも、コックピットの後ろにみなぎっている、助かったという安堵《あんど》の気持ちが何か自分のところにまで伝わってくるような気がしていた。風も収まり、天候は急速に回復しつつあった。やがて若狭湾を抜けた視界の先に小浜のヘリポートが見えてきた。

きれいに整地された広がりの中に、黄色いラインを浮き立たせて、着陸用のポイントを示す大きな円が描かれている。バートルは、このヘリポートに着陸する第一号のヘリコプターとなるはずだった。福井県や小浜市が防災用に建設を進めていたこのヘリポートは最近完成したばかりで、実はこの日の朝から、市長をはじめ県や市の主だった関係者が出席して落成式が行なわれることになっていたのだ。

そのセレモニーを盛り上げるアトラクションとしてまるで前もってプログラムの中に織りこまれていたかのようなタイミングのよさで、自衛隊の救難ヘリコプターが、「七蛇の鼻」から助け出した五人の家族連れを乗せて、舞い降りてくる。防災ヘリポートの落成式にこれ以上ふさわしい賓客はなかった。

いかにも重量感のありそうなローターの野太い回転音を轟《とどろ》かせ、強烈な風をあたり一帯に巻き起こしながら、紅白の幕に飾られたテントの前に、バートルは着陸した。バートルの風圧にあおられて、テントがスカーフのようにはためいている。すでに近くには救急車が待機していた。

バートルの機体のいちばん後ろをくり抜いたランプドアが開くと、まだプロペラがカタカタと音を立てて回転をやめないうちからビデオカメラを抱えたテレビクルーや取材陣がいっせいに駈《か》け寄ってきた。フラッシュの放列が光を放つ。バートルから出てきた家族連れは、肩から毛布にくるまり、看護婦や救急隊員に支えられながら逃げるようにして救急車に乗りこんでいく。その間も、報道陣は彼らのまわりに群がって、もみくちゃにしながら、ビデオを回しシャッターを押しつづけた。

　取材の人垣から少しはずれたところに、救出劇の主役を演じた三曹の姿があった。三曹も頭から毛布をすっぽりかぶった若い女性の肩を抱えるようにして付き添っていたのだが、彼女が救急車に乗りこむのを手伝っているうちにいつのまにか殺到する報道陣に弾《はじ》き出されてしまったのだ。救急車のドアが閉められても、テレビクルーやカメラマンはしばらく車窓越しに家族連れの姿を追っていた。だが、救急車が走り出すと、構えていたカメラは降ろされ、シャッターの音も消えた。

　その場には、報道陣と、彼らがほんの数秒前まで執拗《しつよう》にフィルムに収めつづけていたその五人を、激しい風雨をついて救出した三曹だけが残った。だが、ヘルメットにウエットスーツという珍妙な恰好をした三曹の姿に、注意を払う者もいなかったし、ましてやカメラを向ける人もなかった。救出された人にはライトを当てる報道陣も、救出した人間のことには爪《つめ》の先ほどの興味も湧《わ》かないようであった。それぞれの役目をすませた三曹と報道陣は、まるでお互いの存在が眼に入らないとでもいうかのように、顔を合わせることもなく、二手に分かれ、三曹は、バートルの方に引き返し、そして報道陣は立ち去った。

非常呼集がかかって飛び立ってから約四時間、バートルは整備員たちの出迎えを受けて小松救難隊のエプロンに帰ってきた。装具をはずし、とりあえずの事後報告を終えたK一尉は、オペレーションルームの片隅に常時つくりおきしてあるコーヒーを自分専用のカップにつぐと、ひとりソファにもたれて、ゆっくり味わっていた。

ミッションを終えると、彼はいつもそのようにしてコーヒーを呑《の》む。深夜叩き起こされてから神経を張りつめていたのが、ようやくとけたせいだろう、眠気が襲ってくる。それとともに、ミッションあとのコーヒーを口にするたびにいつも感じる、あの心地よい思いが体全体に広がってゆく。

それは、充実感というか、ある種、達成感のようなものであった。もっとも、そのことについてK一尉がいままで誰かに打ち明けたようなことは一度もなかった。人に言ってわかってもらえることではないし、また、わかってもらいたいとも思わない。だいたい口にすることを考えただけでも、気恥ずかしくなってしまう。でも、たとえひとりよがりで思っていることであっても、その充実感のようなものが、深いところで日々の自分を支えてくれていることもたしかなのである。

人の命は地球より重いと言うから、ひとり助けたら、地球をひとつ分、助けたことになるのかな……。どんなに苦しいミッションのあとでも、コーヒーを呑みながらの、ひとりよがりなその思いにひたっていられる瞬間があるから、次のミッションに飛び立てる。そうした思いは、K一尉がファントムで空中戦の訓練に明け暮れていたときには感じたことがなかった。戦闘機乗りから救難パイロットに「F転」させられると、たしかに給料は下がり、落伍者《らくごしゃ》という言いようのない屈辱感に苛《さいな》まれる。しかし、ミッションを終えたあとに口にする一杯のコーヒーこそは、「F転」したパイロットにしか味わえない最高の報酬なのである。

第三部　生と死と

メディックによる救難活動

低酸素体験

F15に乗せてください、と頼めば、JALやANAのグランドホステスのように優しく微笑《ほほえ》んで、「ユー・アー・ウェルカム」と即座に搭乗券を切ってくれるだろうと考えていた僕が、そもそも甘かったのである。

タキシードに黒のアスコットタイをしていないと位負けしそうな、どんなにもったいぶった旅客機のファーストクラスといえども、とりあえずは金を積みさえすれば、乗せてもらえる。スチュワーデスごとジャンボ機を借り上げることさえ、できない話ではない。じっさい、バブル全盛の時代にはそんな豪の者もいたほどである。

航空自衛隊のF15のパイロットたちが、日本の領空に迫ってくるその機影を追尾するために来る日も来る日も泊まりこみの警戒をしつづけ、いつかまみえることになるかもしれないそれとの空中戦に備えて、死神を後ろに乗せているようなきわどい訓練を連日重ねている、当のMiG《ミグ》にだって、百ドル札を二十枚もならべれば搭乗が許される。かつては航空ショーのデモフライトを地上からながめながら予想するしかなかった、この戦闘機の性能やロシア軍パイロットの腕の程度を、現実に飛んでいるMi

Gのコックピットの中で体感することができるのだ。いまやスペースシャトルを除けば、ふつうの人が望んで乗れない乗りものはまずないと言ってよいのかもしれない。

そんな中で、F15は特別である。最先端の電子機器で覆《おお》われた、一機百三十億円は下らないこの戦闘機の搭乗券は、お金では買えない。もとより自衛隊の飛行機にお金と引き換えの搭乗券などあるわけもないのだが、仮にあったとしても値段がつけられない程、F15を一機飛ばすために莫大《ばくだい》な金がかかっていることはたしかである。まず飛行機そのものの値段、さらに、アフターバーナーを吹かして空中で激しい動きを繰り返すフライトのたびに三トン、四トンもの燃料が消費されていること、三人の整備員がつきっ切りで面倒をみているその労力、そして何より、たったひとりのパイロットを15の操縦桿《かん》が握れるようになるまで育て上げるのに六億もの金が投じられていること。それらはすべて国民の税金で賄《まかな》われている。

だが、この際そうした金額の桁数《けたすう》だけをあげつらう問題ではないだろう。15のパイロットをめざす若者たちが、どれほど苛酷《かこく》な訓練を潜《くぐ》り抜け、足の竦《すく》むような試練に耐えてはじめてこの戦闘機に乗る切符を手にすることができたのか、そのことに思いをいたせば、F15にそうやすやすと乗せてもらえなくてむしろ当然なのである。

15のパイロットになりたいという夢を抱く若者の前には、高校を出て自衛隊の航空学生というコースに入るか、あるいは防大や一般大学から幹部候補生となってパイロットの養成コースをめざすかの、二つの道が開けているが、どちらの場合もコースの途中でさまざまな適性試験のふるいにかけられる。それぞれの道に入ったからと言って誰もがパイロット候補生として本格的な教育を受けられると約束されたわけではない。ちなみに防大生の場合、一年生を終える段階で早くも卒業してから陸海空三自衛隊のどこに行くか、進路が振り分けられてしまう。航空要員に選ばれるのは全体の四分の一で、彼らは奈良の航空自衛隊幹部候補生学校に進学するが、パイロットをめざすことを許されるのはそのうちの四割にも満たない。だが、実を言えば道のりは、むしろそこからが長くて険しいのである。

候補生たちはさらに、プロペラ機にはじまって音速を越すジェット練習機まで、四種類の飛行機の操縦をマスターしなければならない。しかもそれぞれの飛行機について課程を終えるときに卒業試験が一度あるだけではなく、教育の途中で、技倆《ぎりょう》や適性をチェックされるステップがいくつも用意されていて、そのひとつでも落としたら、その場で15の操縦桿を握る夢は断たれてしまう。リングに上がったらチャンスは一度きり、リターンマッチは許されない。彼らは文字通り毎日毎日自分の将来がかかった就職試験の答案を書いているようなものである。その意味で、選ばれた者から、さらに選び抜かれ、そして最後の最後に「ライト・スタッフ」を有すると認められた者だけに動かすことが許されるF15は、この世でもっとも特権的な乗りものと言えるのである。

だから、その特権的なスーパーマシンにたとえほんの一回きりでも乗せてもらおうなどという、不埒《ふらち》なことを考えている者には、民間人であろうと、それなりの「試練」が待ち受けているということなのだろう。

航空自衛隊の一組織に、航空医学実験隊というのがある。航空自衛隊と言って、ふつう人々が思い浮かべるのは、大空に色とりどりのスモークで文字を描くブルーインパルスやジェット戦闘機、飛行服姿のパイロットがせいぜいで、世界でもトップクラスの空軍力を有しているこのミリタリー組織に、研究や実験を専門的に行なっている科学者集団がいるとはまず考えもつかないだろう。航空自衛隊の組織図は、僕を「トップガン」ばりの空中戦に参加させてくれることになる千歳基地のF15戦闘機部隊を左端において、その隣りに奥尻島のレーダーサイトをはじめとするレーダー部隊を配し、次に、パトリオットを装備しているミサイル部隊をならべ、つづいて救難隊、輸送機部隊、教育部隊と、さまざまな役割を持った部隊が左から右に流れる形をとっている。それは、ある意味で航空自衛隊が武装集団として組織のどこに重きをおいているか、部隊のそれぞれの序列を示したものと言えるのかもしれない。だが、その組織図の上でも、この医学実験隊は右端、つまりいちばん隅に追いやられているような存在である。事実、隊員の間でさえなじみは薄い。

だが、この部隊は、航空医学や航空人間工学という言葉がまだ市民権を得ず、大学などでも組織的な研究が試みられていなかった昭和三十年代の初めから、空を飛ぶことが人体に与えるさまざまな影響について科学のメスを入れていた日本で唯一《ゆいいつ》とも言える組織なのである。航空機事故が起こっても、大学や民間の医療機関にはそうしたテーマに取り組んでいる研究者がいないし、何より研究の蓄積もない。このため事故原因の調査には必ずと言ってよいほどこの部隊が狩り出されていた。航空医学の分野に関してこの組織が果たしてきた先駆的役割は大きく、現在でも豊富なデータと、民間には望むべくもない充実した設備や層の厚い人材を生かしてトップレベルの研究を行なっている。

その点は、海上自衛隊の潜水医学実験隊と好一対をなしている。こちらは、空の上でなく、水中にいることが人体にどのような影響を与えるかについて研究を重ねている部隊である。しかも研究機関というだけではなく、ここはスキューバダイビングなどで潜水病にかかった人を治療するチャンバーを持った日本で数少ない医療機関の一つである。長時間ダイビングをしていて急に浮上すると、気圧の変化に体がついてゆけず、血中に溶けこんでいた窒素が気泡となって血管をふさいでしまう。症状が軽い場合はめまいを起こしたり、関節や筋肉に痛みが走る程度だが、ひどいときは、脳の血流が滞って半身不随になったり言語障害を引き起こしたりする。潜水病に特効薬はない。かかったときは、室内の圧力を自由に変えられるチャンバーと呼ばれる装置に患者を収容して、潜水しているときと同じように患者の体に再び圧力をかけて血管内の気泡をいったん小さくしてから、今度はゆっくり時間をかけてチャンバーの圧力を抜いて減圧しながら血液に溶けこんでいる窒素を洗い出す。そのための治療装置を備えているのが、潜水医学実験隊なのである。横須賀にあるこの部隊には、ダイビング中にパニックを起こして一気に海面まで浮上してしまい潜水病にかかったOLがかつぎこまれたり、潜水事故を起こしたアメリカ海兵隊の兵士が沖縄からヘリコプターで搬送されたりしている。

九五年三月の地下鉄サリン事件では、猛毒のサリンに汚染されて警察や消防でもいっさい手がつけられなかった現場に陸上自衛隊の化学防護隊が出動している。防護マスクを頭からすっぽりかぶり防護服に身を固めた不気味な出立《いでた》ちの隊員たちが、地下鉄車両や駅のホームに特殊な中和剤を撒《ま》いて洗浄作業を行なっている映像は、テレビで放送され、この部隊の存在がはじめて多くの人々に知られることになった。そればかりか、毒ガスなどの化学戦や細菌戦を想定した部隊やそうした研究を行なっている組織の実態は秘密のヴェールにつつまれていて、外部の人の目に触れたこと自体、はじめてだった。だが、逆に言えば、彼らは四十年も前から人知れずこの手の研究をつづけ、化学兵器や細菌兵器が使われたときに備える訓練を重ねていたのである。

人の生き死ににかかわるような、さまざまな出来事があっても、人々は、ある程度まではそれらを「日常」起こり得ることとして頭の中に織りこんでいる。事件や事故は、時間が淡々と流れていく日常生活の中では、たしかにその流れを不意に堰止《せきと》めてしまう「異常」な出来事に違いない。だが、そうした「異常」な出来事が起こる可能性についてまったく考えたことがないかと言えば、ひょっとしたら自分の身にもいつの日か降りかかってくるかもしれないという思いを心のどこかにとどめているものである。いくら「異常」であっても、考えつくということで言えば、それらは「常識」の範囲内にあるわけである。

ところが人生や社会には、そうした「常識」をはるかに越えて、人々が思いもつかないような出来事が起こり得る。この平成の日本においては「戦争」もそのひとつだし、大都会を戦場にしてしまった「サリン事件」はまさにその典型であった。地下鉄が脱線したりポイントが故障して衝突することは、万にひとつあるかもしれないと考えていても、肌についたりほんの数秒吸っただけで呼吸困難に陥って死に至るような猛毒の化学物質が、同じ人間によって満員の地下鉄の中でばらまかれようとは、誰も思いもよらない。だが、それさえもこの地上では起こるのである。現実は、人々のイマジネーションの、はるか上をいっている。

サリンに対処できたのが、「日常」の中の「異常」に対処する警察や消防ではなく、「日常」とは無縁の軍事機密という、闇《やみ》の向こうに姿を隠していた自衛隊の化学部隊だったことで明らかになったように、誰もが思いもつかないような「異常」を「日常」の中でも考えつづけ、そのときに備えている集団が自衛隊なのである。その意味で、「異常」な環境におかれた人間の研究を、日本でもっとも早く手がけた組織が、この自衛隊の中にあってもさほど不思議はないことになる。

航空医学実験隊は、かつてベトナムの戦場から戦死者の遺体や負傷者を乗せた米軍の輸送機が引っきりなしに爆音を轟《とどろ》かせて飛来していた「基地の街」立川にある。その米兵の姿が消えて二十年近くがたち、彼らを相手に毎晩乱痴気騒ぎが繰り広げられていたネオン街もすっかり様相を一変させているが、名残りのようにして自衛隊のいくつかの部隊がひっそりとベースを構えている。実験隊の敷地は、米軍基地にとって代わりこの街の代名詞のようになっている競輪場と向かい合っている。この実験隊では医学博士の学位を持つ三十人あまりの研究者が日々航空医学の研究に没頭していると言っても、敷地のまわりに高いフェンスが張りめぐらされ、門を入ってすぐの詰め所で、警衛と呼ばれる警備の自衛隊員がヘルメットをかぶりオリーヴグリーンの戦闘服に弾帯をしめた恰好《かっこう》で訪問者をチェックしているところは、ふつうの自衛隊の駐屯地と変わらない。

僕がここを訪れたのは、千歳でF15に搭乗する三カ月ほど前、九月も第二週に入ったというのに、朝から汗の臭《にお》いが体にまとわりついている途方もなく蒸し暑い一日だった。詰め所の前で担当の事務官が迎えにくるのを待っている間、寝不足でぼうっとした頭には、強い陽射《ひざ》しがちりちりと音を立てているのが聞こえてくるようだった。

当時、僕はテレビのトーク番組のキャスターをつとめていた。毎週月曜の夜に放送されていた番組の録画撮りはたいてい二週間前の火曜日で、実験隊をたずねた前日もその収録日にあたっていた。ひと仕事終えたあとならぐっすり眠れるはずなのに、そうはいかなかったのは、週一回のはずの番組の撮りがその週に限ってゲストのスケジュールがうまく合わず、翌日の水曜、つまりこの日の夜にも予定されていたためであった。

番組収録の前夜はなかなか寝つかれない。トークは、あまり小細工を弄《ろう》せず、その場の成り行きにまかせるのがいちばんとわかっていても、どんな風に話を持っていけば相手が心を開いてくれるだろうとあれこれ考えたり、ゲストに関する資料に目を通しているうちにいつのまにか時間がたってしまい、床に入るのはたいてい日付が変わって一時か二時である。しかも、眼をとじてからも、番組の冒頭にカメラに向かってひとりで挨拶《あいさつ》をする、いわゆる「前説」のことがなかなか頭から離れない。この前説というのが、僕はひどく苦手だった。物音ひとつしない、しんとしたスタジオの中で、テレビカメラの黒く無表情なレンズに、「こんばんは」と言って、微笑みかけ、ゲストの紹介をはじめる。言うべきことはあらかじめ考えているのだが、カメラの傍らに立つフロアディレクターが、3、2、1、と指で秒読みの合図を出し、どうぞ、というように、Qのサインを送ってよこしたとたん、頭の中がはじけたように真っ白になってしまう。笑顔をつくろうとしても、引きつった顔の筋肉が言うことを聞かない。やがてテレビカメラの上に点《とも》っていた赤ランプが消え、カメラマンたちが小さくため息をつく気配が伝わってくる。言葉に詰まったりつかえたり、そのたびに撮り直しを繰り返して、ようやくOKが出ても、自分なりに納得のゆく前説ができたためしは一度もなかった。何度やっても、黒いレンズを相手に表情をつくったり語りかけたりするということに馴《な》れることはなかった。番組を一本撮り終えて、体は十分に疲れているはずである。だが、頭の芯《しん》のあたりが妙にさえざえとしている。結局、実験隊をたずねる前夜は、あたりが白みはじめる頃《ころ》になってうつらうつらしただけで、寝不足の重たい頭と疲れのとれない体を引きずるようにして、F15に乗りこむ資格を得るための訓練に臨む羽目となった。

僕のことを待ち受けている「航空生理訓練」は、F15に限らずファントムやF1といった自衛隊の戦闘機に乗って空を飛ぼうとする人間なら、誰もがその洗礼を受けなければならない。誰もが、ということは、相手が自衛隊の総指揮官である首相だろうと防衛庁長官だろうと変わらない。例外というものはいっさい設けられていないのだ。F15の操縦桿を握ることが許されたパイロットでさえ、僕と同じこの訓練を受ける義務が課せられている。F15で大空を舞っている飛行時間が二千時間を越える竹路三佐や和田三佐も義務からは逃れられない。免許の書き替えのように三年ごとに訓練を受ける。受けなければ、それこそ15を操縦する免許は取り上げられてしまうのだ。

航空生理訓練を行なう施設は、外から見る限り、これと言って何の特徴もない、小ぢんまりとした丈の低いコンクリート造りの建物である。玄関を入ってまっすぐに伸びた廊下を突きあたりまで行くと、二階部分まで吹き抜けになったホールのようなスペースがある。そこに、今回の訓練で被験者に異次元体験をさせる巨大な訓練装置が置かれている。チャンバー、地上にいながらにしてここでは一万メートル以上の高高度を飛行しているときと同じ気圧の状態がつくりだせる。

それは訓練装置と言うより、「鎮座」しているという表現がまさにぴったりの鋼鉄の箱である。いや、鉄の棺《ひつぎ》と言った方が、この装置が見る人に与える印象をよりストレートに伝えてくれる。四方を覆った鋼鉄は塗装も施さず、剝《む》き出しの表面には造船で使われているような大型の鋲《びょう》があちこちに打ちつけられている。チャンバーの内部に通じる扉は、この地上とは完全に切り離されたまったく別の「真空」の世界をつくりだすため、潜水艦のハッチを思わせる頑丈そのものの造りをしている。扉の四隅についたレバーを締めるときには、扉にとりついていた空気がぶ厚い鋼鉄と鋼鉄の間に挟まれて押し潰《つぶ》される悲鳴が聞こえてきそうである。チャンバーには二十人までの被験者が収容できると言うが、その全員があらん限りの声を振りしぼって叫んでみても、外部に音はいっさい漏れてこないはずである。閉所恐怖症の人なら、わざわざ中に入らなくてもこの鉄の棺の外観をながめただけで十分息苦しくなってくるに違いない。

チャンバーの側面には小さな覗《のぞ》き窓がうがたれている。その小窓から中の様子をのぞいていると、妙に想像力をかきたてられる。恐怖は想像するところから生まれてくると言った作家がいたが、鋼鉄の壁に四方を囲まれ、オレンジ色の明かりが薄ぼんやりと点ったその内部は、無数の遺体が折り重なるように倒れているアウシュビッツのガス室の映像を瞼《まぶた》の裏にありありと甦《よみがえ》らせる。

僕の動揺を見透かしたように、実験隊のスタッフが請け合ってくれた。

「大丈夫、生理訓練で落とされた人はめったにいませんよ」

だが、この鉄の棺をながめていると、ぶ厚い扉で閉ざされたその向こうで一時間以上にわたってつづくさまざまなテストに、果たして最後まで耐えられるだろうかという不安が、打ち消しようもないくらい僕の中でふくらんでいくのだった。

航空生理訓練のスタートは午前九時だが、午前中と、午後の一時間は、チャンバーがおかれた手前の教室で、高高度飛行が人体に与える影響について実験隊のスタッフがレクチャーすることになっていた。教室ではこの日の訓練に参加する航空自衛隊の隊員がすでに机に向かっている。さすがに僕のような私服はいなかったが、一尉《いちい》の階級章を肩につけた長袖《ながそで》の制服をわざわざ着ている将校もいれば、ふだん勤務のときに着用するグレイの作業着姿の隊員もいたりと、まちまちだった。授業までまだ間があるからか、隊員の何人かは隣りの談話室で煙草《たばこ》を吹かしている。

やがて講師の将校が教室に入ってきた。談話室にいた隊員たちはおもむろに煙草を消してそれぞれの席に戻っていく。僕は斜め後ろに座っている制服姿の一尉の方を振りかえった。ざっと見回したところ、クラスでいちばん階級が上なのはこの一尉らしい。だからその彼が、講師が教壇に立つと同時に「起立」の号令をかけるものと、てっきり思って、椅子《いす》を後ろに引くタイミングを外さないように、いまかいまかと待ち構えていたのだ。

ところが号令はいつまでたってもかからない。誰か当番の隊員でも決まっていて、その彼が発するのかと見回してみたが、いっこうにその気配はない。隊員たちは手もとのテキストを勝手に広げてパラパラと拾い読みをしている。後ろの方からは早くも隣りとぼそぼそ雑談を交わしている、笑いをにじませた声が聞こえてくる。

だが、講師の将校は別に構わないようであった。隊員たちに向かってお義理で軽く一礼すると、さっさと講義をはじめたのである。

僕はいささか拍子抜けしてしまった。いくら学校の風景が昔とは大きく様変わりしたと言っても、高校くらいまでは、いまでも授業は「礼」ではじまるのが普通だろう。それが大学ならまだしも、ここは階級と命令の組織、自衛隊である。もちろん軍隊と名乗っていないのだから、何から何まで軍隊式でなければいけないというわけでもない。現に、階級が上の隊員と廊下ですれ違っても、相手が金色の桜を肩にならべた司令官とか連隊長といった自分が属している集団のトップでもない限り敬礼する隊員はまずいない。入りたての十九、二十の隊員の中には相手の階級章がわからないで、一礼もせずそのまま行き過ぎてしまう者までいるほどだ。旧軍のような階級にがんじがらめに縛られた硬直した組織より、些細《ささい》なことにはこだわらず、ここぞというときに上意下達の命令社会がうまく機能すれば、その方が組織としての風通しはよくなるということもあるのかもしれない。

だが、僕が目にした「欠礼」は、どう見ても、そうした柔らかなタテ組織をめざすという意識の下に隊員たちが意図して行なったというわけではなさそうだった。教室には、会社の経費で参加させられたサラリーマンたちが名ばかりのセミナーでも受けているような、どこか間延びした空気が漂っていた。

世界でもっとも高価な戦闘機と言われているF15を持っているのは、製作国のアメリカ以外では、イスラエル、サウジアラビア、それにこの自衛隊だけである。戦争のプロのイスラエル、イラクやイランに睨《にら》みをきかせるためにホワイトハウスが15の売却を承認したサウジ、と、アメリカの極東戦略の一翼を担《にな》わされている日本。この取り合わせはそれぞれの国に対するアメリカの思惑を示すものとしてなかなかにシュールである。イスラエル空軍は世界ではじめてこの戦闘機に初陣《ういじん》のチャンスを与えた軍隊である。訓練ではなく正真正銘の実弾の飛び交う大空に舞い上がっていった15は、シリアのMiGとドッグファイトを演じて味方にいっさい被害を出さず、敵機を六機撃墜するという戦績を上げ、世界最強という15の謳《うた》い文句が決して大袈裟《おおげさ》でないことを実証してみせた。

その15を、日本は百八十機近く装備している。空だけではない。四方を海に囲まれているとは言え、アメリカを除けば世界のまだほとんどの海軍が所有していない一隻《せき》一千億円はするイージス艦を、自衛隊は四方のそれぞれに一隻ずつというつもりか四隻も持とうとしている。武器商人のカタログのように最先端のハイテク兵器を数多く取り揃《そろ》えているという点では、日本の自衛隊は、殺し殺される戦争をいくつもくぐり抜け、兵士の体に血の匂《にお》いがすっかりしみついているアメリカやイスラエルといった筋金入りの軍隊に引けをとらない。戦力に、戦う意志を含めないとしたら、すでに自衛隊は、世界でも十指に入るようなトップクラスの軍事力を有するまでになった。

しかしその自衛隊も、末端に足を運んでみると、企業社会よりはるかに上下関係が曖昧《あいまい》で、どこかの村役場にでも迷いこんだのではとつい思いたくなるような、のどかで和気《わき》あいあいとした雰囲気に包まれている。十分過ぎるほど軍隊でありながら、もう軍隊には戻れないというくらい遠いところに来てしまった奇妙な組織。

しかし、どちらも紛れもない自衛隊の素顔なのである。ジキルとハイドのような、その二つの顔立ちの甚だしいギャップを見せつけられるたびに感じるあのとまどいを、僕はあらためて感じ、いまさらのように深いため息をついていた。

この日、チャンバーに入るのは僕を入れて全部で十五人、うち自衛隊員は十三人である。将校の中の一人は、戦闘機の離発着などをコントロールする管制の仕事に携わっていた。日頃自分が相手にしているパイロットは離発着のどんな点に気を遣い、管制塔からどんな風に指示を出されると操縦がしやすいのか、頭ではわかっていても、やはりじっさいに戦闘機に乗って体でたしかめると、いままで気づかなかった点や教えられることが多い。そこでこの将校は機会があるたびにすすんで体験搭乗しているのだという。そうかと思えば、僕と同じように生まれてはじめて戦闘機に乗るという二十歳《はたち》そこそこの士長や、第一線でファントムを乗りまわしている戦闘機乗りも加わっていた。

自衛隊員以外は、僕ともうひとり、彼は授業がはじまる間際《まぎわ》になって教室に入ってきた。彼が姿をあらわしたとたん、お、というように教室にいた隊員たちの視線がいっせいに彼に注がれるのがわかった。しかし、教室の鴨居《かもい》に頭が届きそうなくらいの長身であからさまな全員の注目を受けとめながら、そんなことはもう馴《な》れっこであるかのように彼は落ち着き払った態度で僕の隣りの席に腰を下ろした。

何よりも圧倒されたのは、その途方もなく立派な体格である。窮屈そうに身にまとったダブルの紺のブレザーの上からでも肩や胸の筋肉がごつごつと盛り上がっているのが見てとれる。牡牛《おうし》のようなその胴体の上には、逞《たくま》しく日焼けして、戦国武将のようにきりりと引き締まった顔立ちの、これまた頑丈そうな頭がのっている。

教室の中で隊員たちは銘々好き勝手な席に座っていたが、私服を着たいわゆるシビリアンの僕と彼は、教壇の前に席が用意されていて、机の上にそれぞれの名前をしたプレートが立てかけてあった。彼のには、〈防衛医大　益子俊志助教授〉と書いてある。なるほどお医者さんか、とうなずいてみたが、白衣姿の彼が熊《くま》のような手で聴診器をつかみ、巨体を丸めて患者の心音を一心に聞いているところはどうにも想像できない。いったい何の先生なのだろう。手術によっては十時間以上も立ちっ放しで、汗みどろになりながらメスを走らせるものもあるというから、あるいはそうした体力が要求される外科医なのかもしれない。

しかしこの体格はやはり外科医と言うより、運動選手向きだな。それもアメフトとか、ラグビーのような、体当り形式の……。体力には自信のあるはずの自衛隊員をして目を見張らせるその巨体が、もし重戦車のように土埃《つちぼこり》を舞い上げながら全速力で突進してきたら、さしもの隊員たちも恐れをなしてわれ先に敵前逃亡を企てるだろう。

そんな図を思い描いていたとき、不意に閃《ひらめ》くものがあった。

益子って、あのラグビーの益子？　プレートの名前を見たときというより、ましこ、というその名前が持つ独特の響きからどこかで耳にしたような気がして、ずっとそのことが頭の隅に引っかかっていたのだが、そう、益子助教授とは、早稲田の名フォワードとしてつねに闘志を剝き出しにしたプレイで全国のラグビーファンを熱狂させ、現役を退いてからも母校の監督をつとめた、あの益子選手に他ならなかった。

一時限の授業がすむと、隊員たちは隣りの談話室で煙草を吹かしたり立ち話をしたりして休息をとっていた。ここでも階級は何ひとつ力を持たない。まだ下士官にもなっていない二十歳そこそこの隊員が煙草の煙を吐きながらソファにでんと座っているかと思えば、一尉や二尉といった将校が立っている。早い者勝ちである。将校たちは手にした煙草の灰が落ちかかるたびに、若い隊員の前におかれた灰皿まで落としに行く。もしこれが警察の研修なら、目の前に立っているのがいくら知らない相手とは言え、平の巡査が警部や警部補をさしおいて座っていられるということはまずありえないだろう。

益子助教授はたちまち何人かの隊員に取り囲まれ、ラグビーの話をせがまれていた。

僕はとりたててラグビーのファンというわけでもないから彼の名前を単に聞きかじっていた程度なのだが、スポーツ愛好者の多い自衛隊員の中に、臙脂《えんじ》と黒の縞《しま》模様のユニフォームを身につけた彼がスクラムから飛び出し、敵のタックルを巧みにかわしながら、猛然とダッシュしてトライを決めたシーンを記憶している人がいても不思議はないだろう。

そんな日本を代表する名選手と机をならべて一緒に訓練を受けられるチャンスなどそう滅多にあるわけではない。友人たちに聞かせたらさぞかしうらやましがるだろうと自慢話が増えたことを単純に喜ぶその一方で、ちょっと待てよ、と囁《ささや》く声が聞こえてくる。

いままで単なる好奇心と言うか、恐《こわ》いものみたさで、F15に乗せてくださいとしつこいほど自衛隊の広報にせがんできたものの、やはり益子助教授のように、強靭《きょうじん》な肉体と人並みはずれた運動神経の持ち主でなければ、F15の苛酷《かこく》なフライトには耐えられないのではないか。大学のテニス部に入っても、「きみがラケットを振るところはまるでぜんまい仕掛けのおもちゃみたいだね」と言われてたった一カ月で飛び出し、「きみは小さいからコックスにぴったりだよ」と妙なおだてられ方をしてボート部に入れれば、陸上トレーニングに音を上げて三カ月で辞めてしまう。そんな逆の意味で人並みはずれた運動神経の持ち主には、15の体験搭乗は荷が重すぎるのではないか。僕の心配をよそに、益子助教授は、時折腹の底から響くようなバリトンで豪快な笑い声を立てながら隊員たちとの会話を楽しんでいる。僕の中でにわかに弱気の虫が頭をもたげてきた。

教室の机の上にはテキストがおいたままになっている。表紙を開けて、本文ではなく表紙の裏側に何げなく目をやると、訓練受講者は特に次のことに注意されたいとして、注意事項がいくつか箇条書きになっていた。一項目めは、前日の夜ふかしは避けること。訓練の手はずを整えてくれた空幕広報の広兼三佐からも「睡眠は十分とっておくように」と念押しの電話をもらっていたのだが、この言いつけは守れなかった。減点一である。

そして次の行に読みすすんだところで目が点になった。便秘、下痢気味のときは特に注意を要す、と書かれ、しかもご丁寧に、その場合は、〈訓練担当者に申し出ること〉までつけ加えてある。実はこの日、朝から下痢気味だったのである。情けない話だが、緊張するとたちまち大腸がビブラートをはじめるたちなのだ。

下痢や便秘に限って、事前申告をするようにとわざわざ書き添えてあるというのは、よほどのことがあるからなのだろう。チャンバーの低圧室では、気圧を低くして高高度にいるのと同じ状態をつくり出す。体の外の気圧が下がれば、相対的に体内の圧力は外部より高まることになる。しぼんでいた風船が膨らむように、おなかや腸はどんどん膨張していく。もしこのとき腸が緩みっぱなしだったら、どんな事態が発生するか、子供にだって容易に想像できるだろう。

　しかも、いったんチャンバーの装置が働いて室内の気圧が下がりだしたら、あのぶ厚い扉は、室内が一気圧に戻るまで決して開かれることはない。トイレに行きたいから開けてください、と泣きついたところで、すぐに外に出られるわけではないのだ。室内を元の状態に戻すにはダイビングで浮上するときと同じようにゆっくり時間をかけなければならない。一気に一気圧に戻したらそれこそ水深ゼロメートルの〝潜水病〟にかかることになる。

　本番の生理訓練がはじまるのは午後二時半、昼食がそろそろこなれだす時分である。その昼食の席も益子助教授とならんで用意されてあった。益子助教授は出されたカレーライスをきれいに平らげたのに対して、僕の皿には半分以上残っている。

「あれ、おなか空《す》いてないんですか」

　驚いてみせる益子助教授に、僕は正直に言った。

「訓練のことを考えると、どうも……」

「いやあ、僕もどうなることかと心配なんですよ」

そう言いながら益子助教授は相変わらず巨体を揺さぶって豪快な笑い声を立てている。

定刻になると、十五人の被験者は、酸素マスクと一体になっている飛行用ヘルメットをすっぽりかぶって「鉄の棺」の中に入った。低圧室の中はちょうどカラオケルームのように三方の壁に沿って被験者の席がならべられ、もう一方は、実験隊の医官やスタッフが詰めて室内の気圧の状態を調節する操作室となっている。この操作室には、訓練中の被験者の様子がチェックできるように室内に向かって細長い監視窓が開けてある。

この操作室にいちばん近い席に益子助教授が、その隣りに僕が座った。他の隊員たちは授業を受けているときと同じ服装のままだが、僕ら二人だけは、せっかくチャンバーに入るのだからと実験隊のはからいで本番さながらにオレンジ色の飛行服に着替えている。あとはGスーツを身につけ、ライフジャケットをハーネスで留めれば、F15に乗りこめる。

ヘルメットの中に組みこまれているヘッドセットから操作室にいるスタッフの声が流れてきた。

「酸素マスクを装着の上、酸素漏れのチェックをしてください」

僕は、自分がかぶるヘルメットの片端からぶら下がっていた酸素マスクを取って、ヘルメットのもう片方のフックにかけ、顔との間に隙間《すきま》ができないようにベルトを調節した。マスクを口にあてると、すでにひんやりとした酸素が勢いよく吹きかかってくる。

座席のすぐ右隣りには、アンプを思わせる箱型の装置が据えつけられていた。マスクに流れこむ酸素を調節するレギュレーターである。さまざまなレバーやスイッチがならぶ表示盤の左隅に、〈ＦＬＯＷ〉としるされたメーターがある。メーターと言っても目盛りがついているわけではなく、ただ小窓のようなものが開いていて、その奥が黒く塗りつぶされているだけなのだが、僕がマスクに流れてくる酸素をゆっくり吸いこむと、この黒い部分がちょうど紙芝居の絵を送り出すように白く変わっていく。そして反対に、息を吐くと、再び黒い部分が戻ってくる。正常に酸素が流れていれば、呼吸のたびにメーターは白くなったり黒くなったりを繰り返す。しかし酸素漏れがあると、白と黒がきれいに入れ替わらず、途中でつかえてしまうのである。酸素漏れのチェックをすませると、僕は、操作室にいる実験隊のスタッフに向かって親指を突き立てて、ＯＫのサインを送った。

酸素マスクからの呼吸は、たしかに馴れていない人間にとってはひとつの鬼門である。顔をふさがれることへの本能的な恐怖があるのか、マスクをつけたとたん、早く息をしなければ、と焦《あせ》って呼吸をする。吸って吐いてを小刻みに重ねているうちにどんどん呼吸は荒くなって、かえって息が苦しくなる。だから酸素マスクでの呼吸の場合は、気分を落ち着かせながら、ゆっくり息をすることがコツなのである。スキューバダイビングで多少の心得があったとは言え、スキューバの場合はただレギュレーターをくわえるだけだったが、パイロット用の酸素マスクは顔にぴったり張りついてしまう。それでも呼吸のテンポを自分なりにつかむにつれて、違和感は薄れていった。

全員の酸素漏れチェックが終わると、いよいよ実験開始である。いまチャンバーの中では、毎分四千フィート、つまり一分あたり千三百メートルずつ高度が上昇している状態が再現されている。気圧はどんどん低くなり、酸素も薄まっているわけである。言わば部屋から酸素が抜きとられているのと同じなのに、室内にはどこからか空気がすさまじい勢いで噴き出しているような音が充満している。耳がキーンと鳴り、痛み出す。ダイビングなら鼻をつまんで耳の奥の方に力をこめる、いわゆる耳抜きをすればよいのだが、パイロット用の酸素マスクは顔面の下半分をすっかり覆《おお》っていて、鼻をつまむことができない。ともかくここは唾《つば》を呑《の》みこむしかないのである。

チャンバーの隅に座っていた、戦闘機にはじめて乗るという若い隊員が、伸ばした腕をしきりに水平に振りはじめた。異常が起きた場合には、と言って、講師から教わったばかりのサインである。どうやら耳の痛みが収まらないようなのだ。チャンバー内には実験隊のスタッフが二人、「同乗」しているが、このうちの一人が若い隊員のマスクをはずさせて、水を入れた紙コップを渡し、鼻をつまんだまま飲むように指示している。一杯飲んだが、まだ伸ばした腕を振っている。ようやく二杯目で耳抜きができたらしく、若い隊員は再びマスクを装着した。その間にもチャンバー内の気圧は急速に低くなっている。一秒でビルひとつ分の高さを飛んでいるのだから、かなりの急上昇である。

空気が薄くなるにつれて、おなかがどんどん膨れていくのがわかる。部屋の天井から吊《つ》り下げてある赤いゴム風船は、ついさっきまでお婆《ばあ》さんのしなびたバストのように皺《しわ》が寄ってぺちゃんこだったのが、見る間に膨らんで、若返ったかのように張りを帯びていく。

僕のおなかもあの風船と同じ状態になっているのだ。膨張はいっこうに止まらない。おなかがはち切れそうに感じられ、苦しくなってくる。解決策はひとつしかない。そう、たまったガスを出すこと、つまり放屁《ほうひ》、おならである。ただ僕には気がかりがあった。おなかに力を入れて、おならをしたはいいが、ゆるんでいたものがガスと一緒に噴出しないかということだった。だが、ためらっている間にも、おなかは膨れていく。あまり我慢していると、腹痛を起こして、しまいに気絶してしまうという。そしてすでに痛みの兆《きざ》しはあらわれつつあった。この際、体裁を取り繕っている場合ではない。おなかの膨張から逃れるすべは、ガスを放出するしかないのである。ものが出たときはそのときだ。半分ヤケになりながら、僕は思い切り踏ん張った。ヘルメットで耳がふさがれていてもわかるほどの大音響とともにガスは噴き出し、とたんに、はち切れんばかりになっていたおなかもしぼんでいく。ありがたいことに出たのはガスだけで、マジノラインは死守されたのである。

部屋のあちこちから壮大な炸裂《さくれつ》音が聞こえてくる。益子助教授の方からも、僕の左隣りに座る制服姿のファントムパイロットの方からも、威勢のよい音が鳴り響いている。あっちでプイッ、こっちでブー、スタッフも含めて十七人の尻《しり》が奏《かな》でる大合奏である。しかも全員が実に神妙な顔つきでおならをしている。これほど大勢の人間が一堂に会して放屁をいっせいにしている光景に出くわすことはまずないだろうし、ここまでおならを出すことに熱中している人たちにお目にかかることもそうそうあるものではない。だが、これもF15に乗るために越えなければならないハードルなのである。

おならを出さなければ戦闘機に乗ることはできない——。不可思議というか、一見、何のつながりもないように見える両者の間にどんな関係があるのか、地上に生きる凡人には皆目見当がつかない。しかし、051号機の風防ガラス一枚へだてて、ぼくのすぐ外に広がっている高度二万数千フィートの世界がそうであるように、そもそも戦闘機そのものが非日常の世界を栖《すみか》にしているのである。としたら、おならと戦闘機という、常識ではふつう考えられない取り合わせが成立していたとしても、別に驚くには当らないのかもしれない。

有効意識時間

航空生理訓練を受ける僕ら十五人を乗せたチャンバーと呼ばれる巨大な鋼鉄製の実験装置の内部は、いまや高度約一万二千メートルの空の上と同じ状態におかれている。世界の屋根のエベレストよりさらに三千メートル以上も高い、いわゆる成層圏の入口である。ここまで上昇すると、空は一段と青さを増して濃い藍色《あいいろ》に染まり、見渡す限りの広がりの中に、巻雲とも絹雲とも言われる、糸を引いたようなか細い雲がわずかに浮かんでいるだけで、大気は安定して、外気の気温も零下五十六・五度の一定に保たれているはずである。もっとも、チャンバーの内部が成層圏と同じ状態にあると言っても、それはあくまで気圧に限っての話である。僕らは相変わらず地上にでんと据えおかれた鉄の棺《ひつぎ》に閉じこめられたままで、その室内は多少ひんやりとはしているもののの、飛行服一枚でも十分しのげる。

しかし、酸素は極端に少なくなっている。低酸素症にかかってどのくらいで動作がおかしくなったり意識が朦朧《もうろう》となるか、言い換えれば、それ以上その状態におかれていると確実に死が訪れるか、万一、死を免れたとしても脳に回復不能の障害が残ってしまう、文字通りのデッドラインの時間を有効意識時間、Time of Useful Consciousness略してTUCと言うが、このTUCは高度が上昇するにつれてどんどん短くなっていく。地上六千メートルでは、何とか三十分は持ちこたえていられるのが、そこから高度をわずか七百メートル上げただけで猶予《ゆうよ》の時間は七、八分と一気に縮まり、九千メートルでは一分三十秒、さらに一万メートルの大台に乗ると、意識をつなぎとめていられる時間は五十秒を割りこんでしまう。そして、一万二千メートルの上空と同じ状態のこのチャンバー内で、もし顔面を覆《おお》っている酸素マスクを外しでもしたら、四十まで数えないうちに手足は小刻みな痙攣《けいれん》をはじめ、意識が遠のいていって、やがて脳は完全にその機能を停止する。

僕の右隣りに座っている益子助教授も、他の自衛隊員も、マスクからのぞかせているその眼には、心なしかこれからはじまることへの不安の感情が浮かんでいるようにみえる。だがそれは、恐怖にかられたりうろたえたりして眼が泳いでいるというわけでは決してなく、僕自身と同じく、むしろどこかのアミューズメントパークの体験マシンに乗りこむときのような、恐《こわ》いもの見たさの好奇心と不安がないまぜになったもののようであった。

しかし考えてみれば、いま僕らは、生と死の、何ともきわどい境界線の上に、つま先立ちしているようなものなのだ。あと戻りのきかない、向こう側の世界に行こうとするなら、むずかしいことは何もない。耳もとで留まっている酸素マスクのフックをパチンと外しさえすれば、それだけで十分である。

僕らが生と死が紙一重のレッドゾーンに身をおいていることをあらためて思い知らせるかのように、チャンバー内の想定高度が一万二千メートルに達したとたん、顔を覆ったマスクの中に、ゴォーッという音を立てて、それまでとは比べものにならないくらいの猛烈な勢いで酸素が吹きこんできた。空の上もここまでくると、ふつうに酸素マスクをして、地上にいるときよりもはるかに濃度の高い酸素の供給を受けていても、酸素が足りない状態になってしまう。このためマスクから吸いこむ酸素に圧力を加えて、肺の中に十分酸素が行き渡るようにしなければならないのである。

だが、酸素の勢いがすさまじ過ぎて、ちょうど扇風機に顔を向けたときのように満足に息がつげない。息を吸おうとするよりも早く、酸素が荒々しく鼻腔《びこう》や口の中に吹きこんできて、その圧力のために呼吸が思うにまかせないのだ。

ヘッドセットを通してコントロールルームにいるスタッフが加圧酸素の呼吸法について指示をくれる。少なめに息を吸ってから、いったん呼吸を止め、吐くときは腹に力をこめて一気に、というのである。教室での講義でも教わったことだが、いざ実行となるとなかなか要領がつかめない。口をすぼめて少しずつ息を吸おうとしても、鼻から酸素が入ってくるし、力いっぱい息を吐こうとすると、突風のように吹きこんでくる酸素の勢いに負けて、かえってむせてしまう。マスクをずらして隙間《すきま》をつくり、酸素を外に漏らせば少しは楽になるかと、苦しまぎれの方法をとってはみたが、酸素が漏れることで逆にマスクの弁の働きが悪くなってしまうのか、呼吸はますます困難になる。要するに、吸って吐いて、とまともに呼吸をしようと思ってはいけないようなのである。何もしないでいても酸素はお構いなしに流れこんでくるのだから、吸気より呼気に専念していればよいのだ。僕は、息を吐くというより、すぼめた口から勢いよく吹きつけることをつづけてみた。すると、楽にとは言えないまでも、とりあえずむせかえることもなく何とか息つぎができるようになった。

ヘッドセットの向こうでスタッフの声がする。航空生理訓練はいよいよそのクライマックスともいうべき低酸素症体験に移るのである。低酸素症体験と言っても、特別変わったことをするわけではなく、チャンバー内で酸素マスクをはずした上、手もとの用紙に、1000からスタートして、999、998、997、と数を一つずつ減らした数字を書き連ねていくだけの、至って単純そのものの内容である。ただ、想定高度一万二千メートルというきわめて酸素の薄い状態のままでマスクをはずすというのはあまりにも危険がともなっている。このため訓練に入る前に、チャンバー内にブリード・エアーを注入して室内の気圧を高度八千メートルの状態に一気に引き戻すのである。四千メートルの急降下、いわゆるフリーフォールである。

スタッフの合図と同時に、耳の奥がキーンと鳴り出し、鋭い痛みが走った。唾《つば》を飲みこもうとしても、口の中はからからに渇いていて、唾液《だえき》が出てこない。ダイビングのときであれば、唾液が出なくても、鼻をつまんで、何かを飲みこむときのようにして耳の奥の方に、ウッと力をこめれば、簡単に耳抜きができるのだが、硬いプラスチックで覆われたマスクの上からでは鼻を押さえることさえかなわない。やがて耳の痛みを我慢しているうちに降下はやんだ。

低酸素症を身をもって体験するための訓練は、十五人の被験者を二グループに分けて行なうことになっていた。チャンバーの壁に沿って座っている僕らには、もっともコントロールルーム寄りの益子助教授を1番にして、その隣りの僕が2番、さらに左隣りのファントムパイロットが3番と、時計回りに番号がつけられていた。この番号の、まず奇数の人たちから酸素マスクをはずして、例の、1000から順々に小さくなる数を書くという作業にとりかかるのである。その間、偶数番号の僕たちは、両隣りの人が鉛筆を走らせている様子を見守りながら、低酸素症にかかると外見上、どんな変化があらわれるかを、傍らで逐一チェックするわけである。

酸素マスクをはずした益子助教授やパイロットの手が、いっせいに動き出した。益子助教授は、座席の隅から引き出したサイドテーブルの上に、牡牛《おうし》のような大きな背中を丸めて、その巨体からは想像もつかないすばやい動きでどんどん数字を書き連ねている。

十秒おきに、スタッフが「はい」と声をかける。すると、いま書いている行にまだ余白があっても、被験者は行替えをして、すぐ下の行からまた数字を書きはじめる。こうしておけば、訓練が終わってからでも、三行目の末尾の数はスタートから三十秒後、七行目の先頭は一分後に書いたものというように、その数字がどのくらい低酸素状態におかれていた中で書かれたものかが、明らかになる。つまり、低酸素状態におかれていた時間の長さに従って書かれた数字にどんな変化があらわれていくかが、たしかめられるわけである。

左隣りのファントムパイロットを見ると、数を書いていくスピードはさほど速くはないが、ペースはほとんど変わらないらしく、十秒ごとに区切って行替えするその末尾の数字はきれいに縦一列に揃《そろ》っていた。他の隊員たちは黙々と鉛筆を走らせていたが、酸素マスクをはずして四十秒が過ぎたあたりからチャンバー内のあちこちで「異変」が起こりはじめた。

　鉛筆を握りしめて、心ここにあらずといった表情で一点をみつめ、じっと動かない隊員がいる。数字を書き連ねているうちに意識がしだいに朦朧としてきたのか、サイドテーブルに突っ伏したまままうつらうつらしている隊員もいる。別の隊員は、用紙に向かって一心不乱に手を動かしていたが、その動作がスローモーションの映像でも見ているように少しずつ間延びしてゆったりとなっていく。やがて手の内から鉛筆がするりと抜け、床に落ちてしまう。だが、鉛筆を落としたことにいっこうに気づかない。

　隊員の動作の中に、あれ？　と思わせるおかしな兆《きざ》しがあらわれはじめると、二手に分かれて被験者の様子を注意深く見て回っているスタッフがすぐさま駈《か》け寄ってきて、酸素マスクをつけさせる。自分でマスクを着用できないくらい、ふらふらしている隊員には、スタッフが手を貸す。

　一分が過ぎて、益子助教授の手の動きがそれまでとは明らかに変わってきた。用紙の上で鉛筆を動かしてはいるのだが、まるで赤ん坊の手に預けたときのように、それは右に左に大きくぶれながら何の意思も感じられない動きをつづけている。恐らく本人は数字を書いているつもりなのかもしれない。だが、用紙に書かれたそれは、ある時点から筆跡が微妙に崩れ出し、その崩れは大きくなって、もはや数字の体をなしていなかった。

しばらくして益子助教授の手の動きはおそろしく緩慢になってきた。傍目《はため》にも彼が力を振り絞るようにして手を動かそうとしている様子はうかがえるのだが、体が言うことを聞いてくれない。自分で自分の体がどうしようもなくなっているようであった。すでに手もとをみつめる視線がうつろになっている。

訓練終了の合図とともに益子助教授は酸素マスクを装着した。そして、僕の前に手のひらをさし出して見せてくれた。低酸素症の影響がどんなふうに体にあらわれているか、それを身をもって示す、まさにこの瞬間しか目にできない標本である。グローブのように大きく、いかにも頑丈そうな肉厚の手には、血の気がまるでなかった。何かで締め上げられて血の流れが止まってしまったかのように、手全体が紫色に変色し、ところどころ黒ずんだしみをつくっている。血液中の酸素が不足して、酸素を運搬するヘモグロビンの量が減ったため、鮮紅色が失われ、いわゆるチアノーゼの症状が出現したのだった。益子助教授が高度八千メートルと同じ酸素の薄い状態に無防備のまま身をさらしていたのは、時間にしてほんの一分少々だった。にもかかわらず、そのわずかな間の低酸素体験は手のひらという体の末端にまでしっかり痕跡《こんせき》を残していたのである。

つづいて僕の番である。スタートのサインを受けて、酸素マスクのフックをはずす。ぶ厚いマスクで覆われていた鼻や口が、想定高度八千メートルの空気にじかに触れる。酸素マスクをしていたほんの一瞬前までと、自分が身をおいている場所は少しも変わらない。それでも、マスクをはずして、この空間の空気を吸い、その匂《にお》いを感じているいまは、いる世界がまるで違うような気がする。事実、酸素マスクひとつを隔てて、僕は未知の別世界に足を踏み入れたのである。

地上でふつうに生活している限りではまず身をおくことのない異空間。ここでの有効意識時間、ＴＵＣはほぼ二分、それを過ぎると、意識は失われ、死に通じる急坂を一気に転げ落ちていく。こうしている間にも、猶予の二分は、砂時計の砂が見る間に減っていくように、少なくなっている。死への秒読みは、はじまったのだ。

だが、僕の中で、生死のきわどい淵《ふち》に立たされているという実感は不思議と湧《わ》いてこなかった。チャンバー内は酸素がきわめて薄い状態になっている。高度から言えば、エベレストの頂上にいるのと大して変わらない。その中に全身をさらしていたら、体が要求している十分な酸素をとりこめないのだから、当然、布団蒸《ふとんむ》しにあっているように息苦しくなってくるに違いない。酸素が薄いということはそういうことだろうと僕はてっきり思いこんでいた。

　ところが、いざ酸素マスクをはずして、低酸素の空気を吸いこんでみても、息苦しいことなんかちっともない。むしろ鼻や口のまわりを圧迫していたぶ厚いマスクがとれた分、煩《わずら》わしさがなくなって、すっきりした感じがする。息苦しかったのは、マスクで顔の半分をふさがれていたときの方とさえ思えてくる。だいたい、この空気のどこが、酸素が薄いのだろう。ふだん意識して空気を味わったことなどないけれど、僕には、いま吸っているこの想定高度八千メートルの空気が、自分がいつも身をおき呼吸している空気とほとんど変わらないとしか思えなかった。

　しばらくすると、妙に顔が火照《ほて》って、暖かなココアを喉《のど》に流しこんだときのように体が内側からポカポカと暖まってきた。そして、あたりが急に薄暗くなったような気がした。気のせいかなと思いながら、天井にはめこまれている蛍光灯を見る。明かりはついているのだが、蛍光灯のまわりをぐるりと囲むようにして、黒ぐろとした影のふちどりができている。チャンバーの中を見回すと、たしかに部屋全体がたそがれたように暗くなってきている。誰かがわざと部屋の明かりのルックスを落としたんじゃないか。そう思いながらも、しかし僕にはわかっていた。顔の火照りにみられる「熱感」と、周囲が暗くなったように錯覚する「視覚障害」は、低酸素症の典型的な初期症状なのである。

あるとき、訓練に飛び立った戦闘機のパイロットが、上空で水平飛行に移ってから、前席の若手パイロットに声をかけた。「きょうはやけに雲が厚いな」

若手は、え？　という顔をして、計器パネルの横についているバックミラー越しに先輩を見やった。先輩のパイロットは、ヘルメットをかぶった頭をめぐらせて、コックピットの外に広がる青々とした空をながめながら、しきりに、天気が悪いなあと恨めしそうにぶつぶつ文句を言っている。やがて訓練を終え、基地に戻ってきてはじめて先輩のマスクのフックが緩んでいて、そこから少しずつ酸素が漏れていたことがわかった。天気が悪いと先輩が言っていたのは、気づかないうちに低酸素症にかかって視覚障害を起こしていたためであった。

このエピソードは航空自衛隊の戦闘機部隊でじっさいあった話として午前中の講義のさい実験隊のスタッフから聞かされていた。そのときは、いくら錯覚とは言え、雲ひとつない晴天を、どんよりとした曇り空と見誤ってしまうような極端なことがほんとうにあるものだろうかと半信半疑でいた。しかし、チャンバーの内部が、蛍光灯の明かりを暗くしたように薄暗く見えているいまの僕には、「きょうは天気が悪い」と文句を言っていたパイロットのそのときの気持ちが、理屈ではなく感覚で理解できていた。それと同時に、僕は、死に至る低酸素症が、自分自身の肉体の内部にいとも簡単に侵入して、神経組織のひとつひとつを蝕《むしば》み、麻痺《まひ》させ、中枢《ちゅうすう》へ向かって着々と攻めのぼりつつあることを、事実として冷静に受け止めていた。少なくともそのことに気づく余裕があるくらい、自分はまだ正常なんだ、と思っていたのである。

僕は、向きになったように用紙に鉛筆を走らせていた。どうせそのうち手もとが覚束《おぼつか》なくなる。そうは思っていたが、しかし自分でも不思議なほどすらすらと流れるように数字を連ねてゆける。つかえるということがほとんどないのだ。987、986、985、と声に出して書いているうちに、自分なりのリズムがつかめてくる。この調子なら、800台に突入もわけないかもしれない。そんなことを考えていると、妙に浮き浮きした気分になってきた。

訓練開始からそろそろ一分が過ぎる。さすがに、頭がぼうっとしているのがわかるが、痛みや不快感はまるでない。デッドラインまですでに一分を切って、緩慢なる死に自分が一歩一歩近づいているということは、意識の片隅にちゃんととどめてあるのだが、そのことを何とも思わなくなっている。恐怖という感情がきれいに抜け落ちてしまったかのようだ。それどころか、相変わらず僕は、ぬるめのお湯をたっぷり張った湯船に全身を浸しているような、居心地の良さを味わっていた。

やがて訓練終了の合図がかかった。まだ訓練をつづけられると思っていただけに、僕にはその合図が唐突に感じられた。

酸素マスクのフックをかけ、座席の後ろに置かれているレギュレーター装置の〈一〇〇パーセントＯＸＹＧＥＮ〉と書かれたレバーを上げる。マスクの奥から音を立てて勢いよく吹き出してくる緊急用酸素をゆっくりと吸いこむ。すると、それまで薄暗く感じていた室内が一気に明るさをとり戻していく。冬の日の、西日の翳《かげ》る部屋が、真夏の、朝の光に満ちあふれた部屋に変わっていくようだ。その変化は、眼に眩《まぶ》しくて、思わず瞬《まばた》きをしてしまうほどである。そして、室内の薄暗さがとれるのと同時に、頭に靄《もや》がかかっていたような、ぼうっとした感じが消えて、ものの輪郭が隅々まで明らかになっていくように、意識がすっきりとしてきた。そうなったことではじめて、まだまだ大丈夫と思っていた先ほどまでの自分の意識が完全なものではなかったことに、僕は気づかされた。

大学入試の答案に取り組んで以来と思えるような真剣さで、訓練の間中、１０００から下っていく数字をひたすら書き連ねていた用紙の裏側には、低酸素症の自覚症状がどのくらいあったかを、あとから自分でチェックする設問がいくつか設けられていた。熱感、発汗、思考力低下、視覚障害、手指の痙攣、吐き気などについて、症状の有無を答え、さらに、その症状の程度が強弱五段階のどのへんにあたっていたか、自分で判断して書きこむのである。

それらの設問にひと通り答えると、僕は、用紙を再び表に返して、890台で途切れた数字の羅列に眼をやった。多少、雑に書いているようなところはあるものの、筆跡の乱れにまではなっていない。もう少し時間があれば、880台に乗せられたのにと、未練がましく最後の行の数字を追っていたその視線が止まった。まさか、という顔をしている。
900、899、898、とつづけてきたその次に突然、858という数が場違いな顔をのぞかせている。いや、まだ800台の数字なら、焦《あせ》っていたゆえの錯誤ということで話はわかる。気が急《せ》いて鉛筆が走ってしまったんだよ、と自分に納得させることもできる。だが、順序よくつづいている数字の列の中に、どうしたらこんな数が出てくるのだろうとわれながら呆《あき》れてしまう、最初の百の桁《けた》からして違っている数字がまぎれこんでいるのだ。
しかもショックなのは、そんな出鱈目《でたらめ》な数を書き出していたという記憶が僕の中にまったくないことだ。もし書いている時点で間違っていることに気づいていたら、誤りの数字を斜線で消すなり、あるいはその数字のあとからでも、ほんらいそこに収まるべき正しい数を書いて、乱れた順序をきちんと元に戻しているだろう。現に、89

８につづいて、誤って８５８と書いてしまった次には、当然その指定席に入るはずの８９７という数字を書いて訂正している。

ところが、８００台ですらない数字が唐突に飛び出してくる箇所には、あとから軌道修正した形跡がみられないのである。８９４と書くべきところを、４５７と書いておきながら、そのあとにはどういうわけか、８９４を飛ばして８９３という数字が出てくる。つまり、手はとんでもない数を書いているのに、頭の中では、自分は書くべき数字をちゃんと書いていると思いこんでいるのだ。自分で自分のしたことが信じられないとはまさにこのことだろう。

思わず目をこすりたくなるようなことはまだあった。訓練では、スタッフの指示で十秒ごとに行替えして下の行に移っていた作業の流れを、今度は下から上の行へ時間をさかのぼりながらあらためて振りかえってみると、勘違いとか、錯誤という言葉では説明のつかない、この手の誤りを、何も訓練の終了間際《まぎわ》だけでなく、もっと以前の段階からしでかしていたことがわかったのである。

つかえることもなくおもしろいように数字が書けることで、「なんだ、楽勝、楽勝」と、得意げに鉛筆を走らせていたつもりが、実は出鱈目をやっていた。すでに脳は正常な働きをやめていたのだ。それを言うなら、数字を書きながら妙に浮き浮きした気分にかられていたこと自体、低酸素症に神経を侵されていた何よりの証拠である。わけもなく多幸感にひたる、つまり陽気になってしまうことも低酸素症の症状のひとつなのだ。

おそらくあのまま訓練終了の合図がかからなければ、僕は、三十まで数えないうちに意識をなくしていたはずである。しかも、この上なく幸せそうな顔をしながら……。死は、思いの他、間近にいた。けれど、そのことに気づいていない。死が近づいていることは、わかっていても、そこまで迫っていたとは、最後まで考えもしなかったし、気にもしていなかった。死に対して不感症になっていたのだ。そうと知ったとき、はじめて恐怖がこみあげてきた。

三十年前、このチャンバーで三島由紀夫も航空生理訓練を受けている。高度一万メートルを越える上空と同じ状態の中、酸素マスクをつけた三島は、〈自分の口にぴたりと貼《は》りついた死を感じた〉とのちに書いている。それは、〈柔らかな、温かい、蛸《たこ》のやうな死〉であった。三島は、チャンバーで感じた「死」についてさらにこう記している。

〈私の精神が夢みたいかなる死ともちがふ、暗い軟体動物のやうな死の影だつたが、私の頭脳は、訓練が決して私を殺しはしないことを忘れてゐなかつた。しかしこの無

機的な戯《たはむ》れは、地球の外側にひしめいてゐる死が、どんな姿をしてゐるかをちらと見せてくれたのだ〉

だが、少なくとも僕の場合、死にもっとも瀕《ひん》しているとき、死を実感してはいなかった。一時間に及ぶ低酸素体験を終えて「地上」に戻り、自分が死の懐《ふとこ》ろに抱かれていたことの何よりの証拠である、あの出鱈目な数の羅列にあらためて目を落としたとき、死の影を見たのだった。

「鉄の棺《ひつぎ》」を出た益子助教授と僕は、飛行服の着替えをすませると、航空医学実験隊司令のオフィスに通された。医学博士でありながら、軍隊で言えば少将の階級をあらわす桜の星二つを制服の肩につけた司令は、JALやANAのグランドホステスの笑顔に負けないくらいのにこやかな表情で、「F15に乗るときはこれを持っていってくださいね」と透明なケースに入った一枚のピンク色のカードを手ずから渡してくれた。〈所定の航空生理訓練を修了したことを証する〉と書かれた横には、それを制服の胸につける日を夢見て、パイロット候補生たちが連日厳しい訓練を重ねている、翼を広げた鷲《わし》をあしらったウイングマークの刻印が打たれてある。ウイングマークを胸に飾ることはとうてい望めないけれど、僕にとっては、この薄くて小さなカードこそが、お金では決して買えない、F15の搭乗チケットなのである。

そしてそのチケットは、いま七千メートルの上空で、シェーカーの中でカクテルされているように、天を真下にしたり雲を斜めに見たりしながら、地上にいては決して味わえない、不思議の国に迷いこんだような異次元体験をたっぷりさせてもらっている僕の飛行服の胸ポケットに、お守りのようにして収めてある。

チャンバーという、地上につくられた擬似的な「空の上」での体験には、コックピットの僕をもっとも苦しめている、体の上に引っきりなしに重くのしかかり、息がつげないほど締めつけてくる「G」は含まれていなかった。しかしあの体験のおかげで、僕は、三島が書いた〈地球の外側にひしめいてゐる〉〈純潔な死〉をすぐ間近に感じることができる。一定の与圧が保たれ、酸素マスクもGスーツも身につける必要のない旅客機に乗って、空を飛んでいるときは、自分が死に包まれていると実感することはほとんどない。飲みものやスチュワーデスの笑顔のサービスを受けながらくつろげる居心地のよいキャビンと、小さな窓の向こうに雲を横たえて静かに広がっている空とは、あくまで別世界である。旅客機の中では、地上の時間が途切れることなくつづいている。

だが、F15に乗っている僕は、キャノピーを透かして突き刺さってくる太陽の光を、頭や顔や肩に浴びながら、自分が空の中に剝《む》き出しになっている感覚を味わっていた。

たった一枚のガラスで隔てられた空にどのような死がひしめいているかを、僕は知っている。そしてその死は、僕にとって決して別世界のものではないのである。15のコックピットの内部にもある程度圧力は加えられ酸素が送りこまれている。だが、それは旅客機のキャビンのように十分ではない。酸素マスクの力を借りなければここでは生きてはゆけないのだ。そのマスクがもし酸素漏れを起こしていたら、チャンバーで親しんだことが七千メートルの上空でそっくり再現されることになる。いつのまにか太陽が隠れ、コックピットの外が厚い雲に覆《おお》われたように薄暗く感じられる。ヒーターを強めているわけではないのに、体がポカポカとしてきて、その温《ぬく》もりの中で、何もかもすべてがうまく行っているような、幸せな気分に包まれていく。やがて意識はしだいに遠のき、ガラス一枚の外でひしめいている死が、忍びこんでくる。

しかも、ここは、チャンバーのような地上につくられた「空の上」ではない。意識が朦朧《もうろう》となる兆しが素振りに少しでもあらわれたら、たちまち駈け寄ってマスクを装着してくれるスタッフもいない。すぐ目の前に竹路三佐はいても、操縦桿《かん》を握った手を離して助けの手をさしのべるというわけにはいかない。結局は自分ひとりなのである。

酸素マスクについた一本のホースで生命がつなぎとめられているだけの、どこにも逃げ場のない空の上に、僕はいる。そのことはつねに僕の意識のどこかにあった。そして、Gに締め上げられ唸《うな》り声を上げているときでも、頭上を振り仰いで宇宙につらなる空の蒼《あお》さに歓声を上げているときでも、あるいは、空の広がりの中に自分が晒《さら》され何もかもが溶けこんでいってしまうような、不思議な解放感に浸っているときでも、風防ガラスの外側からは、自らの存在を忘れさせないかのように、死が、俺はここにいるよ、俺はここにいるよ、と僕の耳もとに囁《ささや》きかけていた。

地上にいるときと、飛んでいるときとどっちが楽しい？　という僕の問いに、二十七になったばかりのF15パイロットは、「ワンセットですね」と答えている。飛んでいるときの緊張感と、地上に降りてきたときの、ほっと息を抜く安堵感《あんどかん》の二つが、「ワンセット」としてあるから楽しいというのである。

二年前、RFと呼ばれる偵察機タイプのファントムが悪天候をついての夜間の偵察飛行中に墜落するという事故があり、このパイロットも飛行隊の同僚とともに機体の回収作業に狩り出された。現場は樹海に覆われた山中で、山腹をえぐりとるようにして粉々に砕け散った機体の残骸《ざんがい》を目《ま》の当たりにしながら、彼は、「こうなってしまうんだ」とあらためて自分たちが日々繰り返しているフライトのどこか目に見えぬところに、死が不気味な口を開けていることを思い知らされた。殉職したパイロットは彼の五期上の先輩だった。それだけに事故は他人事《ひとごと》とは思えなかった。

自分はそうならないようにしようと努めていても、なるときはなる。そうした覚悟めいたものが、15のパイロットになって間もない彼の中でもいつしか形をとりはじめた。だからこそ逆に、訓練を無事すませ、コックピットから降りて地上の空気を吸ったとき、いま生きているんだという実感がひとしお湧《わ》いてくる。彼はこうも言う。

「あしたフライトがないときは、とりあえず、あしたは死ぬことはないな、と思いますもん」

「へえ、そうなんだ。そこまで思っちゃう？」

僕が心底、驚いた声を上げると、彼は大きくうなずいた。

「思いますよ。きょうはいくら呑《の》んでも、あした死ぬことはないからと……」

僕は、彼の言葉を聞きながら、目の前にいるこの若者がまだほんの二十七にしかなっていないことを考えていた。彼の口から出た重たい台詞《せりふ》と、死からもっとも遠い場所にいそうな、生き生きとした力が体にみなぎっているこの若者とが、頭の中でどうしてもむすびつかない。

「でも、あした死ぬことはないと思いながら呑む人って、やっぱり戦闘機のパイロットしかいないんじゃない？　ふつうの人だったら、そこまでしなければならないのなら、飛ぶことなんかやめて、下にいた方が気楽だって思うけど……」

「でしょうね」と彼は当然のように言った。それから僕の目をじっとみつめながら言葉をつづけた。「でも、あるじゃないですか。人間って、いつも平和なところにいると緊張感が欲しくなる。私自身はそうなんです。嫌なんです。のほほん、とずっとしているのが」

「のほほん、と平穏無事でいるのが？」

彼は大きくうなずいた。

「ジェットコースターって、最初はカタカタ言いながら、だんだん上に上がっていきますよね。私はその感じが好きなんです。さあ、これから落ちるというときの、てっぺんに行くまでの、あの何とも言えない緊張感が忘れられない。だから遊園地に行くと何度でも乗ってしまうんです」

そのジェットコースターにつきあわされて彼の隣りに座るのは、老人ホームで介護士の仕事をしている恋人である。防大や一般大出のパイロットは、奈良の幹部候補生学校で幹部教育をすませ、将校になってからパイロットをめざすコースに乗るが、彼のように高校を出てすぐ航空学生として言わば最下級の二等兵の位から自衛隊に入隊した場合は、15やファントムのパイロットになってそれぞれの飛行隊に配属されたのちに将校教育を受けることになっている。将校からパイロットになるか、パイロットから将校になるかの違いである。その幹部教育のため彼が四カ月あまり奈良の学校に通っていたとき、週末に地元の若者たちが主催する「ねるとんパーティ」に同期のパイロットと押しかけて、彼女とは知りあっている。

彼は、つきあってはじめの頃、自分が戦闘機のパイロットだということを彼女に明かさなかった。言っても信じてもらえないし、「それって、JALなんかのパイロットとどう違うの？」と聞かれるのがオチだろうと半ば決めてかかっていたからだ。

彼は、それまでの十年近い自衛官としての生活を通して、世間の人々が、戦闘機乗りの仕事は言うに及ばず、自分たち制服を着た人間がフェンスに囲まれた中で日々汗を流し、身を削り、ひたすら努力を重ねている事柄について、いかに無関心で、無知であるかをつくづく思い知らされていた。それは、中学三年の一年間で山岡荘八の『徳川家康』全二十六巻を読破して、自分は「侍」になろうとひそかに思い決め、現代の侍は何かと考えた末、戦闘機パイロットに将来の目標を定めた彼にとって、やりきれないことではあったが、しかし自衛隊で過ごした時間は、同時にまた、しょせん大方の人からはその程度にしか思われていないのだろうと、別に期待も抱かず、かと言ってあきらめもせず、世間を突き放して見るすべを、彼に教えていた。

彼は、湖に張った氷の厚さをつま先でたしかめながら一歩一歩前に進むように、慎重に少しずつその頃合いを見はからいながら、彼女に自分の仕事の話を聞かせていった。

彼女はそれほど驚かなかった。ただ、ひとり言を洩《も》らすように、「そう、危険な仕事なんだ」とつぶやいてから、「でも、心配だわ」とぽつんとつけ加えた。

彼が「まあ、しょうがないねえ」とことさら茶化したように言うと、彼女は、ふっと寂しそうな顔をして、それから小さく笑ってみせた。

けれど、彼女は彼の前で、パイロットをやめることはできないの？　とか、もっと安全な仕事についてほしい、といったことはひと言も口にしなかった。戦闘機に対する彼の思いがいかに熱いものか、十分すぎるくらい知っていたはずだし、それがわかっていながら自分の意思をむりやり相手に押しつけようというタイプの女性でないことも、彼は知っていた。しかし、口には出さないけれど、ひょっとしたら自分に戦闘機を降りてほしいと心の内では考えているのかもしれないと、その気配を、彼女の口ぶりやふとした表情から感じることはあった。

ある意味で彼女も、死を間近でみつめている仕事である。少なくともふつうの仕事よりは、死が、職場のあちこちに顔をのぞかせている。その死と向き合わなければならないこともある。だからと言って、彼女が、彼のようにジェットコースターに乗るわけではない。遊園地と違って彼の隣りにいるわけにはいかないのだ。彼女は、軌道のないジェットコースターに彼が乗って、天に駈《か》け上がり、そして無事帰ってくるのを、地上でじっと待ちつづけなければならない。彼が戦闘機乗りをやめるまで、待つ日々を繰り返すのである。

彼は、彼女と結婚するつもりでいる。だが、その気持ちをまだ伝えていない。結婚の二文字を口にしたとき、彼女がどんな表情をみせるのか、彼には予測がつかないのだ。

クリスマスが結婚記念日の千穂さんは、ファントムパイロットだった夫のE一尉《いちい》のことを、いまでも名前にさん付けをして、心平さんと呼んでいる。言葉の響きからは、どこか他人行儀のように思えてしまうのに、それでも、さん付けにしているのは、そこに夫への「尊敬」の意味がこめられているからだ。こう書くと、いかにも新派の台詞のように「臭く」聞こえてしまうが、彼女によれば、E一尉と知り合った頃は、「尊敬」どころか、彼の言う言葉をすべて「崇拝」していたようなところがあったという。

千穂さんは、E一尉のファントムが連日爆音を轟《とどろ》かせながら空を斜めに貫く離陸をみせていた基地の近くに住んでいた。基地の町として知られるその町内で生まれ、高校を終えてすぐ町役場に勤めながら、彼女には自衛隊の飛行場があるという程度の認識しかなかったし、第一、自衛隊に陸海空の三つがあるということすら知らなかった。

そんな千穂さんがＥ一尉と知り合うのは、彼女がトム・クルーズ主演の『トップガン』を友人と見に行ってしばらくしてから、まだ映画の印象が鮮明に残っている頃だった。むろん『トップガン』を見たのは、あくまでトム・クルーズが目当てで、その映画を通してはじめて戦闘機パイロットという世界があることを知ったほどである。だからと言って、トム・クルーズが演じてみせたパイロットへの興味は少しも湧かなかった。自分とはかかわりのない世界というより、たまたまトム・クルーズの役どころとして映画の中で目に留まったに過ぎなかった。

しかし、Ｅ一尉と知り合って、かかわりのまるでなかった遠い世界は、もっとも気になって仕方のない世界に変わっていく。それまで単なる耳障《みみざわ》りな騒音としか聞こえなかった戦闘機の爆音が遠くでするると、役場の机で事務をとっていた千穂さんは、窓辺に駈け寄って、心平さんのファントムかしら、と空を振り仰ぐようになった。まだ十九の彼女には、写真に映った、ヘルメットに飛行服姿のＥ一尉が、『トップガン』で戦闘機のコックピットから凜々《りり》しく敬礼を返しているトム・クルーズとどこか重なり合うように思えていた。

千穂さんは、Ｅ一尉から「あした、何時何分頃に飛ぶからな」と電話があると、そのたびに妹を連れて、基地のフェンス際に車を停め、頭上をかすめるように次々と二機編隊で離陸していくファントムの後ろ姿を、両耳をふさぎながら飽きることなく見送っていた。Ｅ一尉が何番目の飛行機に乗っているのかはわからない。でも、このうちのどれかが、心平さんのファントムで、心平さんが操縦桿《かん》を握って、映画よりはるかに迫力に満ちた離陸を見せてくれている。そう思うだけで、彼女は、胸が熱く、なぜか切なくなるのだった。

だが、結婚を間近に控えた頃から、千穂さんは、Ｅ一尉の離陸をすすんで見たいとは思わないようになった。テレビで飛行機の墜落事故のニュースが流れると、濡《ぬ》れた手で心臓をつかまれたような気がして思わず耳をそばだてる。フィアンセが戦闘機パイロットであることがあんなにも自慢だったのに、いまは心に波を立てている。

千穂さんには、Ｅ一尉に内緒にしていたことがあった。結婚したらすぐに子供をもうけることである。いつ何が起こるかわからないし、いつ心平さんがいなくなってもいいように、心平さんが生きていた証《あかし》がほしかった。それが、結婚を目前にして幸せの絶頂にいる彼女の、切実な願いだった。

夫婦茶碗

運送会社を営む親の愛情にくるまれてのんびりと何不自由なく育ったせいか、それまでは自分自身を、先のことをくよくよ考えて気に病んだりしない、楽天的な性格だと思っていた千穂さんが、暦や方角にいちいちあたってみせるおばあさんのように、縁起がいいとか悪いとかを気にするようになったのは、ファントムパイロットである心平さんとの結婚がきっかけだった。

洗いものをしていて、うっかり手をすべらせ、食器を割ると、嫌だな、と思う。夫婦茶碗《めおとぢゃわん》のひとつをステンレスの流しに落としたときには、茶碗の端がほんの少し欠けただけなのに、縁起が悪い、と同じ絵柄で揃《そろ》えていた碗ものや箸《はし》類のすべてを捨ててしまった。もったいないと思うより、心平さんの身に何か不吉なことが起きる前兆のような気がして、手もとにおいているだけで不幸を呼びこみそうな揃《そろ》いの茶碗を一刻も早く処分してしまいたかった。使いはじめてさほど日数もたっていない茶碗が変わったことは、すぐに夫の眼《め》にとまったが、心平さんの前では、こっちの絵柄の方がいいからと適当に理由をつけて、結婚記念にせっかく揃えた夫婦茶碗を惜しげもなく全部捨てたことも、捨てたのは茶碗の片方を欠いてしまったからということも内緒にしておいた。

結婚式の披露宴で新郎の上司が挨拶《あいさつ》に立つと、判で押したように、奥さんに大切にしてほしい袋が三つありますとかもったいぶった前置きをした上で、お袋さん、給料袋、それに堪忍袋《かんにんぶくろ》です、と内助の功について説教めいた話をする。自衛隊のパイロットの披露宴でもそれは変わらない。ただ決まり文句は少し違う。心平さんの上官がウエディングドレスに包まれた千穂さんに向かって言ったのは、「どんなに喧嘩《けんか》をしていても、朝は笑顔で送り出すように」という言葉だった。パイロットの結婚式につきものの挨拶とは言え、この言葉には、新郎が普通のサラリーマンの披露宴でその上司がとってつけたように新婦に言う場合と違って、単なる決まり文句として聞き流せない切実なものがこめられている。

もしパイロットが出がけにカミさんと言い争いをして、むしゃくしゃした気分が収まらないまま、操縦桿《かん》を握るようなことになったら、いつもの冷静さを失ってふつうでは考えられないミスを犯したり、カミさんから投げつけられたひと言が頭から離れずにとっさの判断を鈍らせたりして、事故を引き起こさないとも限らない。並みの人間よりははるかに自制心を持ち反射神経にすぐれ、空の上では無数のメモリチップを埋めこまれた一個のマシンのようになる戦闘機のパイロットも、やはり人間であることから逃れることはできない。レーダー一つ積んでいないゼロ戦の時代と違って、最新の戦闘機には安全に飛行するためのさまざまなバックアップシステムが備わっている。たとえばF15の場合、飛行中の機体の制御に欠かせない水平尾翼や補助翼を動かす油圧系統は三重になっていて、そのうちの二つまでが機能しなくなっても、コントロールには支障がないように設計されており、左右の主翼についた補助翼が壊れても、水平尾翼だけで十分着陸できる仕組みになっている。とは言え、操縦するのが人間である以上、人間のうかがいしれない心や感覚の微妙な動きに左右されていることも事実である。その意味で、蠟《ろう》で固めたイカロスの翼のように、一面、飛行機が繊細で脆《もろ》い存在である点は、ゼロ戦の頃と少しも変わっていない。いったん闇夜《やみよ》の暗さに呑《の》まれたパイロットがヴァーティゴにとりつかれ、降下をつづけているのに自分は上昇している、計器の方が故障しているんだ、と思いこんでしまったら、どんなに優れたハイテク機器といえども、パイロットの行動にブレーキをかけ、彼を内側からつき動かしている錯覚をコントロールするすべはないのである。

航空生理訓練の講義で用いられたテキストにも、地上でのストレスが空の上でのパイロットの行動を縛りつけたり変化させたりして、それが事故に結びつくケースは少なくないことが述べられている。その中で航空医学実験隊が指摘する「飛行に悪影響を及ぼす危険性のある状況」には、「虚栄心、誇示、過剰な士気」といったパイロット本人に根ざす心理的因子の他に、「上司や同僚との人間関係」が記され、それとならんで、「家庭に問題があるとき」があげられている。仕事にとりかかるほんの一時間か二時間前に家族との間であった揉《も》め事が心に波を立て、寄せては返すその波に翻弄《ほんろう》されているうちに、ほんらい神経を集中させておかなければならない瞬間を見失って、取り返しのつかない事故を招いてしまう。そうした危険性は、パイロットの場合、少なくともふつうの勤め人とは比べものにならないくらいに高いのである。

千穂さんの披露宴で新郎の上官が、「どんなに喧嘩をしていても、朝は笑顔で送り出すように」と言ったのには、結婚式という場での単なる社交辞令を越えて、そう言わせるだけの十分な理由があったのである。その言葉は、永遠の誓いを交わす二人の前で神父や牧師が神の名の下に教え諭すどんな言葉よりも二人の将来にとってはるかに重い意味を持っていた。つきあっている頃、いつまでたっても女学生気分が抜けないことを心平さんから「世間知らず」とからかわれていた、まだほんの二十一の花嫁でありながら、しかし千穂さんは、夫の上官が自分に向かって口にした、門出の言葉の重要さだけは、誰に言われたわけでもないのにしっかりと見抜いていた。ちょうど子供を産むことで母親としての本能が呼び覚まされるように、パイロットの妻になったとたんに、人一倍危険の匂《にお》いを敏感に察知するセンサーが働きはじめたのかもしれなかった。

僕が二人を自宅にたずねたとき、千穂さんと心平さんの結婚生活は四年を数えようとしていた。月日は二人にいくつかの変化をもたらしていた。結婚してすぐに子供が欲しいという千穂さんの望みそのままに男の子が授かり、その子も春からは幼稚園に通うことになっていた。一方、戦闘機乗りだった心平さんは、ファントムを降りて、救難隊のバートルパイロットに「F転」していた。

夫が戦闘機パイロットから外されたことを、千穂さんは、内心、残念に思う気持ちが強かった。千穂さんにとって、パイロットと言えば、ファントムパイロットである夫のことでしかなかった。心平さんがファントムに乗っていたときには、ファントム以外の飛行機に眼が行くことはなかったし、だから航空自衛隊のトップスターとも言うべき主力戦闘機の座を占めている15のパイロットのことを羨《うらや》ましいとか、心平さんが戦闘機から降りてしまったらどんな気分を味わうだろう、などと気を回すようなこともなかった。いま眼の前にいる心平さんが千穂さんの心を占めている世界のすべてで、そんな夫のことしか眼に入らなかったのだ。

しかも、結婚してすぐに実家の近くに一戸建ての新居を構えた千穂さんには、官舎で暮らしている他のパイロットの家族とのつきあいもほとんどなかった。自衛隊の官舎は将校用と下士官、平隊員用の二つに分かれている。パイロットは全員が将校ということもあって、たいていは将校用官舎のいくつかの棟に固まって暮らすことになる。15のパイロットがお隣りということもあれば、同じ飛行隊や救難隊のパイロットが上の階ということもある。いずれにせよ、官舎というひとつ屋根の下で毎日を過ごしていれば、極端な話、ドアの開け閉めごとに他のパイロットの家族と顔を合わせることになり、ゴミ出しや掃除当番といった日常のこまごまとした行き来を通じて、否応《いやおう》なく互いの生活は重なり合っていく。まして地元の人々からは「自衛隊さん」とひと括《くく》りにされて呼ばれる、転勤族の「よそ者」同士が、寄り添うようにして暮らす基地の官舎では、なおのこと隊員たちの家族は彼らだけで小さなコミュニティーを形づくる。それが煩《わずら》わしいと感じることもあれば、子供を預かってもらったり、病気や困ったときに何くれとなく面倒をみてもらったりと頼りに思うこともある。官舎を中心にした日頃のつきあいの輪からぽつんとはずれて結婚生活を送っていた千穂さんの場合、他のパイロットの家族とのつきあいと言えば、せいぜい同じ飛行隊の飛行班長や総括班長といった先輩格のパイロットの奥さんが部下の奥さんたちを集めて官舎の集会所などで年に数回開く「お茶会」に顔を出すときくらいである。最年少の彼女はそうした席の隅の方に座って、転勤や子育ての話題で盛り上がる先輩の奥さん方のお喋《しゃべ》りに耳を傾けていた。

そんな千穂さんも、自分の夫がファントムパイロットからはずされ、戦闘機乗りでなくなってはじめて、同じ自衛隊のパイロットなのに操縦する飛行機の種類によって、戦闘機が一番で、救難ヘリや輸送機はその下という、パイロットをランク付けする、眼に見えないもうひとつの「階級」意識がこの世界にしっかり根を張っていることに気づかされた。

夫のかつての同僚だったファントムパイロットの奥さんと久しぶりで会って話をしていると、ため息まじりに言われてしまう。

「うちの旦那《だんな》にも早く救難隊に行ってもらって、楽したいわ」

別に悪意があったり、あてつけで言ったわけではないだろう。相手の夫は元同僚と言ってもすでに飛行隊から離れていまは別の職場にいる。戦闘機乗りを夫に持つことの気苦労や日頃の不満をあれこれ喋っても、差し障《さわ》りはない。そう思って、安心して愚痴をこぼしているうちに、つい本音が出てしまったという感じである。

もっとも、救難隊のパイロットを戦闘機乗りより一段低く見る「階級」意識に、千穂さん自身が染まっていなければ、元同僚の奥さんに何を言われても、「へえ、そんな見方もあるんだ」くらいにしか受け止めず、さして気にもしないでそのまま聞き流していただろう。しかし、夫の乗る飛行機が戦闘機でなくなったいま、千穂さんの中では、戦闘機パイロットのことを羨ましいと思う気持ちが芽生えていた。心平さんとつきあいはじめた頃、基地のフェンスのそばに車を置いて、空を切り裂くように急角度で離陸していくファントムの後ろ姿を見送りながら、そのファントムを操縦している心平さんのことを「カッコいい」と思えたのは、単に彼が飛行機のパイロットであるというより、やはり「戦闘機」パイロットであるためだった。そして、友だちに心平さんのことを紹介するとき「自慢」に思えたのも、戦闘機パイロットという言葉の向こうに、映画『トップガン』の中で飛行服を身にまとったトム・クルーズの眩《まぶ》しいばかりに輝いている姿が浮かび上がってくるからだった。その戦闘機から降りるということは、千穂さんにとっては「スター」であった心平さんから華やかな衣裳《いしょう》がとれてふつうのパイロットになってしまうということでもあった。それだけに、現実に夫がファントムを降りて、そのことを「残念がる」気持ちに気づいた千穂さんにしてみれば、「うちの旦那にも早く救難隊に行ってもらって」というひと言は、他人にもっとも触れられたくない自分の本心を、まるでかさぶたを無理やり剝《は》がすようにしてずばり言い当てられたようなものだった。

　別の日、テレビから基地の戦闘機が墜落したというニュースが流れた。とても他人《ひと》事《ごと》のようには思えなくて、元同僚の奥さんに電話すると、逆に言われてしまう。

「機種が違っても、やっぱり心配なのね」

　さすがに千穂さんは、むっとした。夫がヘリのパイロットなら、心配することはないだろう、とでも思っているのだろうか。ヘリのパイロットだって危険なんですから、とよほど口に出したかったが、その言葉は呑みこんだ。それでも、「戦闘機もヘリも同じパイロットなのに……」という割り切れない思いだけは、えずいたあとの胸のつかえのようにしていつまでも残った。

　心平さんの乗る飛行機がファントムからヘリコプターに変わっても、千穂さんは、いまだに二人の披露宴の席で上官が新婦に言いつけたそのことを固く守りつづけていた。何があっても、朝、夫の出がけには、必ず笑顔で送り出すということである。

　その話を僕の前で千穂さんがしていると、傍らで聞いていた心平さんが、いまはじめて知ったというように、目を大きく見開いた。

「気づかないところで気を遣っているのか」

だが、千穂さんが気を遣っているのは、朝だけではない。翌日ヘリを飛ばすことがわかっていると、その夜は文句があっても、ぐっとこらえているというのである。

「じゃ、フライトがないときは……」

「ええ。あしたないと思えば、喧嘩しても平気だとか、そういうのはあります」

「あした、フライトがある」

ことさら真面目《まじめ》な顔で心平さんが言ったので、千穂さんが、ぷっと吹き出した。

「そのへんの気遣いというのは結婚して何年たっても変わらないんですね」

千穂さんはうなずいた。

「やっぱり後悔したくないですから」

つぶやくように言って、隣りの心平さんの方をちらと見ながら、「目の前で言って悪いですけれども……」と、先をつづけた。

「頭の隅に、いつ亡《な》くなってもいいじゃないけど、そういう気持ちというのはあります」

結婚四年、まだ二十五歳の妻の口から、深刻な内容の言葉が、さらりと出た。

「もし、ひょっとしたら、と思うわけですね」

「嫌がるけど、そういうのはあります」

心平さんは、自分のこと、それも自分が墜落事故に遭って死んだときのことを目の前で話題にされているのに、ことさら嫌な表情もせず、かと言って「縁起でもないこと言わないでくれよ」とわざとおどけてみせるわけでもなく、黙って聞いている。そうした話を嫌がる、と千穂さんが言うからには、恐らくこの手の話は、まるで食卓をはさんでの食後の茶呑み話のように、二人の間で頻繁に交わされているのだろう。

しかし、そんな、ふだんは嫌がるだけの心平さんが、珍しく声を荒らげて本気で怒ったことがある。千穂さんがそのとき話題にしていたのは、心平さん自身のことではなく、機種も職場も違うのに、心平さんが相手を「N」と呼び捨てにする先輩後輩のつきあいをつづけていたF15パイロットのことだった。

事故当日、心平さんはアラート勤務についていた。すでに午後の三時を回っている。昼休みのあと午後一番で訓練に飛び立った戦闘機がそろそろ訓練のメニューを消化して、機首を翻《ひるがえ》し基地をめざして帰路についている時刻である。戦闘機の訓練は一回あたり長くても正味一時間強、訓練空域までの行き帰りに要する時間を含めても、空の上にいる時間はせいぜい一時間半から二時間に過ぎない。しかし、飛んでいるだけが訓練なのではない。飛び立つ前にはプリ・ブリーフィング、通称プリブリと呼ばれる打ち合わせを行ない、空域付近の気象状況を確認した上で、あらかじめ組み立てた訓練のシナリオに沿って、どんな点に注意を払い、敵味方に分かれた一人一人のパイロットがどういう動きをしたらよいかもう一度おさらいする。一方、訓練を終えて帰ってくると、今度はデブリと呼ばれる反省会が待っている。戦闘機に内蔵されているビデオカメラが撮影した空中戦のシーンをあらためて見ながら、勝因敗因を編隊長が分析してみせ、それぞれのパイロットの問題点を指摘するのである。空の上にいる時間は少なくても、訓練のたびに二度のブリーフィングを繰り返していると、飛行隊が一日にこなせる訓練は三、四回と限られてしまう。いま訓練に出ている15が戻ってくると、入れ替るようにして午後の第二ステージの訓練に向かう15が飛び立ち、その機が帰ってきて、日中の訓練は終了する。その間、編隊の最後の一機が滑走路に無事着陸するまで、救難隊のクルーは事故に備えて何時間でもアラート待機をつづける。

もうすぐだな、と心平さんは思った。あと十分もしないうちに基地上空に15特有の叩《たた》きつけるような爆音が轟《とどろ》き渡るだろう。

心平さんはパラシュートなどの装具を一式身につけたまま、オペレーションルームのソファにもたれて、残り時間を指折り数えるようにして待っていた。と、隊舎内のがらんとした空気を震わせて、緊急事態発生を告げるベルが鋭い音色で鳴り響いた。クルーはいっせいにソファから跳ね起き、エプロンに駐機しているバートルに向かって一目散に駈《か》け出した。ロータ一のエンジンをスタートさせている間にも無線で状況が逐一入ってくる。墜落したのがNの機だと知って、心平さんの表情は凍りついた。しかしその後、事故機と編隊を組んでいたウイングマンが、Nがベイルアウトして、パラシュートが開いた様子を見届けていること、さらにNの救命胴衣に装着されている無線機から遭難信号が出ていて、降下した海域も特定されていることがわかり、心平さんは少しだけほっとした。ただ、まだまだ気は抜けない。問題は、どれだけ早く現場に到着できるかということである。

十月とは言え、水温は十度を割っている。海水につかっている時間が長ければ長いほど、冷え切って衰弱した体は限界に近づいていく。心平さんはバートルの速度を最大の時速二百五十キロに上げて、現場に急行した。やがて無線を通じて、Nが付近で操業していた漁船に救出されたという情報が伝えられた。心平さんは、これでもう大丈夫、と今度こそ安堵《あんど》のため息を大きくついた。

コックピットの前方に、漁船が姿をあらわした。徐々に高度を下げながら近づいていくと、後部甲板の方からオレンジ色の服を着た人間が、上空を振り仰いでしきりに手を振っているのが眼に入った。戦闘機パイロットの飛行服は現在、アメリカ空軍の飛行服よりやや緑を濃くしたオリーヴグリーンの色に統一されているが、事故当時はまだオレンジ色のスーツも用いられていた。緊急脱出して山中や海面にパラシュートで降りたとき、派手な色だと遠くからでも救難隊の捜索機が見つけやすいのである。たしかに上空からながめていても甲板上のオレンジ色は自らの存在をことさら主張するように目立っている。

なんだ、意外に元気そうじゃないか、と心平さんはひとりごちた。吊《つ》り上げて機内に収容したとき、助けにきてくれたのが自分と知って、Nは何と言うだろう。バツの悪そうな顔をするだろうか。先輩に借りができてしまいましたね、と照れ臭そうに笑うだろうか。そんなことを考えていると、操縦桿を握りながらも思わず頰《ほお》が緩んでしまう。

〈ようし、N、いま迎えに行ってやるからな、待ってろよ〉

心の中で呼びかけながら、さらにバートルを降下させていく。漁船と言っても、かなり大型の船で、甲板上から長い釣《つ》り竿《ざお》や集魚灯、アンテナなどを天に向かって隙間《すきま》ないくらいに突き立てているところはまるで針ネズミを思わせた。その針の間のわずかなスペースを狙《ねら》って上空からメディックを吊り下げるのは、甲板上の障害物にヘリのワイヤーがからまる恐れを考えると、危険この上なかった。

ぎりぎりまでアプローチを試みるため、心平さんは高度を下げつづけた。甲板上の様子がよりはっきりと見えてくる。そして、手を振っている男の方にあらためて眼をやったとき、あれ？　と声を上げそうになった。

オレンジ色で、しかも水に濡《ぬ》れたような光沢を放っていたことから、遠目にはてっきり海面から救出されたNの身につけているフライトスーツとばかり思っていたのが、ジャージだった。

とすると、Nはいったいどこにいるのだろう。心平さんは甲板上をくまなく捜す目つきになった。

バートルがさらに近づくと、ジャージ男は、今度は船の前方を指さすような動きをみせはじめた。ヘリの爆音に気づいて船室から出てきた他の乗組員たちもいっせいに手を振って船首部分をさし示している。その方向をたどっていった心平さんの眼が一点で止まった。何かが毛布にくるまれている。

心平さんは、体が震えてくるのがわかった。助かったという確信が、一転して絶望にとって変わったのだ。

甲板上では、漁船の乗組員たちが釣り竿や漁網を片づけたりして、畳二枚分くらいのスペースをつくってくれていた。救出というより、もはや収容と言った方がふさわしい作業はてきぱきと進められた。ひと足先に漁船に降りたメディックが、上空のバートルから吊り下げたストレッチャーに毛布にくるまれたものを括《くく》りつけ、送り返す。

ストレッチャーは慎重に機内にとりこまれ、ただちにメディックの手で毛布の覆《おお》いが除かれた。Nが着ているオレンジ色の飛行服は、ついさっきまで海水につかっていたかのようにぐっしょりと濡れ、あちこちから冷たい滴《しずく》がたれて毛布に新しい染《し》みをつくっている。メディックは、ぴくりともしないNの体にとりついて、ライトで照らしながら意識の有無の確認作業をはじめた。

心平さんは、視線を、蒼黒《あおぐろ》く翳《かげ》った海面に比べてまだ明るさを保っている空のはるか先に向けたまま、バートルの操縦をつづけていた。ヘッドセットをしたその耳もとで、メディックの感情を抑えた声が収容者の状態を淡々と口述している。

「呼吸、していない。心拍数、ゼロ。瞳孔《どうこう》、ひらいている。頭部に外傷あり、……」

法的な意味での死亡鑑定は基地に帰って医師の判断を待つしかないが、Nの生命活動が永久に終わったことは誰の眼にも明らかだった。

心平さんはこれまで訓練中の事故で殉職した何人ものパイロットの部隊葬に参列してきた。防大から航空自衛隊のパイロットになった彼の同期は三十人近くいたが、すでにそのうちの二人が、ある日いつものように戦闘機を操縦して基地を飛び立ったきり、帰らぬ人となっている。一人は、捜索を一週間つづけても遺体が発見されずに死亡と認定され、もう一人は、顎《あご》の骨しか上がらなかった。そして、心平さん自身が、自衛隊暮らしも結構な年月になったといまさらのように感じるこの頃では、殉職するパイロットと言えば、昔世話になった教官とか、戦技競技会や飛行隊同士のさまざまな訓練で一度くらいは顔を合わせたことがあり、所属と名前を聞けば「ああ、あのときの彼か」と思い出せる人がほとんどになっている。

だから職場が変わって戦闘機とは直接関わりがなくなっても、事故の報せ《しら》に接すると、仕事柄、個人的感情を包み隠した平静さの奥では、心が千々に乱れている。しかも今回事故に遭ったのは、心平さんもよく知っている後輩だった。その後輩を一刻も早く救うために、何よりも彼が現場に駆けつけたのである。しかし十中八九助かるものと思っていたのが、ドンデン返しで死に水をとる羽目になった。それだけに無念の思いもひとしおなのである。

心平さんが千穂さんに向かって珍しく声を荒らげたのは、その日の深夜、救難隊としての事故報告をあらかたすませて帰宅してからのことである。15が墜落して搭乗員が死亡したことはテレビのニュースで報じられていたから千穂さんの耳にも伝わっていた。

別に統計をとって調べたわけでもないのだろうが、パイロットの間では、はじめての子供を奥さんが身ごもっているか、パパになったばかりという戦闘機乗りがもっとも事故に遭いやすいと言われている。産まれてくる子の顔を見るまではとか、子供が幼稚園に上がるまでは、死んでも死に切れないといった気負いが、いざというとき必要以上に本人を緊張させたり、かえって重荷となって心の自由を奪い判断に一瞬の迷いを生じさせてしまうのかもしれない。もちろんNの事故が何によって引き起こされたのか、さまざまな角度からの調査をへるまでは迂闊《うかつ》なもの言いは許されない。ただ、死んだ彼もまた、はじめての子供が産まれたばかりだった。

そのことを、千穂さんが口にしたのである。乳呑み児《ちのご》ひとり抱えて、奥さんはこれからどうなるのだろう。子育てもしなければならないし、生活のこともある。自衛隊の補償があると言っても、母一人子一人のこれからをずっと面倒みてくれるわけでもないだろう。ちゃんと保険に入っていたのかしら……。

千穂さんにしてみれば、まだ年端《としは》もゆかぬ子を持つ自分とそれほど家庭環境が変わらないだけに、残された夫人の身の上がどうしても気になって仕方ない。物見高い主婦が爪先立《つまさきだ》ちしてよその家の様子を興味半分で詮索《せんさく》しているのとは訳が違う。あれこれと考えるその先に自分を重ね合わせている。

朝、笑顔で出ていった夫が帰ってくるときは棺《ひつぎ》に入っている。その無言の帰宅を迎えるのが千穂さんであったとしても何の不思議もないのである。今回はたまたま自分でなかっただけで、同じように空の上が職場である以上、Nに起こったことがいつ心平さんの身に降りかかってこないとも限らない。

ひと昔前は、パイロットが住んでいる官舎にジープが姿をあらわすと、留守を預かる奥さんたちは、ドアの隙間やカーテン越しにジープの行き先を追って、車から降りた制服姿の自衛官がどの棟に入っていくのか、自分のいる建物なのか、隣りの建物なのか、しだいにつのってくる胸騒ぎと眼をふさぎたい衝動をこらえながらみつめていた。パイロットが殉職すると、彼と家族ぐるみでつきあっていた同期と、上官の二人が、制服に威儀を正してパイロットの自宅を訪ね、ブザーを押して中から顔をのぞかせた奥さんに事故を報告する、もっとも辛《つら》い使者の役目を仰せつかることになっていた。時代が変わり冥界《めいかい》からの不吉な使者がジープに乗ってやってくるという光景は見られなくなったが、それでも最悪の知らせを電話を使って相手の顔も見ずに一方的に伝えることだけはさすがにしない。必ず誰かがパイロットの家に足を運び、面と向かって遺《のこ》された肉親に厳粛な事実を告げるのである。いかにも軍隊にありがちの、しゃちほこ張ったやり方に映るけれど、そうすることが、任務に生命《いのち》を捧《ささ》げたパイロットに報いる、せめてもの敬意のあらわし方とされているのである。

だが、ある事故のケースでは、こうした軍隊儀礼に則《のっと》った通告の方法は採用されなかった。上官や同期にはお呼びがかからず、代わりに、殉職したパイロットの奥さんの交友関係を調べ上げて、いちばん親しくしている奥さん仲間のところに一報を入れ、その彼女が当人の家を訪ねたのである。いきなり玄関先にあらわれた制服姿の男の口から直截《ちょくせつ》なもの言いでずばり悲報を伝えられるより、ふだんからお互いの家に上がりこむ間柄の、気心の知れた友人からやんわりと聞かされる方が、少しでもショックが和らぐだろうと当人の気持ちを慮《おもんぱか》って考えた方法なのである。だが女性の心理は複雑である。親しい人、それも同じパイロットの奥さんから教えられる方がかえってやりきれない思いが残る、もしそんな立場に立たされたら、主治医の宣告のように上官の人からはっきり言い渡された方が、逃れようのない事実として受け止められる。そう考えるパイロットの奥さんもいるのである。ただ、この事故のときは、幼な子を抱えて未亡人になった本人を官舎の部屋でひとりきりにしておいては心配だと、使者の役を担《にな》った奥さんが、突然の不幸とどう向き合ったらよいのかわからないまま放心したようにしている彼女のそばに夜を徹してずっとついていたのだった。

そしてきょう、突然の訪問者は、墜落したNの自宅ではなく千穂さんの家の前に姿をあらわし、制服の裾《すそ》を直し靴の踵《かかと》をぴたりと揃《そろ》えて、玄関のブザーに手を伸ばしたかもしれないのだ。Nの奥さんと自分が入れ替わってもおかしくないと考えるから、千穂さんはついあれこれと思いをめぐらすのである。

むろんそうした千穂さんの気持ちを心平さんもわからないではなかった。

しかし、女は、遺された者のこれからを案じるが、男は、言葉もなく死んでいった者のそのときに思いを馳《は》せる。心平さんにしても、遺された者のこれからにさまざまな苦労があることは察している。でも彼らにはそれなりの生活保障があるはずなのだ。自衛隊にとって「建軍の本義」とも言うべき存在意義はこの国土と国民を守ることだが、平時にあってそれは一朝事《こと》があったときに備えて日々繰り返されるたゆまぬ訓練を意味している。その訓練のさ中に命を落としたパイロットは、言わば平時の「戦死者」である。そんな彼が遺していった家族に対して、自衛隊は戦死者の遺族にふさわしい遇し方をするはずである。もしも、のときには、遺された妻や子たちの面倒をある程度組織がみてくれるという思いがあるからこそ、自分たちは後顧の憂《うれ》いなく危険な任務に飛び立ってゆける。だから、Nの遺族の生活のことは、自分たちが口にすべきではないし、言う必要もない。

そう考える心平さんは、むしろ同じパイロットとして、死んでいったNの心の内を思い遣《や》るのである。敵と相まみえて戦闘の果てに撃墜されたのならともかく、訓練で死ぬというのは、平時の「戦死」であっても、戦闘機乗りとして決して望んでいる死ではなかったろう。それだけに、その死の刹那《せつな》の、悔しさとか恐怖心、脳裏をかけめぐったさまざまな思いを考えると、どんなにか無念だったろうと、あまりにものやりきれなさに心平さんの中で熱くたぎった感情がこみあげてくる。まして、救助に駈《か》けつけたバートルから甲板の上の毛布を眼にするまで、Nは助かるものと思っていただけに、なおさらNの死には、心平さん自身の無念の思いが重なるのである。

そんなとき、千穂さんが、奥さんの生活はどうなるのかしら、保険に入っていたのかしら、と金のからんだ妙に生臭い話題を口にし出す。心平さんは無性に腹が立ってくる。妻の一言一言が、ミッションを終えたあとのささくれ立った神経にいちいちさわる。そしてついに、Nの死と直面して以来ずっとこらえていた、持って行き場のない怒りや運命の非情さを呪《のろ》う思い、やりきれなさやもどかしさが一緒くたになって弾《はじ》けるのである。

「もう言うな！　聞きたくない！」

コンピュータ処理したデータをデジタル表示するディスプレイ、レーダースクリーン、各種の計器、それらがひしめくF15のコックピットに座っていると、飛行機に乗っているというより、自分がSFX映画やアニメに登場する想像上の巨大な宇宙戦艦のメインブリッジで、電子機器のならんだコントロールパネルと向き合っているような錯覚にとらわれる瞬間がある。

15のコックピットは幅が一メートル、長さが三メートルあまりとほとんど畳二枚分くらいの広さしかない。僕が搭乗している０５１号機はＤＪタイプの15、つまり二人乗りだから一人分のスペースは畳一枚と考えてもよい。そんな狭苦しい密室で、三方にめぐらされた機器のデジタルやアナログの表示が、無言で刻一刻と状況の変化を伝える中にぽつんといると、時空を越えて百年も二百年も未来に迷いこんでしまったようで、どこか現実感が希薄になってくるのだ。

恐らく、これがナイトフライトだったら、ますます現実感は失われていくに違いない。見上げると、キャノピーを透かして百八十度視界のきく頭上に、プラネタリウムのように星の瞬《またた》く夜空がぐるりと広がり、コックピットの内部では、ディスプレイに点《とも》ったグリーンがかった蛍光色の明かりが、数字や座標軸に描かれたデータを幻想的な模様のように浮かび上がらせている。そこでは、映画のシーンそのままに、果てしなく銀河の世界へとつづく宇宙空間を飛行しているような感覚を味わうことができるはずである。

だが、先端技術を身にまとい、地上の誰よりも未来と感覚的につながっているような15のパイロットたちは、時代の最尖端《さいせんたん》を走っているそうした顔とは裏腹に、古風と言うか、意外とジンクスを気にしたり、ゲンをかついだりする一面を併せ持っている。

航空自衛隊の隊内誌の一つに「飛行と安全」というのがある。タイトル通り、飛行機を安全に飛ばすため何をすべきか、どこに落とし穴があるか、飛行機のセイフティはむろん構造やかなり技術的な問題まで、パイロットをはじめ一線でフライトに携わる人々にあらためて問題提起をするという目的から編集されている一種の啓蒙《けいもう》誌で、航空医学実験隊の研究スタッフが航空事故の実例をあげながら医学の立場から分析のメスを入れ、問題点や教訓を引き出してフライトのさいの注意を促しているかと思えば、訓練中に、ヒヤリ、とする体験をしたパイロットの手記が掲載されていたりする。同じ隊内誌の「翼」が、時局について論じた学者の文章から隊員家族のエッセイまで目次に幅を持たせて、読みやすさを念頭においているのと比べると、はるかに硬い内容となっている。

しかし、この「飛行と安全」は、一部のパイロットの間ではいささか毛嫌いされている、曰《いわ》くつきの雑誌でもある。雑誌の編集部から飛行隊に、そちらの部隊を表紙に出したいので撮影したいと話が持ちこまれると、パイロットたちは、表紙に顔が出ることを喜ぶどころか、「なんか縁起でもないな」とありがた迷惑のような顔をする。

安全を謳《うた》った雑誌なのに、この雑誌の表紙を飾った飛行隊はなぜかその後事故に見舞われるというジンクスがパイロットの間で語られているのである。

そうかと思えば、事故が立てつづけに起きるときは、沖縄や九州の基地からしだいに本州、北海道と北にのぼっていくという北上説もある。機番の末尾が４の飛行機はなんとなく苦手と言うパイロットもいる。航空自衛隊のＦ４ファントムによる最初の事故は、ファントムの初代飛行隊長に着任したばかりのベテランパイロットが乗った飛行機が空中爆発を起こすという壮絶なものだったが、このときの事故機の機番が末尾4。さらにアメリカから導入したＦ15の四号機も訓練中に別のＦ15と空中衝突し、機体は大破、双方のパイロットが即死している。この機番がやはり８０４。４で終わる機番はどういうわけか死を招く事故に縁があるというのだ。

戦闘機乗りが口にする「飛行と安全」表紙説も、事故北上説も、そして呪われた機番「４」の話も、飛行機が墜《お》ちるときは連続して墜ちるという、事故のたびに人々が囁《ささや》きあうジンクスと同じく、もとより統計学的にその正しさが証明されているわけではない。尾ひれがついて広まった部分もあるだろうし、パイロットの多くはジンクスを、会話を盛り上げる軽い冗談として受け止めているのかもしれない。しかしそうだとしても、科学技術の粋を結集したハイテク戦の申し子のような彼らの世界にして、この手の因縁めいた話が、先輩から後輩へと語り継がれているのである。

飛行隊長の一人は、訓練で15に乗る前、何か変だという胸騒ぎがどうしても収まらなかったら、フライトをやめるという。別のパイロットは、デスクの上に散らかした書類や広げた本を片づけず、わざわざそのままにして空に上がるという。また、フライトを控えた日曜の夜はセックスしないことにしているパイロットもいる。

同僚を墜落事故で亡《な》くしたパイロットは、その同僚の奥さんから聞いたという不思議な出来事について話してくれた。事故当日、奥さんが自宅で何げなく居間の時計に眼をやると、それまで変わりなく秒を刻んでいた時計の針が不意に止まってしまったのだ。まるで針が止まるのに合わせて時計の方を振り向いたようなタイミングのよさだった。

ふだんであれば、あら、電池がなくなったんだわと、とりたてて気にもとめず、買い置きがなかったかどうか戸棚の中を探したりするのだろうが、このときは違っていた。時計が止まったことが妙に気になる。というより、止まるその瞬間に眼が行ったことがどうしても胸の奥の方で引っかかるのだ。あれは何かの知らせなのではないか。何かを告げようとしているのではないか。それも良くない、不吉なことが起きる前ぶれのような……。

夫の死を知らされてしばらくの間は気が動転して、何も考えることができなかったが、その後、飛行隊の方から詳しい墜落の状況を聞かされてはじめて、夫の戦闘機が墜落したのはちょうど時計が止まったのを眼にしたのと同じ時分だったことに思い当った。

葬儀が終わるまで主《あるじ》のいなくなった家の中は嵐《あらし》がやってきたような騒ぎだった。誰も居間の時計に気をとめることなどしない。電池の切れた時計はそのままにしてあった。すべてが一段落したあとで奥さんはあらためてたしかめるように時計の文字盤を見た。

時計の針は、まさに夫の飛行機が墜落したその時刻を指して止まっていた。

「虫の知らせというけれど、うちの場合は時計の針だったのね」

奥さんは夫の同僚だったそのパイロットにそうつぶやいたという。

風防ガラス一枚へだててこの上空二万二千フィートの外でひしめいている「死」と、毎日向き合っていると、人間はやはり「運命」というものを考えるようになるのかもしれない。こちら側にいる「生」と、コックピットの外の「死」を分かつものはいったい何なのか。少なくともパイロットは、自分たちの生死を分かつその最後の選択が、必ずしも自らの技倆《ぎりょう》でも機体の整備の度合いでもなく、人間にはうかがいしれない何かによって左右されていることを、畳二枚分の空飛ぶ密室で学んでいる。

他を生かす者たち

二度あることは三度あると言うが、それはものの喩《たと》えと言うか、あくまで言葉の上のことだけで、まさか現実に起こるとは、神でさえ予想もしなかっただろう。

すべてのはじまりは、高校を卒業して航空自衛隊に入り救難隊で装具のメインテナンスの仕事を受け持っていた浜砂《はますな》曹長が、半年に及ぶ厳しい訓練にパスして、憧《あこが》れだったメディックの資格をとり、制服の胸に翼と桜をあしらった航空徽章《きしょう》をつけた姿で、あらためて救難隊の第一線に配属された直後の出来事だった。

陸海空三つある自衛隊の中から空を希望して入隊した隊員の多くにとって、心が空に傾いたのは、航空自衛隊に行けば、ひょっとしたら空を飛ぶ仕事につけるかもしれないという思いがどこかにあったからだろう。航空自衛隊には、飛行機の他にもレーダーサイトやミサイル、補給から消防、気象に至るまでさまざまな分野の仕事が用意されている。しかし、空の自衛隊を選ぶ人間に飛行機が嫌いという者はまずいない。海や船にロマンを感じて海上自衛隊に入るように、空や飛行機への憧れがあるからこそ航空自衛隊に進むのである。そして、ＪＡＬやＡＮＡの旅客機と違って、ふつうの人がその実物を目にする機会は滅多に訪れない戦闘機をはじめ、さまざまな変わり種の飛行機を備える航空自衛隊に入るからには、そうした飛行機のそばで仕事をしたいと考える。飛行機を間近でながめたり、触れたりできる仕事。かなうことなら、飛行機のそばにいるだけでなく、じっさい飛行機に乗って大空を飛べる仕事につけたらどんなにかよいだろう、と思ってはみても、それがごくひと握りの者にしか許されない「特権」であることは、入隊してしばらくするうちに隊員たちにも呑《の》みこめてくる。

これが海上自衛隊であれば、艦船の定員はもっとも小さいミサイル艇でも十一人、千トンを越える護衛艦なら百人や二百人はざらである。新人の隊員にとって、船に乗りたいという願いは、かなえるのがさほど難しいというものではない。それどころか、艦船の大半が現実には定員割れしている。頭数が足りないくらいなのである。

これに対して飛行機は乗り組むクルーの数が極端に抑えられている。パイロット教育に使う練習機をカウントしないで、航空自衛隊が任務のため保有している戦闘機、警戒機、輸送機、ヘリコプターなどは、合わせても五百機程度にしかならない。このうち七割以上は、パイロットしか乗りこまない戦闘機が占めている。となると、一般隊員にもクルーとなるチャンスがひらかれている飛行機は、輸送機や救難ヘリ、捜索機とごく一部に限られてしまう。艦船の場合はその大きさに準じて乗り組む隊員の数も増えていくが、飛行機ではどんなに図体《ずうたい》がでかくてもクルーの人数は小型機と大して変わらない。航空自衛隊が持っている最大級の輸送機は、ハーキュリーズの愛称で知られ、四発のプロペラを備えたC130だが、YS11よりひと回り大きいこの旅客機なみの飛行機でも、パイロット以外の乗員は、機上無線員に加えて、機内に積み込む貨物の荷役にあたったり搭載のバランスを考えたりするロードマスター、空中輸送員の三人どまりである。空の上を「職場」にできる一般隊員は、パイロットの数をはるかに下回り、航空自衛隊全体の中で百人のうちわずか一人にしか過ぎない。文字通り一パーセントの存在なのである。語弊を承知で言い切ってしまえば、残りの九十九人は地上にいて、空に上がったたった一人のために、縁の下の力持ちに徹して、彼が無事任務を果たして地上に戻ってくるのをあらゆる面からサポートしているわけである。

その一パーセントになる、もっとも確実な方法が、メディックをめざすことである。空中輸送員や機上無線員も空の上を「職場」にできる職種だが、これは輸送や通信の仕事にすでに携わっている隊員の中から選抜が行なわれる。違うセクションにいても、志願して試験や訓練にパスすれば、資格が得られるというわけではない。そうした公募のシステム自体がないのだ。

一方のメディックは年に一回、航空自衛隊の全部隊に向けていっせいに募集が行なわれる。パイロットと同じく、門戸というよりは人ひとり通るのもやっとなくらいの狭き扉だけれど、とりあえず一定の条件を満たす隊員である限り、誰に対してもひとしくひらかれている。その条件とは、二十五歳以下で、階級が三曹又は空士長、航空身体検査に甲種合格していることなどである。

荒れ狂う海の上だろうと雪山の急斜面だろうと、メディックは、ヘリから吊《つ》り下げたワイヤー一本に命を託し、文字通り身ひとつで遭難者を救出する。彼らの合い言葉は、“THAT OTHERS MAY LIVE”だが、まさに、他を生かすためにメディックはいる。映画の中ではっと息を呑むような数々のスリリングなシーンを演じてみせるシルベスタ・スタローンも色褪《いろあ》せて見えるほどの、そうした彼らの勇姿に憧れて、メディックを志す人は多い。

浜砂曹長が現在所属している救難隊で最年少のメディック、山崎三曹は、自衛隊に入りたての頃《ころ》は、昼日中でも太陽の光がいっさい差しこまないレーダーサイトの暗がりの中で、はるか海の彼方《かなた》から日本に接近してくる航空機の監視をつづける仕事についていた。房総半島の突端から少し内陸に入った、三百メートルほどの小高い山が連なっている地帯に、峯岡《みねおか》山という、地図帳にも載っていない小さな山があるが、山崎三曹が勤務するサイトはこの峯岡山の頂きにあった。標高こそさほど高くないものの、このあたりの山々は樹木がびっしりと隙間《すきま》ないくらいに密集し、しかも崖《がけ》や谷が深く地形を切り込んで、容易に人が近づけない荒々しい剝《む》き出しの自然を残している。車を一時間ほど走らせて半島を反対側に降りていけば東京湾に沿ったベッドタウンが広がっているとはとても思えない。その地形がいかに複雑で変化に富んでいるかは、自衛隊屈指の精強さで知られる習志野の空挺《くうてい》団が、ここを、レンジャー訓練の中でももっとも苛酷《かこく》な山地訓練の舞台として使っていることからもうかがえる。

年の瀬もいよいよ押し詰まってくると、この峯岡山サイトの隊員たちにはちょっと遅めのクリスマス・プレゼントが贈られることになっていた。いつものようにレーダースコープをのぞきこんで、周辺空域を飛ぶ航空機の機影を追っていた隊員が、来たぞ、と、空からサンタがやってきたことを知らせる。スコープ上には、緑色に光る輝点《ブリップ》が三つあらわれ、円い画面の中心をめざしてまっしぐらに接近してくる。

「二時の方向、三機編隊だ。あと一分で上空に到達する」

監視員の合図で、アラート要員を残してサイト内にいた隊員の全員が建物の外に飛び出し、北東の空を見上げる。まだ姿は見せないが、遠くの空の下から雷鳴のようにあたりの空気を震わせて轟音《ごうおん》が聞こえてくる。そして監視員の言った通り、きっかり一分で編隊は上空に姿をあらわした。

ついさっきまでは黒い点のようにしか見えていなかった編隊が、一気に機影を大きくふくらませて、どんどん前方に迫ってくる。サイトに近づくにつれて、編隊は急速に高度を下げはじめた。恐らく対地高度ぎりぎりまで降下しているのだろう。そして、隊員たちが見上げているそのすぐ上空を通過するあたりで、三機はいきなり機体をくるりと百八十度回転させて、背面飛行のまま、すさまじい衝撃波と爆音を地上に叩《たた》きつけて、飛び去っていった。山崎三曹の眼にも、引っくり返った戦闘機のコックピットの中で逆さ吊りになったように地上に頭を向けているパイロットの姿がはっきりと見てとれるほどだった。背面飛行に入った瞬間、山崎三曹や同僚の口からは思わず、「すげえー」といった感嘆の声が迸《ほとばし》っていたが、それらはすべて戦闘機の爆音にかき消されてしまった。

編隊と言うと、ふつうは、15なら15同士、ファントムならファントムと、同じ機種の飛行機がフォーメーションを組むものだが、サイトの上空にやってきたのは、ちょうど空にVの字を描くように、両サイドにF4ファントム戦闘機二機を従えて、F15が先陣の一番機をつとめるという異色の組み合わせだった。

戦闘機は、群れをつくって獲物を求める狼《おおかみ》のように編隊を組む。一機だけでむやみやたらと敵を追うよりは、仲間と連係プレイをとりながら敵を追い詰めていった方が確実だし、万一、獲物を追尾しているさいに、別の敵に後方から攻撃を仕掛けられても、仲間が反撃に打って出るチャンスがある。つまり編隊飛行では、味方同士で連係をとることが何より求められるわけだが、そのとき仲間の飛行機が性能や特性の違う機種では困るのである。もちろん、違う飛行機同士でも、パイロットの腕が確かなら、隊形を崩さずに一糸乱れぬ飛行をするくらいはできる。だが、かんじんの空中戦の場では、性能の劣る飛行機が仲間の足を引っ張って、へたをすれば共倒れということにもなりかねない。要するに編隊を組む意味がないのである。

にもかかわらず、通常の訓練ではむろんのこと、観閲式や基地の航空祭で行なわれる飛行展示といった特別のデモンストレーションの場でもめったに目にすることのない、異なる飛行機同士の編隊が組まれたのは、この編隊によるフライトこそが、峯岡山サイトに勤務する隊員たちへのプレゼントだったからである。

三機の戦闘機はいずれもサイトから北へ百四十キロほど行った茨城の百里基地を飛び立っている。太平洋に沿って南北に伸びた千葉の九十九里浜よりさらに広いということから百里原という地名がつけられたこの地には、その謂《いわ》れ通りのだだっ広い平地を利用して、戦前から軍の飛行場がおかれ、昭和四十一年、航空自衛隊の基地がひらかれると、F104戦闘機が配備されて、首都圏にあるただ一つの戦闘機基地として、首都防空の任にあたる近衛《このえ》部隊と位置づけられるようになった。

百里を、首都の空を守る実戦部隊とするなら、峯岡山サイトは、正月もクリスマスもなく一年三百六十五日、昼夜を分かたずレーダーで首都圏の空に睨《にら》みをきかせている監視部隊である。そしてまた、戦闘機にとって、サイトのレーダーは欠かすことのできない存在でもある。戦闘機が空中戦訓練を繰り広げるさい、サイトに配備された大型レーダーは、戦闘機に内蔵されたレーダーがカバーしきれない広範囲に散らばった敵味方の複雑な動きや、とっさの判断をつねに迫られているパイロットだけでは見落としてしまいがちな、言わば死角となるような範囲の状況を、防空指令所に陣取ってパイロットのナビゲーター役を果たす要撃管制官に逐一知らせて、敵を攻撃するのにもっとも適切なコースに戦闘機を誘導する「眼」となっている。防空識別圏に急接近してくるUNKNOWN、国籍不明機の存在を真っ先にキャッチするのもサイトだし、スクランブルで飛び立った戦闘機の求めに応じて目標の位置を教えるのもサイトの仕事である。サイトの助けがあるからこそ、戦闘機は上空で存分に飛び回れる。

そうした日頃から世話になっている峯岡山のサイトに、一年分の感謝の気持ちをこめて、百里のパイロットたちが贈ったプレゼントが、F15、ファントムという異色の取り合わせによるこの日の編隊飛行なのである。サイトの真上でいきなり背面飛行に入って、地上の隊員たちを、あっと言わせるような見せ場をつくったのも、彼らへのサービスだった。

フライ・バイ、それがこの粋《いき》なプレゼントにつけられた名前である。呼び名があるくらいだから、かなり以前から行なわれていて、峯岡山のサイトでは年末を締めくくる恒例行事のようになっていた。しかし恒例行事という割りに、フライ・バイはサイトの隊員の間で根強い人気を保っている。クリスマスの喧騒《けんそう》が収まり、御用納めの時期が近づいてくると、そろそろだな、とフライ・バイのことが話題にのぼりだす。

狙《ねら》いを定めた鷲《わし》のように猛然と急降下してきた戦闘機が、サイトのドームをかすめるように頭上すれすれを飛んで、一瞬のうちに空の彼方へ去っていく。予想以上の圧倒的な大きさで視界の中に迫ってくる戦闘機に、見ている人は思わず首をすくめてしまう。鼓膜が突き破られるのではと思うくらいの暴力的な爆音、そして、体の底から揺さぶられるような衝撃波。映画やバーチャルリアリティのゲームでは決して味わえない迫力である。何度体験しても体内のアドレナリンがかきたてられる。しかも、百里のパイロットたちはサイトの隊員を飽きさせない工夫を凝らしていた。毎年同じ出し物では芸がないと、そのたびに趣向を変え、違ったアレンジの編隊飛行を見せてくれるのである。たとえば、F15がファントム二機を従えていたその翌年には、15、ファントムに、RFと呼ばれる偵察機を加えた新たなトリオで隊員の前に登場する。RFは機体こそファントムとまったく同じ形をしているが、翼や胴体を、迷彩服のような緑や茶色の縞《しま》模様で染め上げている。灰白色一色だけの塗装を施した戦闘機タイプのファントムとは、見た目がまるで違う。この三機が揃《そろ》い踏《ぶ》みをするように横一列にならんで飛んでくるかと思えば、頭上でアクロバットまがいの飛行をみせたりする。

サイトの隊員に楽しんでもらうためにだけ演出された、プレゼントとしてこれ以上、贅沢《ぜいたく》で気の利《き》いたものはない、迫力満点の編隊飛行に感動して、隊員の中からは、あらためて戦闘機パイロットをめざそうという者もあらわれている。現に、山崎三曹と一緒にフライ・バイをながめながら、「畜生、見せてくれるなあ」と興奮した口ぶりで話していた二人の後輩が、一念発起して航空学生を受験する勉強をはじめ、難関をくぐり抜けてパイロットへの切符を手にしている。一人は念願かなって警戒管制機E2Cのパイロットになり、もう一人もパイロットの教育コースに乗って、訓練を重ねていたが、T1と呼ばれるジェット練習機を操縦しているとき、出力低下を起こして訓練場内に墜落、夢を果たせぬうちにその途上でこの世を去っている。それが結果として吉と出たのか凶だったかは別にして、少なくともフライ・バイが、二人の隊員の人生を変えたことはたしかである。そして、山崎三曹もそうした一人だった。

背面から水平飛行に翼をくるりと回転させて、空の彼方に小さくなっていく戦闘機のうしろ姿を見送りながら、山崎三曹は、「飛行機って、やっぱりいいな」といまさらのように思っていた。航空自衛隊に入隊した頃も、むろん、飛行機に乗れればいいな、という思いはあった。だが、そのときは、自分にそんな能力があるはずがないと、はじめから自分自身で「天井」をつくってしまい、どうしたら夢がかなうか、真剣に考えてみようともしなかった。

しかし、フライ・バイは、山崎三曹の中で眠っていた飛行機への憧れを再び目覚めさせた。光とは無縁の穴倉のようなレーダードームに閉じこもったまま、日勤夜勤を繰り返すシフト勤務で、昼と夜がいつのまにかごっちゃになってしまう生活を三年近くもつづけていた山崎三曹の眼には、光あふれる大空を機体をきらめかせながら自由に飛び回る飛行機の姿がなおのこと新鮮に魅力的に映り、心揺さぶられたのだろう。

だが、航空学生を受験する年齢制限は十八歳以上二十一歳未満である。二十歳で入隊して三年目を迎える山崎三曹は年齢オーバーで受験資格がなかった。かと言って、パイロットになる道が完全に断たれたというわけでもない。ふつうの大学から自衛隊に入る人のための一般幹部候補生試験を一緒に受けて、幹部候補生学校に入り、その間に、適性を認められてパイロットをめざすコースに乗るという方法なら、まだ三、四年の猶予《ゆうよ》があった。むろんその場合は、最初のハードルである幹候生試験にパスするようにまず大卒程度の学力を身につけるところからスタートしなければならない。しかし、通信制の大学に入るにせよ、独学で一般教養や専門科目を勉強するにせよ、サイト勤務をつづける傍らでは、三、四年という時間も決して長くはないはずである。だいいち机に向かうことが苦手な山崎三曹には、とてもそこまでの勉強をやり抜く自信はない。となれば、パイロットへの道は断たれたも同然だった。

しかし、彼は格別気落ちしたふうもなく、むしろ側《はた》からは、痩《や》せこけた体に目をぎらぎらさせて気力だけが充実しているように見えただろう。実を言えば、山崎三曹の中では、すでにパイロットへのこだわりはなかった。というより、空への思いは、パイロットではなく、別のものに向けられはじめていたのである。

航空自衛隊に入隊してまだ十日とたっていない頃、新隊員教育が行なわれていた埼玉の熊谷《くまがや》基地で地元の住民たちも招いて「桜祭り」という基地祭が開かれた。ふつう基地祭と言うと、その基地に配備されている飛行機が上空で息のぴったり合った編隊飛行をみせて観客を楽しませてくれるが、熊谷には、新隊員の研修や隊員向けの専門教育が行なわれる学校施設しかないため、近くの百里基地から飛行機がわざわざ出張してきて、さまざまな「芸」を披露するのである。

自衛隊の一員になったとは言え、まだまだ自衛隊の見るものすべてがもの珍しい山崎三曹は、仲間の新隊員とともに、基地祭を訪れた家族連れやカメラを手にした航空マニアの人垣に混じって、目を輝かせ時折歓声を上げながら、戦闘機によるデモ飛行を見物していた。やがて基地の上空に大型のヘリコプターが姿をあらわした。

ヘリは、バリバリと空気をかきむしるような轟音《ごうおん》を立ててローターを回転させながら、一点で静止をつづけている。そのヘリの横腹についた扉がひらくと、ロープが地面に投げ落とされ、オレンジ色の飛行服を着た隊員が背中を外に向けて扉の際《きわ》に立った。隊員は体を反らして、ほとんど全身を機外にさらしている。次の瞬間、反動をつけて身を躍らせるように隊員の体が勢いよく空中に飛び出した。両足を浮かせた恰好《かっこう》の隊員はロープをつかんだ手だけで宙に泳いでいる自分の体を支えている。そして、器用にバランスをとってロープを伝いながら、まるで滑るようにして降下をはじめ、一気に地面に降り立った。隊員が着地をすませると、それまでじっと息を殺して、空から舞い降りてくる隊員の動きを見守っていた観衆の間に、ふっと肩の力を抜く気配が広がり、拍手や歓声が湧《わ》き起こった。

だが、見せ場はこれだけではなかった。負傷者にみたてた男を抱きかかえるようにして、ワイヤーでヘリに吊り上げられたかと思うと、再び地上に降りて、今度は負傷者役の人間に人工呼吸の応急手当を施してから、担架にくくりつけ、両手を振って上空のヘリに吊り上げのGOサインを出してみせる。

　ワイヤーとロープ以外、何の道具も使わずに、身ひとつで地上からの救出を鮮やかにやってのけるその度胸と技。「ランボー」を地で行くような、体を張ったメディックの勇壮な姿をはじめて眼にして、山崎三曹は、熱い興奮が電流のように体の中を走って全身が震えるのを感じた。「桜祭り」が終わったあともしばらくの間は、オレンジ色の飛行服が瞼《まぶた》の裏に灼《や》きついて、その残像がなかなか離れなかった。しかし、その時点では、オレンジ色の服を着た男たちのことを、憧《あこが》れるというより、自衛隊にはすごい人たちがいるんだと、自分には及びもつかない、はるか遠い存在のようにしか思っていなかった。

　それから三年近くが過ぎ、大空に舞うフライ・バイを見て、再び空に心揺さぶられた山崎三曹の中で、メディックは、遠い存在から攻略すべき目標へと姿を変えていた。空を職場にするにしても、パイロットより、身ひとつのメディックの方がはるかに自分の性に合っている。机に向かうことは苦手でも、体を鍛えることなら、自分にもやり抜けるかもしれない。そう思えたのである。

峯岡山のサイトには、バーベルや腹筋用のベンチプレスを備えた簡単な運動施設がある。とりあえずそこが山崎三曹のトレーニング場となった。勤務を終えたあとはむろん、休みの日でも、同僚とつるんでパチンコを弾《はじ》きに出かけたり縄のれんをくぐることもせず、彼はサイトに上がって、黙々とバーベルを上げつづけた。サイトの勤務が泊まりの日は、朝八時に、「下番」と言って勤務が明けになり、山から下りてくる。ぐったりとした体を下宿の敷きっぱなしの布団《ふとん》に横たえると、たちまち眠りこけてしまう。他の隊員は夕方になるまで起き出さないのだが、その間も、山崎三曹は睡眠を四時間ほどとっただけで、午後一時には布団から抜け出て再びサイトに戻り、トレーニングに励むのである。

いったん目標をここぞと決めると、がむしゃらに突っ走る性格がそうさせるのか、バーベル熱は昂《こう》じて、サイトの施設だけでは飽き足らず、ついに自ら筋トレ用のマシンからバーベル、ダンベルまで一式購入して、下宿でもトレーニングをはじめたのである。ウエイトトレーニングの入門書や専門雑誌なども読まずに完全な我流のトレーニングである。やればやるだけいいと思って、長いときは一日四時間も六十キロや七十キロのバーベルを持ち上げる。それで体に故障が出ない方が不思議である。しまいには関節が痛くなったり、背中や腰の具合がおかしくなる。二、三日休んで、またはじめるのだが、やはり痛みが残る。それでも山崎三曹は、自分の体をいじめ抜くようにあえてトレーニングのペースを緩めなかった。ウエイトのあとは、五キロ、十キロと日によって距離を変えながら、サイトをめぐる起伏に富んだ山中のランニングを自らに課した。

デビュー戦を前にした新人ボクサーさながら何かに憑《つ》かれたように汗を流す山崎三曹の姿は、やがてサイトでも口さがない隊員たちの話題にのぼるようになった。メディックをめざすにあたって彼が真っ先に相談を持ちかけた上官の小隊長は、筋肉が盛り上がっていく代わりに頬もこけていく山崎三曹の健康面を気づかったり、むしろ積極的にあと押ししてくれたが、職場内の彼への視線は必ずしも好意的なものだけではなかった。「あいつ、あんなことばかりやって、ちょっと変じゃないか」と、冷ややかというより、異形《いぎょう》なものでもながめるように彼を見る隊員も少なくなかった。自分に向けられた視線を、山崎三曹も感じていた。しかし彼はめげなかった。俺にはメディックがあるんだという思いが、一点で彼を支えていた。そんなとき、山崎三曹の眼には決まってあの鮮やかなオレンジ色の飛行服が映っていた。

用があって上官や同僚が山崎三曹のことを捜すとき、仕事場のレーダードームで見当らなければ、下士官のたまり場になっている空曹室や売店をのぞかずに、誰もが迷うことなくバーベルがおいてあるトレーニンググルームに直行した。じっさい彼の姿は、必ずそこにあったのである。

山崎三曹は、メディックをめざすトレーニングをはじめて翌年の受験をわざわざ棄権しているが、それは満を持して受験にのぞみたいためであった。せっかくのチャンスだから受けるだけ受けてみたらという小隊長の勧めにも、「まだちょっと体をつくってる段階なので、もう一年待ってください」と断ったくらいである。しかし、二年目にじっさい受験してみて、さほど筋力を必要としない試験の内容に、何も一年間よけいにトレーニングするまでのことはなかったと、肩すかしを食わされたような感じを味わう。

メディックの試験は毎年春に行なわれる。まず書類選考で全国の各部隊から応募してきた大半はふるいにかけられ、三十人ほどに絞られる。その彼らが小牧の救難教育隊に集められ、二日間にわたる徹底した身体検査、まる一日かけての屋外プールでの泳力試験、さらに知能検査と面接をへて、最終的に六、七人がメディック候補生として残される。

だが、これでただちにメディックへの切符を手にしたわけではない。練習機を操縦しているパイロットの卵と同じで、彼らは単にメディックになるための教育を受ける資格を得られたに過ぎないのだ。教育の途中で不適格の烙印《らくいん》を捺《お》されたら、情け容赦なくコースアウト、首にされてしまう。そのときは、恥を忍んで元の職場に戻るしかない。山崎三曹は、メディックの受験そのものよりむしろ試験にとりあえずパスして本格的な教育課程に入ってはじめて、黙々とバーベルを上げつづけていたあの二年間の雌伏《しふく》が決して無駄ではなかったことを思い知るのだった。その教育というのが、尋常ではないのである。

メディックは、救難降下員というその正式名称が物語る通り、地上からでは容易に近づけない、海や山で遭難した人たちを上空のヘリから降下して救い出すのが仕事だが、助け上げてもヘリで搬送している間に手後れで死なせてしまっては元も子もない。むろん医師ではないから、できることは限られているが、それでも救急車に乗り込む救急隊員と同じ程度には、人工呼吸や止血法、骨折の場合の副え木《そぎ》の仕方などケガの応急手当を身につけておくことが必要である。そこで教育の第一段階は自衛隊岐阜病院で五週にわたって衛生教育が施される。

次は、救難降下の「降下」のマスターである。だが、この手の教育施設もノウハウも航空自衛隊にはないため、メディック候補生は全員、陸上自衛隊の第一空挺《くうてい》団に身柄を預けられ、空挺の新人隊員と一緒に約一カ月間、パラシュート訓練を受けて、最後は基本降下課程修了の実技試験にパスしなければならない。輸送機からパラシュートを抱いて飛び降りるのである。第二のハードルを越えて小牧に戻ってきた候補生の胸もとでは、パラシュートをかたどった真新しいバッジが光を放っているが、教育の本番はここからである。

山崎三曹たちを待ち受けていたのは、基地の屋外プールだった。五月とは言え、プールの水温はたかだか十六、七度である。そのプールにつかって朝から午後まで訓練がつづく。まず立ち泳ぎを三十分、つづいて浮き身と言って、仰向けの姿勢で水面に浮いたままでいるのがやはり三十分、そのあとは二十五メートルの潜水を五本。ここで五分間休憩の合図がかかり、候補生はプールから上がらされる。水に浸かっていたうちはそれほどでもなかったのに、外気に触れたとたん、全身が震え出す。唇は紫色に変色し、歯はまるで制御のきかない機械のようにカチカチ音を立ててひとりでに動いている。やがて五分がたち、教官が、「学生、入水」と号令をかける。プールの水が今度は氷水のように感じられる。毎日五時間のその訓練を一カ月繰り返していると、しまいには「学生、入水」の号令が耳について離れなくなる。山崎三曹は、その号令が夢でまで聞こえてきて、うなされるような気がしてならなかった。

プールでの訓練はなおもつづいた。教官と二人一組のバディを組み、ボンベを一本だけ持ってプールに潜る。教官と交替でボンベのエアーを吸い合うのだが、候補生が吸おうとすると、教官はボンベをプールの端に持って行ってしまう。そのたびに候補生は息をこらえて、ボンベを取り返し、エアーを吸ってから、また元の場所に戻す。四十分の訓練の間、候補生が呼吸を我慢できなくなって一度でも水面に上がってくると、またはじめからやり直しである。

ボンベの次はロープである。両手両足をロープで結わかれて、プールに投げこまれる。だが、教官がプールサイドにいる間は、候補生はロープをほどけない。身動きとれない状態の候補生に教官がいろいろちょっかいを出す。候補生の体に巻きついたロープを上から引っ張って、「お、マグロだぜ。マグロが釣れたぞ」などと馬鹿《ばか》なことを言って騒いでいる教官もいる。だが、候補生は何をされても、逃げてはいけない。苦しくても黙っている。じっとされるがままにしておいて、教官がいなくなったと見計らったとたんに、自力でふりほどく。もうそのときは必死である。一歩間違えば、新聞が、「人命軽視の自衛隊」と鬼の首でも取ったかのように、ここぞとばかりに書き立てそうな事故になってしまう。

だが、メディックがじっさいの救難活動でワイヤーに吊《つ》り下げられ降りていく現場はもっと予測不可能な危険に充《み》ち満ちている。いざというときは救いの手をさしのべてくれる教官もいない。それどころか、助けられることを考えてはいけないのである。他でもない、自分は助けに来たのだから。たよれる者のいない、たったひとりで、嵐《あらし》の海や吹雪の山に分け入ってゆき、その極限状況をどうやって切り開き、自分だけでなく、いやむしろまず、OTHERS、他を生かすかを、冷静にしかし瞬時のうちに考え、作戦を組み立てたら、果敢に断行して、いまや悪魔の化身に生まれ変わった自然という地獄から生還を試みなければならない。試みるのではない。絶対に、サバイバー、遭難者とともに生還しなければならないのだ。それが、メディックに課せられた至上命令なのである。プールで簀巻《すま》きにされたくらいで動揺して、パニックに陥るようでは、メディックの任に堪えないのである。

水を相手にしての訓練が終わると、今度は山地訓練がスタートする。山では少なくとも息ができるから、水の中よりはましだろう、と山崎三曹は同期の候補生と勝手なことを言い合って、その分、気も緩みがちだったが、蓋《ふた》を開けてみれば、「その話をはじめたら、二晩三晩かかっちゃう」ほどの、密度の濃い訓練が待ち構えていた。ひと口に体力の限界と言うけれど、候補生が体験したのは、なりふり構っていられないような辛《つら》さ、きつさであった。隙《すき》があれば、すべてを放り出してこの場を逃げ出したいと何度思ったかしれない。しかし、候補生七人に、監視役の教官が九人、影のようにぴったり従って、目を光らせている。逃げるどころか、手抜きもできない。少しでも楽をしようという素振りが見えたとたん、たちまち叱責《しっせき》の鋭い声が飛ぶ。

昼は、サバイバーに扮《ふん》した、じっさいのパイロットを担架にのせ、その担架をくりつけたロープを体に巻きつけて、バランスをとりながら急峻《きゅうしゅん》な崖《がけ》を登ったり沢を下ったりする。担架に体を横たえているのが、正真正銘のパイロットだと思うと、肩に食いこむロープがますます重たく感じられる。さすがに夜はテントの中で休めるかと言うと、そんな甘くはない。教官たちは山ひとつ向こうにベースキャンプを張るのである。監視の目がないだけに、候補生はその場は安心しきって横になる。ところが、うとうとした頃を狙い澄ましたかのように、ハンディマイクががなり立てる。

「学生っ、学生っ！」

互いにもつれあいながらテントから出てきた候補生に、教官が命令する。

「ちょっと歌が聞きたくなった。いまから谷村新司の『昴《すばる》』を唄《うた》え！」

教官の命令には絶対服従である。なんでこんな夜中に、とうんざりした顔で不平も洩《も》らしたら、またどんなペナルティを科せられるか知れたものではない。山崎三曹ら七人の候補生は横一列に整列すると、しんと静まりかえった暗闇《くらやみ》の山中に向かって、半分やけのようになって唄いはじめた。合唱が終わりテントに入ってしばらくすると、今度は、横になった耳もとで「学生っ、学生っ」と無線機が呼びかけてくる。それの繰り返しである。眠ろうとすると、教官の声が囁《ささや》きかける。要するに、眠らせないつもりなのだ。結局、山崎三曹らはほとんど睡眠らしい睡眠もとれないまま、朝を迎えた。再び担架を吊り、背丈を越えて覆《おお》いかぶさってくる熊笹《くまざさ》をかきわけ、起伏の激しい山間を進まなければならない。背嚢《はいのう》を背負って山道を行くだけでもかなりの負担なのに、ロープで支え持った担架の「負傷者」に気づかいながらの登り下りだから、思うようにははかどらない。しかも、そんなときに限って雨が降り出す。教官が「おまえらにふさわしい天気じゃないか」と憎々しい口をきいても、疲労の極に達した候補生の顔には、もはや何の表情もあらわれない。

最後の訓練は、九十キロの重さのダミーを、二人一組の候補生が担架で持って、山越えするというものだった。山崎三曹たちはよほど雨との相性がよいのか、出発して間もなく小雨がぱらつきはじめ、やがてあたりが煙るようなどしゃぶりとなった。ぬかるみに足をとられ、よろけると、教官がすかさず叱《しか》り飛ばす。だが、叱られても、体勢を立て直せるわけではない。足は相変わらずもつれている。感覚が麻痺《まひ》して、担架を運んでいるのは自分なのに、まるで自分が荷物のように運ばれている感じだった。

夕暮れ近くに最終目的地に到着し、担架を降ろすと、教官がひと言、「状況、終了」

と告げた。そのとたん、眼に熱いものが浮かんできた。うれしいとか、ほっとしたかというより、ただ自然に湧いてきた、と山崎三曹は言う。傍らの仲間を見ると、同じように涙をあふれさせている。すると、恥ずかしいという気持ちも吹き飛んで、堤防が決壊したように大粒の涙が一気に流れ出した。七人の候補生は、互いに肩を組み合い、声を上げて、男泣きに泣いていた。その光景を、教官がカメラに収めてくれた。

十二月の末、救難降下員教育課程の修了式が行なわれた。山崎三曹らの同期は、一人の落伍者《らくごしゃ》もなく七人全員が、メディックの証《あかし》の、翼に桜をあしらった航空士の徽章《きしょう》を授与された。パイロットのウイングマークが、翼をいっぱいに広げた鷲《わし》をあしらっているのに対して、航空士のそれは、鷲をかたどった部分が桜に代わって、その左右に翼がデザインされている。修了式のあと、教官たちが、八カ月にわたる訓練のさまざまなスナップを集めた記念アルバムをつくって、プレゼントしてくれた。写真がなくても、これから一生、記憶というアルバムにしっかり刻みつけられるに違いない、「状況、終了」のシーンも飾られていた。その一枚を見て、山崎三曹たちは思わず顔を見合わせた。

七人が輪になって泣いているそのうしろから、一人の教官が、おどけた顔をのぞかせて、ピースサインをレンズに向けている。感動の一枚は台無しだった。どこまでも人を食ったようなのが、しぶとさこそ身上のメディックなのである。

メディックのバッジを手にするまでの訓練の辛さを、山崎三曹は、「目の前に一億円が詰まったジュラルミンケースを十箱積まれた」ときのことにたとえて、これでもう一度、と頼まれても、ためらわずノーと断わるくらいの辛さだと言う。そして、「あれだけは絶対嫌」とダメ押しのひと言をつけ加えている。そこまでの思いをしてなったメディックである。メディックとしての自覚と仕事への誇りは、側《はた》からは考えられないほど大きく、それだけに、真新しいバッジをつけた新人たちは、「さあ、これから」と強い意気込みを胸に救難の第一線部隊に配属されていく。

二十七年前の浜砂曹長もそうした一人だった。しかし、彼の場合は、その意気ごみに冷水を浴びせるような出来事が、配属先の救難隊で待ち受けていた。着任してまだ満足に荷物もほどかないうちに事故が起こったのである。彦根《ひこね》方面に航法訓練で向かっていた捜索機のMU2が墜落、搭乗していたパイロットの三佐ら四名全員が死亡した。その中には、新人の浜砂曹長のすぐ先輩にあたるメディックも含まれていた。

メディックほんらいの仕事である、「他」を助ける前に、助ける側の身内が事故を起こして、そのために救難隊が出動するという場面にいきなり遭遇した浜砂曹長のショックは大きかった。救難ヘリにしてもプロペラ機の捜索機にしても、救難隊の飛行機には、戦闘機と違って、いわゆるベイルアウト、緊急脱出の装置は装備されていない。飛行機が操縦不能となって、もはや墜落が避けられないことが明らかになったときには、時すでに遅しで、乗員は機内に閉じこめられたまま、まず脱出する暇もない。ほとんどが機と運命をともにしている。ＭＵ２に至っては、錐《きり》もみしながら墜《お》ちていく中でドアを開けるには「運」が必要だが、水平尾翼に激突しないで脱出するには「奇跡」が必要とさえ言われている。扉のすぐ後方に、水平尾翼が、待ってましたとばかりに翼を広げているのだ。機体がコンパクトすぎて、脱出することをはじめから放棄したような構造である。救難隊の事故のさいは、戦闘機以上に、死は逃れられないと言っても過言ではない。

しかも戦闘機は一人乗りかせいぜい二人乗りなのに対して、救難隊の場合、飛行機に乗りこんでいる乗員の数が四、五人と多いだけに、いったん事故が起きると、部隊はぽっかり大きな穴が開いたような状態になる。飛行機に搭乗する、パイロット、メディック、機上無線員で構成される救難隊の飛行班は総勢二十二、三人の世帯である。その中から、つい一時間ほど前まで冗談を言いあい、仕事や家族の話を互いに交わしていた四人の仲間が、不意にいなくなってしまう。飛行班の部屋の中で、四つのデスクだけが、机の上も引き出しの中も、主《あるじ》が飛び立つ前のままに、その帰りをいつまでも待っている。時間がそこだけ永遠に止まってしまったかのようだった。

墜落事故が起きると、部隊は、毎日が通夜《つや》のような重苦しい空気に包まれる。飛行訓練は当分の間、中止となり、格納庫やエプロンまで喪に服すように鳴りをひそめる。隊舎からは笑い声が消え、隊員の口数も少なくなる。そんな空気に浸りながら、浜砂曹長は、空の上を職場にすることの現実を、思い知らされたような気がしていた。救難隊の飛行機といえども、空を飛ぶのだから、墜ちるときは墜ちる。メディックになって早々の事故は、浜砂曹長に、その覚悟をしておくように言い聞かせているかのようだった。

だが、ＭＵ２の事故から二年もたたないうちに、悲劇は、再び浜砂曹長の所属する救難隊を直撃した。一度が二度になったのである。

パイロットは、自分が乗る飛行機を選ぶことができない。アサイン、割り当てられるのである。この飛行機はフラップ故障の「前科」があるから乗りたくないとか、こっちの飛行機の方が自分とはウマが合う、といった選り好みは許されない。セットアップが完了した格納庫の飛行機から順にその日のフライトスケジュールに従って乗る飛行機は決められてしまう。

運命

だから、と、僕の前でF15の操縦桿《かん》を握っている竹路三佐は言うのである。

自分ひとりの力でここまでこられたとは、とてもおこがましくて口にできない。いままで事故にあわずにすんだのも、自分だけの力ではなく、たとえば飛行機をアサインされるさい、事故を起こした飛行機にたまたま当らなかったということも与《あずか》って力あったのである。午前のフライトで自分が乗っていた飛行機が、午後のフライトで墜落し、たまたまその機をアサインされたパイロットが死んでしまうことだってある。

要するに、運も大きいのだ……。

竹路三佐に限らず、戦闘機乗りの多くはある部分、運命論者である。空の上に、自分の力ではどうにもならない、避けられない死が、口を開けていることを、彼らは知っている。同じ飛行隊の仲間が事故にあって死に、そしてこの自分は生き長らえて、いまも空の上にいられるのは、何も空に散った彼らがパイロットとして劣っていたからでも、自分の方が優れていたからでもない。たまたまそうなった、としか言いようのないものもまた、生と死を分かつ力学に働いている。もちろん、だからと言って、彼らが死に対して受け身になっているわけではない。

飛行隊や救難隊のオペレーションルームには、フライトスケジュールや訓練空域の気象概況を書きこむボードの他にもうひとつ、掲示板がかけてある。航空自衛隊の各基地でここ数カ月の間に飛行機に関してどんなトラブルがあったか、そのトラブルの内容から、トラブルが発生したときの飛行機の状態、考えられる原因や当面の対策、さらに教訓として今後他の部隊でも注意を喚起すべき点などについて事細かに記されたレポートが、何枚かこの掲示板には貼《は》ってある。事故と呼ばれるような重大なものだけでなく、計器が異常を示したり点検中に部品に不具合が見つかったといった小さな事柄まで、トラブルと名のつきそうなものは程度の差にかかわらず報告されている。

パイロットが訓練で上空に上がり、嘘《うそ》のように静まりかえった飛行隊のオペレーションルームをのぞいてみると、フライトの予定が入っていないのか、掲示板に貼り出したレポートを熱心にみつめながらノートにとっているパイロットの姿を見かける。あるいは、待機室のソファにくつろぎながら、航空自衛隊が部内向けに発行している、“There I was”という小冊子に読み入っている隊員もいる。直訳すると、〈そのとき、わたしは……〉となるが、これは、航空自衛隊のパイロットが上空でミスを犯して思わずヒヤリとしたことや、勘違いに、はっと気づいたことなど、じっさいに体験したトラブルを自ら告白する、生々しいドキュメントである。

小冊子に発表しないまでも、パイロットたちは日々の失敗を自ら字にしてとどめている。どこの飛行隊でも、オペレーションルームのカウンターか待機室のコーヒーメーカーのそばに、使い古して表紙がすっかりくたびれた一冊のノートがヒモにぶら下げてある。表紙にはたいてい「罰金帖《ちょう》」とタイトルがふってある。上空で何かヘマをやらかしたりミスを犯すと、パイロットは、訓練後のミーティングをすませてから同僚が一服している横で、ひとりこの罰金帖をひろげて、自らの失敗を書きだし、ミスを犯したことへの懺悔《ざんげ》と、事故に至らずにすませてくれた運命の女神への感謝の思いをこめて、罰金の額を書きこむのである。たいがいは金額そのものずばりでなく、五百円なら五十本というように、一本十円あたりの本数であらわしている。罰金をいくらにするか、いちおうの相場らしきものはあるが、最終的にはパイロット自身の判断に任されている。しでかしたミスを重大と考えていれば、自《おの》ずと値段ははね上がり、反対に些細《ささい》なものと思えば、ほんの気持ちという額に落ち着く。罰金は、飛行隊の厚生係をつとめる将校が月ごとに借金取りよろしくパイロットの間を徴収してまわるが、プールされた金は、待機室で隊員が口にするコーヒーの購入代や飛行隊独自でつくるエムブレムの製作費などにあてられる。飛行隊によっては罰金の総額は年間で三、四十万に達するというから、パイロットは自分のミスのために毎年一万円以上を給料から差し引かれている勘定になる。

ある飛行隊の罰金帖を半年前にさかのぼってめくっていくと、罰金の最低額は、五本とか十本、つまり五十円、百円の世界である。たとえば、百円を罰金として納めたR二尉《にい》の告解の内容は、〈女子大生にタマシイ抜かれた〉というものである。ノートに書かれたその文面からでは、夜遊びについ呆《ほう》けてしまい訓練にいま一つ身が入らなかったということなのか、タマシイを抜かれたこと自体が不覚だったのか、かんじんの失敗の中身は勝手に想像をふくらませるよりないが、どうやら上空で何かはっきりとしたミスを犯したというわけではなさそうである。また同じく、百円の罰金を収めた別のパイロットの失敗は、〈M二尉のメシを食べた〉という他愛《たわい》のないものだった。

これに対して、〈計器故障の把握が十分でなかった〉とか、〈編隊長機より先に誘導路への地上走行をはじめてしまった〉など、飛行機の操縦に直接関係したミスには、パイロットたちの一日分のこづかいに匹敵する、千円から二千円の金が払いこまれていた。中でも最高額の罰金は三百本、つまり三千円の値がついている。この最高値のついたミスは二つある。戦闘機は、上空での訓練の模様を一部始終記録するため、機体の下にビデオカメラを備えつけてあるが、三千円相当のミスの一つというのは、よほど他のことに気をとられて、ぼうっとしていたのか、このカメラにテープをセットしていないことにいっさい気づかないまま、飛び立ってしまったというものだった。

　約一時間に及ぶフライトをすませて戦闘機から降り立ち飛行隊のオペレーションルームに帰ってくるパイロットは、上空での「戦闘」の激しさを物語るように一人残らず顔に酸素マスクが食いこんだ跡を赤黒く残しているが、そんな彼らの手にはビデオテープのカセットが握られている。パイロットは、救装室に直行してGスーツなどの装具を脱ぐと、オペレーションルームの隣りにあるVTR室にこもり、たったいま上空で行なった空中戦のシーンを収録したカセットをビデオに入れる。ブラウン管いっぱいに、雲をかき分けながら大空の広がりの中に進んでいく様子がモノクロの画像で映し出される。戦闘機の速度は時速八百キロから九百キロを越えているのに、画面からはひどくゆったりとしたスピードで飛んでいるような感じしか伝わってこない。やがて画面の端に、ぽつんとゴミのような小さな黒い点が見えてくる。それが、「敵機」である。

パイロットは、ビデオを再生しながら、早送りや巻戻し、停止のボタンを何度も繰り返し押しては、追いつ追われつの空中戦を繰り広げる自分の機と「敵機」の動きをあらためて画面上でなぞっていく。そして、双方の機動をいくつかのシーンに分けて図に描き出し、この機動図をもとに、デブリと呼ばれるミーティングの席で、敵味方に分かれて訓練を行なった同僚たちとともに勝因や敗因の分析をする。上空でのフライトも大切だが、地上に降りたからと言って、訓練は終わったわけではない。訓練の意味づけをするのはむしろ地上においてなのである。上空での戦闘シーンをきっちり再現して、問題点がどこにあったのかを突きとめなければ、スキルの向上はありえない。そのためにテープは欠かせない貴重なデータなのだった。テープをセットし忘れたために自分なりの機動図を描けなくなり、結局、かんじんの勝敗の分析も中途半《はん》端《ぱ》に終わったこのパイロットは、罰金の欄に三百本と書いてから、その横に、括弧《かっこ》で囲んだ小さな文字で、ちょっと安いかな、と申し訳なさそうに書き添えていた。

そしてもう一人、自分のミスに最高の値をつけたパイロットは、訓練を終えて基地の上空に戻ってきたときにその三千円相当の失敗をやらかしている。基地に近づくにつれて徐々に高度を下げていった彼の機は、そのままファイナル・アプローチに入らずに、「三六〇度オーバーヘッドアプローチ」と言って、いったん基地の上空で三六〇度旋回してから滑走路に進入することになっていた。その場合、ふつうは、滑走路の先端の上空でパワーを絞りながら、機体を六〇度バンクさせて一八〇度のほぼ水平旋回をさせる。ところが彼は、旋回したあと姿勢を保てずに機首を下げ過ぎるという初歩的ミスを犯してしまった。速度も高度も落としている中だから、一歩間違えば地上に突っ込んでしまう。

神の思《おぼ》し召《め》しか、事なきをえて地上に生還したパイロットは、罰金帖に自分のタックネームと本数を書いてから、〈人に言えない失敗〉としるしている。ところがその下に、別の筆跡で、〈こんなこと、書いてもダメ〉と、仲間のパイロットが止《とど》めの一撃を加えている。恐《こわ》いのは、ここなのである。

罰金帖には、ミスを犯した当人のタックネーム、罰金の本数、ミスの内容を書きこむ欄が設けてあるが、それとは別に、記入者という欄もある。そうした欄がわざわざ設けてあるということは、記入者が、ミスを犯した当人ではない場合もあるということだ。罰金帖は自己申告が原則である。しかし、この程度なら眼をつむってもらえるだろうと、パイロットが自分のミスを書かずにいると、先輩や同僚の中には気を利《き》かせる人間がいて、親切にも上空での「罪状」を暴《あば》いてくれる。もちろん、罰金は記入者の言い値である。法外な額を書かれても、自己申告しなかったことで二重にミスを犯してしまったのだから、当人は文句が言えないのである。

空の上での失敗やトラブルの体験談を集めた小冊子にしても、罰金帖にしても、ミスを自ら認めて、しかも他人の目にさらすということは、本人にしてみれば、パイロットとしての誇りを傷つけられる、それゆえ勇気のいることだが、ここには、人間はミスを犯すものという前提の下、個人の失敗をパイロット全体の共有財産にすることで、失敗から教訓を引き出し、災いを転じて福となすの喩《たと》え通りに、マイナスのカードをプラスに変えてしまおうとする考え方がある。

他の飛行機で起きたトラブルが、いつ自分の飛行機でも起こらないとも限らない。まさか、そんなことが、と首をかしげるような、常識では考えられないトラブルであっても、現実に起こったということは、また起こる可能性を秘めているということでもある。そうしたトラブルの事例を頭に入れておけば、似たような状況に巻きこまれたとき、とっさの事態にうろたえることもなく、冷静に対処することができる。そして、頭に入っているその事例が多ければ多いほど、予測不能な事態への備えは強固なものとなる。他人のトラブルをより多く知ることが、空の上の自分の身を守ることにつながるのである。

いったん空に上がってしまったら、たよれるものは自分しかいない。何かあったとき、あ、そう言えば、これと似たようなケースをどこかで聞いたことがある、などと思い出そうとしても、もう遅いのである。地上にいる間に、事故やトラブル、ミスといったものに敏感になっていて、そうした先人たちの失敗に学び、一つでも多くの対処法を身につけておくことが、トラブルに強いパイロットをつくり、わが身に襲いかかってくるかこないかわからない「運命」のときを、少しでも先へ引き伸ばせる、唯一《ゆいいつ》の自衛手段なのである。

搭乗の時刻を控えて、ほとんどのパイロットはトイレに行って用をすませてくる。パイロットが座れるスペースしかコックピットの広さがない戦闘機はむろん、クルーの他二十人まで収容できる救難ヘリのバートルにも、捜索機のMU2にも、トイレは備えつけてない。上空でどうしても我慢ができなくなったときに備えて、パイロットは、おしっこを入れると化学反応を起こしてそのまま固まってしまうという紙おむつのような袋を飛行服のポケットに忍ばせてあるが、空から「おみやげ袋」を持って帰ってくれば、それでなくても口の悪い先輩パイロットたちの恰好《かっこう》の餌食《えじき》にされることは目に見えている。そんな不名誉な結果を招かないためにも、彼らは、あらかじめ水分を控えたりトイレで出すものを出しておくのである。

編隊を組む先輩や同僚たちとプリプリの通称で呼ばれる訓練前の打ち合わせを終えたパイロットは、救装室で飛行服の上から腹巻きのようなGスーツをつけ、さらに幕帯というベルトを股《また》に通して、装具の身支度をひと通りすませる。そして、飛行機が待つエプロンへ出て行くまでのわずかな合間を縫ってトイレに駈《か》けこむ。これが、冬は、氷点下の海に墜《お》ちたときのことを考えて、ウエットスーツのように体にぴったりフィットした耐水服を飛行服の上からつけなければならない。Gスーツの分を含めると、用を足すのにチャックを三回もおろすことになる。それが面倒で、パイロットはたいてい装具をつける前にトイレに行っておく。

用をすませて、手を洗うために洗面台の前に立つと、鏡の横、ちょうど目の高さあたりの壁に、「脱出！」と大書された紙が貼り出してある。飛行隊によっては、洗面台だけでは飽き足らず、大をすませようと便座に腰をおろすと、その紙がいやでも目に入るように、個室便所の扉の内側にまで貼り出してあったりする。和式トイレの場合は、便座に跨《またが》って腰を落としたとき、やはり顔がくる高さに貼ってある。フライトの直前にトイレに入ったパイロットは、その最中も、そしてトイレットペーパーをくり出すときも、さらに水を流すときも、貼り出された紙と向き合うことになる。

紙には、上空で緊急事態、それも並みの神経の持ち主なら頭に血がのぼり、うろたえて何も手につかなくなるほどの事態に巻き込まれたときの対処手順、ボルドフェイス・プロシージュアが書いてある。「脱出！」とタイトルの打たれた一枚は、F15を操縦していて、どんな状況に陥ったとき、ためらうことなくベイルアウトの非常レバーを引くべきか、として、解消しない火災、一万フィート以下での制御不能、など六つのケースをあげている。

さらに飛行隊によっては、この「脱出！」の紙と対になって、練習機T4のボルドフェイスが貼り出されている。離陸を中止したいときとか、上空でエンジン火災が発生したときなど、十三のケースについての手順が、すべて英語で書かれている。たとえば、離陸時に車輪のタイヤがパンクしたというケースでは、飛行機が停められる場合は、まずスロットルレバーをアイドルの位置に持っていき、その上で、前輪を動かすボタンを押して機を直進させるようにすること、としている。一方、飛行機を停められない場合は、車輪を引っ込めるな、と書いてある。こうした英文の緊急マニュアルを、パイロットは、それこそ寝言にまで出てきてうなされるほど、ふだんから脳の皮質に刻みつけるようにして繰り返し頭の中で唱えている。それは、空の上で彼らが生き残るための、呪文《じゅもん》でもある。

パイロットとしての定年を迎え最後のフライトをすませて飛行機から降りるそのときまで、ボルドフェイスの呪文が彼らの頭から離れることはない。新人の頃は、隊長以下飛行隊のパイロット全員が集合する朝礼の場で、先輩たちから、「燃料系統が故障したら?」「地上で緊急脱出するときは?」と緊急マニュアルについて矢継ぎ早の質問を浴びせられる。答えに詰まって立ち往生していると、たちまち、「そんなこともわからんのか!」と鋭い叱責《しっせき》の声が飛ぶ。うるさ型のベテランから長々と嫌味を聞かされることもある。陸上自衛隊なら小隊長として二十人ほどの隊員の上に立つ、三尉の階級章をつけた二十四、五の男が、先生に立たされた小学生のように、傍目にも気の毒なくらいしょげ返っている。だが、他の先輩たちは一様に、しらっとした冷めた視線で新人が固まっている様子をながめている。このときばかりは、フォローの言葉をかけてくれる後輩思いのパイロットもいない。新人としては、とりあえず先輩の怒りが通り過ぎるのを、ただこうべを垂れて待つしかないのである。新人パイロットたちの間で「魔のエマブリ」と呼ばれ恐れられている、先輩たちのそうしたしごきに耐え抜くためにも、彼らはボルドフェイスを徹底して頭に叩《たた》きこむ。

その点は、どんなにベテランになっても変わらない。離陸や着陸の操作に移る頃になると、そうすることがすっかり体の中にしみついているらしく、自然とボルドフェイスの手順を口の中でつぶやくようになっている。

　呪文を唱えるのに、時と場所は選ばない。トイレとて、その例外ではないのだ。だから、フライトを控えたパイロットが必ず立ち寄る飛行隊のトイレの便器の前に、緊急マニュアルを書き連ねた紙が貼り出してあっても、パイロットにとっては、ちょうど壁にかかったカレンダーと同じで、日々の生活の中に溶けこんでしまっている、ごくありふれた一備品のようなものなのである。

　ふだん「危険」を想定して、それに対して常日頃から備えるということをまずしたことのない一般の人間と違って、彼らパイロットは、ミスやトラブルそして事故への備えを、つねに身近なものとしている。ある意味で、防弾チョッキを上着の下に着こんで、街を歩いているようなものである。にもかかわらず、逃れられない運命というのは、やはりある。そしてこのことは、パイロットだけでなく、同じように空の上を職場にしているメディックにも言えることなのだ。

　戦闘機のパイロットが自分の操縦する飛行機を選べないように、メディックも、訓練や本番のミッションで飛び立つとき、現場に乗りこんで救難活動を行なうヘリのバートルに乗るのか、それとも遭難者の発見に向かう捜索機のプロペラ機ＭＵ２に乗りこむのか、レストランのメニューのように自分勝手に選べるわけではない。救難隊のパイロットの場合は、ヘリとプロペラ機ではライセンスが違うから、ヘリのパイロットが捜索機のMU2を操縦するということはありえないが、メディックはその時のミッションの内容や人員のやり繰り、そして、たまたまとしか言いようのない事情によって乗りこむ機種が変わってくる。どちらになるか、それはまさに神のみぞ知る、なのである。

その日、救難隊のスケジュールボードには、海上での夜間訓練を予定していたバートルとMU2のクルー合計八人の名前が、その乗員のポジションを表すアルファベットの略字とともに書き出されていた。バートルの機長をつとめることになっていたのは若手のT二尉だが、その場合は、〈AC　T二尉〉という具合である。副操縦士ならコーパイだから略字はCP、機上無線員がラジオのR、そしてメディックはQである。メディックになってそろそろまる二年を迎えようとしていた浜砂曹長は、バートルではなく、MU2に乗りこむクルーの一番下に、自分の名前を見つけていた。

「事故」の第一報は、訓練の最中に入ってきた。沖縄の嘉手納《かでな》からアメリカ海兵隊の航空機部隊が駐留する岩国に向かっていた米軍機が、宮崎沖の日向灘《ひゅうがなだ》に墜落、乗員四名は緊急脱出した模様というものだった。浜砂曹長の乗ったMU2とバートルは、ただちに訓練を切り上げて、墜落したとみられる海域に急行した。アラートスクランブルのベルが鳴って、アラート要員として待機していた基地からミッションに出動するのと、通常の訓練を行なっていた途中から急遽《きゅうきょ》事故現場に向かうのでは、やはり心の準備が違う。基地から現場に直行する場合は、はじめからミッション、つまり遭難した人が現実にいて、一刻も早い救助を求めているその渦中《かちゅう》に飛び込むことを前提に待機しているのだから、いつお声がかかってもいいように、装備や身支度などすべての点で準備万端整え、心構えもそれなりにできている。しかし、訓練がいきなり本番に切り替わるということになると、心が波立つというか、気持ちばかりがどうしても先走る。浜砂曹長が乗ったMU2の機内にもそんな空気が流れていた。

月明かりのない暗い夜で、小さくくり抜かれたMU2の窓の外には、空と海の区別がつかない闇《やみ》がどこまでも不気味に広がっている。プロペラの轟音《ごうおん》とエンジンの振動に身をゆだねながら、前に進んでいるという気配のまるでない、闇にとざされた機外をながめていると、その深さの底に吸いこまれていきそうな錯覚を覚える。パイロットにとっては、もっとも緊張を強いられる暗夜の飛行である。

現場とみられる海域に近づいていくと、前方に何隻《せき》かの船の灯火が見えてきた。キャビンに点《とも》った明かりの数からして、いずれもかなり大型の船らしい。付近を航行していた貨物船が米軍機の遭難を聞きつけて、捜索に加わっているのかもしれなかった。

ＭＵ２は、上空をゆっくり旋回しながら捜索活動をはじめた。メディックの浜砂曹長は窓に顔を押しつけるようにして、船の灯火をたよりにあたりに眼を凝らしている。やがて、闇を裂いてひと筋の閃光《せんこう》が放たれ、眩《まばゆ》いほどの光の中に、黒ぐろと皺《しわ》の寄った海面が明るく照らし出された。その海面に救命ボートが漂っているのがくっきりと見える。遭難した米軍機の乗員たちが信号弾を発射したのだった。

目標を確認したＭＵ２の機内からも、浜砂曹長が、機体側面の扉を開けて半身を乗り出し、手にした信号筒や照明筒を、ボートのすぐそばの海面に届くように間合いを見計らいながら次々と投下していく。ボートには四人の人影があった。米軍機は四人乗りと聞いていたから、全員脱出に成功して、どうやら無事でいる様子だった。あとはバートルの到着を待つだけである。

訓練を切り上げて二機が現場をめざしたのは同時だが、ＭＵ２より時速にして二百キロも遅いバートルが姿をあらわしたのは、十五分ほどたってからだった。ＭＵ２があらかじめ投下しておいた信号筒などでボートの位置はすぐにつかめたらしく、バートルは海面に向かって降下をはじめた。ＭＵ２は、千五百フィート、約五百メートルの高度を保ったまま上空を旋回しながら、救命ボートに近づいていくバートルを見守っていた。ＭＵ２のバブルウインドウからのぞきこんでいる浜砂曹長には、バートルがどんな角度から降下しているのかつかめなかった。それでも、バートルに備えつけのサーチライトに照らされた海面は、巨大なローターの回転が立てるすさまじい風圧で白く泡立ち、渦を巻いたようになっている。バートルは、それこそ海面から十メートルと離れていない、ぎりぎりの高度まで降下をつづけているようだった。

突然、すさまじい炎が海面から噴き上がり、バートルの姿が視界から消えた。おや、と思った次の瞬間、眼にしたものが、あの夜からちょうど四半世紀が過ぎたいまも、浜砂曹長の脳裏に鮮明な画像を残している。

黒い海面をきらめかせながら、バートルの機体が、紅蓮《ぐれん》の炎に包まれて火の玉と化している。海水につかっているのだから、火は消えそうなはずなのだが、弱まるどころか、ますます火勢を増して、立ちのぼった炎は海面まで呑《の》みつくそうとしている。それは燃えるなどという生易しいものではなく、炎上と言った方がふさわしかった。

だが、浜砂曹長も、そして機内にいる三人のクルーたちも、先ほどまで訓練をともにしていた同僚たちが炎の中に包まれていくのを、ただ茫然《ぼうぜん》とながめているしかなかった。

「見てるしかないんです、ほんと正直言って……」

定年を二年後に控えて、髪に白いものが目立ちはじめた浜砂曹長は、二十五年前のあの夜をそう語る。

　そして、見ているうちに、恐怖がつのってきた。自分が乗っているMU2までもが、そこだけ炎に明るく照らし出されて黒光りしている海面に誘いこまれそうな気がしたのだ。

　MU2の墜落事故で死んだ先輩の三回忌を間もなく迎えようとしているときに、今度はヘリのバートルが墜落して、またしても同じ釜《かま》の飯を食べている仲間の中から四人の犠牲者が出た。わずか二年の間に一つの救難隊ですでに八人の隊員が命を奪われている。そうそうあることではない。なんでうちの隊だけが、という思いが隊員の間に広がった。

　実は、バートルが墜《お》ちる一週間前には、新しい救難隊長が小牧から赴任したばかりだった。新隊長の下、救難隊の全員が気分のまき直しを図ろうとしていたその矢先に、事故は起きたのである。

　だが、その後のことは、どんなに迷信や霊といった考え方を好まない人間にも、何かがあるのではないかという疑いをつい抱かせてしまうほど、あまりにも不吉な暗合めいた出来事だった。

二度あることは、三度あったのだ。因縁めいた話をすれば、MU2が墜落した一度目の事故は水曜日に起こり、二度目のバートルが炎上した事故は火曜日だった。そして、問題のその日は、再び水曜日、上空から白い天幕が降ろされたようにいちめん薄い粒立った霧にとざされた視界のほとんどきかない中を、MU2は飛び立っていった。

機長席には、バートルの事故の直前にそのポストについた救難隊長のN二佐が自ら座り、コーパイは幹部の一人で安全班長の三佐、機上無線員は救難隊でいちばん若い二十四歳の三曹がつとめていた。飛び立った飛行機に誰が乗りこんでいるか、クルーの顔ぶれをもっともつかんでいるのは、オペレーションルームのカウンターに詰めているディスパッチャーの隊員である。ディスパッチャーは、気象データをチェックしたりタワーと呼ばれる管制塔と連絡をとりあったり、スケジュールボードに訓練に必要な事項を書きこむことなど、飛行管理の庶務の仕事を一手に引き受けている。その隊員は、MU2に乗って機上の人となったもう一人のクルーは、メディックの浜砂曹長だと思いこんでいた。

無理もない。その日の朝礼のあと、隊長のN二佐の口から、フライトが予定されていたMU2のクルーのメンバーが発表されたとき、メディックとして乗りこむのは浜砂曹長と彼の名前があがっていたのである。

ＭＵ２のフライトは、もう二日も前から、つまりその週のはじめから訓練のスケジュールの中に組まれていた。ところが悪天候で飛行機を飛ばせない日が、月、火とつづき、フライトはそのたびに延期となっていたのである。しかしこの日、救難隊が保有するバートルの一機を定期整備のため工場のある小牧まで運ばなければならなくなった。

視界は不良と言っても、霧に加えて雨が降りしきっていた前二日よりは、天気はまだましな様子だった。そこで、隊長が判断して、小牧に向かうバートルのウエザーチェックを兼ね、ＭＵ２を飛ばすことにしたのである。ただ、他の訓練については天候の回復待ちということになった。ＭＵ２のクルーから外れていた残りの隊員たちは、空いた時間を、体力練成の一環としてバレーボールの練習にあてるため、基地の体育館に向かった。

オペレーションルームは、先ほどまでのざわめきが潮が引くように一気に去って、奥の部屋で事務をとっているディスパッチャーの他は人影もない。いったん飛行班のオフィスがある隊舎の二階に上がり、自分のデスクでフライト前のこまごまとした片づけものをしていた浜砂曹長は、そろそろプリブリがはじまる頃かな、と一階にとって返し、オペレーションルームをのぞいてみた。だが、ＭＵ２に一緒に乗りこむはずの隊長も安全班長もそして機上無線員の三曹も、誰一人としてまだ顔をみせていなかった。その代わり、スケジュールボードの前に、メディックの大先輩であるK准尉《じゅんい》の姿があった。

K准尉は、背中をみせて、ボードに黙々と何かを書きこんでいる。フライトに変更でもあったのだろうかと、気になって近づいてみた浜砂曹長は、あれ、と思った。ボードの上から順に、〈AC　N二佐、CP　A三佐……〉と、MU2のクルーの名前が書きつらねてあるリストの中から、いつのまにか浜砂曹長の名前が消されて、代わりにK准尉が、自分自身の名前を、メディックをあらわすQの頭文字の次に書きこんでいたのである。

人の気配に気づいたらしく、K准尉が振り返った。航空自衛隊にメディックの制度ができたときからの一期生、言わば草分けとして、数え切れないくらいの救難活動を手がけ、何度も死地をかいくぐってきたK准尉は、メディックになってまだ二年の浜砂曹長にとってみれば、ほとんど仰ぎ見るような存在であった。にもかかわらず、ふだん浜砂曹長の前では、その圧倒的な経験を笠《かさ》にきて偉ぶったり、実績をひけらかすようなところがまるでなく、むしろ温厚でいつも笑みをたやさない、それでいて頼りがいのある先輩だった。

そのK准尉は、浜砂曹長を認めると、「おれが行くよ」と軽い調子で言ってから、いつものように、にこっと、人のよさそうな笑顔をみせた。

「どうも、おまえ、雨男みたいだからな」

K准尉がそう言うのには、理由があった。天候不良のため、月、火と二日つづきでキャンセルになっていたMU2の訓練だが、メディック以外のパイロットや機上無線員といったクルーの顔ぶれは、フライトが延期になるたびに毎日入れ替わり、ボードに書き込む名前も変わっていたのに、どういうわけか浜砂曹長の名前だけは、この三日間消されずに残っていたのだ。そのことで先輩のメディックやパイロットからは、「お天道《てんと》様はおまえの名前が嫌いなんじゃないか」と皮肉っぽく言われる始末だった。

しかし、いまのK准尉の言い方には、嫌味を言っているという響きが少しもなかった。むしろ、雨男というジョークにしてしまうことで、クルーから外されても大したことではないのだからあまり気にしないように、と大先輩から肩を叩かれたような気が、浜砂曹長にはしていた。

浜砂曹長は、クルーの変更を、上官が下した決定としてすんなり受け入れていた。彼は、K准尉に何一つたずねることもしないで、オペレーションルームをあとにした。しかしそのために、あの飛行機に乗るのが「なぜ」自分ではなく、K准尉だったのか、そして、「なぜ」あのときK准尉は自分の名前を消して、彼自身の名前を書いたのか、「なぜ」は、永遠に答えにたどりつけず、謎《なぞ》のままとなってしまった。

とりあえずフライトがなくなった浜砂曹長は、隊舎のいちばん奥まった位置にある待機室に向かった。他の隊員がバレーボールの練習をしている体育館に行こうか、それとも救難隊からは少し離れているが、基地の司令部近くの乾燥室に行って、落下傘《らっかさん》の整備をしようか、どちらにとも判断がつかず、なんとなくそのまま待機室のソファにもたれて、まるでアラート待機についているように時間を過ごすことになってしまった。どうしてなのかはわからない。ただ、隊舎の外に足が向かなかったのである。

一時間あまりたっただろうか、浜砂曹長はふと思いついたように待機室を出て、オペレーションルームをのぞいてみた。

相変わらずがらんとして人気《ひとけ》のない大部屋に、K准尉の姿はすでになかった。もちろん、隊長のN二佐も、最年少の三曹もいなかった。四人のクルーを乗せたMU2は、どうやら飛び立ったあとらしかった。どうやら、というのは、MU2がいつ離陸したのか、待機室にいながら浜砂曹長はまるで気づかなかったのだ。ほんらいなら聞こえてくるはずの、熊《くま》ん蜂《ばち》の羽音のような、MU2独特のプロペラ音も耳に入らなかった。

だが、MU2の離陸に気づかずにいたのは、浜砂曹長だけではない。オペレーションルームで事務をとっていたディスパッチャーも、いつ離陸したのかはもちろんのこと、隊長らクルーがいつプリブリをすませて、部屋を出て行ったのかさえわからなかった。テーブルを囲んでフライトの打ち合わせをしている四人の姿も眼にしていない。いつのまにか、いなくなってしまったのだ。まるで神隠しにでもあったように……。

結局、生きた彼らの最後の姿を見たのは、エプロンでMU2を見送った整備の機付員だけだった。

オペレーションルームのカウンターにならんだ電話機が、ベルを鳴らしている。鳴っているのが、基地司令部の指揮所とつながっている緑色の電話機ではなく、管制塔と結んだ黒の電話機であることは、その音色からすぐにわかった。ベルはなおも執拗《しつよう》に鳴りつづけている。ディスパッチャーの姿が見えないので、浜砂曹長は駈《か》け寄って受話器をとりあげた。それが、第一報だった。

しかし、まだその時点では、決定的な内容とは言えなかった。MU2が向かった基地北西の一帯は、高い山々が連なっているというわけではないが、ぽつんとそびえた標高千四百メートルの山の裏側は意外に深く、複雑な地形を描いている。急に視界のひらける斜面に出たと思ったら、次の瞬間には、奈落《ならく》の底に落ちていくような谷が深く切れこみ、その隙間《すきま》から滝がしぶきを立てている。管制塔のレーダーの電波や無線が届きにくい地帯でもあった。位置の確認ができないのは、そのせいではないかと、第一報を受けた浜砂曹長自身、事故の可能性はまったくと言ってよいほど考えていなかった。

ところが何分たっても、状況は変わらない。コンタクトがいっさいとれないのである。MU2が何らかの事故に巻きこまれた可能性はしだいに濃厚となっていった。急を聞いて体育館から駈けつけたパイロットやメディックたちで、がらんとしていた救難隊のオペレーションルームは、一気に殺気立った空気につつまれた。しかし、こうしたとき、ほんとうなら状況を示すボードの前にでんと陣取って、浮き足立つ部下たちを無言で静めるように落ち着きはらった態度をみせながら、次々と部下たちに的確な指示を出していくはずの隊長の姿が、欠けている。ぽっかりと部屋の中心に穴が開いたようなオペレーションルームだった。午後になると、パイロットたちは、メンターと呼ばれる単発のプロペラ機やバートルに乗りこみ、悪天候をついて捜索に飛び立っていったが、MU2が消息を絶ったとみられる山の裏側に回りこもうとするところで、厚い霧に行く手を阻《はば》まれて、やむなく引き返すしかなかった。二重遭難の恐れから、捜索は打ち切られた。

その頃、浜砂曹長の自宅でも、電話のベルが鳴っては止《や》み、また思い出したように鳴りつづけていた。家に誰もいなかったわけではない。浜砂曹長とは幼なじみで、高校の頃からなんとなくお互いを意識しあい、どちらからともなく結婚を言い出し、そして彼がメディックになったと同時に、生まれる前からそのレールが敷かれていたかのように一緒になったという、妻が、留守を預かっていた。ただ、はじめての子供を身ごもっていた彼女は、ひどいつわりで、布団《ふとん》から起き上がることさえかなわなかったのだ。

しかし、そんなことなどお構いなしと言わんばかりに、電話は鳴りつづけた。そのうち今度は、玄関のチャイムが加勢をしだした。十分おきくらいに、ピンポーンと鳴るのである。ベルとチャイムの波状攻撃である。

さすがに、彼女は、おかしいと思いはじめた。妙な胸騒ぎがする。夫の身に何かあったのかもしれない。いったんそう思うと、いたたまれなくなった。

再びチャイムが鳴ったとき、よろけるようにして起き上がった彼女は、むかつきをこらえながらやっとのことで玄関のドアを開けた。メディックの先輩の奥さんたちが数人、心配そうな顔で立っている。救難隊から電話が入り、浜砂曹長の家族と至急連絡をとりたいというのである。

あとになってわかったことだが、浜砂曹長の自宅に電話をかけてきたのも、先輩の奥さんたちに伝言を頼んだのも、ディスパッチャーの隊員だった。K准尉がボードの名前を書き替えたことを知らなかった彼は、浜砂曹長が予定通りMU2に乗り組んだものとてっきり思いこんで、とりあえず事故の一報を入れようとしたのである。

それが勘違いとわかるまで、妻にとっては長い一日だった。もしも、に備えて、あわてて布団をあげ、部屋を片づけて、髪を整え、身繕いをした。もちろん浜砂曹長は、大きなおなかを抱えた妻が家の中で不安と焦燥にひとりさいなまれていようとは考えもしなかった。彼の頭にあったのは、運命の不思議である。あのとき、なぜ、という思いは、彼の中からいつまでも消え去りそうになかった。

あのときのK准尉の年齢をはるかに越えた浜砂曹長は、いまでも時どき、自分と死に場所を入れ替わった先輩の夢を見る。夢の中の先輩は、昔のままに穏やかな表情でいつも笑っている。

第四部　選ばれし者

飛行教導隊の面々

赤旗

かつて世界の半分を暗幕のようにすっぽりと覆《おお》い、人々の間に、崇拝と恐怖、共感と嫌悪《けんお》という、まるで正反対の反応を呼び起こしてきた、鎌《かま》とハンマーをあしらった赤旗は、それがシンボライズしていた国家の消滅とともに、骨董品《こっとうひん》としての価値すらない、ただの布切れと化してしまった。赤の広場や東京狸穴《まみあな》の空に翻《ひるがえ》っていた赤旗も、ポールから引きずり降ろされ、代わって共産主義との訣別《けつべつ》を宣言するかのように、帝政ロシアと同じ白、青、赤の三色旗が掲げられている。

過去の国、ソビエト社会主義共和国連邦の国旗だったこの旗を見かけるのは、せいぜいがロシア国内にしぶとく根を張っている共産党の支持者たちがねり歩くデモの場くらいである。国旗としての資格を剝奪《はくだつ》された旗は、その旗が物語っていた力があまりにも強大であっただけに、かえっていまは、失脚して地位も名誉も財産もすべてを失ない、失意の余生を送るかつてのソビエトの指導者の姿のように、どこかもの哀《がな》しい。

ところがこの国籍を失なった赤旗が大きく飾られている場所が、日本に一カ所ある。

航空自衛隊新田原《にゅうたばる》基地である。

宮崎空港から国道十号線を北へ四十分あまり、道の両端に植わったフェニックスの並木やその木々の隙間《すきま》から豊かな量感をたたえて青々と広がっている太平洋をながめながら行くと、高鍋《たかなべ》という国道沿いの小さな町の背後にこんもりとした丘が見えてくる。丘と言っても、頂きがあるわけではなく、ちょうど山を中腹からカットしてしまったような、古墳を思わせる形をしている。基地はこの丘の緑に囲まれた中にある。

航空自衛隊の編成表によれば、新田原基地には、F15の二〇二飛行隊とF4ファントムの三〇一飛行隊を擁する第五航空団が配置されている。航空団とは、パイロットと整備員からなる戦闘機部隊をはじめとして、戦闘機の修理や部品の補給にあたる部隊、あるいは滑走路のメインテナンスから基地で働く隊員たちの食事をつくる部隊までが合わさった、要するに戦闘機を基地から飛ばすためのさまざまな機能がワンセットになった組織である。この航空団に、さらにレーダーサイトや地対空ミサイルを装備した高射部隊などがくっついて、航空方面隊という上部組織が形づくられ、これが日本の空を四つに分けてそれぞれの空域の防衛を受け持っている。

航空自衛隊が描く空の守りのグランドデザインをかいつまんで話すと、日本列島の上空をくまなくカバーしたレーダー網が、侵入してきた敵機をまずキャッチし、基地からスクランブル発進した戦闘機が迎え撃つ。ここで撃ち漏らした敵機や発射されてしまった敵のミサイルは、地上からパトリオットなどの対空ミサイルが叩《たた》き落とす。言わば、戦闘機、レーダー、ミサイルを総動員した連係プレイである。いくらF15が優秀な戦闘機であっても、戦闘機だけで敵と戦えるほど現代のハイテク戦は単純ではない。高性能のレーダーが開発されれば、そのレーダーをだます機器やテクニックが生み出されるというように、相手も15と同じくらいに、いやそれ以上にさまざまな最新の装備でこちらの裏をかく戦いに引きずりこもうとする。しかも広い範囲で複数の戦闘機が入り乱れる空中戦になったら、敵機のそれぞれの動きは15に内蔵されたレーダーだけではとても追いきれない。15の死角は、サイトのレーダーをモニターしながら、「北五十マイルにボギー、二七〇《ツーセブンゼロ》に方位をとれ」と地上から指示を出す、コントローラーと呼ばれる要撃指令官が、眼となってカバーする。こうした戦闘場面での連係プレイに直接係わるのが航空方面隊であり、言わばここが空の防衛の第一線なのである。

そして、実動部隊としての方面隊を束ねているもう一段上の組織が航空総隊と呼ばれ、この総隊の司令部が、空からの侵略に際してはじっさいのヘッドクォーターをつとめることになる。府中におかれた総隊司令部の地下には作戦指揮所がつくられていて、どの攻撃にはどの部隊を振り向けるかといった陣頭指揮は、全国各地の戦闘機部隊、レーダーサイト、ミサイル部隊などをすべてつないだコンピュータシステムを通じてここから行なわれる。目標の発見にはじまり出撃、攻撃までの、情報インプット、分析、指示の流れはこのシステムによって一元化され、統一した指揮による即応態勢が形の上では整っているわけである。

南北に走る日本列島の形が大きく描き出された、作戦指揮所の状況表示パネルの前に座って、第一線部隊に命令を下していくのは、航空自衛隊でいちばん位が上とされている航空幕僚長ではなく、制服の肩についた銀色の桜の数がひとつ少ない航空総隊司令官である。かなり乱暴な喩《たと》えだが、部隊を直接指揮するわけではなく、あくまで防衛庁長官を補佐する政治的ポストの航空幕僚長を、湾岸戦争でのパウエルの役回りとしたら、航空総隊司令官はさしずめ野戦服に身をつつんだシュワルツコフとなる。つまり、空の戦闘集団のボスと言うべきは、背広姿の防衛官僚と制服の自衛官が同居する六本木の防衛庁庁舎からやや距離をおいた府中基地にデスクを構える総隊司令官なのである。

新田原の二〇二飛行隊にしても、竹路三佐のいる千歳の二〇三飛行隊にしても、F15やファントム、F1を配備して、いざというときには真っ先に槍《やり》の穂先となって敵に立ち向かう防衛最前線の戦闘機部隊はすべて、それぞれの基地を構える航空団に属し、さらにより大きなブロックごとの方面隊に組み入れられ、その上ではじめて航空総隊につながるというタテ一列の組織図を描いている。総隊司令官を「親」とすると、飛行隊は「ひ孫」の関係にあたっている。

ところが新田原基地には、この組織図があてはまらない例外的な戦闘機部隊がある。組織の構成メンバーは戦闘機パイロットに整備員と、他の飛行隊とまったく変わらないのに、同じ新田原基地にいる二〇二や三〇一とは違って、航空団に属さず、いきなり空の戦闘集団のボス、総隊司令官と「親子の関係」をとり結んでいる。司令官直《ちょっ》轄《かっ》という奴《やっ》である。

一つのセクションをタテ割りの組織からはみ出させて、トップの直轄にするというのは、自衛隊に限らず民間の企業でも何か特別な理由があってのことである。たとえば、天皇や首相、国賓クラスの要人が移動するときに使うヘリコプターは、陸上自衛隊のヘリでありながらわざわざ人目につくように機体をブルーと白の明るい色合いにしている。対戦車ヘリや偵察、兵員輸送用のヘリが、木々の緑にまぎれるような迷彩色の塗装を施しているのとは、かなり趣きが違う。このＶＩＰ輸送を受け持っているのが、木更津の第一ヘリコプター団である。部隊の所在地からすれば、ほんらいは関東甲信越をエリアにした東部方面総監部の指揮下に入るところだが、そこからはずれて防衛庁長官に直接つながる部隊となっている。長官直轄にしたのは、皇族や賓客を運ぶという首相官邸がタッチするような政治的色彩の強い任務の性格上、間によけいなセクションをはさまない方が、秘密が保てるし、臨機応変の対処ができるからである。

当然、航空総隊司令官の直轄部隊も特殊な任務をおびている。その一つ、三沢基地にベースを構える警戒航空隊は、空飛ぶレーダーサイトと呼ばれる早期警戒機の部隊である。二十年あまり前、ソ連防空軍の戦闘機MiG《ミグ》25フォックスバットが日本の領空に侵入してきた。ところがミグは、燃料を節約しながら何とか距離を稼ごうと高度を思い切り下げ海面すれすれを飛んでいたため、航空自衛隊のレーダー網は、いったんはミグの機影をキャッチしたものの、すぐに見失ない、侵入機が函館空港に強行着陸するまでその行方をまるでつかめなかった。いや、ミグが現に函館に着陸してからも、自衛隊サイドは、予想もしなかった展開に、侵入機などいるはずがないとその事実をなかなか信じようとはしなかったのである。「敵」の目をまんまとごまかして白昼堂々「敵地」へ乗りこみ、最終的にアメリカへの亡命を果たしたパイロットの名前をとって、ベレンコ事件と名づけられたこの領空侵犯事件は、自衛隊のレーダーが超低空で向かってくる相手にはいかに無力であるかを図らずも見せつけた。

というより、この場合は、レーダーのアキレス腱《けん》とも言うべき弱点を衝《つ》かれてしまったのである。レーダーが発している電波というのはもともと直進性を持っている。これが物体に当ってはね返ってくる反射波からレーダーは目標を捕えることができるわけだが、レーダーが山の上など高い場所に設置されていると、上空の目標はキャッチできても、地球の円い外周に沿うように水平線の彼方《かなた》から海面すれすれに飛んでくる飛行機の機影は捕えられない。そして、航空自衛隊のレーダーサイトは、ベレンコ中尉《ちゅうい》のミグをキャッチできなかった奥尻島のサイトのように、周囲にさえぎるもののない孤島とか人里離れた小高い山の上を選んでつくられている。レーダーそのものの欠陥ではなく、むしろレーダーの避けられない盲点にまで網をかぶせるように、防空システムがつくられていなかった点が問題なのである。いずれにせよ、空の守りにスキがあったことは、逃れようもない事実であった。

もしミグの編隊が日本海を越えてやってきたとしても、海面すれすれを飛んでいる限り、その接近は誰からも気づかれない。自衛隊がスクランブルをかけたときには、北海道の空はすでにミグに覆いつくされているということになる。何のために高い金をつぎこんで、レーダー網やコンピュータを駆使した防空システムをつくったのか、自衛隊の目は節穴か、と非難の鉾先《ほこさき》は、日本の空を守りきれなかった航空自衛隊に向けられた。全国をネットした有事即応システムがどんなに最先端を行くものであっても、最初の入口の段階でレーダーが目標を捕えてくれない限り、肉眼で識別できるようになるまで、低く静かに接近する目標は存在しないことになってしまう。レーダーに映っていないミグが函館にいるはずがないと、そこにある現実よりシステムの中の現実を信じようとした防衛関係者たちに、たった一機の侵入機の出現は、「敵」はつねにこちらの虚を衝《つ》く形でやってくることをあらためて思い知らせたのだった。

この苦い経験から、地上レーダーがカバーできないエリアを空を飛びながら監視できるように、高性能の捜索レーダーを備えた警戒機の必要性が叫ばれ、警戒航空隊の新設が検討される。

ところが、その矢先に生臭い事件が持ち上がるのである。数百億単位の巨額の金が動く航空自衛隊の航空機や防空システムの導入をめぐっては、アメリカのメーカーと代理店の日本商社が入り乱れての激しい売り込み商戦が繰り広げられ、そのたびに黒い噂《うわさ》が立って、渦中《かちゅう》にいた関係者の自殺が相次いでいた。パトリオットの一世代前の地対空ミサイル、ナイキ・ホーク問題では防衛庁装備局長が自殺し、それから半年もたたないうちに、防空システムのバッジ導入をめぐる不正で空幕防衛課長の一佐が逮捕されると、その三日後には、一佐の上司だった空将補が玉川上水で入水《じゅすい》自殺を遂げている。

そしてこの早期警戒機の導入のさいも、メーカーから政府高官に賄賂《わいろ》が流れたという疑惑が浮上し、東京地検が捜査に乗り出すが、核心を知っているとみられた代理店の商社の重役が投身自殺をとげたことから謎《なぞ》の解明は進まずに、事件は迷宮入りになってしまう。

その間も、警戒航空隊を設けるかどうかの検討作業は部内で進められ、防衛庁が今後五年間に行なう主な業務計画として発表した「中期業務見積り」の中で、はじめて部隊の新設が公《おおや》けにされる。地検が疑惑捜査の終結を宣言した二カ月後のことである。そして肝心の早期警戒機には、賄賂を贈ったと疑われていたグラマンのE２Cが選ばれる。

たった一機のミグにいいようにされるという、航空自衛隊にとってこれ以上はない屈辱的な経験をきっかけとして生まれ、機種選定のさいには疑惑のただ中にまで巻き込まれてしまう。その意味で数奇な運命に弄《もてあそ》ばれた警戒航空隊は、最初のベレンコ事件からちょうど十年をへてようやく正式発足する。どんなに欠陥が指摘されても、さまざまな壁に阻《はば》まれて、教訓を生かすのに時間がかかる点は、日本の役所はどこも同じだが、自衛隊の場合、それがことの外、長いのである。

茨城の百里基地に、偵察航空隊という部隊がある。配備されている飛行機はファントムだが、戦闘機ではない。兵器や兵器をコントロールするシステムをすべてとり外し、代わりに赤外線カメラ、パノラマカメラなどの特殊カメラを搭載した偵察機に改造されている。有事には、このファントムが上空から敵勢力の様子を細かく撮影して情報収集にあたることになるが、雲仙普賢岳《ふげんだけ》の火砕流といった災害のさいでも、陸路では容易に近づけない現場の上空を飛んで被害状況の把握に力を発揮している。ここも、総隊司令官が自分の持ち駒《ごま》としている部隊である。

警戒航空隊にしてもこの偵察航空隊にしても、いずれも「情報」を扱っている。空の全戦闘部隊を指揮する総隊司令官が府中の作戦指揮所に詰めるときは、ボスの目や耳代わりをつとめるわけである。そして、新田原基地にある司令官直轄部隊もまた、特殊な装備の航空機がおかれているわけではないが、ある意味で「情報」と深いかかわりを持つセクションなのである。

新田原基地のゲートをくぐり、いかにも南国宮崎の地らしくフェニックスが所どころに長い影をつくっている構内を歩いていくと、急に視界が開けて、滑走路の平坦《へいたん》な広がりがはるか先の方までつづいている。滑走路の手前のエプロンには、F15とファントムが、エンジンをスタートさせたときの耳をつんざくようなパワーからは想像もつかないほどにひっそりと機体を横たえている。戦闘機は、所属する飛行隊の隊舎と格納庫の前に六機ずつが向き合う恰好《かっこう》で整然とならんでいる。

三〇一、二〇二の両飛行隊の敷地は隣り合っているが、そこから少しはずれたところにもう一つ、ひときわ大きな格納庫が立っている。格納庫には、側面からはめこんだようにして二階建ての建物がくっついている。ふつう飛行隊の隊舎は、エプロンに面して正面の入口があり、ここに飛行隊の名前を大きく墨で書いたぶ厚い木の看板がかかっている。ところがこの格納庫とワンセットになったような建物の、少なくとも歩いてすぐ目につくような一階部分に、そうした看板は見当らない。

看板はないけれど、妙なものが下がっている。妙というより、はじめて目にする人は、ぎょっとするに違いない。毒気にあてられて、眉《まゆ》をひそめる人もいるかもしれないし、悪い冗談だな、と苦笑する人もいるかもしれない。

建物への入口は外階段を上がった二階にあるのだが、その上がり口のところに、あたりを睥睨《へいげい》するようにして「ドクロ」が飾ってあるのだ。しかもドクロは、建物の壁面にとりつけてあるわけではなく、階段の上がり口のわずかなスペースを囲む手すりの外枠に、何かの標識のようにして下げてあるため、特別この建物に注意を払おうとしなくても近くを歩いていればいやでも目に飛びこんでくる。だいいち、ドクロの色づかいがかなり刺激的だ。どぎつい赤をバックにして、骸骨《がいこつ》の絵が銀色で描かれ、うろになった目の部分が黒く大きくくりぬかれている。目に表情はないのに、人を射すくめる不気味さがある。そして、おでこの真ん中には、赤い星がぽつんとうがたれている。

玄関口にドクロを飾っておくというのは、少なくとも来訪者を諸手《もろて》を挙げて歓迎するという友好的なしるしではない。ここから先は悪の世界、いかなる掟《おきて》も通用しない悪霊《あくりょう》が待ち受けているということを知らしめるような、警告のサインである。

ドクロを横目にしながらドアを開けると、薄暗い廊下が伸びている。廊下を突き当たりまで行くと、いきなり天井が抜けて、見上げるばかりの高さになる。高いだけではない。ドームのような、空間の広がりにも圧倒される。ここはもう巨大格納庫の内部である。廊下の端はちょうどベランダのように格納庫の中に突き出しているのである。なだらかなカーブを描いた巨大な丸天井には、クレーンのレールやさまざまなパイプが張りめぐらされ、その間から吊《つ》り下げてある何十本ものライトが、だだっ広い庫内をやけに人工的な明るさでくっきりと照らし出している。そのしらじらとした明るさの中では、格納庫のあちこちにおかれたさまざまな器材や機械、そして翼を広げた戦闘機といった、それでなくてもメカニックな風景がさらに強調されて、ＳＦ映画のワンシーンのような、ひどく現実感の薄れたものに見えてくる。

駐機した15の間をすり抜けるようにして、タグと呼ばれる飛行機の牽引車《けんいんしゃ》が慌《あわ》ただしく行き交い、紺色の作業服姿の機付員たちが、機体の下に入りこんだりフラッシュライトを片手に空気取入口をのぞきこんだりしながら、受け持ちの15の面倒を甲斐《かい》がいしくみているところは、他の飛行隊の格納庫と特に変わらない。ただ、彼らがとりついている15の機体の色が一風変わっている。飛行隊に配備されている15が、くすんだ灰白色一色で統一されているのに対して、ここの15は、翼や胴体を茶や黒のまだら模様に塗りこんだ機もあれば、真ん中だけ青く塗った機体もあったりと、実にさまざまなのである。

格納庫の内部が望める廊下の端から少しだけあと戻りして、左手を見ると、頑丈そのものの鉄の扉が、廊下の壁をふさいでいる。扉には、「教導隊ＯＰＳ」と書かれたプレートが貼《は》られていて、「関係者以外立ち入り禁止」と小さく断り書きが添えられている。この向こうには、新田原基地にありながら、航空自衛隊のコマンド指揮官、総隊司令官が直じきに率いる部隊、飛行教導隊のオペレーションルームがあるのだ。

そして、さらに扉のプレートの下には、ワープロで打ち出したらしいアルファベットが、赤い枠で囲んでならんでいる。よく見ると、ふつうのアルファベットとは別に、mが逆さになっていたり、将棋の駒の形をしていたり、見馴《みな》れない文字が混じっている。どうやらロシア語のようである。もちろん意味はわからない。ただ、またしても妙である。

どうしてこんなところにわざわざロシア語で書いた張り紙があるのだろう、と胸に引っかかるものを残したまま、扉を開けた人は、先ほど階段の上がり口にドクロを見つけたとき以上に、度肝を抜かれるだろう。一度目は、薄気味悪いものを目にした驚きだが、今度のは、あるはずのないもの、予想もしなかったものを目にした、驚きというより衝撃である。

扉の先の壁に、鎌とハンマーをあしらったあの赤旗、いまは亡《な》きソ連国旗が飾られているのだ。国旗と言ったって、その大きさは半端《はんぱ》じゃない。赤旗は、畳一枚分よりはるかに大きく、部屋の天井から床に届くくらいの、ほとんど壁いっぱいを覆っている。ヨコ長の旗を、タテ位置に垂らしているところは、オリンピックの室内競技場で優勝選手の国に敬意を表して掲揚するときみたいである。それにつけても、自衛隊の建物の中に、なぜ旧ソ連国旗の赤旗であり、ロシア語なのだろう。

これが星条旗なら、何の不思議もない。アメリカは、安全保障条約という固い絆《きずな》で結ばれた日本の同盟国である。いやこのさい、日本の、と言うより、自衛隊の、と言った方が適切かもしれない。

自衛隊員を前に、「共に起《た》って義のために共に死ぬのだ」と叫んで果たせず、自ら果てた三島由紀夫は、彼自身が組織した「楯《たて》の会」は、「自衛隊によって育てられ、いはば自衛隊はわれわれの父でもあり、兄でもある」と言ったが、そのでんで、自衛隊の父であり兄であり育ての親が、アメリカだと言っても、あながち的外れではないだろう。

日本に軍隊を持つことを放棄させたのはアメリカだし、それでいながら、朝鮮戦争の勃発《ぼっぱつ》で日本を取り巻く極東の情勢が急変するや、手のひらを返したように、日本に再軍備を迫ったのもアメリカである。その結果、アメリカの意を受けた吉田茂の手で、自衛隊という軍隊であって軍隊でないような奇妙な武装組織ができあがる。

時代が変わって、アメリカの台所の事情が苦しくなり、膨大な出費のかさむ軍事力をアジアに展開させておくことに国内からの批判が高まると、この国は、今度は十二分に経済力をつけた日本に「応分の負担」を迫り、自衛隊を世界有数の戦力を持つ「軍隊」に「育てる」ことに寄与してきた。むろん自衛隊の装備が強大になればなるほど、アメリカから買い入れる兵器やそのライセンスの数は増えつづけ、アメリカの懐《ふところ》ろに流れこむ金も膨らんでいく。自衛隊の成長は武器商人アメリカを潤《うるお》すのでもあった。そしていま再び、寛容で尊大で傲慢《ごうまん》なあの国は、有事のさいのより具体的な「協力」を日本に求めてきている。

戦後の落とし子とも言うべき自衛隊は、日本という国家がいまなおそうありつづけているように、つねにアメリカの意向を無視しては動けず、それゆえ翻弄《ほんろう》されている。防衛についての論議は、沖縄の米軍基地問題に代表されるように、極東の安全を守って「くれる」アメリカのために、何をしなければならないかという観点ばかりが先行し、日本の防衛の主役であるはずの自衛隊の存在は、災害派遣の場面以外では、米軍の陰に隠れて国民の前に顔をあらわさない。その結果米軍への反感や不信は、その米軍と一体の自衛隊に対する反感や不信へとすりかわっていく。

ここまで言うと、取材を通じて知りあった自衛隊の将校の何人かは、たいてい穏やかな笑みを漏らしながら、「それは違うと思いますよ」とやんわり否定してくる。

自衛隊は、アメリカの意をうかがってもいないし、アメリカに翻弄されてもいない。法的な問題、財政上の問題、そしてじっさいの防衛力の問題、どれ一つとってみても、日本の防衛を単独でまかなうことは不可能だし、許されない以上、アメリカと同盟を結び、日頃から緊密な協力関係を結んでおくことは自明のことなのだ。アメリカの意向だからというのではなく、それが日本にとって最良の選択だと考えるから、アメリカと手を携えるのだ。

「なんで、わかってもらえないのかなあ」と、将校はいまさらのように深いため息をつく。

たかが戦闘機四百機で南北に長い日本列島の制空権がとれると思いますか。しかも空中給油機を持てるようにはなったものの、十分な数には程遠い。燃料がなくなったら、そのたびに地上に降りていかなければならない。その間、上空はどうなるんですか。

「海上だって、そうです」と、将校は畳みかけてくる。

日本には空母がない。制空権がとれなければ、空母のない海上部隊など、オモチャの艦隊でしかありません。しかし、その制空権を日本は単独ではとれないんです。それに、南北に伸びきったこの長い戦線の補給はどうします？　数日戦ったら、ミサイルも弾薬も燃料も底をついてしまう。結局、米軍の助けを借りるしかないのです。

たしかに、軍事的にはその通りなのだろう。だが、とやはり思ってしまう。いざというとき、防衛をするのは、自衛隊だけではない。この国に生きる国民もまた自らと自らの家族を防衛しなければならないのだ。だが、そのとき、人々は米軍と行動をともにする自衛隊に黙ってつき従うだろうか。災害派遣で手にしていたスコップを自動小銃に変え、見馴れない不気味な迷彩服に姿を変えたとき、この国の人々は、災害派遣のときと同じように自衛隊員を頼もしく思い、彼らに自分たちの安全をすすんで任せようとするだろうか。

その顔がどちらを向いているのか、自分たちの方を向いてくれているのか、それともアメリカの意のままになってしまうのか、国民は心からの信頼をこの組織に寄せることになおためらいがある。

それもこれも、自分たちがつくった組織ではないからである。国民に認知もされず歓迎もされなかった出生時のうしろ暗さは、人間の歳《とし》で言えば中年の半ばにさしかかっても、この組織を深くガスのように覆《おお》っている。軍事的問題以前の、より大きく根源的な問題を先送りにしている限り、米軍と手をつないで歩いている自衛隊の姿は、人々の目には、自分たちと一線を画しているようにしか映らないのだ。

そうした自衛隊の中で、生みの親、育ての親としてのアメリカの影をもっとも曳《ひ》きずってきたのが、航空自衛隊である。発足当初、源田実をはじめ旧軍航空隊の生き残りが組織の中心メンバーを形づくっていたとは言え、ここには、陸上自衛隊や海上自衛隊のような旧軍の下地がほとんどなかった。それだけに、暗い過去の相続人にならなくてもすむという、負の伝統がない身軽さはあったが、逆に、組織づくりや戦技戦法、訓練の内容から用語の一つ一つに至るまで、ソフト、ハードのあらゆる面でアメリカ空軍の影響をもろにかぶることになった。影響などという生易しいものではない。規則や教範はアメリカ空軍のものを翻訳して使ったし、補給や物品の調達方法といった後方の分野に至るまでアメリカ空軍がやっていることをそのまま受け継いだ。まさに米軍規格の「軍隊」としてスタートしたのである。

もともと航空管制が英語で行なわれているため、民間も含めて空の世界は横文字が飛び交っている。しかも、自衛隊で使われている航空機のほとんどが、オリジナルが米国製の航空機を日本国内でライセンス生産する形か、MADE IN USAをそのまま導入していて、機器や部品の呼び名はすべて英語である。そうした事情はあるにしても、航空自衛隊の第一線では、日本語は、てにをは、と接続詞だけで、残りはすべて英語という会話が珍しくない。戦闘機パイロットにインタビューしていても、こちらが理解できない横文字が矢つぎ早に飛び出してくる。そのたびに「スプレッドって、何ですか」といちいちたしかめることになるから、話はいっこうに先へ進まない。

パイロットは、目標を見つけても、「発見！」と言わずに「タリホー！」と叫ぶ。

陸上自衛隊では、銃や大砲、ミサイルなどの武器を、火器、火砲、誘導弾と呼びあらわしているが、航空自衛隊になると、そうした武器を総称して、「ウエポン」という言葉がごくふつうに使われている。戦闘機が備える機関砲のことは、わざわざ「ガン」と言う。

言葉だけではない。外部からはなかなかうかがい知れないが、航空自衛隊とアメリカ空軍のつながりは、人々が考えている以上に太いものとなっている。

新田原基地にある二〇二飛行隊は、Ｆ15を配備した戦闘機部隊だが、ここは他の飛行隊と同じように、二十四時間つねにパイロットの誰かが待機所に詰めて、国籍不明機発見の報《しら》せを受けたらすぐさま飛び立つ、いわゆるスクランブル任務をこなす傍ら、新田原ならではの独自の役割も果たしている。第一線の部隊でありながら、ここは教育機関でもあるのだ。二〇二が受け持っている教育は二つある。一つは、ある程度実績を積んできた15の中堅パイロットにより高度な戦闘技術を教える戦技課程。そしてもう一つが、Ｆ15パイロットになる最後の関門、機種転換課程である。

パイロットの卵としていくつものハードルをクリアしながら三年の長い道のりを何とか乗り切ってきた候補生が、この新田原ではじめて15の操縦桿《かん》を握り、四カ月にわたって15の離着陸の手順や計器飛行、兵器の扱い方、さらに15を操っての空中戦の初歩を学んでいく。パイロットの教育も、パイロット資格であるウイングマークをとるまでは、ほとんどもののわかっていない生徒に対して先生が手とり足とり技術や知識を徹底して叩《たた》きこむという教え方のところがあって、「アホ、そんなこともわからんのか」と厳しい言葉が飛ぶこともしばしばだが、すでにパイロットの一員となり、候補生の中でも技倆《ぎりょう》優秀と認められた、えりすぐりの者が集まる15のコースでは、頭ごなしに叱《しか》りつけるような場面はなく、むしろ先輩と後輩に近い雰囲気の中で、ソロ飛行に出るまで候補生一人に教官一人がぴったりついて、学生の性格やその人なりの物事の判断の仕方などをじっくり見ながら、問題点を指摘して学ばせるやり方をとっている。

この機種転換課程の教官に、青い目のパイロットがいるのだ。髪がブロンドなのか、ブラウンなのか、それとも黒いのかはわからない。何しろよほどていねいに剃刀《かみそり》を這《は》わせたらしく、剃《そ》り跡がわからないくらいにきれいに頭を丸めている。スキンヘッドの下では、深い色をたたえた大きな目が、凄《すご》みをきかせ、削《そ》いだような高い鼻や肉づきの薄い顔と相まって、鋭い爪《つめ》で獲物を捕える猛禽《もうきん》類のような印象を人に与える。そして、窮屈な15のコックピットの中ではさぞかし邪魔になるだろうと、同情したくなるような、やたらひょろ長い手足。

このスキンヘッドの大男が、二〇二飛行隊のオペレーションルームに足音もさせず、ぬうっと姿をあらわしたときには、さすがに、小学生の頃、見馴れない外国人を目にしたときのように、ぽかんと口を開けて、相手に対して失礼になるくらいまじまじと見入ってしまった。七割の薄気味悪さと、三割の物珍しさが、入り混じった驚きである。

彼はアメリカ空軍の少佐、航空自衛隊とアメリカ空軍との間で行なわれている「交換幹部」という制度に則《のっと》って招かれ、本国ではT38タロンと呼ばれるジェット練習機の教官をつとめていたが、二〇二飛行隊では、15に乗り換え、イーグル・ドライバーになれるかどうかの最後のハードルに挑む候補生たちを教えている。

味があるというか、ともかく存在感を際立《きわだ》たせているスキンヘッドの外見からは、アメリカ空軍のパイロットというより、むしろ荒くれ者を相手にする海兵隊の将校の方が似合いそうである。だが、じっさいは、粗野というわけでは決してなく、不気味なくらい沈着冷静で、ものに動じない意志的な強固さがうかがえる。

テーブルに座って、訓練後のブリーフィングをしている候補生の背中越しに、少佐の姿を撮ろうと、カメラマンの三島さんがレンズを向けても、眉ひとつ動かさない。

「日本人だと、どうしても意識して、ちらとこちらを見たり、表情に微妙な変化が出るんですが、彼の場合はぴくりともしない。完全な無視なんです」

唯一《ゆいいつ》、少佐がカメラの方を見たのは、撮影に細かな制限がついている、F15の操縦席に座ろうとした少佐のことをレンズが追っていたときである。ただそれも、ほんの一瞬のことで、このとき以外は、カメラを構えて彼の視界の範囲内をあっちに行ったかと思えばこちらに走り寄ってくる三島さんの存在が、まるでいっさい目に入らないかのように、少佐は黙々と自分のやるべきことをやりつづけていた。拒絶ではなく、完全なる無視。それでいて、やはり軍人である。会釈《えしゃく》をすれば、きちんと会釈を返す礼儀をわきまえている。

僕たちにはひと言も口をきかなかったが、この米軍の少佐は、実は日本語が堪能《たんのう》である。機種転換課程の候補生相手にブリーフィングしているとき、会話はすべて日本語だし、二人乗りのDJタイプの15に乗って上空で教育をしているときも、前席の候補生がちょっと高度をとりすぎたりすると、すかさず後ろから、「あまり高度を上げないでください」とイントネーションはいささかおかしいものの、正確な日本語で指示を与える。ミスをしたらしたで、「もっとよく判断してください」と注文をつけてくる。

少佐の日本語は、話すことだけではない。パイロットは、フライトのたびに飛行訓練命令書と飛行記録に必要な事項を書きこみ、サインをするが、これを少佐はきちんと日本語で書く。自分の名前もカタカナで書けるし、候補生たちが何より驚いたのは、〈敵の脅威〉といった複雑な漢字まですらすらと書いてしまうことだった。

アメリカ人はジョークが好きと思いこんでいた候補生にとって、少佐は意外だった。よけいなことはまるで口にしないのである。日本語に馴れていないのかと思えば、そうではなく、もともとが無口なたちのようで、その代わり必要なことはビシッと言う。ただ、候補生が閉口したのは、そのマニュアル至上主義だった。テキストとも言うべきマニュアルの記述におかしなところが見つかって、それを指摘しても、マニュアルがこうなっているんだから、こうなんだ、の一点ばりである。聞く耳を持たない。融通がきかないと言えばその通りだが、これは何も交換幹部でアメリカからやってきた少佐だからというわけでもない。航空自衛隊の趨勢《すうせい》としてむしろそうした傾向は強まる一方なのだ。

パイロット教育の教範も訓練のやり方も、「米軍規格」ではありながら、じっさいに教育にあたるのは日本人の自衛官。このため以前は、評価が教官の主観で左右されたり、カリキュラムも教官の考えひとつで中身が変わったりと、いかにも日本人らしい教官個人の情や気分に流されることが多かった。初フライトにしちゃあ、上出来だよ、と高い点をくれたり、教官の気に障《さわ》るようなことを言ってしまうと、どんなに完璧《かんぺき》に近いフライトをしてみせても、きょうのは不可、と納得のゆかない点数をつけられたりすることが日常茶飯事だったのである。

ところが、こうした現場にも、「米軍規格」どころか、本格的な自衛隊と米軍の一体化の波が押し寄せつつある。評価に教官の個人差が出ないように、評価の基準が厳密につくられ、情状酌量という浪花節《なにわぶし》がつけいる隙《すき》がしだいになくなってきたのだ。

もちろん、現場に異論がないわけではない。米軍では、計器飛行のさいの基準バンク、機体を傾ける角度は三十度と決められている。パイロット教育のとき、生徒がこのバンクでミスを犯すと、一度外すごとに何点マイナスしろと、評価のマニュアルには事細かにその基準がしるされている。だが、15の教官をつとめる自衛隊のパイロットは、ここまで厳密な絶対評価の方法を「冗談じゃない」と一蹴《いっしゅう》する。バンクの一度や二度の差なんて、教官が後席からいちいちチェックしていられない。もっと肝心なことがあるだろう。だいたい日本人の気質に合わないから採用してもこんな重箱の隅をつつくようなやり方は長続きしないというわけだ。

しかし、米軍の少佐が航空自衛隊でF15の教官を現実につとめていられることが、自衛隊と米軍の距離が縮まっていることの、何よりのあらわれなのである。そして、日米の一体化は、パイロット教育の別の場面にもっと端的に顔をのぞかせている。

自衛隊のパイロット資格であるウイングマークを取得するには、七カ月半に及ぶ基本操縦課程というコースをクリアしなければならないが、八年ほど前からこのコースの教育をアメリカ空軍でも受けられるようにしたのだ。自衛隊のパイロット養成を、米空軍に委託しているわけである。教育が行なわれるのは、テキサスの空軍基地。毎年十数人の自衛隊パイロットの卵たちがここに送られ、アメリカ空軍の候補生と一緒になって、約一年の間、ウイングマークをめざすレースに参加している。

「米留」と呼ばれるこの制度は、もともと基本操縦課程の教育で使う練習機が導入間もないこともあって、数が足りなかったため、パイロット候補生の一部をアメリカに引き取ってもらうという、自衛隊の苦しい台所の事情からスタートしたものだった。ところが、練習機の数が候補生を受け入れるのに十分なくらい増えて、米留させる当初の必要性が薄れてからも、制度はそのままつづけられ、アメリカで教育を受けた自衛隊の戦闘機パイロットは百人近い数となって、いずれ数年のうちに彼らが空の守りの中核を担《にな》うようになる。

日本でウイングマークをとれば、運輸省の事業用操縦士の国家資格が取得できる。自衛隊を辞めたあとでも、民間のパイロットとして再び操縦桿を握れる、言わば「保険」を手にしたことになる。ところがアメリカ空軍でウイングマークをとっても、運輸省の国家資格はもらえない。米軍のマークは自衛隊だけでしか通用しないのだ。米留組の候補生たちは、あらかじめこのことを承知した上で、アメリカに渡る。つまり、彼らは、戦闘機以外のパイロットは頭にないという、文字通り「ファイター命」の飛行機野郎ばかりである。それだけに、自分たちを生かす場は、自衛隊しかないと考えている、ある意味で自衛隊にとっては、もっとも信のおける第一線パイロットでもある。航空自衛隊は、有事のさい日米が共同で作戦を展開できるように、自衛隊と米軍の相互運用性、インターオペラビリティを高めることを明らかにしているが、アメリカで教育を受け、日本の空を飛ぶ自衛隊パイロットの存在は、さしずめ「相互運用」の生きたモデルと言える。

日の丸のついたF15に乗って自衛隊のパイロット候補生を教えるアメリカ軍人、そしてアメリカ空軍でウイングマークをとった自衛隊パイロット、彼らの姿は、パイロット教育の現場でいかに自衛隊と米空軍がお互いの差をなくして「相互運用」が図れるようにしているかを象徴づけている。教育のベースを共通にしておけば、いざというとき日米のパイロットは、日の丸だろうが星条旗だろうが、どちらの戦闘機にも乗れて、どちらのパイロットとも編隊を組んで、敵にあたれるのだろう。それは、同盟というより、もはや一体化と呼んだ方がふさわしい。少なくとも、航空自衛隊が感じるアメリカと、僕らが感じるアメリカとの間には、かなりの温度差がある。

アメリカの存在は、何もパイロット教育の現場にだけ大きな影を落としているわけではない。飛行教導隊のオペレーションルームにはたしかに同盟国アメリカの星条旗はない。だがその代わりに、この部屋に、もはや国旗としての意味を失なった、鎌《かま》とハンマーの赤旗が、いまも大きく飾られていることの内に、ここにない星条旗の影をみてとれるのだ。飛行教導隊もまた、そのルーツはアメリカに遡《さかのぼ》る。

血の教訓

　ハイテク兵器がどんなに戦争の風景をコンピュータゲームさながらのどこか現実感の薄れたものに一変させても、空の上には、中世の騎士が一騎打ちを演じたような昔ながらの戦いが未《いま》だに残っている。もちろん、時代の最先端を走る兵器開発の実験場となっているのは、空の上だし、軍事衛星やミサイル、敵の目に映らないステルス機といった、半世紀前まではSF小説に登場する空想上の産物としか考えられなかった兵器が現実のものとなっているのも、空の上である。にもかかわらず、ここには、ジェット戦闘機という二十世紀の白馬にまたがった騎士の世界が確実に存在している。

　ビジネスやスポーツの世界にも通じることだが、戦いの基本は、いかにして最小の犠牲で最大の戦果を上げられるかというところにある。この目的をかなえるために、人類は有史以来、知恵をふり絞ってさまざまな兵器を考案し、つくりだしてきた。必要は発明の母の言葉通り、戦争のたびに、こんな兵器があったら夜間や視界のきかない悪天候でも敵を発見できるのにとか、はるか遠く離れた場所からでも正確に敵を攻撃できる兵器はないかといった切実な要請が生まれ、国をあげての研究の結果、新兵器が登場すると、それを打ち負かすための兵器がまた新たに開発されていく。科学技術の進歩にともなってと言うより、むしろある部分、そうした兵器をつくりだすのにともなって科学技術は進歩を重ねてきたと言っても言い過ぎではない。

そして、敵味方に分かれた人間が剣を構えて睨《にら》みあい、気合いを詰めながらにじり寄り、相手に止《とど》めを刺すまで死力を尽して斬《き》り結ぶという戦いのありようは、より効率よく、しかも大規模に敵を破壊する兵器の登場によって、戦争の行方を決定づける主役からは遠ざけられた。敵の姿はますます見えにくくなり、兵士は程よく冷暖房の効いた密室で兵器をコントロールするコンピュータシステムのディスプレイをながめながら戦うことになった。血しぶきを浴びることもなく、悲鳴や爆弾の炸裂《さくれつ》する音も聞こえず、目標を示すデジタル化された小さな点が画面上からふっと消えたことで、相手の存在がこの世から抹殺されたことを知る。いまや攻守の要《かなめ》となっているのは、電子の目や耳、さらにそれらを司《つかさど》るコンピュータであり、極端な話、人間はコンピュータの指示通りにボタンを押す、脇役《わきやく》というよりは端役《はやく》をあてがわれているだけに過ぎなくなったのだ。

湾岸戦争で威力を発揮した巡航ミサイルのトマホークに至っては、人間の手を借りない、自ら判断することのできるミサイルである。トマホークの先端にはカメラがついていて、迫りくる地形を読みとりながら、そそり立つ山をかわし、谷間を縫い、起伏に富んだ地面を這《は》うように地上すれすれの位置にミサイルを誘導する。目標に近づくと、カメラは文字通り目となる。前方に見えてくるさまざまな構造物の中から、どれが狙《ねら》うべき目標なのか、ミサイル内のコンピュータにあらかじめ記憶させてあるデータとつき合わせて判断し、そこに自らの体を突っこませるのである。

こうしたすぐれもののミサイルがあれば、わざわざ人間が乗りこむ戦闘機など、なくてもいいようなものであった。じっさい、兵器の自動化、ハイテク化がいち早く進んでいた空の上は、もっとも戦いの実感が薄れ、無機的で、人間の技や感情が入りこむスキのない、無人の戦場になると考えられていた。

史上はじめてジェット戦闘機同士が空中で対決した朝鮮戦争まで、空の戦いの主役は、戦闘機を操るパイロットだった。この時代、戦闘機が搭載する空中戦用の兵器と言えば、わずかに機銃のみである。戦闘機そのものも、機種による性能の違いはあっても、電子戦を有利に戦う兵器や高性能のハイテク機器がどれだけ装備されているかで戦闘能力に天と地の差が出てくる現在の戦闘機ほどではなく、やはり機を操るパイロットの技倆《ぎりょう》に負うところが大きかった。ドイツのハルトマンやマルセイユ、日本の坂井三郎といった「撃墜王」と呼ばれるエースが名を残したのもそれゆえである。

朝鮮戦争が勃発《ぼっぱつ》し、パイロットの乗りこむ戦闘機がプロペラからジェット機に変わっても、彼らの多くは前の大戦でゼロ戦やメッサーシュミット相手の空中戦を戦い抜いてきた古強者《ふるつわもの》ぞろいだったため、われこそが空の主役という戦闘機乗りの気風は色濃く残っていた。ＭｉＧ《ミグ》を撃墜してエースの称号を授かった米軍パイロット三十八人の中の一人は、のちに著した回想録の中で、自分たちのことを「騎士」になぞらえ、戦闘機に「乗る」のではなく、「またがる」と表現している。地上では何万という大軍がありとあらゆる通常兵器をつぎこんでぶつかりあう総力戦が繰り広げられていても、ひとたび空に上がってしまえば、そこには、あけっぴろげで、向こうっ気が強く、ひと癖もふた癖もある変わり者の戦闘機乗り同士が、「ガン」だけを手に一騎打ちの真剣勝負を挑む世界が広がっていたのである。

ところが、ナチスのＶ２ロケットを製作したフォン・ブラウンらを中心メンバーに据えたアメリカのミサイル開発が、ソ連に出遅れているという批判の中でようやく実用段階を迎え、長距離の弾道ミサイルよりひと足先に、軽量で戦闘機にも積みこめるミサイルが登場すると、いずれ空の戦いはその姿を変えていくとみられるようになった。

空中戦用のミサイルとして初陣《ういじん》を飾ったのは、サイドワインダーと呼ばれるミサイルだった。ジェット戦闘機同士がはじめて相まみえた空中戦から八年後のことである。サイドワインダーは、カリフォルニアのチャイナ・レークで初テストが行なわれたが、皮肉にもこのミサイルが実戦で使われた舞台は、中国大陸からわずか八キロしか離れていない台湾の金門島だった。中国軍が金門島にある台湾軍施設などに砲弾を浴びせ、台湾海峡の緊張が一気に高まっていた中、島の上空に侵入した中国軍のミグと、警戒にあたっていた米軍のF86Fセイバーとの間で戦闘がはじまったのである。

セイバーにはサイドワインダーが搭載されていたが、米軍パイロットは早速この新型ミサイルをミグに向けて発射した。サイドワインダーとは、がらがら蛇の意味である。

アメリカはいかにもニックネームの好きなお国柄らしく、飛行機から兵器にまでいちいち名前をつけている。日本も戦前は、戦闘機に「ゼロ戦」「隼《はやぶさ》」「飛燕《ひえん》」「紫電《しでん》」といったなかなか洒落《しゃれ》たネーミングをしていたが、戦後は、国産初の超音速ジェット戦闘機としてせっかくデビューを飾ったひと粒種の飛行機にも、フォーミュラ1と混同しそうな、F1というそっけない名をつけただけで、その後継機も、事務的に1の次はF2と、つくり手の愛情が伝わってこないようなナンバーで呼んでいる。自衛隊のやることなすことすべてに異を唱えることが平和につながると信じて疑わない人々に、新たなバッシングの材料を提供してしまうことを恐れているのかもしれない。たしかに彼らなら、殺し合いの戦闘機に愛称をつけるなんて、と言い出しかねない。

　これに対してアメリカはネーミングになかなかこだわっている。海中深く潜航した潜水艦から天空に向けて発射する弾道ミサイルには、北極星を意味するポラリスという名前を授けているし、高性能のレーダーを備えて艦艇を敵のミサイルから守る最新の防空システムには、ギリシア神話から引用したイージスという名をつけている。このイージスとは、天を司るゼウスが娘のアテナに与えた、この世のあらゆる邪悪をふり払う「盾」である。事実、イージスを搭載した艦艇は、ブリッジのまわりがまさに盾のようなぶ厚い鋼板に覆《おお》われている。

　そんな中で、サイドワインダー、がらがら蛇は、お世辞にも洒落た名前とは言いがたいが、このミサイルのじっさいを知ると、がらがら蛇という愛称がいかに卓抜なネーミングであったかがわかる。セイバーから発射されたミサイルは、ミサイルという名の割りに、弓矢のようには目標めがけてまっしぐらに飛ばず、くねくねとした軌跡を描いて、ミグの尻《しり》を追いかけている。そのさまは、曲がりくねりながら地を這っていく蛇さながらなのである。

　ミグがミサイルを躱《かわ》そうと、どんなに方向を変えても、サイドワインダーは、獲物を見定めた蛇のような執拗《しつよう》さで目標を捕えて離さず、しかも一気にその間合いを縮めていく。サイドワインダーは、熱を出す物体があると、ミサイルをその方向に誘導する装置を内蔵している。物体が熱を持っているかどうかは、ふつう触ってみなければわからないが、どんな物体も、目には見えないけれど、その温度に応じて、熱線つまり赤外線を出している。いまセイバーの前方をジェット排気を吐きだしながら飛んでいるミグの場合も、空の中でそこだけが周囲より温度が極端に高くなっている。サイドワインダーは、そのミグから出ている赤外線をどこまでも追いかけるわけである。

そして、もうひとつのサイドワインダー、がらがら蛇もまた、夜間でも獲物の体温を感知して、追いつめ、狩りをする。自分が生きている証《あかし》の温《ぬく》もりそのものが、相手に存在を知らせるシグナルになってしまう。どこに身をひそめ、息を殺そうとも、シグナルは灯りつづける。それが消えるのは、自分の体が冷たくなったときだけである。

ミグのパイロットは、旋回しても急降下してもなおも追いかけてくるミサイルを茫然《ぼうぜん》とした表情で振りかえりながら、しかし、このしつこい追跡者が、まさか自分の飛行機の尻から出ているジェット排気にたぐり寄せられるようにしてついてきているとは夢にも思わなかっただろう。あるいはそのことに気づいていたら、彼は矢も盾もたまらず、座席のレバーを引いて、緊急脱出を試みていたかもしれない。ミグが飛びつづける限り、燃料は燃え、すさまじい熱を持った排気が出る。その熱に誘われて向かってくるのだから、飛びつづけるミグに逃れるすべはないのである。サイドワインダー登場から四十年近くたったいまなら、ジェット排気よりもっと高熱の、フレアと呼ばれる金属片を空中に撒《ま》き散らして、ミサイルを惑わせ、そちらに攻撃をふり向けさせるという手があるし、無敵と思われた初期のサイドワインダーにも、いったん厚い雲の中に入ってしまうと、目標を見失うという弱点があった。しかし、ミサイルを目にするのもはじめてのパイロットにとって、そんな対抗手段など思いつくわけがない。撃ち落とされるか、熱源のエンジンを切るか。しかし仮に切ったとしても、余熱は残っているのだから結果は同じである。じっさいサイドワインダーに睨《にら》まれたミグのほとんどは、逃げ切れずに撃墜され、ミサイルの威力が実証されたのだった。

サイドワインダーにつづいて、肉眼では見えないはるか遠くの目標にレーダーを当て、その反射波を追尾していく空対空ミサイルが開発される。射程は実に二十五キロ以上である。このミサイルの誕生をきっかけにして、戦闘機冬の時代が訪れる。つまり、敵にわざわざ近づかなくても、相手を仕留めることができるのなら、空の上で戦闘機同士がくんずほぐれつの戦いを演じることはもうなくなるという考え方が力を得てきたのだ。戦闘機は上空に猛烈なスピードで駈《か》け上がり、見えない相手にミサイルをぶちこんだらすぐさま地上に帰ってくる。戦闘する必要などない。そんなことをして、高価な飛行機を落としてしまったら、それこそ莫大《ばくだい》な損失となる。戦闘機はミサイルを運んでくれれば十分なのである。いや、このさい「戦闘」機という言葉自体、改めなければならない。戦闘機というよりはミサイル輸送機と言った方がふさわしい。事実、戦闘機をめぐってはウエポン・キャリアとか、ミサイルの発射台を意味するプラットホームという呼び方が生まれたほどだ。

戦闘機がいらないのだから、当然、戦闘機乗りもお払い箱になる。飛行機を巧みに操って敵の尻に食らいつく職人芸の技術より、飛行機に搭載したミサイルを発射の位置まで確実に送り届ける運転士役が求められる。妙な闘志をかきたてられては、かえって困るのである。イギリスの国防白書に至っては、戦闘機の代わりをミサイルがつとめるのなら、ついでにミサイルを発射する飛行機も自動化してしまえと、「有人機無用論」まで飛び出す始末だった。

F15がデビューするまで航空自衛隊の主力戦闘機として昭和三十年代後半から二十年以上日本の空の守りを担《にな》ってきたF104は、当初「最後の有人戦闘機」という触れこみで紹介されていた。そこには、これ以上の戦闘機は望めない、だから最後の、と性能の優秀さを強調する意味があった一方で、この104を「最後」に戦闘機は必要なくなると、ミサイルの時代到来を示唆《しさ》する意味もこめられていたのである。

そして、「最後の有人戦闘機」のあとに登場したＦ４ファントムには、もともと機関砲、ガンが装備されていなかった。武器と言えば、サイドワインダーとレーダー誘導タイプのミサイル二つである。しかし、戦闘機が空中で鍔《つば》ぜりあいを演じるとき、ミサイルは射程が長すぎて何の役にも立たない。昔ながらのガンが唯一《ゆいいつ》の武器となるのだが、それがついていないということは、すでに飛行機をつくる段階から、敵味方の戦闘機が空中で出会うという可能性がいっさい考えられていなかったことになる。つまり、空中戦はないということを前提に設計された戦闘機が空を飛びはじめたのだ。

こうして、二十世紀になってもなお、戦いの「英雄」が生まれる余地が残されていた空の上からも、個人個人の技や勇気が問われ発揮される場面はなくなろうとしていた。騎士気取りの戦闘機乗りが一騎打ちを挑んでいられる悠長な時代は終わり、米ソによる大陸間弾道弾の開発競争が熾烈《しれつ》さをきわめる中、いよいよコンピュータの僕《しもべ》であるミサイルが戦争の主役に躍り出る時代が幕開けを告げるかにみえた。

だが、「神話」や「論」は、「現実」によって打ち砕かれる。「ミサイル神話」や「有人機無用論」が盛んにもてはやされていた頃、アメリカはベトナム戦争に介入をはじめる。空の上でも、「ローリングサンダー作戦」と名づけられた、俗に言う北爆、北ベトナム爆撃が本格化し、空母や南ベトナム国内の基地から飛び立った米軍機の攻撃を、ミグ17、21といった戦闘機が迎え撃った。じっさいの「戦場」でミサイルの威力をみせつけるまたとない機会が訪れたのだ。

ところが、理論上はいったん目標を捕えたら決して逃さないはずのミサイルが、思うように命中しないのである。赤外線追尾のサイドワインダーはまだしも、より新型のレーダー誘導ミサイルは、十発撃って一発しか命中しないこともしばしばだった。五十発撃ったのに一発も当らないということさえあった。それどころか、相手の飛行機をろくに確認しないうちにやみくもに発射するため、味方を撃ち落としてしまったこともある。

ミサイルを使い果たし、頼れるものは複葉機が飛び交っていた半世紀も前の第一次大戦当時と同じガンだけとなった米軍機は、逆にミグにつけ狙われる。ミグのミサイルを躱《かわ》そうとして、米軍機は急旋回や急降下を繰り返しながらのたうちまわり、敵のミサイルもまた底をつくと、両者の戦いはドッグファイトにもつれこんでいく。もうありえないはずだった空中戦が、戦いに決着をつける最終ラウンドに復活してきたのだ。

しかし、「ミサイル神話」の中で育てられた米軍パイロットの多くは、ACM、空中戦訓練の経験が明らかに不足していた。戦闘機の機能に爆弾を大量に搭載できる爆撃機の機能を併せ持たせたＦ１００のように、もともと小回りのきかない機体を無理に引き起こして急旋回をすると、エンジンが停止する恐れがあるとして、機種によっては、パイロットに上空でくんずほぐれつの格闘戦をしないようにきつく言い渡していたほどだ。その禁を破って空中戦訓練を行ない、飛行機を墜落させた場合は、たとえベイルアウトに成功して地上に生還しても軍法会議にかけられることを覚悟しなければならなかった。

それでもまだアメリカが北ベトナムの首都ハノイの爆撃に踏み切る以前、ベトナム戦争初期の頃は、北爆に参加した米軍パイロットの半数は、戦闘機に乗りはじめてから八年から十年、総飛行時間二千時間以上という脂《あぶら》の乗りきったベテラン揃《ぞろ》いで、敵に気づかれる前に一撃のチャンスを捉《とら》えて奇襲攻撃をかけるという、戦闘機乗りにもっとも求められるスキルを備えていた。このため、両者の損害を比べてみると、米軍が一機失う間にミグは三機撃墜されるというように、少なくとも空では米軍は優勢を保つことができた。

ただしこれも手放しでは喜べない数字だった。ミサイル有史以前、格闘戦のために生まれてきたような敏捷《びんしょう》そのもののＦ86セイバーに乗りこみ、ガンを小脇《こわき》に思い切り暴れ回ることができた朝鮮戦争のときには、米軍一に対して、中国、北朝鮮側の損害は七、と優勢の度合いも圧倒的だった。飛行機の性能や敵パイロットの練度が低かったという要因もあるが、何よりも、米軍パイロットが、ゼロ戦やメッサーシュミット相手の戦いをすでに経験ずみで、修羅場に鍛えられた腕を持っていたか、そうでなくても大戦中にパイロットの教育を受けて、訓練ではあっても空中戦の場数を踏んでいたことが物を言ったのだった。

ところが北爆がエスカレートして、さらに多くのパイロットを戦線につぎこまなければならなくなると、米軍優位という状況は一変する。経験の浅いパイロットが次々と空中戦に狩り出され、その分、ベテランの占める割合は減っていった。ジョンソン米大統領が北爆の停止を宣言して、「ローリングサンダー作戦」が幕を閉じる六八年の段階では、前線の米軍パイロットの平均飛行時間は初期の頃の半分にまで落ちこんでいた。出撃するさいに乗りこむ飛行機の機種に限った飛行時間で言うと、平均二百四十時間である。

ちなみにこの時間数を航空自衛隊のF15パイロットにあてはめてみると、飛行隊に配属されたあと、OR、オペレーションレディネスと言って、領空侵犯機を追い払うスクランブル任務につくための資格をとり、とりあえず先輩たちから一人前のパイロットとしての扱いはされるようになったが、まだ技を磨くというよりは、編隊長の後ろについて戦闘技術や射撃のノウハウを学ぶ立場の若輩者である。アラート勤務で待機室にいるときはすすんで食器のあと片付けをし、宴会ともなれば隅の方に座って、先輩たちに酌をしてまわる役どころと心得ていなければならない。

もっとも、米軍パイロットの場合は、出撃機とは別の機種の戦闘機にかなりの時間乗っていたことも考えられ、単純な比較はできないが、仮にそうだとしても、15の飛行隊で四機編隊のリーダーをつとめ、戦力の要《かなめ》となっている三十過ぎのパイロットたちのF15飛行時間が概《おおむ》ね千五百時間前後であることを考えれば、やはり二百四十という時間の少なさは際立《きわだ》ってくる。

こうしたパイロットの経験不足は、肝心の戦果に深刻な数字となってあらわれた。空の上の力関係が逆転したのである。アメリカが一機落とされるのに対して、ミグの損害は〇・八五機にとどまり、それまで優勢を保っていた米軍機がミグの餌食《えじき》にされていることが明らかになったのだ。

わずか二年の間に優劣が所を替え、戦力が弱体化したことに米軍は強い衝撃を受けた。そしてさらに軍首脳を愕然《がくぜん》とさせたのは、パイロットの経験不足とは別に、戦況が悪化したこととの因果関係が指摘されていたもうひとつの数字だった。

たしかに、若手のパイロットに比べて、飛行時間二千時間以上のベテランパイロットはより多くミグを撃ち落として、経験に裏打ちされた強みをみせつけていた。ところが被撃墜率、つまり撃墜された割合で言うと、出撃数が十回を数えないうちにミグに撃ち落とされる可能性は、ベテランも若手も大差なかった。そして出撃回数が十回を越えたとたん、なぜか被撃墜率は一気に低くなるのだった。その点は、またしてもベテランも若手も変わりなかった。つまり、出撃の数をある程度こなして、戦場の空気に馴《な》れていくと、まるで免疫《めんえき》力がついたかのように、ベテランであろうと経験不足のはずの若手であろうと、敵の攻撃をうまく躱して生き残る確率がぐっと高くなるという結果が弾《はじ》き出されたのだ。

これは予想外のデータだった。少なくとも敵を攻撃するときに、飛行時間の多さは物を言っても、敵の攻撃から身を護《まも》るという点では、何の意味もなさなかったということになる。いきなり戦場に放りこまれ、殺《や》るか殺られるかの、それこそ鳥肌立つような殺気がみなぎったその場の雰囲気に呑《の》まれると、ベテランといえども、思いがけない伏兵にあって不覚をとってしまう。

撃たれるときはベテランだろうと変わりはない。撃たれるときは撃たれるのだ、と片づけてしまうのは容易である。だが戦績の分析にはならない。たどってきた道を振り返ろうとしないから、あとは精神論で突き進もうとする。旧日本軍はそれを繰り返し、失敗の上塗りをしてきた。

その点、米軍は、体に流れる血がそうさせるのか、敵を追い詰めるときの執拗《しつよう》さで「なぜ」と問いかけていく。なぜ勝っていた戦いが負けるようになったのか。すべてのデータを洗いだして、ひとつひとつをつきあわせ、その数字が囁《ささや》きかけるものに静かに耳を傾ける。失敗と冷静に向き合い、そこから学びとろうとする。合理主義の徹底したアメリカならではのものだろう。

ここでも、もの言わぬ数字がしっかり教訓を物語っていた。データは、初陣から出撃回数がひと桁《けた》の頃がもっとも敵の餌食になりやすいことを示している。となれば、その間を何とかしのげるようにしておけばよいのである。どんなに飛行時間が少ないパイロットでも、十回の出撃をこなすうちに相手の手口を体が覚えこむようになり、危険を回避するコツが自然と身についていく。もっとも、戦場に行ってから、自分の体が敵に馴れていくのを待つというのではあまりにもリスクが多すぎる。隙《すき》あらば背後にそっと忍び寄って襲いかかろうと、虎視眈々《こしたんたん》と狙《ねら》っている敵の刃《やいば》にかからずにすむかどうかは、それこそ運の問題になってしまう。しかし、もし戦場に赴く前に、戦場と変わらない状況を体験して、その緊張に身をさらす中で敵の特徴や戦法をつかんでおけば、「魔の十回」の間の対処の仕方も違ってくる。まず、敵に会っても面喰らうことはなくなるはずだ。撃たれ強くなるというより、要は、敵を知り敵に対する免疫をつくっておくことである。わかってしまえば、あたりまえのことのようだが、そのあたりまえのことがなかなかわからない。

そして、数字はさらに重大なことを語っている。若手もベテランも、「撃たれる」ことにかけてはあまり差がなかったということは、つまり、ベテランがいままで飛んできた何千時間というその上空での経験そのものにも問題があったということである。北爆に参加したパイロットの中に、朝鮮戦争の生き残り組はすでにいない。ベテランの経験というのは、あくまで訓練の経験にすぎない。ということは、実戦に備えるはずの訓練なのに、敵からの攻撃の前では役に立たなかったわけである。訓練の欠陥が、図らずも実戦の場で立証されたのだった。

米軍はじまって以来とも言える、空の上での「敗北」に、とるべき対策は、より高性能な戦闘機の開発、ミサイルの改良、と山ほどあった。しかし、米軍が真っ先に手をつけたのは、パイロットの空中戦訓練を強化すること、それも単なる訓練ではない、敵を知り、「魔の十回」をたっぷり味わえるような、できるだけ実戦に近づけたリアルな訓練である。その陣頭指揮にあたった米軍の司令官は語っている。

パイロットは、訓練したように飛ぼうとする。だからリアリズムは、どんなに強調しても強調しすぎるということはないのだ、と。

パイロットの改造計画は空軍より海軍でひと足先にスタートした。海軍はまず空中戦の戦闘技術を磨くことに教育の主眼をおいた戦闘機アカデミーを設立させた。このアカデミーの通称こそ、トム・クルーズが中世のナイトを彷彿《ほうふつ》とさせる凛々《りり》しいパイロットの役を演じて、戦闘機という種類の飛行機をこの日本が持っていることすら知らないような、軍事知識ゼロの女の子にまでその名が知れ渡った「トップガン」である。

さらに海軍は、アメリカ東部のオシアナにVF－43と呼ばれる部隊をつくった。この部隊が一風変わっていたのは、当時アメリカ海軍の主力となっていたファントムやA6イントルーダー、A7コルセアなどの花形戦闘機を一機もおかず、代わりに、タイガーのニックネームを持つF5Eを主に配備したことだ。

タイガーはこれまた一風変わっているというか、特異な存在の戦闘機だった。何より人目を引くのはその小ささである。もちろん米軍の戦闘機の中ではもっとも小さく、機体の大きさはF15の三分の二程度、重量に至ってはF15の三分の一という軽さである。虎《とら》というよりは、すばしっこそうな猫であった。

そしてもう一つ、タイガーには特徴があった。ベトナム戦争で米軍を苦しめたミグ21フィッシュベッドに、極端に小さな機体と言い、すぼめた翼から首を長く突き出しているような形と言い、さらに小回りのきく性能と言い、双子と思えるほど何もかもが似通っていたのである。タイガーがVF－43に配備された理由はまさにそこにあった。海軍はこの戦闘機にその小ささにふさわしい役を与えたのである。自分と瓜《うり》ふたつのミグ21役である。

VF－43のパイロットはオシアナの基地を根城にしていたが、彼らの姿を基地で目にすることは滅多になかった。一年の大半を、彼らはタイガーを操縦して、国内の海軍航空部隊を転々と渡り歩く、旅まわりの役者のような生活で過ごしていた。じっさい彼らは旅役者であった。「興行先」の海軍基地を訪れると、そこのパイロット相手に空中戦の中でミグ21役を演じてみせたのである。

役者が与えられた役の人物になりきろうとするように、VF－43のパイロットもミグ21の役づくりに努めた。飛行機の大きさや形はすでにミグ同然なのだが、それだけでは飽き足らず、彼らはタイガーの塗装を変え、さらにソ連をはじめ共産圏の戦闘機に倣《なら》って機首の部分に機番の数字を大きく書きこんだ。

姿形の次は仕種《しぐさ》の役づくりである。空の上でもタイガーのパイロットはミグのパイロットになりきる。獲物を求めて飛んでいるとき、相手のウラをかいて奇襲するとき、あるいはドッグファイトに移ったときの攻撃の手口や、敵から攻められたときの躱し方など、その場その時のミグならこうするだろうと思われる動きを、ミグになりかわって彼らは演じてみせる。訓練とは言え、敵味方に分かれて空中戦を戦っている海軍パイロットに、ほんとうにミグを相手にしているような気を起こさせる。その意味で、VF—43は星条旗はためく下のミグ部隊なのである。

一九七二年、空中戦の時代の復活を象徴するかのように、腕っぷしが強く、フットワークも軽い、ドッグファイトに本領を発揮する新世代の戦闘機として開発が進められていたF15の試作一号機が、はじめて空を飛んだ。そしてこの年、空軍も、VF—43の向こうを張ってミグ部隊の編成に踏み切る。ネバダ州のネリス空軍基地をベースにした第五十七戦術戦闘機訓練航空団がそれである。タクティカル・ファイター・トレーニングというのが正式名称だが、パイロットの間では、敵方という意味もこめて、アグレッサーと呼ばれるようになった。空軍のミグ部隊も、海軍と同様にミグと瓜二つのF5Eタイガー戦闘機を配備し、フィリピンとイギリスにそれぞれ二個飛行隊を抱えて、文字通り世界をめぐりながらパイロット相手にミグ役を演じはじめた。

それから九年、F104の後を受けて航空自衛隊の主力戦闘機に決定したF15の

J型《ジャパン》一号機が太平洋を渡って日本の土を踏む。そして、この空中戦の申し子のような戦闘機が日本にやってくるのを待ちわびていたかのように、一つの部隊が産声《うぶごえ》を上げた。それが、いまは亡《な》きソ連国旗をオペレーションルームの入口に大きく掲げている、ミグ部隊の自衛隊版、飛行教導隊なのである。

飛行教導隊の発足に参加し、のちにこの部隊の指揮官となった一佐は、部隊誕生のいきさつについてふれた文章の中でこう述べている。

〈いうなれば飛行教導隊の誕生そのものも、米空・海軍の歴史的教訓の上に成り立っているとさえいえる〉

アメリカのミグ部隊は、ベトナム戦争での空の「敗北」を教訓にして誕生している。それは、ベトナムの空に散った米軍パイロットの血によって贖《あがな》われたものである。とすれば、その貴重な教訓の上に成り立った自衛隊のミグ部隊もまた、米軍パイロットたちの流した血の遺産を受け継いでいると言える。

航空評論家ジェフリー・エセルは、イギリスのアルコンベリー基地におかれているアメリカ空軍のミグ部隊を訪ねたときの感想を、その著書『F－15イーグル』（原書房、浜田一穂訳）の中で、〈アグレッサー部隊に入って行くのは、ちょっと身震いする〉と書いている。赤い星、レーニンの写真、ロシア語で書かれた紋章。「ソ連」を感じさせるものが至るところに飾られているのだ。

新田原《にゅうたばる》基地の飛行教導隊に、自衛隊にしては場違いな「ソ連国旗」が、部屋のドアを開けたつきあたりのわざわざ人目につくところに飾ってある理由が、これでわかる。「ミグになりきる」というモットーを忠実に実行しているというか、つまりは、本家アメリカのミグ部隊の受け売りなのである。

さすがにレーニンの写真はないけれど、赤い星はあちこちでいやというほど目に入る。教導隊の隊舎の入口に訪れる人を威圧するようにして下げてあるドクロのプレートにも、おでこの中央に赤い星が輝いているし、同じ絵柄のドクロのワッペンを、教導隊のパイロットは全員、飛行服の右胸に飾っている。反対側の左胸には、翼を広げた鷲《わし》をかたどったウイングマークが黒地に銀の刺繍《ししゅう》で縫いつけられているが、このマークの下でも赤い星は光を放っている。教導隊のパイロットは左右両方の胸もとに心の眼のようにして赤い星を二つつけているのだ。

赤い星はまだある。それが習慣なのか、自衛隊の隊員たちは建物から一歩外に出ると、帽子をかぶる。制服のときは制帽だし、作業服でいるときは略帽と呼ばれるキャップである。無帽で歩いている姿を見かけることはほとんどない。

その点はパイロットも同じだ。飛行隊のオペレーションルームからエプロンに駐機してある戦闘機のところまでヘルメットを小脇に抱えて歩いていくそのわずかな距離でさえ、キャップをかぶっている。コックピットにもぐりこみ、操縦席に腰を落ち着けてはじめてキャップをヘルメットに替える。フライトを終えてからも、機体に立てかけたラダーを伝って地上に降り立つときにはすでにキャップをかぶり、風で飛ばされないようにしっかり顎《あご》ひもをかけている。髪をさらすのは室内にいるときくらいである。

このキャップは飛行隊によって色が違い、デザインもそれぞれに工夫を凝らしている。教導隊の場合は、AGGRESSORと書かれた下に、Xの字に交叉《こうさ》させた剣のマークが描かれている。そしてマークの中央、反り返った刀身にはさまれるようにしてのぞいているのが、ひときわ大きな赤い星である。

どこの戦闘機部隊をたずねても、オペレーションルームの壁には、ミグやスホーイ、バックファイアといったロシアの戦闘機、爆撃機の写真がかかっている。日本の領空に近づいてきた国籍不明機をスクランブル指令で追尾するとき、目標を発見すると、パイロットは、相手の機種、尾翼についた国籍をあらわすマーク、の順で地上に報告を入れる。このため、離れた距離からでも相手の機種が見分けられるように常日頃からロシアの軍用機に目を馴らしておくことが必要なのだ。

だが、当面の「敵」であるはずのミグやスホーイたちを、一枚一枚ていねいに額に収めて、見映えよく適度の間隔をおいてきれいにならべているところは、お尋ね者の写真というより、マニアやファンがお気に入りの写真を飾っているような感じである。教導隊のオペレーションルームにも、ロシアの戦闘機の写真はならべてある。ただ、教導隊のパイロットにとって、これらの写真は、スクランブルで上空に上がったときの追跡すべき相手ではなく、彼らが大空というステージで演じようとしているその役のひとつひとつである。あるいは、毎日自分たちが乗りこんでいる「愛機」と言い切ってもよいのかもしれない。彼らは、その写真に写っている、尾翼にくっきりと赤い星が浮き出た、流れるようなシルエットとは無縁の戦闘機を操って、F15やファントム、F1のパイロットたちに冷や汗をたっぷりかかせるようなスリリングな戦いを挑むのである。

教導隊のオペレーションルームをはじめて訪れた他の飛行隊のパイロットは、たいてい視線をきょろきょろと落ち着きなく動かし、気圧《けお》されたように黙りこむ。そんな一人にあとで、「やっぱりびっくりしたでしょう?」と聞くと、所属している飛行隊では中堅の扱いを受けているパイロットが、「圧倒されちゃって……」と苦笑していた。壁いっぱいのソ連国旗、飛行服の胸もとを飾る赤い星。なぜ自衛隊にこんなものが?

と、見る人を不審がらせるほどに、たしかに道具立ては異様である。

だが、ここには、それとは別に、他の戦闘機部隊とは違った、どこか異質な空気が、青い霞《かすみ》のように漂っている。何かが違うという、その何かの存在まではなんとなく感じとることはできても、ふつうの人には、霞のようにとらえどころのないものとしてしか映らない。けれど、同じ戦闘機パイロットの眼には、あるいはその正体が何なのかつかめているのかもしれない。

「腕」がものを言う戦闘機乗りの世界といえども、自衛隊で禄《ろく》を食《は》んでいる以上、彼らも組織の一員である。もちろん、自衛隊の他のセクションに比べれば、肩につけた桜の数に縛られることも階級が大きな顔をすることもはるかに少ない。千歳のF15戦闘機部隊を取材していたとき、オペレーションルームに不意に姿をあらわした、軍隊で言えば少将の位にあたる基地の司令官に向かって、たむろしていたパイロットの誰も椅子《いす》を引いて敬礼もせず、その存在が眼に入らないかのようにふるまっていたその光景は、自衛隊を階級社会とみる者の眼には、やはり異質に映る。

そんな戦闘機乗りも、同じ釜《かま》の飯を食っている飛行隊の上官や先輩のことは、目上の人間と思うのか、臆《おく》するところがある。言いたいことを言わなかったり、おかしいと思っていても口にしなかったり、組織のしがらみとまでは行かないにしても、遠慮してしまう。

ところが、飛行教導隊はどうも違うのである。四人のパイロットがオペレーションルームのテーブルを囲んで訓練を終えたあとのブリーフィングを行なっていた。その中の一人が、テーブルの中央に座ったパイロットに向かって盛んに意見を吐いている。

「メリハリをつけてやらなければ駄目ですよ」「状況の認識が七番以降、見えていなかったんじゃないですか」「撃てるところでは、ウエポンをしっかり撃ってください」

言葉遣いこそていねいだが、かなりずけずけとしたもの言いである。やりこめられる一方のパイロットは反論もせずに押し黙って、時折思い出したようにうなずいている。このパイロットは防大出の三佐、第一線の飛行隊にいたときには部隊のナンバー3の役職をつとめ、空幕ではエリートコースの一つと言われる中枢《ちゅうすう》の部署を歩いてきている。

そして、そのエリートをコーナーまで追い込んでいた相手を聞いて驚いた。彼は、六歳下の部下にやりこめられていたのである。

教導隊をはじめて訪れたパイロットが、「圧倒されちゃって……」と感想を洩《も》らしたのは、何も、赤旗や赤い星、ドクロといった、おどろおどろしい舞台装置に圧倒されたからではなかったのかもしれない。

飛行教導隊のオペレーションルームのドアには、ロシア語で書かれた貼《は》り紙があった。文章はやはり赤い星ではじまっている。

〈★ВХОД ВОСПРЕ ЩЁН〉

立入禁止、である。いわゆる関係者以外立ち入るべからずということなのだが、それをあえてロシア語で謳《うた》っているのは、自衛隊でありながらここから先は、「ミグ部隊」ということを演じてみせているからだろう。しかし、このドアの内と外を仕切っている「立入禁止」の意味は、どうやらもうひとつありそうである。

十七人の侍

　もう足かけ六年も全国各地に散らばる自衛隊の基地をたずね歩いていると、そこがはじめて訪れる部隊や基地であっても、ひとりくらいは以前の取材で見知った隊員とまた顔を合わせるものである。航空自衛隊の「ミグ部隊」とも言うべき飛行教導隊には、僕がF15にじっさいに乗って、高度七千メートルの上空で繰り広げられる空中戦訓練のすさまじい迫力を全身で感じていたときの敵役、野口裕隆《ひろたか》二尉《にい》がいた。

　F15が激しい動きをみせるたびに体の上にのしかかるGの圧力。Gは、僕のことを、地球のはずれ、つまりそれだけ宇宙のとば口に近づいていることを予感させてくれる未知の感覚の渦の中に荒々しく引きずりこむ。体内のあらゆるものが、下へ、下へと押し下げられ、目の前で舞台の幕が上手《かみて》と下手《しもて》の両側からしずしずと引かれていくように、視界は押しとどめようとしても少しずつ狭まっていく。やがて肉体も精神も足もとから猛烈な勢いで吸いとられ、どこかへ連れ去られてしまうような、ひどく不確かで、たよりなげな感覚に襲われる。

　Gは、僕ら人間をこの地上につなぎとめておこうとする、最後の足枷《あしかせ》のひとつである。おまえらは地球というこの造物主の支配から逃れることはできないのだ、と言わんばかりに、地球は、兇暴《きょうぼう》さを剝《む》きだしにし、その内に秘めた強大な力で、イカロスのように掟《おきて》を破って空に駈《か》け上がった人間たちを地上に引き戻そうとするのである。

僕は、呻《うめ》き声を上げながらそのGに耐えることに必死で、空中戦が戦われているその間中、僕を乗せたF15が三次元の空の広がりの中にどんな飛行コースを描いているのか、考えてみようとする余裕すら持ちあわせなかった。まして操縦桿《かん》を握る竹路三佐がいままさに一機の15の尻《しり》を捕らえて追い詰めようとしていることなど、わかりようもなかった。だが、このとき、僕が乗った15の追尾を躱《かわ》そうと急旋回していた相手機のパイロットが、野口二尉だったのである。空の上での呼び名とも言うべきタックネームは「グラス」、フライトのない週末は必ず千歳のネオン街に繰り出すというほどの酒好きだから、それでお酒のグラスなのかと思ったが、グラスのラは、LAではなく、RAの、GRASSだった。草とか草原という意味である。タックネームには、サザンが好きだから「いとしのエリー」のELLIEとか、ダンスのRUMBAといった、遊び半分のネーミングも結構ある。それでも試みに辞書をひいてみると、動詞として使われる中に、鳥を「撃ち落とす」というのがあった。鳥のように「敵」も撃ち落とそうというのだろう。

その彼の姿をほぼ一年半ぶりに、北の空の守りの最前線である千歳ではなく、フェニックスの葉が風になびく南国宮崎の飛行教導隊のオペレーションルームに見つけて、僕は、思いがけない人物に思いがけない場所で出会ったという驚きはさほど感じなかった。むしろいるべき人がいたと言うか、彼がここにいることが、僕の中でもあらかじめ織りこみずみだったような気さえしてきたのである。

千歳の飛行隊を取材していて、この飛行隊でいまいちばん技の冴《さ》えているパイロットの名前を教えてほしいとたずねると、飛行隊長の口からも、そして隊長の女房役でありパイロットのトレーナー役をも兼ねている飛行班長の竹路三佐の口からも、期せずして同じパイロットの名前が上がってきた。それが、野口二尉だった。

このとき彼は、Ｆ15パイロットになって七年目の三十一歳。大企業に勤めるサラリーマンの世界なら入社七年というキャリアは、若手とも言えず、かと言ってタテやヨコとの関係にも目配りを行き届かせながら商談をまとめプロジェクトを切り回していくにはいましばらくの経験の裏打ちが必要とされるような、微妙な時期にあたるのだろうが、現役でいられる年数が十五年と「寿命」の短い戦闘機パイロットの世界では、中堅として飛行隊を引っ張っていく立場にある。その意味において戦闘機乗りの一年は、サラリーマンのそれより凝縮された、より密度の濃い時間と言えるかもしれない。

戦闘機乗りになるための何段階にも及ぶ教育訓練をすべてクリアして、それぞれの飛行隊に配属されたパイロットは、しかしこの段階ではまだ一人前の戦闘機乗りとはみなされていない。航空自衛隊の資格上は、TR、トレーニングレディネスと呼ばれる訓練パイロットである。

F15の場合、新田原《にゅうたばる》での四カ月にわたる機種転換課程教育を終えると、15操縦士としての資格が与えられるが、この間じっさいに15を操縦して空を飛んでいた時間はわずか三十時間に過ぎない。15のパイロットになったと言っても、計器飛行の基本手順を習得して、単独で何とか15を操れるようになるまでがせいぜいである。車の免許で言えば、教習所内での実技試験にパスして「仮免」をもらったようなものである。当然のことながら仮免のままでは大っぴらに戦闘機を乗り回すことはできない。引き続き「路上」をクリアしなければ、ほんとうの意味での戦闘機乗りとしてのライセンスは与えられないのである。

この「路上」にあたる、「仮免」パイロットへの訓練が、配属先の飛行隊で施されるTR訓練で、期間は飛行隊によって異なるが、たいていは半年あまり、長いときで一年近いこともある。ここで真っ先に叩《たた》きこまれるのが、編隊飛行である。

飛行機が互いに翼の端を寄り添わせるようにして飛ぶ密集隊形、フィンガーティップや、縦一列になるトレイル、戦闘時におけるタクティカルといった、さまざまなパターンの編隊飛行は、「仮免」パイロットがまだ学生と呼ばれ、T4やT2などの練習機を使って訓練教育を受けていたときにも教わるものだが、それをスピードのはるかに出るF15でやるのだから、難しさはひとしおである。しかも、編隊長機についていくのがやっとなのに、急旋回したと思ったら、次は急上昇、さらには一気に減速する。いつのまにか前を飛んでいた編隊長機の姿は消えていて、焦《あせ》ってあたりを見まわすと、編隊ははるか後方を飛んでいたということにもなりかねない。

フォーメーションを崩さずに海面すれすれに超低空飛行したり、編隊で雲から出たり入ったりを繰り返す半雲中飛行も、訓練のカリキュラムに組みこまれている。「仮免」パイロットたちは、こうした編隊飛行を通じて、練習機での訓練とは別の「路上」の恐《こわ》さを思い知らされる。たとえば右や左に大きく旋回したあと、猛スピードで雲の中に突っ込んで、いきなり白一色の奥行きのない世界に放りこまれると、平衡感覚を失うヴァーティゴに陥る恐れがある。水平に飛んでいるはずなのに、さっきまでの旋回がいまもつづいているような気がしてくる。おかしいな、と思って、姿勢儀に目をやると、計器は何事もないような表情で水平を示している。だが、どうしても旋回しているという感じは拭《ぬぐ》えない。錯覚の世界に体ごと呑《の》みこまれてしまうのを辛うじて最後の一線で踏みとどまっていられるのは、右斜め前方に編隊長機の翼端の赤い航法灯がぽつんと点《とも》っているからだ。しかしそれもぶ厚さを増した雲にまぎれてやがて見えなくなる。航法灯が見えなくなった時点でパイロットは操縦桿を左に倒し、ブレーク、離散する。もし雲にまぎれていた編隊長機の翼端の赤い光が突然目の前にあらわれたら、その瞬間に二機は衝突しているかもしれない。

もしあのとき、雲が薄れてこなかったら、と考えて、ぞっとするのは、むしろ着陸してからである。飛んでいる間は、雲が薄れたからと言っても油断はできないのだ。へたに雲の隙間《すきま》を縫って日の光が斜めからさしこんでいたりすると、今度はその方向を真上と勘違いしてしまう。

二機編隊《エレメント》の場合、編隊長のあとに従って飛ぶウイングマンは、編隊長機より二十メートルほど低い高度を保っていなければならない。ちょうどふり仰ぐ位置にいる編隊長機に首ねっこを押さえつけられているような圧迫感を感じながら海面すれすれを飛んでいると、ウイングマンは、自分の機だけが海に突っ込んでいくような気がして、思わず編隊を崩して抜け出したいという衝動にかられる。だが、編隊長も心得たもので、肝試しのようなこの手の超低空飛行を何度も繰り返すのである。

編隊飛行の訓練をひと通りすませると、引きつづいて、ベーシック・ファイティング・マヌーバと呼ばれる一対一の空中戦訓練、夜間戦闘訓練など、より実戦的な訓練にレベルが上がっていく。その一方で、スクランブルで国籍不明機とコンタクトしたさいにどう対処すればよいかを、片手で操縦桿を支えながら空いた方の手でカメラのシャッターを押して、尾翼に赤い星が描かれた飛行機の写真を撮影するやり方も含めてマスターするアラート練成訓練がある。つまりは、第一線部隊でとりあえず使いものになるパイロットに仕立てる訓練が、TR訓練なのである。

この訓練を終えると、「仮免」パイロットは、「仮」がとれて、OR、オペレーションレディネスという「作戦可能態勢」資格を取得する。ORになってはじめてスクランブルに備えるアラート任務につくことができるが、戦闘機乗りとしてはまだまだ修行中の身の上である。順調に行けば、ORとして一年半あまり経験を積むと、次には、二機編隊のリーダーになるためのELP訓練、エレメント・リーダー・プラクティスと呼ばれる関門が控えている。それまでは「フォロー・ザ・リーダー」を合い言葉に編隊長につき従っていればよかったのが、自分が命令を出す立場になる。

パイロットの世界は将校の世界でもある。防大出ならパイロットになるはるか以前、まだ練習機で空を飛ぶ訓練もはじまっていないうちからすでに三尉の階級章をつけているし、航空学生からパイロットになった者でも、飛行隊に配属されて間もなく将校のシンボルである制服の肩に銀色の小さな桜をひとつつけるようになる。陸上自衛隊で三尉と言えば、ふつうは二十人ほどの部下を持つ小隊長だが、パイロットの三尉に部下はいない。それどころか、彼らは飛行隊の下働きとしてこき使われ、将校でありながらつねに命令されている将校なのである。そんなパイロットがはじめて命令を出す側に回るのが、この二機編隊長からである。

命令には責任が伴う。空にいる間はつねに死と背中合わせのパイロットにとってそれは命令に従わせる者の生命への責任を意味している。一機だけで飛んでいるのであればとっさに機の向きを変えても問題はないが、編隊長はそうはいかない。密集隊形をとっているとき、右に急旋回したら翼の端をこすりつけるようにして飛んでいるウイングマンの機と衝突してしまうし、左だとウイングマンを大空の迷子にさせかねない。このため編隊長は旋回の途中で翼を傾けるスピードをゆっくりさせながら、ウイングマンがちゃんとついてきているかどうかをたしかめる。ただ翼を傾ける操作をいったん止めることは決してしない。ウイングマンがヴァーティゴに陥る恐れがあるからだ。

二機編隊長資格を取って、彼になら後輩の命を預けても大丈夫と周囲から認められるこの段階は、竹路三佐によれば、戦闘機乗りとして「ようやくものがわかってきた」

頃である。それだけにまた自分の技倆《ぎりょう》を過信して「天狗《てんぐ》」になりやすい時期だと言う。天狗になってきたな、というときには、飛行班長クラスの、ベテラン中のベテランパイロットが空の上でそいつの鼻をへし折るなりして、おまえはまだ下手なんだぞということを思い知らさないと、とんでもない事故につながってしまう。現実に、死を呼びこむような事故をもっとも起こしやすい魔の時期は、パイロットになりたての頃ではなく、むしろ年齢で言えば二十七、八から三十はじめの、戦闘機乗りとしてひとり立ちしたこの頃なのである。

その一方で竹路三佐は、「天狗にならない奴《やつ》というのは決してうまくならない」とも言う。ある時期、天狗になり、なったとたんに、今度はヒヤッとするような失敗を味わって、パイロットとしての生き方をも含めてさまざまに悩み迷う壁にぶちあたらないと、逆にいまいる場所にいつまでも安住してしまうというわけだ。

野口二尉もそうとうな天狗だったようである。僕がはじめて彼を知った頃、つまり僕の乗ったF15と上空で空中戦を繰り広げていた野口二尉は、このときすでに二機編隊長の次のステップである四機編隊のリーダー資格を持っていて、飛行隊では若手を引っ張る中堅とみなされていた。四機編隊長になると、訓練のかなりの時間を、自分自身のスキルを向上させるためというより、「仮免」パイロットのTRや二機編隊長をめざすＯＲの指導に割かれてしまう。ほんとうなら戦闘機乗りとしてもっとも脂《あぶら》の乗った時期で、自分の技に磨きをかけたいところなのだが、そうもゆかず、部隊のレベルを維持させるために後輩のお守りを仰せつかるのだ。そんなとき、野口二尉の同僚たちが親切な家庭教師のように後輩のわからないところをひとつひとつ優しく丁寧に教えこむのに対して、彼は容赦というものを知らなかった。がんがん怒鳴りまくる。腕が立つだけに、口もうるさいのである。だが、どんなに厳しく接していても、後輩たちは黙ってついていく。彼らの目にも戦闘機乗りとしての野口二尉の力のほどがわかるからだ、と飛行隊長は言う。

おそらく編隊長をつとめるパイロットの実力をいちばんよく知っているのは、ウイングマンとして一緒に飛んでいる後輩たちである。水平飛行をしているときも、旋回をしているときも、リーダーが「タリホー！」と叫んで敵に襲いかかるときも、彼らはリーダーの動きをつぶさにみつめている。座標軸が描かれているわけでもない空の上で、ウイングマンが自分の位置を保つのは編隊長機を基準にしながらである。たとえば水平飛行の場合、編隊長が空に定規をあてて線を引いたように、揺らぎのない流れるような飛行をしていないと、ウイングマンの飛行機もまたつられて姿勢がいつまでたっても定まらずに小刻みな揺れを繰り返すことになる。だから腕の悪い編隊長と一緒に飛ぶと、ウイングマンはすぐにわかる。必要以上に疲れるからである。肩は凝り、腕は重たく痺《しび》れたようになってしまう。体は正直なのである。地上でどんなに偉そうな台詞《せりふ》を吐いていても、いったん空に上がったら、ごまかしはきかず、掛け値なしの自分というものがすべて裸にされる。上官は部下を知るのに三年かかり、部下はたった三日で上官のことがわかってしまうと言うが、パイロットの場合はただの一回のフライトで見抜かれてしまうわけだ。まさに腕一本、戦闘機乗りの世界で階級がものを言わないのはこのせいである。

ほぼ一年半ぶりに飛行教導隊のオペレーションルームで再会した野口二尉は、襟もとの階級章につける桜の数が三つに増え、一尉に昇進していた。千歳の先輩たちから勝ち気で鼻っ柱が強いと言われていたその性格の割りに、無骨さとは無縁の、いかにも女の子受けしそうなソフトな顔立ちだったのが、いまはどことなく引き締まり、鋭さが増したような印象である。それは、この新田原に来てからの三百日あまりの時間が彼の中に生みつけたさまざまな変化の表情をうかがわせていた。

野口一尉が千歳の二〇三飛行隊勤務を解かれて航空総隊司令官直轄《ちょっかつ》の飛行教導隊に転属となったのは、九六年五月のことだった。転属希望を出していたこともあるが、しかし教導隊へは、希望したからと言って、そう簡単に行けるというものではない。

定員に枠があるからとか、希望者が多過ぎてといった、この手の話にありがちな理由からではない。

教導隊は完全な買い手市場なのである。というより、戦闘機パイロットの誰にでもひとしく門戸が開かれているわけではないのだ。そのための選抜試験もいっさいない。つまりどんなに行きたくても、パイロットの側からは橋は架けられない。あるレベルに達した人間をとると言うなら、この人でもいいだろう、となる。しかし、発想がちがうのだ。教導隊の目にとまり、是非この人がほしい、と名指ししたパイロットだけを文字通り一本釣りにしているのである。

教導隊は、全国の飛行隊を巡回しながら第一線の戦闘機パイロットを相手に、自ら尾翼に赤い星をつけたミグ部隊になりきって、実戦さながらの激しい空中戦訓練を行なうことを毎年繰り返している。教導隊のパイロットが操縦する飛行機はもちろんF15だが、彼らはスホーイ27やミグ23といったロシアの戦闘機特有の機動に似せた動きをじっさいの訓練のシーンでみせて、飛行隊のパイロットたちのことをふだんは望めないようなリアルな緊迫感の中に叩きこむのである。

年に一回訪れる旅役者の一座に憧《あこが》れるという比喩《ひゆ》はまっとうではないかもしれないが、しかしじっさい教導隊に胸を借りた飛行隊のパイロットは、それがほんの一週間程度のことではあっても彼らとの戦いを経験することで、一人残らず教導隊のパイロットたちの「強さ」「凄《すご》さ」に圧倒され、自分もこうなりたいと思うようになる。しかし力の隔たりがあまりにも歴然としているだけに、よほど腕に自信のあるパイロットでなければ、こうなりたいとは思っても、ここに行きたいとはなかなか言い出せない。それでも野口一尉のように飛行隊で先輩たちからはその腕ゆえに一目も二目もおかれ後輩たちからは眩《まぶ》しい視線でみつめられているエース的存在のパイロットを中心にして希望者は決して少なくない。

ただそんな野口一尉も、はじめのうちは、教導隊との訓練に参加するたびに、彼らの並みはずれたスキルに、すごい、と目を見張らされるばかりで、とうてい自分のような者が望まれて入ってゆける場所とは思えなかった。

戦闘機乗りの世界はある種、剣の世界に通じるものがある。両者の戦いは、お互いが刀を抜く前から、つまり追いつ追われつの一戦を交える前の時点ですでに半ば決していている。ほんとうにデキる戦闘機乗りというのは、自分の姿を相手にさらすより早く、いつのまにか相手が逃げきれない6 O'CLOCK、真後ろの上方にまわりこんで一撃を加えるのである。刀が宙を舞ってキラリと一閃《いっせん》したのも目にしていないし、それどころか、相手が柄《つか》に手をかけて刀を抜いたことにすら気づいていない。

その点はドッグファイトにもつれこんだとしても変わりはない。相手の姿が一瞬、神隠しにでもあったように消えたと思った次の瞬間には、背後から襲われている。教導隊との一戦がまさにそれだった。だが、教導隊のパイロットが強いことはわかっても、では自分と違ってどこが強いのか、なぜ強いのか、彼らがみせた動きの一シーン一シーンを跡づけて、強さのよってきたるところを解き明かすまでには至らなかった。わけがわからないままに敗れ去る。その敗れた結果だけが残されたのである。

しかし一方で、野口一尉は、このまま飛行隊にいたらどうなってしまうのだろうと、戦闘機乗りとしての自分の行く末を考えるにつけ、不安がつのり焦《あせ》りにかられることが多くなっていた。飛行隊を離れる一年ほど前あたりからである。

念願のF15パイロットになってすぐに千歳の飛行隊に配属されたのが「ベルリンの壁」が崩れた一九八九年、それから七年の歳月が流れ、いつのまにか中堅の座に押し上げられている。中堅になるということは、もう自分ひとりのことだけにかまけていられなくなるということでもあった。いままでは、百パーセント自分のスキルを向上するために訓練の時間を費やせたのが、そうは行かない。あとからあとから新人のパイロットが送りこまれ、その分、彼らを指導する立場に立たされた野口一尉の練成の時間は減らされていく。自分の腕は磨けないのに、しかし後輩を前にすると、さも自信ありげに、ここでこうしろ、とわかったふうな台詞を吐かなければならない。もちろんそれらは自分の経験から導きだされたことには違いないのだが、後輩に言ってしまったあとで、果たしてそれがほんとうに正しいことと言い切れるのか、ふっと疑問がよぎるのだ。何もわからないくせに、偉そうな口を叩けるのか、ともうひとりの自分が囁《ささや》く声が聞こえてくる。

この七年間で、手のうちにはっきりとした手ごたえを感じさせるほどの何かを、自分はつかみとっただろうか。そう問われたら首を振るしかない。すべては曖昧《あいまい》に、ただ時間だけが流れてきた。

恐らく千歳から別の飛行隊に異動しても、所属が変わるだけで、日々の仕事の中身は変わらない。野口一尉くらいのキャリアになれば、再びTRやORパイロットの教育係を仰《おお》せつかることは目に見えている。上官にしたら、彼の技術が折り紙つきなだけに安心して後輩の指導を任せられるのである。皮肉なようだが、空の守りの最前線である戦闘機部隊にいる限り、自分の練成のために時間を使うことは許されず、その結果、戦闘機乗りとしての腕は日に日に落ちていくという、このジレンマから決して抜け出せないことになる。

航空学生の出身である野口一尉には、防衛大出のパイロットと違って、空幕や防衛庁の本庁勤務をへながら陸海空を視野に入れた防衛作戦の立案に携わったり、防衛協力をめぐってアメリカに渡り米軍との調整にあたるといった、将来のジェネラルをめざし自衛隊の中枢《ちゅうすう》でより高度な仕事に携わるチャンスはまずめぐってこない。戦闘機に乗りたくて航空自衛隊に入った彼にもとよりそうした希望はなかったが、それだけに、空の上でもっと強くなりたいという思いをとげられないことへのもどかしさ、苛《いら》立《だ》ちはいまや危機感と言えるまでに彼の中で膨れ上がっていた。

傍目《はため》には、恐《こわ》いもの知らずの自信に充《み》ち溢《あふ》れた態度で後輩たちを引っ張っているように映っていたその裏で、実は、野口一尉が戦闘機乗りとしての自分の将来を案じて心が大きく揺れていたなどとは、恐らく同僚の誰も予想もしていなかっただろう。彼こそは、迷いからもっとも遠いところにいると思われていたからだ。だが、このまま飛行隊を転々と渡り歩きながら、戦闘機に乗っていられる残り十年にも満たない「後半生」を、割り切って自分につづく者たちのために捧《ささ》げるのか、あるいは辛《つら》くはあってももう一度新人に戻ったつもりで自分をより高みに持っていくための新たな試練を自らに課すのか、彼は、パイロットになってはじめて突きあたったターニングポイントを前にして次の一歩をなかなか踏み出せずにいた。

九六年一月、ふつうのサラリーマンと同じく転勤や配置替えなど人事上の希望を上司に伝える「申告」と呼ばれる書類で、野口一尉は、飛行教導隊に行きたいと正式に意思表示した。行きたいと思って行けるところではないが、教導隊の側でも、千歳への巡回訓練を重ねるうちに彼の優れた素質を目にとめていたのだろう、野口一尉を欲しいという隊の要望と本人の希望とがうまくかみあって、教導隊行きはすんなり決まった。

教導隊が全国キャラバンを行なうのには、各飛行隊を回って第一線部隊のパイロットに稽古《けいこ》をつけることの他に、もうひとつ、教導隊で使えそうな有能な人材を発掘するという目的がある。「新人」のスカウトにあたって教導隊が重きをおいているのは、何よりもまず戦闘機乗りとしての腕である。空中戦を戦う中で、海千山千のしたたかな教導隊パイロットをしてヒヤリとさせるような、冴《さ》えた動きをみせるパイロットがいれば目っけもの、「こいつ、デキるな」ということになり、一本釣りの候補者に真っ先に上げられる。

だが、チェックポイントは空の上だけではない。地上に降りてから、訓練後のブリーフィング、デブリの席でのパイロットたちの言動のひとつひとつにも、教導隊は注意を払い、じっと耳を傾けている。たとえ勝負には敗れたとしても、戦いがどんな風に進んでいったのか、味方と敵の位置や動きはそれぞれどうだったのか、そして敗因はどこにあったのか、それらをきっちりと分析して、そこから戦訓を導き出しているパイロットがいれば、それはそれで、「おぬし、やるな」ということになる。

「パイロットの六分頭」と言って、空の上では、地上にいるときの六割程度しか頭が働かない。気圧が低く、供給される酸素の絶対量も少ないせいもあるし、自分の体重の六倍から八倍の重さがのしかかるGの影響もある。さらにマッハに近いスピードに判断や思考がついてゆけないということもある。そんな中で、戦いの流れをしっかりつかんでいるということは、空中戦の間、少なくとも自分の機をやみくもに操っていたわけではなく、ふつうならどこからあらわれてとどめを刺されたかわからない相手の動きも頭にとどめていたことになる。背中に目がついているようなものである。その点だけでも、あっぱれ、エースの素質十分なのである。

胸を貸した教導隊のパイロットの間で、「こいつはなかなか」と名前の上がったパイロットについては、所属している飛行隊長を通じて、いままでの訓練実績や性格、勤務態度、さらには後輩への指導のやり方や彼らからの評価など、飛行隊が掌握しているその当人に関する細かなデータをとり寄せる。どんなに技倆が優れていても、下の者たちの反発を買っているようなパイロットは不適格とみなされる。

教導隊という呼び名はどこかなじみが薄い。この教導隊が創設されて間もない頃、パイロットの数が十二人と小ぢんまりとした部隊だったこともあって、家庭サービスを兼ね、隊員全員が各々《おのおの》の家族を引き連れて大分九重《くじゅう》の温泉宿に旅行に出かけたことがあった。宿の玄関には、例によって「御一行様」の看板が下がっている。ところが、それを見て、パイロットたちは苦笑した。教導隊のところが、共同隊と書かれていたのである。たしかに、「きょうどう」と聞いて、教導という文字を思い浮かべる人はまずいない。なじみが薄いのも当然で、この呼び名は、ふつう会社で言う人事課のことを、陸海空三自衛隊が未《いま》だに補任課と呼びならわしているのと同じで、旧軍から引き継いでいる名称なのである。当時は陸軍航空隊の一部隊の呼び名として使われていた。

もっとも、旧軍の教導隊が教え導くという字句そのままに教育機関としての役割を担《にな》っていたのに対して、航空自衛隊唯一《ゆいいつ》のミグ部隊である飛行教導隊は、「敵」が上空でどんな戦い方をするかを第一線のパイロットたちにじっさいの空中戦の中で身をもって体験させ、どうすれば殺《や》られずにすむかを、彼ら自身の頭で考えるように仕向けるのが仕事である。手とり足とり教えて、あるレベルにまで導くわけではなく、「敵」を知るためにその戦法をデモンストレーションするのである。

訓練とは言え、勝ち負けが大事なのではない。だいたい飛行時間三千時間や四千時間がざらな、各飛行隊のエース級を集めた教導隊のパイロットと、ＯＲや二機編隊長の資格をとったばかりの第一線部隊の若手パイロットとでは、横綱、三役クラスと十両が同じ土俵に上がっているようなもので、はじめから勝負にならない。そんな中で、先輩づらして、おまえら、こんなこともできないのか、と相手をぐうの音も出ぬまでにただ叩《たた》きのめすだけでは、「ベテランが勝つのは当り前じゃないか」と若手の反発を買うのがおちである。

飛行隊のパイロットは、相手がスゴ腕揃《ぞろ》いの教導隊だと、何とか先輩たちの鼻を明かしてやりたい一心でがむしゃらに攻めまくってくる。他のことに目をやる余裕がなくなり、距離を見誤って、間合いも考えずに突っ込んできたりする。それだけに教導隊のパイロットはつねに醒《さ》めた目で戦い、しかしここぞと言うときには、地上に帰ってきてから、あそこがポイントだったのか、と相手にわからせるような形で勝負を決めなければならない。

後輩を前にして、おまえのここが悪い、あそこも駄目だ、というようなことは、ある程度経験を積んだパイロットなら誰にでも言える。だが、教導隊が行なう訓練の場合は、教導隊のパイロットが教官で飛行隊のパイロットが学生というわけではない。飛行隊のパイロットが気づかなかったミスなどを指摘する以外は、彼ら自身に考えさせるあくまでアドバイザーに徹している。こうしたシステムは日本の場合とかく徒弟制度になりがちだが、教導隊がそうでないのは、やはり本家米軍の「ミグ部隊」のやり方をそのまま踏襲しているからである。教官役でないのだから、教導隊のパイロットはある程度若手と同じ目線に立つことができて、しかも、「自分もいずれはこんなパイロットになりたい」と彼らの尊敬と信頼をかち得るような人間でなければつとまらない。パイロットの選考にさいして、人物にもウエイトがおかれているのはこのためである。以前、候補者の中に技倆に関してはだんトツとも言えるパイロットがいた。しかし飛行隊で話を聞いてみると、ひとりよがりな行動が目立ち、仲間からも浮いた存在となっていたことがわかって、結局、教導隊は彼を採用しなかった。

候補者が最終的に絞りこまれると、教導隊は本人に直接接触するなり飛行隊長を通じるなりして、その意思をたしかめる。教導隊が「こいつが欲しい」と惚《ほ》れこむくらいのパイロットだから、飛行隊にとっては貴重な人材である。各飛行隊のエースが隊の名誉を背に「腕」を競い合う、恒例の対抗戦、戦技競技会にはなくてはならない存在だろうし、後輩の指導という点では有能なトレーナーを欠くことになり、ひいては飛行隊全体のレベル低下につながってしまう。教導隊のせっかくのプロポーズだが、「彼だけは困る」と飛行隊側は「放出」を渋ると考えるのがふつうである。ところが、教導隊が「欲しい」と名指ししたパイロットをめぐって、飛行隊が断ってきたというケースはいままでなかったという。教導隊にパイロットを差し出すということは、飛行隊にとって「名誉」なことだから、というのが、教導隊のトップの説明だが、やはり航空総隊司令官にダイレクトにつながる直轄部隊の意向は無視できないということかもしれない。

ただ、教導隊からのプロポーズを飛行隊サイドが蹴《け》ったケースはなくても、「きみが欲しい」と言われた当の本人が断りの意思表示をした例はある。黒住英正一尉《いちい》は野口一尉の一歳上、九州や北海道出身の戦闘機乗りが目立つ中にあって、東京小岩の生まれである。大学受験に失敗して浪人するつもりだったのが、どういう拍子にか、小学生の頃ぼんやりと子供心に抱いていたパイロットへの憧れが急に形をとって、「戦闘機乗りって男の道だな」という思いがふつふつと湧《わ》き上がり、翌年には同じ受験で も航空学生の試験を受けていた。F15パイロットになって配属されたのが、首都防衛を担う茨城百里基地の二〇四飛行隊。その百里暮らしもまる五年になろうというとき、飛行隊長に、「教導隊からおまえのことがぜひ欲しいと言ってきている。せっかくのチャンスだから行ってみろ」と異動の内示を受けた。望んでも行けない教導隊に、向こうから声がかかったのである。

ところが、黒住一尉は断る。まさか断られるとは思ってもみなかった飛行隊長は、怪訝《けげん》な顔つきでわけをたずねた。

「とても自分にはつとまりそうもありません」

別に謙遜《けんそん》してそんなことを言っているわけではなかった。デキるパイロットにとっては、憧れの教導隊である。そこから誘われたということは、戦闘機パイロットの頂点に立つ部隊から心技ともに抜群とのお墨つきをもらったようなものである。うれしくないはずがない。内心は小躍りしたくてしょうがないのである。

しかし、と彼は考える。えりすぐりのベテラン軍団に自分のような者が入って、ほんとうに伍《ご》してやって行けるのか。黒住一尉はまだ二十九歳になったばかりだった。当時は階級もまだ二尉である。

もし彼が教導隊に入ると、教導隊はじまって以来、いちばん若くして、赤い星のついたドクロのマークを胸に飾るパイロットになる。しかも、黒住一尉のすぐ上の先輩は一つか二つ上なのかと思ってたしかめてみると、これがとんでもない。航学の六期も先輩にあたるパイロットなのである。飛行時間はすでに三千時間の大台に乗っていて、黒住一尉より千時間も多く空を飛んでいる押しも押されもせぬベテランである。そんなパイロットが部隊のいちばんの若手というのだから、ひと口にベテラン軍団と言っても、数々の修羅場をかいくぐり、戦闘機乗り人生の酸《す》いも甘いもかみ分けてきた、いぶし銀のような光を放つパイロットばかりが顔を揃えているわけだ。弱冠二十九歳の黒住一尉が尻《しり》ごみしたくなるのも無理はなかった。

だが、彼は迷ったあげく、教導隊に行くことを決意する。飛行隊にもうしばらくいて、四機編隊長をつとめていたいという気持ちもあったが、やはり戦闘機乗りとしてより高みをめざせるという教導隊の魅力は、自分の実力が行った先で通用するのかとこれからはじまることを考えて思いあぐねているその不安をしのぐほどに大きかったのだろう。

黒住一尉や野口一尉だけでなく、何人もの戦闘機パイロットと会って話を重ねていると、彼らが申し合わせたように、自分の「腕」を磨いて、もっともっと強くなりたい、という思いを言葉にすることに気づかされる。そして、何のために飛んでいるのかという問いに対する彼らの答えは、多くの人々が、自衛隊のパイロットならこうだろうと、ある種偏見をまじえて一方的にみなしている見方を覆《くつがえ》す。

飛ぶのはなぜ、と聞かれて、国を守るため、と答える戦闘機パイロットはまずいない。

飛ぶのが、戦闘機で飛ぶことが好きだから、と彼らのほとんどはためらうことなく

「好き」という言葉を口にする。

でも、と僕は畳みかける。

「いくら好きだから、と言ったたって、それこそ四十いくつで体力的に限界というときまで、来る日も来る日も飛びつづけるわけでしょう。しかも、いったん空の上に上がってしまったら、死がどこに口を開けて待っているかわからない。地上にいる人間からすれば、なんで好き好んで飛ぶんだろうって、やっぱり思ってしまうんですよ……」

すると、彼ら戦闘機乗りの口からは、「スキルを向上させたいから」とか「もっと強くなりたいから」という言葉がついて出るのである。

飛行教導隊にはふつうの飛行隊と違って隊長の上に隊司令というポストがある。階級は一佐、僕が新田原をたずねたときの隊司令は一九四八年生まれだから四十九歳、五十代も目前だが、毎日、F15の操縦桿《かん》を自ら握り、上空で隊員たちに混じって空中戦を戦っている。航空自衛隊では、もっとも位が高く、そして最年長の現役戦闘機乗りである。

その彼は、自分の仕事である戦闘機パイロットのことを、「職業とは思っていない」と言い切ってみせる。お金を稼ぐ手段とか、家族を養っていく生活のための道具とは少しも考えたことがないというのである。

「だって、もしお金を稼ぐのが目的なら、ＪＡＬやＡＮＡのパイロットになった方が正解でしょう。戦闘機は違うんです。戦闘機には戦闘機でないと駄目なものがあるんですよ」

じゃあ、何なのですか。職業でもないのなら。と、僕はいったん言葉を切って、まさかそこまで思い込んではいないだろう、と内心決めてかかりながら、それでもたしかめてみた。

「天職ですか？」

司令は、ぽつんと低く、そうかもしれない、とつぶやいた。

その言葉につけ加えるようにして、教導隊の幹部がひとつのエピソードを紹介した。

一般の会社で課長や部長に昇進する場合、実績や上司の勤務評定、そして何よりも「人脈」という目に見えない力が左右して、昇進試験といったシステムそのものがないところがふつうである。これに対して自衛隊では、たとえて言えば、平から係長ポスト、さらに上級の課長職、そのまた上の部長職や重役と、フロアをひとつ昇るごとに新たな教育が義務づけられていて、そしてその教育コースに入るためには試験や選考をへることになっている。つまりこれが昇進試験の意味をなしているわけである。

そうした教育コースの一つに、ＣＳと呼ばれている課程がある。陸上自衛隊ではＣＧＳという名がついているが、ともに指揮幕僚課程と訳されている。将来、部隊の指揮官や高級参謀になる将校を養成するもので、航空自衛隊のトップの空幕長も航空総隊司令官も全員ここを通ってきた、まさにエリートコースである。このＣＳに入るための試験には年齢制限と、受験する回数の制限がある。そして、教導隊の中にその年齢制限に引っかかるパイロットがいた。今年を逃せば、もう受験の機会は二度とめぐってこない、これがラストチャンスというわけである。

幹部はそのパイロットに受験を勧めた。ＣＳに入れば、飛行隊長や部隊の指揮官になる道が開けてくる。人生は一回なんだ。自分の可能性をもっと広げて、新しい世界を見るのも必要なのではないか、とも言ってみた。

ところがそのパイロットは、受けたくないの一点張りなのである。別に指揮官なんかになりたくない。昇進も興味ない。それより、と懇願するように言うのである。

「このままここで自分のスキルを伸ばさせて下さい」

まったく頑固な奴《やつ》ですよ、と言って幹部は困ってみせながらも、その苦笑の奥からは、そうした頑固な部下を持ったことを、どこか嬉《うれ》しく誇らしげに思っている表情が透けて見えている。

飛行教導隊には戦闘機乗りの中の戦闘機乗りが集まっている。栄達より昇給より、空の上で自分の腕を磨くことに、彼らは自衛隊で過ごす人生を賭《か》けている。安住せず、果てのない向上をめざす彼らは、剣の道を求める剣士とどこか重なり合う。

野口一尉の行く手には、そんな十六人の「侍」が待っている。

中高年「残日」部隊

ともに戦闘機乗りの部隊でありながら、南北に伸びた日本列島の七カ所にベースを構えて昼夜を分かたず領空の警戒にあたっている第一線の飛行隊と、自衛隊唯一《ゆいいつ》の「ミグ部隊」として飛行隊のパイロットに胸を貸すのが主な任務の飛行教導隊との、傍目にもそうとわかる違いは、パイロットの歳《とし》である。平均年齢で八つも違うのである。むろん教導隊の方が歳を食っている。

　戦闘機パイロットの世界は、卓越した知力体力だけでなく、神がある種の人間にのみ与えたとしか言いようのない飛行センスを生まれながらにして持ち、なおかつ気の遠くなるような何段階ものハードルをすべてクリアしてはじめて入ることを許される、まさに選ばれし者の世界である。どんなにお金を積んでも、あるいは人並みはずれた頭脳を持っていても、はたまたパリやニューヨークの社交界でも通用するような由緒《ゆいしょ》正しいエスタブリッシュメントであっても、彼らの世界の一員になることはできない。日本でもっとも閉ざされた、ある種特権的な集団と言っても過言ではない。もちろん、特権という言葉につきものの、どこかうしろ暗い響きに、当のパイロットたちは、「そんなつもりは」と激しい拒否反応を示すだろう。しかし、乗りものとしてこれ以上、高性能で高価なものは日本にない、その超音速ジェット戦闘機にたったひとりで乗りこみ大空を飛び回れること自体、選ばれし者だけに許される、特権ほんらいの意味の、まさに特別の権利なのである。何より重要なことは、その特権を、彼らは何のうしろ盾もなく五体に備わった自分の力で手にしているということだ。それも、自らの命を担保に入れて。

防大出のエリートからインターハイ出場歴のある元運動選手、さらには板前修業がいやになって飛び出したプー太郎や、身の回りのことが満足にできないような少し頭のあたたかな人物まで、社会の縮図と言われるほどに背景のさまざまな人間がごった煮にされている、文字通り開《ひら》かれた組織の自衛隊の中で、選ばれし者の世界のここはやはり異色の存在である。そして、年齢という点からみても戦闘機乗りの世界は自衛隊の中で際立《きわだ》った存在となっている。

たとえば陸上自衛隊では、第一線部隊の多くが、慢性的な人手不足に加えて、若年人口の減少という、日本が二十一世紀に向かって抱える深刻な問題を先取りする形で、二十代前半の平隊員、いわゆる「兵隊」が定員の半分にまで落ちこんでいる。以前、取材した北海道の普通科連隊の場合、中隊の平均年齢は二十九歳に達しようとしていた。中隊とは、戦場で単独で行動できる最小の単位である。会社におきかえてみれば営業活動の最前線である支店や支社の中の課のような存在である。この中隊の二十五年前の平均年齢は二十五歳だった。新しい血が絶えず流れこみ、その分古い血が適時捨てられていけば、組織の若さはつねに保たれているはずである。それに反して組織の最前線に立つメンバーの平均年齢が上がっていくということは、極端な話、組織としての動脈硬化がはじまっているとも言える。つまり、いざというときこの国と国民を守るために銃をとって戦場に向かうはずのプロの戦闘集団は、日本企業の将来の姿を暗示するかのように、四半世紀の間に新陳代謝が思うようにはかどらず、少しずつ老《ふ》けつつあるということになる。

一方、戦闘機パイロットの世界はと言えば、逆に若年化が進行している。戦闘機を配備して空の守りの最前線についている飛行隊には、三十人弱のパイロットがいる。平均年齢は三十から三十一、二がふつうだが、二十八歳強という飛行隊もある。じっさい飛行隊を訪ねてみると、自分がひどく老けこんだような気にさせられる。陸の部隊のように、高校を出たばかりの新隊員もいない代わりに、重ねてきた苦労の年輪が深い皺《しわ》に刻みこまれているような顔つきの、定年を目前にした五十過ぎのベテラン下士官もいない。飛行隊長以下、全員が自分より歳下で、しかも四十代のパイロットは、隊長に飛行班長の他、せいぜい一人、あとは二十代後半から三十代前半が圧倒的である。現役でいられるのが平均して二十五から四十までのたった十五年と、「寿命」の短いのが戦闘機乗りだから、若いのは当然と言えば当然である。

しかし、飛行隊の中堅をになうパイロットによると、パイロットの年齢の幅は変わっていないのだが、歳《とし》のバラつき具合に変化があらわれているという。戦闘機乗りをスキルのレベル順にならべてみると、まず飛行隊に配属されたばかりで「仮免」扱いのＴＲパイロット、次の段階が、「仮」がとれて本格的にスクランブル任務につけるようになったＯＲパイロット。ここまでが言わば若手で、つねにリーダーにつき従って飛んでいるという意味からウイングマンの呼び名でも言い表されている。さらに経験を重ねると、二機編隊《エレメント》のリーダー資格を持ったパイロット、さらに四機編隊長とつづき、最後は、マスリーダーと言って、八機や十六機などの多数機の編隊を率いることができるベテラン中のベテランパイロットに到達する。

有事のさいの戦闘部隊でありながら、日常的には二十四時間態勢で領空警戒のスクランブル任務にあたり、同時にまたパイロットの練成と若手を育成する教育訓練機関としての役割もこなさなければならない、三役を併せ持つ飛行隊としては、こうしたウイングマンからマスリーダーまでの四段階のパイロットがバランスよく配置されているのが理想である。だが、飛行隊によっては、部隊を引っ張っていく中堅の四機リーダーの割合がぐっと少なく、歯抜け状態のようになっているところもある。

航空自衛隊がその戦略として伝統的に持っている「北方重視」策のあらわれか、千歳に展開している二つの飛行隊は、いずれもパイロットの配分が他の飛行隊に比べて比較的余裕のあるものになっているという。ウイングマンは七、八人だが、ほぼ同数のエレメントリーダーが配置され、さらにその彼らを四機リーダー以上の資格を持つ十数人のベテランで指導している。いくら余裕があると言っても、千歳での野口一尉《いちい》がそうだったように年齢にして三十一、二から三十五くらいまでの中堅パイロットは自分たちの練成の時間を犠牲にしてでも後輩の指導にあたらなければならない。有事への備え、スクランブル、さらに教育という三役を同時にこなす皺寄せは、会社の中間管理職と同じく、中堅パイロットがかぶることになる。

だが、別の飛行隊の場合は、この肝心の中堅クラスが櫛《くし》の歯が欠けたようになっていて、千歳の半数ほどの四機リーダーで十数人のウイングマンの面倒をみなければならない状態だった。自然、飛行隊の平均年齢は若くなり、二十九を割りこむまでになったのである。経験とそこから培《つちか》われていくスキルが何よりの武器のパイロットにとって、部隊の若年化の傾向は決して望ましいものではない。後輩の指導そのものが思うにまかせなくなるし、飛行隊全体のスキルにも響いてくる。

戦闘機乗りの平均年齢が下がりつつあることについて、中堅パイロットの一人は、その原因の一つに、F15の性能をあげている。性能が良すぎてパイロットの体がついてゆけないのだ。15の能力は、ある部分、それを操る人間の肉体の限界を越えるところまで広がっている。このため、よほどパイロットは強靭《きょうじん》な肉体の持ち主でないと、せっかくのこの戦闘機の持てる力を存分に発揮させることができない。経験もスキルも重要だが、それと同じくらい15を乗りこなすには若さが求められるのだ。

F15は、強力なエンジンと考え抜かれた機体設計のおかげで、戦闘機としていささか大きすぎるその図体《ずうたい》からは想像もつかないほどに小回りがきく。しかもただ単に小回りがきくだけでなく、その状態が長続きするのである。たとえば15の二世代前の戦闘機、F104だと、急旋回しようとすると、機体への空気抵抗が強まり、あっという間に減速して、旋回の半径がふくらんでしまう。ところが強力な推力に支えられた15は、減速することなく激しい旋回を持続できる。こうした優れた旋回性能や運動性能が、高速で飛びながらもなおゼロ戦やグラマンの時代を彷彿《ほうふつ》とさせるような、空の上で互いの体を掠《かす》め、擦り抜け、もつれあう格闘戦を可能にさせている。だが、急旋回すればするほど、8Gや9Gという途轍《とてつ》もないGの重圧が連続してパイロットの肉体にかかることになる。その中でパイロットは機を操りさまざまな操作をつづけなければならない。

　僕が乗った051号機のコックピットの中でも、機体が激しい旋回に入っている間、僕は、全身にのしかかる自分の体重の六倍の圧力に呻《うめ》き、血液が足の方に押し下げられないように、トイレで力む動作と同じく息を詰め、ここぞとばかりに力をこめて踏ん張っていればそれでよかったが、僕に背中を向けている竹路三佐は、Gに耐えながら、右手で操縦桿《かん》を握り、左手でスロットルレバーのスイッチをいくつも動かしていたのである。

　Gが加わり出すと、僕の両腕は座席の左右のアームにすさまじい力で押さえつけられた。腕を上げようとしてもびくともしない。地上にいたときは、上空に行ったら飛行服のすねの部分のポケットからメモをとり出して空中戦の感想の切れはしでも書きとめておこうなどと考えていたが、いまはそれを試みようという気すら起こらない。Gは肉体を押さえこむが、それと同時に気力をも押さえつけにかかる。気持ちが萎《な》えるというより、無駄なことはするまいと思わせる。戦う前に戦いを放棄させてしまうのだ。とりあえず自分を持ち堪《こた》えさせるのがやっと、それで十分じゃないか、と半ば居直る気持ちになっている。

獲物を見定めた15がいったん激しい動きをはじめると、飛行機がどちらの方向にどの程度のカーブを描いて旋回しているのかはまるでわからなくなる。しかし、自分の体が大津波の中に投げこまれたように猛烈なエネルギーでどこかに運ばれているという感覚だけはある。腕を押さえつける力は耐えがたいほどに強まっている。見えない鋼鉄の重錘《おもり》がひとつまたひとつと腕の上に積み上げられていくようだ。やがて腕の中のあちこちで何かがちりちり音を立てている感じが伝わってくる。Gの重圧は、ちょうど気泡の小さな突起がいっぱいついた包装用のビニールをいたずらで潰《つぶ》していくように、腕の中を走るか細い血管を至るところで寸断し潰しているのだろうか。

Gは、座席に磔《はりつけ》にされたままの僕の体のあらゆる部分に容赦なくのしかかってくる。そのGに耐えようと両手でアームを渾身《こんしん》の力をこめてぎゅっと握りしめているうちに、しだいに腕そのものが重たく、まるで中に鉛の詰め物でも入れたようにだるくなっていく。腕の位置をずらすこともできないし、指先に力をこめることもかなわない。腕自体が自分のものではなくなってしまったようだ。

だがその間、竹路三佐は、操縦桿を手にした右腕を傾けながら、指先ではスティックについたスイッチをまさぐり、とてもGの重圧をこらえているとは思えないような素早いタッチで操作をつづけていた。しかも同じような動作を、スロットルレバーをつかんだ左手でも、何本もの指を使って行なっている。

戦闘機パイロットの命は、ある意味で、指である。F15の場合、いざ戦闘というときにパイロットがよく使うスイッチ類は、たいてい操縦桿かスロットルレバーにアクセサリーのようについている。たとえば、右手で握っている操縦桿のスティックには、ミサイルや機関砲の発射ボタンの他、敵を探し出して「目標」として捕らえ、そのまま追尾するさいのレーダーモードの切り替えスイッチがある。

このモードの切り替えというのがなかなかに厄介である。スイッチは、上、下、前、後の四つの動きをみせる。スイッチを前に押すと、レーダーは十六キロのエリア内を敵の姿を求めて隈《くま》なく捜しまわり、真っ先に見つけた目標にロックされる。スイッチを後ろに引くと、モードが切り替わり、レーダーは捜索の範囲をぐっと絞りこむ。スイッチの動きは、とりあえずは四通りしかないのだが、モードのメニューはさまざまである。スイッチの動かし方を組み合わせることで、レーダーモードが次々と切り替わっていくのだ。たとえば、あるモードに入っている状態のままでスイッチを押すと、ロックが解除されて、その前に選択していたモードに戻ったり、また別のモードのときにスイッチを二回操作すると、まったく別のモードに切り替わったりする。

スイッチをどう動かせばどのモードになるのか、その何通りにも及ぶ複雑きわまりない操作の仕方をいちいち覚えこむだけでも並み大抵のことではないが、パイロットは、鋼鉄のロープで操縦桿に括《くく》りつけられたような指をGの呪縛《じゅばく》に抗《あらが》いながら瞬時のうちに動かして、この操作をやってのける。

　右手を動かしているときに、パイロットは、左手も、親指、人差指、中指、小指の四本の指を使って複雑な動きをつづけている。加速や減速のときに使うF15のスロットルレバーは、自動車のギアシフトと同じく操縦席の左脇《わき》におかれている。レバーは、手を広げて上から握りこめる形になっていて、親指があたる部分には三つのスイッチがある。単に押すスイッチだけでなく、前に押したり後ろに引いたりするものもある。どれを後ろに引いて、どれを上から押すのか、とっさに判断しながら操作しなければならない。

　広げた左手でレバーのグリップをつかんだとき、人差指、中指、小指が来る位置にも、敵味方識別のＩＦＦスイッチなど三つのスイッチがそれぞれ対応してついている。このＩＦＦとは、「山」と言ったら「川」と答える合い言葉と同じで、ある特定の電波を相手の飛行機に発し、返ってくるシグナルによって敵か味方かを識別するというものである。もっとも多数機が入り乱れて妨害電波が飛び交う中だったり電波の状態が思わしくなかったりすると、ＩＦＦは何の役にも立たないし、敵にさとられたくないときには電波を送ることでみすみすこちらの所在を教えてしまうことにもなりかねない。そうなると、たよれるのは、結局は自分の二つの眼だけとなる。レバーのグリップのさらに左端には、レーダーのアンテナ角度をコントロールするつまみがある。これを小指を使って操作するときにはふだん使わない薬指まで動員する。

僕が、座席のアームから腕を上げることをとうにあきらめ、ただGが去っていくのを、呻き声を発し冷たい汗をにじませながらひたすら待ちつづけていたそのとき、パイロットの竹路三佐は、操縦桿を動かす右手の指先でレーダーモードのスイッチをこまめに切り替えながら、左手の指先でもトレモロを弾いていた。

チャンプの代名詞のようなボクサー、モハメド・アリの言葉に、「蝶《ちょう》のように舞い、蜂《はち》のように刺す」というのがあるが、それを言うなら、戦闘機パイロットは、ピアニストのように両手の指先を走らせる。鍵盤《けんばん》ではなく、スイッチの上に。コンサートホールを埋《うず》めた聴衆の前ではなく、寄り添う者のない孤独なコックピットの中で、Gという宿命をはねのけながら、敵を「蜂のように刺して」生き残るために、「運命」のシンフォニーを奏《かな》でている。

だが、スイッチを鍵盤にして曲を弾くためには、何よりもまず、Gの中でも自在に指先を操れる強靱な筋力と気力を備えておくことが必要である。竹路三佐によれば、夏休みや出張などで一週間や二週間ほど飛ばずにいると、あれ？　と自分でも信じられないほどに、Gへの抵抗力は弱くなってしまうという。中でもそれが、てきめんにあらわれるのが、指なのである。いままでは苦もなくできていた操作が、久しぶりで上空に上がると、しんどくなる。だから、ブランクのあとに飛ぶときは、朝一番のフライトからいきなり高Gのかかるような訓練に入るのは避けて、一日三回のフライトなら段階を踏みながら訓練の内容をきつくしていくのである。

ピアニストは、一日鍵盤に触れないでいると指が固くなると言うが、戦闘機乗りも同じである。ただピアニストは八十になってもコンチェルトが弾けるが、パイロットは不惑《ふわく》の峠が間近に見えてきたあたりから、Gが以前よりずっと体に応《こた》えるようになる。それを感じるのもまず指先だという。若い頃は、ブランクがあっても一回上空に上がって体を馴《な》らしてしまえば、すぐにまた指はいつもの動きをしてくれていたのが、そうはいかなくなる。元のタッチが甦《よみがえ》るのにえらく時間がかかる。指の先から、老いははじまるのである。

もっとも、指は、どんなにGに痛めつけられても地上に降りたあとまで尾を引くということはないが、腰や背中へのダメージは根が深い。塵《ちり》も積もればで、日々のしかかるGの重圧は十年もたつと、背中や腰に重い軛《くびき》となって残っている。三十五を過ぎた戦闘機乗りはたいてい一日のフライトを終えた夜や休日に家族にマッサージを頼むことになる。三十六歳のF15パイロットは、休日の朝が辛《つら》い。起きられないのだ。睡眠不足で布団《ふとん》からなかなか離れられないというのではない。朝の遅い休日は長時間横になっているため、背中がぱんぱんに張ってしまう。起き上がることもできないし、痛くてそのまま横になっていることもかなわない。パイロットは仕方なく、ぶざまな姿勢をとった布団の中から五つになる息子を呼ぶのである。「パパの背中、踏んで」

しかし、あまり人の眼にさらしたくない恰好《かっこう》も、自宅の寝室でまだ小さい息子の前なら、さほどバツの悪さを感じないですむ。三十八になるF15乗りの場合は、よりによって空の上で激痛が走った。訓練前の準備体操と言うか、緩めの旋回をしてGに体を馴らすウォームアップをしているときである。後方を確認しながら旋回を少しきつくしていこうと、その彼は、Gの重圧を体全体で受け止めたまま、上半身をねじるようにしてぐいっと後ろを振り向きざま、操縦桿を腹まで引き寄せた。その瞬間、体の中で、ビシッと衝撃音が鳴ったような気がした。それと同時に耐えがたい痛みに襲われた。じっとしていても背中から腰にかけて、錐《きり》の先で皮膚の裏側を突つかれているような鋭い痛みが走っている。口の中が渇き、冷や汗がにじんでくる。操縦に支障はないが、計器やペダルの方に腕を伸ばしたり足を伸ばしたりするのが苦痛である。とても空中戦の訓練ができる状態ではない。彼は管制塔に事態を報告して、基地に向け機首をゆっくりターンさせた。

ギアを降ろすハンドルに手を伸ばしたりブレーキに体重を預けるさいには痛みが伴ったが、とりあえず着陸はうまくいった。速やかにタキシングしながら格納庫前のエプロンに向かうと、整備を受け持つ機付員だけでなく飛行隊の同僚までが出迎えている。心配そうに見守っている隊員もいるが、ぎっくり腰で飛べなくなったパイロットの顔をみてやろうという冷やかし半分の隊員もいるはずである。彼らの横では、赤十字のマークが入った青いワンボックスカーの基地の救急車が赤色灯を点滅させて待ち構えていた。

エンジンを切ると、ラダーを持って機付員が駈《か》け寄ってくる。操縦席に座っている分には、まだしも体を固定するベルトがギプス代わりになっていたが、いざコックピットから出るという段になって、文字通り地獄の苦しみを味わわなければならなかった。機付員の手を借りて、やっとのことで体を起こし、痛みに息を詰めながらラダーを伝って降りていく。だが、そこからはもう歩けなかった。背筋を伸ばして立つこともできない。腰の曲がった老人のような前屈《かが》みの姿勢のまま、隊員たちに両脇を抱えこまれるようにして、用意されていた車椅子《くるまいす》にひとまず落ち着き、救急車で運ばれた。

旋回中に無理な姿勢をとったことが、ぎっくり腰の直接の引き金になったわけだが、それは単に最後の閂《かんぬき》で、彼の腰には、Gとの戦いに明け暮れた十年間のダメージが「金属疲労」となって、もはや自らの筋力と気力とでは支え切れないくらいにたまっていたのである。

戦闘機それ自体が乗り手の人間に若い肉体を要求しているそのF15を、航空自衛隊はここ十五年ほどの間に二百機近く導入してきた。まず、F104を配備していた飛行隊の機種が次々にF15に切り替えられていき、つづいてF4ファントムの飛行隊がF15の飛行隊へと姿を変えていった。すでに四半世紀もの間、空の守りの最前線を飛びつづけるファントムは、もっとも華やかなりし頃は六個の飛行隊に配備されていたが、15にその座を奪われ、いまや三個飛行隊に半減してしまった。15と違ってファントムは二人乗りである。飛行隊の機種が一人乗りの15に切り替わると、当然パイロットの数はだぶついてしまう。高Gの連続にも立ち直りが早い若手は、再教育を受けて15のパイロットに転身する道が開《ひら》けている。しかし、不惑の境界線にたたずむ「壮年」組は、望まれてパイロットを育てる教官として練習機に乗りこめればよいが、最悪、後方支援のデスクワークにまわされて第一線を退いていく。

戦闘機乗りにはいずれ「肉体的定年」が訪れる。地上に降りなければならない日が必ずやってくる。どんな優秀なパイロットといえどもその宿命から逃れることはできない。ただその定年には個人差がある。空の上にまだいられる人間がいる一方で、歳は同じなのにそうでない人間もいる。両者の違いはあまりにもはっきりとしている。地上に降りた時点で、降りたパイロットはもうあの選ばれし者の世界の住人とはみなされない。いや、みなされないというより、そのことは誰よりも彼ら自身がいちばんよくわかっているのだ。空の上が、自分にとっては思い出すだけの世界になってしまったことを、追憶にひたるときの、あの苦い感情とともに。

そして、15の数が増えれば増えるほど、選別される人間も増えていく。パイロットの新陳代謝は激しくなり、ところてんさながら下から上が押し出される分、若年化の傾向にはますます拍車がかかるのである。

そうしたF15パイロットを取り巻く環境を頭に入れた上で、飛行教導隊の戦闘機乗りの年齢が、最前線で空の守りについている飛行隊のパイロットに比べて平均で八歳も高いというデータを耳にすると、この教導隊という部隊がいかに特殊な存在か、あらためて思い知らされる。何しろここにはふつうの飛行隊で三人くらいしか目にしない四十代のパイロットが六人もいる。すぐ下の世代にあたる三十五から三十九歳までがやはり六人。その一方で二十代のパイロットは一人もいない。

教導隊は隊司令、隊長を含めて十七人の所帯である。つまり、三十五歳以上という、戦闘機乗りの世界で言えば、「脂《あぶら》の乗った」とか「男盛り」といった表現をするにはいささか薹《とう》の立った、もはや「中高年」として括《くく》られてしまうパイロットが、実に七割以上を占めていることになる。この数字は階級的にもスライドしている。教導隊のメンバー十七人中、三十五歳以上の十二人は、全員が自衛隊では管理職にあたる佐官クラスなのである。

もしふつうの会社にこうした人間ばかりを集めた部署があったら、現場で煙たがられるようになった中高年の管理職を一堂に集めて、わが社の将来のためにこれまでの蓄積を知恵として授けてくださいと言いながら、その実、仕事らしい仕事もあてがわずにていよく押しこめてしまう隠居所のように、傍目には映るかもしれない。たしかに教導隊のパイロットたちは歳を食っている。この先、戦闘機に乗っていられる年数もそう長くはないという、むしろ残り時間を数えるような年代である。だが、教導隊の実態は、その年齢からイメージするものとはまるで違う。藤沢周平流に言えば、昏《たそが》れるにはまだまだ遠く、むしろ現役最後の輝きをみせるかのように、眩《まぶ》しすぎるくらいの光を放って空を染め上げている残日なのである。

旧ソ連国旗の赤旗を飾った飛行教導隊のオペレーションルームに、僕がはじめて足を踏み入れてパイロットと顔を合わせたときの第一印象は、「ここの人間は面構《つらがま》えが違う」というものだった。こう書くと、「どうもでき過ぎた話だな」となかなか信じてもらえそうにない気がしてくるが、しかし、僕の第一印象を取材が終ってからの帰り道、レンタカーのハンドルを握っているカメラマンの三島さんに話すと、うなずきながら、「なんか、恐《こわ》いですよね」と似たような感想を口にした。

隊長の金丸二佐は、僕と同い年の、四十代の折り返し点を過ぎた一九五二年生まれ、着流しにドスでも忍ばさせたらぴったりはまりそうな、苦味走った感じの男である。誰に似ていると言って、口もとに八の字の髭《ひげ》を生やしたところは、映画監督の藤田敏《とし》八《や》にそっくりである。むろん隊長本人は、自衛隊で全将校の三分の一近くを占める巨大勢力の九州男児、しかも防大出という崩れた感じからは程遠いが、ただ、その見た目だけでなく、訥々《とつとつ》としたもの言いや、黙って腕を組み部下の説明を聞いているときの少し上目使いの表情は、どうかすると、過去に曰《いわ》くありげな陰のある役をやらせると光っていた、役者としての藤田敏八を思い起こさせる。

隊長だけではない。教導隊で二番目に歳を食っている飯牟礼《いむれ》三佐は四十七歳、同期のほとんどが戦闘機を降りてしまった中で、いまなお彼がパイロットになった頃に生まれたような飛行隊の若手を上空でねじ伏せている。現役のF15パイロットとしては総飛行時間のもっとも長い一人である。そんな飯牟礼三佐もまた味わい深い顔をしている。田村高廣をさらに渋くしたような顔立ちに、長年のGとの戦いをうかがわせる深い皺《しわ》が額や頬《ほお》に刻みこまれ、一層の凄味《すごみ》を加えている。髷《まげ》を結ったら剣の達人という役がいかにも似合いそうである。

三十九歳になる揖斐《いび》三佐は、初対面の相手から「俳優の誰かに似てますよね」と言われる。言われないことの方が少ないくらいだ。しかし、相手はその「誰か」の名前が出てこない。「えーと、誰でしたっけ、顔はわかるんですが、名前が……。もうここまで出てるんですが……」と喉《のど》のあたりをさすりながらもどかしそうな顔をする。僕もそうした一人だった。やはり名前が思い浮かばない。「えーと、ほら、よく昼ドラなんかで、主人公の不倫相手の役をしていた、たしか、欽ちゃんの番組でデビューした、ごっつい顔の」と似ている本人を前にしながら、ずいぶんとひどいことを言う。

「小西なんとかでしょう？」

揖斐三佐に教えられて、そうそう、その人、と思わず手を叩《たた》く。似ていると言っておきながら、しかし言った当人の口から名前が出てこないことがあまりに度重なるので、妙とは思いつつ、揖斐三佐の方から俳優の名前を口にするようになったのだ。だが、それで当らなかったことは一度もない。似ていると言う人の頭に思い描いている俳優が一致するのだからよほど似ているのである。ただし名前と言っても、揖斐三佐自身その俳優のフルネームは知らないのである。それでも、小西なんとか、で不思議とみんな納得してしまう。

　だが、ごついということで言えば、揖斐三佐と同い年の井上三佐もいい勝負である。どういうわけか彼の場合も、最初会ったときからオペレーションルームで姿を見かけるたびに、やはりテレビで時々目にするタレントの顔がだぶって仕方なかった。ヤクザがからんだような場面になると派手なスーツにサングラスという出立《いでた》ちで登場する安岡力也《りきや》である。本人に言うと、そうですか？　とちょっと意外そうな顔をして笑ってみせたが、しかし、いかつさと言い、どこかラテン風の味つけをした顔立ちと言い、似ている。もちろんよく見ると、本人の方が少しふっくらしていて、目にたたえている光が違うようなのだが、かしこまっている後輩パイロットの前で足を投げ出すようにして椅子に座り、煙草《たばこ》を口にくわえたまま、おもむろにジャンパーのポケットからライターを取り出して火をつける仕種《しぐさ》などは、つい安岡力也が演じる役のイメージと重ね合わせて見てしまう。そんなつもりはハナからないのだろうが、目の前の相手に無言の圧力を与えているというか、要するに、黙っていてもドスがきいているのだ。

　この井上三佐と揖斐三佐の二人は、航空学生に入学したときからの、二十年来の仲である。俗に言う同期と言っても、航空学生としての二年間、さらに戦闘機乗りをめざして来る日も来る日もふるいにかけられているようなパイロット候補生の間の三年あまり、ほとんどひとつ屋根の下で寝食をともにしているわけだから、つきあいの密度が違う。そんな同期の中でも、とりわけ二人は息が合った。週末になればつるんで呑《の》みに行ったし、何をやるのも一緒だった。親や、結婚してからのことだが、カミさん以上にある意味でお互いを知りつくした仲なのである。

その二人は、戦闘機乗りになってからは転勤のたびに配属先の飛行隊がそれぞれ違って職場を同じにすることはなかった。それが、揖斐三佐が教導隊に移った二年後、あとを追うようにして井上三佐も教導隊への転勤が決まり、十年ぶりでまた毎日顔を合わせられるようになったのである。井上三佐の空の上でのコールサインとも言うべきタックネームは、いかつい風貌《ふうぼう》にぴったりの「ゴリ」である。揖斐三佐は時折、親友のことを、ゴリと呼ぶが、そのゴリに教導隊で一緒に飛ぼうと誘いをかけたのは揖斐三佐である。戦闘機乗りとして残り時間の限られている自分たちにとって同じ空を飛べるチャンスは、恐らくこの教導隊を除いたらもう二度とめぐってこない。青臭い感傷と言われようが、自分がほんとうに戦闘機パイロットになれるのかどうか、不安でいつも心が揺らいでいた、そのもっとも苦しい五年あまりを互いに伴走者として支えあってきた親友と、できることなら一緒に飛び、同じ空の上で相まみえて腕を競い合いたかった。

もとよりゴリこと、井上三佐自身、教導隊行きの希望を持っていた。しかし教導隊は、行きたいと望んで自分から行けるところではない。望まれた者にだけ扉が開く、パイロットという選ばれし者の、さらにまた選ばれた者だけが入ることを許される世界である。教導隊のオペレーションルームの入口にロシア語で貼《は》り出されてある通り、〈★ВХОД ВОСПРЕЩЁН〉、立入禁止の世界なのである。揖斐三佐は、上官に自分の同期で教導隊に来たがっている人間がいることを話した。しかし、話したところで、それが何の意味もなさないことは重々承知していた。壁に向かって働きかけるようなものである。すべてはゴリの腕しだいなのだ。親友の力になれることは何もない。揖斐三佐としては教導隊をめざして訓練に励む親友にただ「頑張れよ」と声をかけることしかできなかった。

井上三佐が念願叶《かな》って教導隊に来てからは、二人は十年前に戻ったように、四六時中という表現が決して大袈裟《おおげさ》に聞こえないほどつねに一緒か、声をかければすぐに応《こた》える距離で過ごすようになった。何しろ一日の勤務を終えたあと、二人はひとつ屋根の下で暮らしている。官舎は同じ棟、それも天井をはさんで一階と二階に分かれているだけである。井上家のすぐ真上が揖斐家の部屋である。じっさい階段を上ったり降りたりしながら二つの家は始終行き来している。「なんか、二世帯住宅みたいなもんです」と揖斐三佐は言う。

あしたはフライトがないという、戦闘機乗りにとってもっとも羽を伸ばせる金曜の夜、やはり一人で呑《の》むのはつまらない。揖斐三佐が酒を持って階下に消えてしまうと、いつのまにか揖斐三佐の奥さんも降りてくる。井上三佐が上がってくると、やがて奥さんも姿を現して今度は揖斐家で酒盛りがはじまる。

土日はこれに子供が加わる。休みのうちの一日は、どちらかの家で夕食をともにする。きょうはゴリの家でメシにするかと決まると、奥さん二人は井上家の台所に立つ。旦那《だんな》はと言えば、二人してパチンコである。揖斐三佐に至っては、休みの日、家ではまるで動かない。奥さんが掃除をし出すと、掃除機の音がやかましいからやめろと言い、何もしないでいると、今度は、やれコーヒーだ、新聞とってくれとやかましいのはむしろ揖斐三佐の方である。さすがに奥さんも「どこかに行ったら」と切れてしまう。仕方なくパチンコに行くと先客で井上三佐が台の前に座っている。二人してオケラになって帰ってくる頃には夕食の支度ができている。「メシ」の合図で揖斐家の子供たちが階段を降りてきて、料理がずらりとならんだ井上家の居間に上がりこむ。井上家は夫婦二人きりだが、揖斐家には小学六年になる男の子と女の子の双子がいる。その二人にとって井上夫妻は親戚《しんせき》のおじさんおばさんよりはるかに親しい存在なのである。

教導隊は出張が多い。北は北海道の千歳から南は沖縄の那覇まで全国七カ所にちらばる戦闘機部隊を順繰りに回って第一線のパイロットに「稽古《けいこ》」をつけるからだが、出張はほとんど毎月に及び、短くても十日は家を空けている。その間、揖斐三佐はまったくといっていいほど留守宅に電話を入れない。電話をするのが面倒臭いというわけではない。必要に迫られたらきっとするのだろうが、電話をかけなくてもすんでしまうのである。ゴリのおかげである。井上三佐は時々奥さんに電話を入れる。すると、会話の中で必ず揖斐家の近況が話題になるのだ。双子のうちの男の子がちょっと風邪気味だとか、このまえの運動会では活躍したとか、奥さんは二階から降りてきた情報を逐一井上三佐に報告する。揖斐三佐は自分の家のことを親友のゴリから教えられるのである。そして聞いてしまえば、じゃあ、もう電話はいいや、となる。

揖斐三佐と井上三佐の二人は、通勤の行き帰りもほとんど一緒である。一緒と言っても、同じ時刻のバスに乗るとかお互いのマイカーに交代で乗り合うとかいうのではない。ちょうど仲良しの小学生が毎日誘いあって学校の行き帰りを一緒に歩くように、いかつい顔と重量級の体格をした四十間近のF15パイロット二人は、基地と官舎を結ぶ片道四十五分の道のりを連れ立って歩くのである。

朝六時を過ぎた頃になると、揖斐三佐の家のチャイムが鳴る。「そろそろ行くぞ」の合図である。支度を整えてドアを開けると、井上三佐が待っている。目だけで挨拶《あいさつ》を交わし二人しての朝の通勤がはじまる。自衛隊の戦闘機基地の中でも、新田原《にゅうたばる》基地は「陸の孤島」の異名をとる茨城の百里とならび称されるくらい辺鄙《へんぴ》な場所にある。基地は小高い山を均《なら》してつくったような台地に広がっていて、周囲は意外なほど緑の深い丘陵地帯がなだらかな起伏を描いてつづいている。高鍋《たかなべ》という町のはずれに立つ自衛隊の官舎から基地をめざす道はつづら折りになっている。所どころ両側から背の高い樹木が迫ってきて空をふさぎ、昼でもうす暗い。車をさほど走らせていないのに、おそろしく山深い場所に迷いこんだような気にさせられる。木立ちを抜けると、畑が広がり人家がぽつんぽつんと点在しているが、何度通っても家のまわりに人の気配はなく、農作業をしている人の姿も見かけない。すれ違う車もほとんどない。さびれた田舎道である。

ところがこの道が、朝の三十分ほどは車で込みあいかなりの渋滞を引き起こす。数《じゅ》珠《ず》つなぎになっている車はどれも普通車だが、運転席に座っているのは制服や紺の作業服を着た新田原基地の自衛隊員である。基地のゲート前はT字路になっていて、信号で車の流れが堰《せき》とめられる上、短時間の間に隊員たちの車が殺到する。それでなくても自衛隊員の車は渋滞を招きやすい。どこの基地の周辺でも道路はやけに空《す》いているのに何台もの車がつながってのろのろ走っている光景を目にすることがある。たいていは先頭の車で制服姿の自衛官がハンドルを握っている。後続の車は次々と先頭の車を抜き去っていくが、抜かれた車は意に介した様子もみせず相変わらずのろのろ運転をつづけている。一度などは、あまりにも前の車が遅いので、痺《しび》れを切らしたタクシーの運転手がクラクションを鳴らすと、バックミラーをちらとのぞいた自衛官が腕を伸ばして道路の前方をさし示した。速度制限の標識が立っている。

むろん新田原基地に通じる道路で毎朝繰り返される渋滞は、隊員たちの車が法定速度を律義《りちぎ》なまでに守っているからというより、基地が不便な場所にあって通勤の足を車にたよるしかないところにそもそもの原因がある。しかしこの渋滞の中では、いざというとき非常呼集がかかっても、車の列に行く手を阻《はば》まれて基地に駈けつけることができなくなる。渋滞に巻きこまれて戦闘機が飛ばなかったというのでは話にもならない。その心配もあって、パイロットの多くはバイクで通勤している。バイクなら道がどんなに込んでいても車の間をすり抜けるように先を急ぐことができる。野口一尉《いちい》もF15に乗りこむ飛行服を着たままでヘルメットをかぶり50ccのバイクに跨《また》がって官舎と基地を往復している。

しかし、揖斐三佐、井上三佐の二人はあくまで徒歩である。新田原に来た当初は、片道四キロ強の通勤路をジョギングで通っていたが、腰や膝《ひざ》に負担がかかり過ぎるので歩きに変えた。徒歩通勤も、朝はまだ目覚めていない体のウォーミングアップにちょうどよいが、一日のフライトを終えたあと疲れた体で四十五分歩きつづけるというのは結構しんどいものがある。挫折《ざせつ》していないのは、ゴリが隣りで一緒に歩いているからである。十年前と同じくいまも二人はお互いが相手にとっての伴走者なのである。それもこれも、F15に乗っていられる日を一日でも長くするための、四十を目前にした彼らなりの「延命」策なのである。

それでも歳は嘘《うそ》をつけない。四十七歳にしてなお連日上空で激しい空中戦を演じているという点では、正真正銘の現役最年長のF15パイロット、飯牟礼三佐は、フライト直後の彼のアップをカメラに収めていた三島さんが撮影をすませファインダーから眼をはずすと、おもむろに操縦席の上にのって上体を起こし、両手を腰にあてがいながら、ゆっくりと伸びをしてみせた。そしてラッタルを伝って地上に降りた彼は、つぶやいた。

「ついこないだ、七千円でマッサージ受けたばかりなんだ」

男の涙

五月の千歳はまだ桜が残っている。だが、野口一尉《いちい》が着任した宮崎は、すでに初夏を通り越して、遠く南の海を渡ってきた生温かな風が早くも梅雨の到来を予感させていた。しかし、野口一尉が千歳から宮崎へ移って体で感じる隔たりは、南北に長い日本列島の端から端へやってきたというその距離の隔たりだけではなかった。

転勤したパイロットは新しい職場に顔を出すと、まず自分のボスとなる飛行隊長を前に、靴のかかとを鳴らして直立不動の姿勢をとり、敬礼をしてから転属の申告を行なう。ふつうの企業では転勤の「挨拶《あいさつ》」と言うところだが、自衛隊の言葉に訳すと「申告」となる。型どおりの儀式がすむと、隊長は新顔のパイロットに、「よくきた」とか「頑張ってくれ」と言葉をかけて、それを引き継ぐ形で年かさのパイロットが、新しい水に一日も早くなじめるように、「ここでは……」と飛行隊のさまざまな流儀をレクチャーしてくれる。

同じようにF15戦闘機を飛ばし、同じように領空侵犯機の追尾にそなえて二十四時間の警戒態勢をしいていても、全国に七個ある15の飛行隊には、それぞれ長年受け継がれてきた習慣や隊長の個性、基地のある場所のお国柄といった味つけの違いによって独自のカラーのようなものが自然と形づくられている。

同じ基地にあって隊舎が隣りあっている飛行隊同士でも、その雰囲気は異なるものである。パイロットの休憩室に女性の水着ポスターが堂々と張ってある飛行隊もあれば、ＭｉＧ《ミグ》やスホーイの写真しか飾っていない飛行隊もある。暇さえあれば飛行隊長がオペレーションルームをのぞいて、パイロット相手にジョークを飛ばしたり、スクランブル任務にもつけないまだ半人前扱いの新人に「どうだ、最近？」と声をかけている飛行隊もあれば、パイロットの日常のことは女房役の飛行班長にまかせて、必要なとき以外オペレーションルームや休憩室に滅多に顔を見せない隊長もいる。

飛行隊ごとの違いだけではない。航空自衛隊の戦闘部隊は北部、中部、西部、南西と全国を四つのブロックに分かつ方面組織から構成されているが、この方面ごとによってもそれぞれのブロックが持っている防衛戦略上の位置づけの違いで、戦技や訓練の底に流れる「思想」に微妙な差があらわれていると言う。

米ソ冷戦体制の崩壊にともなってスクランブル発進の回数は大幅に減っているとは言え、ロシアを目と鼻の先にして最前線に立たされている現実に変わりはない北部航空方面隊と、首都防空の任をにないながらも最前線基地としての緊張感はさほど感じられない百里を抱える中部航空方面隊とでは、やはりどこかに温度差のようなものがある。

一方、日本列島を四つに区切った方面組織のうち、北海道から九州に至る三ブロックのすべてで国籍不明機の減少がみられる中、唯一《ゆいいつ》スクランブルの回数が増加の傾向にある沖縄の南西航空混成団では、以前と比べて明らかに基地の緊張度は高まっている。

九五年度に那覇から国籍不明機を追尾すべく飛び立ったスクランブルの回数は五十八回、この数字は同じ時期の北部航空方面隊管内の六十回にほぼ匹敵している。しかも北部管内のスクランブルは千歳、三沢の両基地から発進した合計だから、ひとつの基地からのスクランブル回数としては那覇がだんトツになったと言える。少なくともその三年前の九二年度まで南西航空混成団は全国四ブロックの中でももっともスクランブルの少ない地域だった。それが一転していまや北部方面隊と肩をならべるほどに前線部隊としての色彩を強めている。北方からの脅威が減った分、南方のスクランブル回数の多さが際立《きわだ》ってきたという側面もあるが、しかし、台湾海峡をはさんで中台が睨《にら》みあい、尖閣《せんかく》諸島をめぐって日本を牽制《けんせい》する動きが露骨になっていく中で、東シナ海はにわかに波立ちはじめている。そうした中国を震源としたアジア情勢の流動化によって、この地域での国籍不明機の接近も頻繁になってきたわけである。

　問題はひと頃より複雑になってきている。つまり、以前は、沖縄はアメリカのアジア戦略ひいては世界戦略を考える上でのキーストーンとされていたわけだが、東シナ海が北方よりはるかにキナ臭くなり、ここが戦争の直接の舞台となる危険性が高まってきたことで、いまや沖縄は日本の防衛を考える上で戦略的にきわめて重要なポイントとなったのである。アメリカの意向にいつまでも引きずられるのではなく、日本が自らの防衛のためにすべきことは何かを考える、沖縄はまさに試金石と言える。

　そんな最前線としての意味あいを持つ那覇だが、ここはしかし民間と共有の形をとっている基地である。海上自衛隊もいれば海上保安庁も同居している。しかも管制権は運輸省にゆだねられ、何より自衛隊に対して決して温かくはない県民の目がある。何をやるにもふだん以上に周囲に気を遣わなければならない。自衛隊だけで広大な滑走路を占有している新田原《にゅうたばる》のファントム飛行隊のパイロットがスクランブルに上がるのと、那覇のファントムパイロットが緊急発進するのとではやはり勝手が違う。滑走路の使用ひとつとってもそれなりの心構えが求められる。同じように、百里から北部方面隊隷下《れいか》の最前線基地千歳に移れば、百里でのやり方が身についているパイロットは、あれ？　というとまどいを感じる部分も出てくる。転勤先に「馴《な》れる」ためのレクチャーは必要なのである。

しかし、飛行教導隊に着任した野口一尉にそうしたレクチャーはいっさいなかった。隊長からの「よく来たな」のひと言もないのである。新入りへの気づかいなどこれっぽっちも感じられない。願いが叶《かな》って憧《あこが》れの教導隊にこられたわけだが、望まれて来たわけでもある。教導隊側の事情を言えば、野口一尉のような磨けば光りそうな中堅パイロットを第一線の部隊から引き抜くことは、動脈硬化を起こさないようにつねに血を入れ換えていかなければならない組織としての要請でもあったのだ。エース級のベテランパイロットばかりが顔を揃《そろ》え、その結果として平均年齢が第一線の飛行隊より十歳高くなっている中高年部隊、教導隊にしても、新しい血は必要なのである。

なのに、その新しい血を迎える側の対応はいかにもそっけないものであった。部隊にいるときは先輩や同僚から一目も二目もおかれ、後輩には目標とされてきたパイロットだから、一人前とみなして、ほうっておかれたという言い方もできようが、野口一尉はとまどいを隠せなかった。

先輩パイロットたちは、新人を見ても無視をするわけでは決してないが、気分をほぐしてやろうと千歳の話題を持ちだしてくるといった気の遣い方はみせず、ま、好きなようにやってくれ、という感じで、ビデオやブリーフィング机の前に向き合ってそれぞれのフライトの解析に余念がなかった。一方、最年少の野口一尉は、身の持っていき場がないようで部屋の隅にぽつんと座っていた。

野口一尉が教導隊に来て気づいたことのひとつは、ここには罰金帖《ちょう》がないということだった。罰金帖は航空自衛隊のどこの飛行隊にもある。15やファントムといった戦闘機の部隊に限らず、輸送機を飛ばす輸送航空隊にも救難隊にも、そしてパイロットをめざす候補生が練習機に乗って訓練をつづけている教育隊にも、このノートはオペレーションルームのどこかに必ず備えつけてある。空の上で自ら犯したミスを「自己申告」した上で、そのミスがいくらぐらいの罰金に相当するか、ノートに額まで自分で書きこむのである。

他人には知られたくない自分のミスをあえてさらすことで、二度と同じミスを繰り返さないように教訓としてしっかり心にとどめるとともに、自分の犯したミスであっても、ミスはミスとして冷静に向き合える私心のない眼を養う。そのためのノートであった。そして、失敗から学びとる教訓も、ミスをみつめられる冷静な眼も、そのどちらもが、誰をたよることもできない空の上では、パイロットの命を守る最後のよすがとなるはずだった。

しかし、それを養うはずの罰金帖が、教導隊のオペレーションルームのどこにも見当らない。そのことに思いあたったとき、野口一尉は、はじめてこの部隊のきびしさにふれたような気がした。

ここでは、すべてが、パイロット個人にまかされ、そしてパイロット個人に帰するのだ。恥をあえて人前でさらす必要はない。身銭を切る必要もない。しかしそれだけに、なおのこと自らを律することが必要なのである。空の上の、誰にも見られていない失敗は、自分の中で黙ってケリをつけなければならないことであった。あえて口にはしない。しかし、口にはしなくても、胸の中の罰金帖に書きつらね、失敗の分析を黙々としなければならない。言わないということはつらい。かえって人にぶちまけてしまった方がどんなに気が楽だろう。しかし、空の上だけでなく、地上に降りても、ここではたよる者はいないのである。それは、プロとしての意地ともいうべきものであった。

教導隊の一員として野口一尉が宮崎の空をはじめて飛ぶ日がやってきた。教導隊が使用する15はすべて複座、二人乗りである。パイロットが失神しかねないほどに大きな負担を強いるミッションが多いため、いざというときにそなえて必ず操縦者とは別に補佐役が一人乗りこむことになっているのだ。ＡＣＭ、対戦闘機戦闘訓練はふつうエレメントと呼ばれる二機編隊同士か四機編隊同士の戦いになるのだが、この日のミッションは一騎打ちの勝負であった。

野口一尉が操縦桿《かん》を握る15と、先輩パイロットが操縦するもう一機の15は、すさまじい爆音を地上に叩《たた》きつけながら翼をならべて新田原基地を飛び立った。

上空に上がった二機はいったん左右に分かれ、それぞれの方向に大きく弧を描いたところで、今度は相手を真正面にとらえながら突き進んできて、一気にすれ違った。勝負はここからである。先輩の機は左に旋回する。その様子をはるか後方に見た野口一尉は、すぐさま操縦桿を左に傾け、全身にのしかかるGをこらえながら、先輩の15が旋回しているさらにその外側からまわりこむようにして、後ろにぴったりはりついた。

レーダーが前方を行く目標をとらえロックオンする。野口一尉は、コックピット正面の計器パネルから頭ひとつ突き出たHUD、ヘッドアップディスプレイに目をやった。プロンプターのような恰好《かっこう》をしたこの装置は一見、ふつうのガラス板のようにも見えるが、パイロットが全神経を攻撃に集中させたいときは、視線をきょろきょろとまごつかせて他の計器を盗み見なくても、目の前のこの画面に目を向けていればそれで十分というなかなかのすぐれものであった。

HUD上には、レーダーにロックオンされた前方の15が映し出され、その小さな機影を四角い枠がとり囲んでいる。さらにその傍らには、目標の速度から方位、高度、姿勢までさまざまなデータがデジタル表示されていた。つまりパイロットは、操縦桿を握ったまま、ちょうど目線の高さにあるHUDをながめているだけで、「敵」の状況が一目瞭然《いちもくりょうぜん》、手にとるようにつかめるのだ。

ヘッドセットの中で地虫が唸《うな》っているような音が聞こえてくる。サイドワインダー、赤外線ミサイルの熱源感知器が前方の15から吐き出されている高熱のジェット排気を捕捉《ほそく》したのだ。その名の通り、サイドワインダーはいったんキャッチした目標にがら蛇の執拗《しつよう》さで食らいついて容易に離れない。野口一尉は、操縦桿の頭の部分についているミサイルの発射ボタンを押した。むろん安全装置が働いて主翼の下からじっさいにサイドワインダーが発射されることはなかったが、双方のビデオテープにミサイル命中の表示はしっかりと記憶されたのだった。

しかし、基地に戻ってからの訓練後ブリーフィング、通称デブリの席で、野口一尉は、ミッションに参加した三人の先輩パイロットに取り囲まれ、「撃つポイントがまるで違う」「まわりこむのが遅すぎるんだ」「あんなことやってたら返り討ち食らうぞ」と反論の暇も与えられないくらいに徹底してやりこめられたのだった。

先輩たちが指摘したのはこういうことだった。たしかに野口機はミサイルを命中させている。しかし、あの程度のさほど複雑でもない動きの中なら目標にミサイルを撃ちこむことくらい新米パイロットでもやすやすとやってのける。問題は撃つことではない。どのポイントで撃つかということだ。もし野口機が敵の後方にまわりこむのに手まどっている間に、攻撃に気づいた相手が反転してきたら、戦いはドッグファイトにもつれこみ、攻守が逆になる恐れだってある。しかも、あれが二対二の戦いだったら、敵の支援機にあっけなく野口機は真うしろの六時の方向からおかまを掘られてしまう。

その上で、先輩たちはこう結論づけるのだった。

「いいか。相手が反撃できない、完全な死角こそ攻撃のポイントであり、そのポイントをしっかり押さえてこそ戦闘機乗りなんだぞ」

彼らの口調は噛《か》んでふくめるようなやさしいものではなかった。むろん胸ぐらをつかまれるような激しさこそないものの、「え？　どうなんだ」とじわじわにじり寄るようにして攻めてくる。野口一尉が口ごもると、さらに畳みかける。空の上さながら相手の息の根を止めるまでとことん追い詰める。それでも野口一尉が話の内容にいちいちうなずけたのは、彼らの言っていることがもっともなことばかりだったからだ。

なぜこれが駄目で、なぜこうすることがよいのか。先輩たちは、将棋盤の上にまだ来ぬ「未来」を読みとる棋士のように、一瞬として静止することのない空の上で敵の次の一手を見抜いて、そのさらに先へ封じ手を打っていく。たとえミサイルを発射しても敵は巧みにかわすかもしれないし、事前にこちらの攻撃を察知して、機動を大きく変えてしまうかもしれない。そうした敵の出方をあらかじめ計算に入れて、そのさまざまな可能性の中でもっとも確実に敵を仕留めることができて、しかもリスクを負わずにすむ攻撃のポイントはどこかを弾《はじ》きだしていく。それは一分の隙《すき》もないくらいに理路整然としていて、聞いていて気持ちいいくらいに明快だった。何度頭をひねってもわからなかった数学の問題を目の前でさっと解いてみせてくれたような鮮やかさであった。

野口一尉は、先輩たちの話を聞きながら、なるほど、これが教導隊なのか、と思いを新たにしていた。飛行隊のデブリは、訓練のスケジュールが立てこんでいるせいもあって、ここまで徹底して空の上でのことを突き詰めない。せいぜいが勝因と敗因の分析にとどまってしまう。ともかく撃って撃ち落とすことが先決なのである。そこから先へ話が進むことはほとんどない。というより後輩の指導に時間を割かれて自分の腕を磨くこともままならない教える側としてもとてもそこまで考えが及ばないのだ。しかし教導隊では勝つことは当り前、勝ちは勝ちでも、よく勝たなければならない。

問題はその勝ち方なのである。

野口一尉は目を瞠《みは》らされる思いだった。正直言って野口一尉は、新入りパイロットの実力のほどを試すようにして行なわれた教導隊での初フライトに、「なんだ、こんな簡単なことやらせるのか」といささか肩すかしを食らったようなもの足りなさを感じていた。

教導隊のデブリの手順、それ自体は飛行隊にいるときとほとんど変わらない。地上に戻ったパイロットは、15の機体に備えつけてあるビデオカメラからテープを抜きとってオペレーションルームに持ち帰り、さっそく再生して上空での戦闘の流れを振りかえる。ビデオ画面には、雲の切れ目をすかして追跡をかわそうと必死に逃げまわっている「敵」機の姿が小さなしみのように映し出され、コックピットのＨＵＤに表示されていたのと同じ敵と自分の機の双方のさまざまなデータがあわせてモニターされている。

ビデオでのチェックをすませたパイロットは、オペレーションルームのテーブルの上に空中戦の模様を、八つのシーンに分けて敵の動きは赤鉛筆で、自分の動きは青鉛筆でそれぞれ描き出す。幾何学模様のデッサンのように、赤と青の二つの線が交差したり、弧を描いてもつれあったりという図ができ上がっていく。この機動図を書くのは、訓練で先輩の胸を借りたパイロットの役目である。そして、機動図をもとに、教わる側のパイロットが戦闘の流れを説明し、それに対して先輩が指導していくというのがデブリなのである。

野口一尉が話している間、先輩たちはひと言も口をはさまなかった。だが、ひと通り説明をすませ、「それで全部か」という先輩の問いに野口一尉がうなずいたとたん、堰《せき》を切ったように、まるで法廷での尋問のような容赦ない追及がはじまったのだ。

空の上で野口一尉がみせた動きや判断のひとつひとつについて、先輩たちは、「なぜこのときはこうしたのか」といちいち説明を求めてくる。だが、野口一尉は上空での自分の行動についてそこまで徹底して理由づけを考えてみたことはいままでなかった。

答えに窮して、先輩たちの視線にさらされたままじっとうつむいていると、野口一尉は、自分がこれまで空の上でやってきたことは何だったのだろうと思うのだった。何も考えず、ただ行きあたりばったりに戦闘機を飛ばして戦いにのぞんでいたのではないか。たしかに日々の訓練では先輩や後輩相手にさんざん暴れまくり、部隊の名誉をになって出場した戦技競技会でも期待にこたえて素晴らしい成績を収め、心ひそかに得意になっていたこともある。しかし、それもこれもほんとうの実力だったのだろうか。自分は山の高みに向かって一歩一歩着実に進んでいたと思っていたが、実のところは、裾《すそ》のあたりをただぐるぐる歩きまわっていただけではないのか。

自分はまだまだなんだ。野口一尉は、この「道」の奥の深さを思い知らされたような気がした。そして、千歳にいるとき、後輩のパイロットを前にいかにもわかったふうな顔をして指導していたことがいまとなっては気恥ずかしくなるくらいだった。

翌日から本格的な訓練がはじまった。教導隊のパイロットは、第一線の飛行隊パイロットを相手に空中戦訓練の中で「ミグ」や「スホーイ」になりきって「敵役」を演じるのが役目である。役者と同じで、いきなりミグ役やスホーイ役が演じられるわけではない。そのための稽古《けいこ》が必要である。これが教導資格の取得訓練と呼ばれるものである。

航空自衛隊のパイロットの場合、パイロット教育の全課程を終えて、晴れて15やファントム乗りとして第一線の部隊に配属されても、その段階ではまだTR、トレーニングレディネスと呼ばれる見習いである。空の国境警備ともいうべきスクランブル任務につけないのはむろんのこと、本格的な空中戦訓練にも参加させてもらえず、部隊では半人前の扱いしか受けないわけだが、ミグ役やスホーイ役をこなすためにもこの見習い制度がある。飛行教導隊に入りたてのパイロットは、たとえ飛行時間が三千時間を越えるベテランであっても、ＴＲというあまり有り難くない呼び名を授かり、次のステップのＯＲ、オペレーションレディネスとなるための訓練をまずはクリアしなければならない。

教導隊の隊長金丸二佐は、隊長としてこの部隊に着任するまで教導隊に所属したことがなかった。教導隊初体験である。当然のことながら教導隊でのＯＲ資格は持っていない。このため当初は隊長でありながら、資格上、ＴＲつまり見習いとして扱われたのである。空の上に上がると、教導隊経験がはるかに豊富な部下の指導を仰ぎ、デブリの席では「隊長、詰めが甘いですよ」と部下にやりこめられる。このあたり戦闘機乗りの世界は徹底している。というより、情実のいっさい通じない、小気味よいほどに合理性の貫かれた世界が空の上にある。いったん戦闘機に乗って上空に上がってしまったら、隊長という役職も階級章もすべては地上のものとして忘れ去られるのだ。

金丸隊長自身もその洗礼を受けなければならなかったＯＲをめざす訓練とは、Ｆ15の機動、つまり索敵や攻撃、回避や離脱といった空中戦を戦い抜く上でのさまざまな動き方をもう一度おさらいすることだった。この訓練を終えると、いよいよ教導資格を得るための第一関門が待ち構えている。飛行隊でも、ＥＬＰ、エレメント・リーダー・プラクティスと呼ばれている、二機編隊の長をめざす訓練である。

呼び方は同じでも、訓練の中身は飛行隊のELPとはまるで違う。乗りこむ機はF15だが、空の上ではミグ23やスホーイ27になりきって飛ぶのである。つまり、ミグやスホーイの飛び方をマスターするための訓練なのである。

もっとも、ミグやスホーイになりきると言っても、肝心のその飛行機にじっさい乗りこんだパイロットは、教導隊にはいない。たまたまスクランブルで上がったとき、追尾した国籍不明機が旧ソ連時代のミグやスホーイで、赤い星をぽつんとつけたその姿を間近にとらえたパイロットはいても、彼らと空中戦を演じたわけではない。攻撃に入ったときミグやスホーイがどんな動きをみせるのか、得意技は何で、弱点はどこにあるのか、そして、逃げ足はどの程度速いのかといった「敵」の性能や特徴について、教導隊のパイロットたちは体では学んでいないのである。

では、知識ならあるのかと言うと、それも限られている。ミグやスホーイについてのデータと言えば「敵」側の情報である。自衛隊がその敵側の情報をどのように入手してくるのか、その仕組みには秘密のヴェールに包まれている部分が当然あるはずだが、教導隊のパイロットの話によれば、情報の大半はアメリカサイドのものと、文献資料をもとにしたデータだという。教導隊には第一線の飛行隊と違って、情報幹部というポストがある。外国語に堪能《たんのう》なパイロットがつとめていて、アメリカの軍事雑誌や旧ソ連時代であれば「航空と宇宙」と題したソ連空軍が発行している航空雑誌をとり寄せて、日本語に訳し、天候が悪くフライトが中止になった日などに開かれるミーティングの場で発表する。

この他、情報幹部が自衛隊の情報部門などを通じて米軍から入手するデータがある。世界最強の情報収集力を誇るアメリカは合法非合法を問わないさまざまな手段でこうしたデータを手に入れているわけだが、ただ戦闘機も含めて軍事関係の情報に関しては、どういうわけか旧ソ連時代の方が入手しやすかったのだという。

当時、ソ連は空軍のもっとも精強な戦闘機部隊をNATO軍と向き合っていた東ドイツに配備していた。ミグやスホーイなどの新鋭機を総動員しての大規模な訓練もこの東ドイツ上空で繰り広げていた。その模様を、米軍は東ドイツ国内に張りめぐらしたスパイ網や偵察機、衛星を駆使してモニターしていた。この結果ソ連空軍が空中戦を行なう場合は、料理のレシピのようにいくつかの決まりきったパターンに基づいて戦闘機を飛ばしていることがわかり、こうした典型的な戦法を「クックブック」と呼ぶようになっていたのである。ところが、旧ソ連が崩壊したあと、東ドイツを去った空軍の精強部隊が広いロシア国内のどこに秘匿《ひとく》されて、どんな訓練をしているのか、クックブックは現在も生きているのか、そうした最新の情報はかえってつかみにくくなってしまったという。

わからないところは教導隊のパイロットが推測するしかない。旧ソ連から受け継がれているであろう、軍としての伝統的なものの考え方に則《のっと》って最新鋭機を飛ばすとしたら、きっとこんな風になるだろう。新しいウエポンはきっとこんな場面で登場させるのだろう。空《くう》を掻《か》くようなもどかしいところがあるが、仕方がない。それを言うなら航空自衛隊のパイロットに殺《や》るか殺られるかのほんとうの戦闘を体験した者は一人もいない。そもそも空中戦の訓練自体が推測をもとに成り立っているようなものなのだ。

とりあえずミグ23なら、最大速度はF15よりやや劣るマッハ2・3、旋回性能はこの程度と手もちのデータがある。ヨーロッパの航空ショーでデモ飛行したビデオもある。これらを参考にしながら、ミグ23に似せるために、F15の手足を縛っていく。パワーのセッティングはこう、レーダー、ウエポンも使えるのはこれとこれ、Gもここまでと、制限を決めた中で、しかしできるだけ相手にとって厳しい戦いに持ちこむようにする。剣で言えば、差料は脇差《わきざし》のみ、しかも片目をつぶり、胴しか突けないという条件つきで、勝負にのぞむ。しかも、飛行隊の第一線パイロットに空中戦の技を教えこむのが狙《ねら》いなのだから、相手に戦う隙を与えずに、いきなり斬《き》ってしまっては元も子もない。相手を泳がせ、存分に刀を振るわせた上で、相手が勝負を振りかえったときに、あそこが分かれ目だったのかとわかるようなその一瞬のピンポイントを狙って、すかさず足を払い、腹に突きを入れる。

野口一尉《いちい》にとって苛酷《かこく》な毎日がつづいた。肉体的に辛いというのではなく、精神的に打ちのめされ落ちこみ、ぬかるみのような自己嫌悪《けんお》に陥っていく。

教導資格の取得訓練は、野口一尉のことを、飛行隊のパイロットに胸を貸せるような一人前の「ミグ」乗りにするためのものである。したがってその訓練も、ミグ役の野口一尉が、F15やファントムに乗りこんだ第一線の若手を空中戦を通じて指導するという設定のもとに行なわれる。野口一尉は来る日も来る日も先輩と二機編隊を組んで上空に上がり、飛行隊のパイロットに扮《ふん》した別の先輩たちと二対二の戦いを繰り広げる。

ミグと相手がどの方向からやってきて、どんな形で出会うのか、パワーやミサイルなどのウエポンの制限はどうするのかといった対戦要領は事前に決まっているが、それ以外は成り行きである。相手の機をそれぞれかわしたら、そこからどう勝負に打って出るのか、お互いが知恵をふりしぼって相手の裏をかくような秘策を練りあげる。

野口一尉は、ウイングマンをつとめる先輩と打ち合わせをして、自分がこう攻めに行くから先輩はこんな風に掩護《えんご》を願いますと、手はずを決めて上空に上がる。ところが、手はず通りに行かないのである。ウイングマンの先輩は野口一尉が動きやすいようにきっちりサポートしてくれる。相手をつとめる先輩たちも、野口一尉がある程度動くと、ははあ、狙いはこれか、と早くも見抜いて、こちらの誘いにわざと乗ってくるような振りをして逆に攪乱《かくらん》してくる。そんな中で野口一尉ひとりが浮き足立つ。彼がもたついている間にいつのまにか前方にいたはずの敵機がうしろにまわりこみ、野口一尉は追われる立場になる。そして、あわやというときに、先輩のミグが敵の死角をついて加勢に加わり、撃ち落としてくれる。勝ちはしたが、勝負は当初考えた作戦とは似ても似つかぬ展開で決着する。

基地に戻ってくると、いよいよ魔のデブリである。野口一尉はテープをビデオにかけ、戦いの流れのチェックをはじめる。だが、上空でわけのわからないままに戦っていたときは、どんなにビデオを繰り返しながめてみても、戦いのヤマ場ヤマ場のシーンを詰めていくことができない。振りかえることができないのだ。ベテランのパイロットなら五分や十分もあればすんでしまうビデオチェックが一時間たっても終わらない。その間、訓練に参加した七人の先輩は全員オペレーションルームに足止めである。

「おい、いい加減にしろよ」と尻《しり》を叩かれるようにして、野口一尉は不本意ながらもチェックを切り上げ、テーブルの上に機動図を赤と青の色鉛筆を使って書いていく。勝負のポイントと思われるところには星印のマークをつけていく。

デブリはまず、野口一尉が飛行隊パイロットに扮《ふん》した先輩たちを前に、空中戦の流れを説明しながら、「ここはなぜディフェンスに回ったんですか」「ここでなぜウエポンを使わなかったのですか」と質問を繰り出す形ではじまる。先輩たちは、いかにも生徒という調子で、「たしかに一部ディフェンスになりましたが、挟撃はとれたので、狙いは達成できたと思います」とか「ウイングマンとの連係があったので、あえてミサイルは撃たなかったのです」としおらしく答えている。そして、野口一尉が問題点を総括してみせて、「以上です」と「講評」が終わったことを告げたとたん、それまで生徒役に徹して野口一尉に敬語を使っていた先輩の口調がガラリと変わるのだ。

「ブリーフィング、バラバラじゃないか。言いたいことは何だったんだ？」

それをしおにテーブルを囲んでいた七人の先輩が次々と野口一尉に鋭い言葉を投げつけていく。「ここの機動が悪いんじゃなくて、問題はこっちなんだぞ」「ポイントのつける場所がまるで違ってるんだよ」「空の上で何見てたんだ？」

もっとも、野口一尉だけが槍玉《やりだま》に上げられていたわけではない。教導隊に入りたてのパイロットなら、階級が二佐だろうと三佐だろうとデブリの席で集中砲火を浴びる。

相手が上官でも追及の手は緩めない。つまり、ドクロのエムブレムを胸に飾っているここの誰もが、針のむしろにひとり座らされるような、このデブリの洗礼を受けてきたのだ。

しかし、機動図が書けるうちはまだましだった。訓練の中身が複雑になるにつれて、ビデオを再生しても、先輩たちに聞いてまわっても、どうしても三十分前の空の上の状況がつかめない。六シーンまでは何とかなったが、最後の二シーンは空白のままデブリに臨むことになった。苦しまぎれに説明しているうちに、やがて言葉がつづかなくなる。ほんとうに何も言えなくなってしまうのだ。その様子をじっとうかがっていた先輩が、将棋でも指しているようにして、ぽつんと言った。

「投了か？」

野口一尉は黙ってうなずくしかなかった。

駒《こま》をそれ以上先に進められず、匙《さじ》を投げて終わったデブリは二回に及んだ。空の上で何が起こって、野口一尉がどんなミスをしたのか。デブリのテーブルを囲んでいる他のパイロットは全員わかっているのに、ミスを犯した張本人の彼だけがわからない。自分の限界をこれほど明白な形で突きつけられることはなかった。

野口一尉は、課業時間が終わってからも夜遅くまで誰もいないオペレーションルームに残って、ビデオと向き合い、自分のテープを巻き戻してはただながめている日が多くなった。しかし、見ていても何もわからない。映像の消えた暗い画面をみつめながら、野口一尉は、もう終わりかな、と思いはじめていた。いまさら飛行隊にも戻れない。隊長以下全員に励まされ期待されてここにきた自分が、いったいどんな顔をして帰れるというのか。もう戦闘機を降りるしかない。というより、もともとが自分は戦闘機乗りに向いてなかったんだ。追い詰められた思いは、ある日突然、涙となって噴き上がった。

地獄めぐり

仕事に行き詰まり、深い失意に包まれた体で、ひとり家のドアの鍵《かぎ》を開けて、「おかえり」と迎えてくれる声もない暗い玄関に上がりこむときの、やりきれない思いは、戦闘機パイロットにしても同じである。自分の力量の底をくり返しくり返し思い知らされる訓練で、それでなくても疲れきっているのに、等分の疲れがさらに重く背中にのしかかってくる。

むろん、落ちこんでいるところに子供にうるさくまとわりつかれ、あげく妻の世間話の相手をさせられては、ますます捨て鉢な気分になってしまう。帰りつくところは明かりの消えた家であった方がまだしも救われるという人も、中にはいるかもしれない。

しかし野口一尉《いちい》にとっては、妻や子供といることが、何よりの安らぎだった。その家族と、野口一尉は離ればなれになっていたのである。

転勤の前後は何かにつけて慌《あわただ》しい。野口一尉の場合はこれに長女の誕生が重なった。宮崎への引っ越しを五日後に控えた四月二十五日、妻の加寿子《かずこ》さんは第二子にあたる女の子を千歳の病院で出産した。これが転勤の直後だったら、野口一尉ははじめての女の子の顔を何カ月も見ることもかなわずに単身生活を強いられることになったのだろうが、ともかく病院の新生児室に入れられた第二子と対面し、ほんの数えるほどだったが、産着《うぶぎ》にくるまれた我が子を自分の腕の中に抱くことができた。

妻の加寿子さんは千歳の出身である。学校を出て旅行代理店に勤務していたとき、高校で隣りのクラスだった男の子と再会した。加寿子さんはその男の子のことはほとんど印象らしい印象もなかったが、彼の方はよく憶《おぼ》えていた。彼は高校卒業後自衛隊の航空学生に進み、パイロット教育の難関を次々にクリアして、憧《あこが》れのF15パイロットとして千歳の二〇一飛行隊に配属されたばかりということだった。加寿子さんたちはお互いの友だちを交えて合コンというか呑《の》み会を開くようになり、そうした席にたまたま顔をみせたのが、彼とは航空学生の頃からの親しい仲で、隣りの二〇三飛行隊に所属している野口一尉だったのである。少々こじつけて言えば、野口一尉も加寿子さんも、その彼とは高校のクラスや飛行隊が「隣り同士」という誼《よし》みだったわけである。

二年ほど交際がつづき、二人は結婚する。そして二年後、長男が誕生する。病院の手配から産後の養生や赤ちゃんの世話まで、はじめての出産は野口一尉と加寿子さんの二人きりだったらさぞかし心細いことばかりだったに違いないが、加寿子さんの実家が千歳にあった関係で何かと気強く、ある部分甘えることもできた。その点は今回も同じだった。腕白盛りの長男は、加寿子さんが入院している間、彼女の実家が引きとっていてくれたし、加寿子さんも退院してからしばらくの間は母子三人で実家に身を寄せてゆっくり養生することになっていた。野口一尉にしてみたら気がかりがその分減ることになるが、しかし、宮崎への引っ越しを目前に控えて所帯道具一式の荷づくりなど諸々《もろもろ》の準備はすべて彼ひとりの手にかかってくることに変わりはなかった。そして、その引っ越しのさいに、野口一尉は重たい家具やダンボール箱を動かしているうちに腰を痛めてしまったのだ。

腰痛《ようつう》は戦闘機パイロットの誰もが悩まされる職業病のようなものだが、野口一尉の腰の痛みはなかなかにしぶといものだった。長男がいれば仔犬《こいぬ》がじゃれつくように嬉々《きき》として腰の上に乗って足踏みしてくれただろうし、加寿子さんにマッサージを頼むこともできる。しかしひとり暗い部屋に帰るいまは、腰を揉《も》むことより、まずは空腹を満たすことを考えなければならなかった。荷ほどきをしていないダンボール箱に囲まれてひとりで食事をとり、片づけをすませると、あとは布団《ふとん》を敷いて寝るだけだった。

週末も気が晴れることはなかった。千歳にいた頃は、あしたはフライトがないという解放感からわざわざ家族が寝たあとに、同じ官舎に住む飛行隊の同僚たちと示しあわせて深夜の盛り場に繰り出し、戦闘機乗りの行きつけのスナック「イーグル」などで酔いに浸りながら心ゆくまで三度のメシより好きな空中戦の話をすることもできたが、宮崎のさびれた田舎町にそうした気のきいた店があるわけもなく、せいぜいが建物の豪華さばかりがやけに目立つパチンコ屋で玉を弾《はじ》くくらいしか時間のつぶし方はなかった。土日を利用して車を走らせれば別府温泉や阿蘇《あそ》の方まで遠出することも可能だが、それもひとりでは味気ない。結局官舎の部屋にとじこもることになる。

空の上に上がれば、自分ひとり戦いの場面から弾き出されたようにして時間だけがわけのわからぬままに過ぎていき、地上に帰ってきたら今度はその空白の時間についてデブリの席で先輩たちから、ぐうの音も出ないほどにやりこめられる。おまけに弱り目にたたり目というか、腰の痛みである。上空で劣勢に立たされたときはしゃにむに操縦桿《かん》を倒しGをかけるから、ますます腰に負担がかかってしまう。そして駄目押しのように、自宅に戻れば炊事、洗濯、掃除の三役が待っている。そんな毎日をつづけていると、神経はささくれ立ち、ますます自分自身を、俺はもう駄目なんだ、という持って行き場のない自棄《やけ》くそな気分へと追いこんでゆく。

あるいは、野口一尉がデキるパイロットでなければ、これほどまでに落ちこまずともすんだのかもしれない。野口一尉の千歳での上官だった竹路三佐が「天狗《てんぐ》にならないパイロットというのはほとんどうまくならない」と指摘した通り、日本の戦闘機パイロットの中でもっとも腕の立つ達人ばかりが集められたプロ集団、飛行教導隊の一員に選ばれるほど「うまく」なった野口一尉も、ある時期は「天狗」だった。空の上に上がれば、一個のマシンと化したかのように一片の配慮も情けもなく「敵」を追い詰めねじ伏せ、先輩たちの口から「まいった」のひと言をいく度となく引き出してきた。むろん地上では自分の強さをひけらかすことも鼻にかけることも決してなかったが、しかし、「エース」としての自信と、当然のことながらそれをひそかに誇りに思う気持ちも強かったはずである。

ところが教導隊にやって来て、彼は、この戦闘機乗りの世界に天井というものはないこと、つまり上には上がいるのだということを、そしてそうした中では自分の力はまだまだ上級者の足もとにも及ばないことをあらためて思い知ったのだった。

自衛隊の取材をはじめて六年、第一線の飛行隊を訪ね歩き、何十人もの戦闘機パイロットに会って話を聞くことを繰り返してきた眼に、ここ教導隊は、戦闘機部隊のひとつでありながら明らかにふつうの飛行隊とは違う異質なものとして映る。オペレーションルームに、旧ソ連国旗の赤旗やドクロのエムブレムが飾られていることもまた、ふつうの飛行隊では決して眼にしない違いのひとつである。だが、それとは別に、たしかにここには教導隊にしかない独特のものがある。

もっともそれは、感じ方という主観を通してしか伝わってこないものだけに、教導隊を訪ねた人の中には、そんなものあったかなあ、と首をかしげてみせる人もいるだろう。しかし、わかる人にはわかるのである。それは、ちょうど師範級の「剣豪」が居並ぶさまを端からながめていても、素人《しろうと》の眼には、剣道の愛好家たちによるふつうの稽古《けいこ》風景としか映らないけれど、腕に覚えのある人間が見れば、彼らの所作や顔つき、そして漂わせている雰囲気というか風情《ふぜい》から、彼らがかなりの使い手であることをなんとはなしに感じとるというのと同じである。

もちろん僕の場合は「腕」に覚えがあるわけでもない。そして、教導隊にいるパイロットも第一線の飛行隊にいるパイロットも、見た目は同じオリーヴグリーンの飛行服を身につけた戦闘機乗りであることに変わりはない。したがって教導隊を訪ねて、ここが第一線の飛行隊と違って見えるというのも、教導隊についての事前知識があったから、つまりここが「剣豪」ばかりが集められる航空自衛隊最強のパイロット部隊であることを前もって知っていたから、その先入観ゆえにことさら違ったふうに映ったのではないか。そう言われてしまえば、それはそれで否定のしようもないのだが、教導隊でもやはり、教導隊は僕の眼に異質なものとして映った。その異質な部分は、教導隊を訪ねる前に第一線の飛行隊パイロットに会うことを重ねていたからこそ、より際立《きわだ》って見えたような気がする。

たとえば、眼である。戦闘機パイロットに、そこが損なわれたら戦闘機乗りとして命を断たれたも同然という体の部位はどこか、たずねると、おそらくかなりの数のパイロットがまず、眼、と答えるに違いない。戦闘機にどんなに最先端を行くハイテク兵器が搭載され、レーダーの性能が飛躍的に向上して人間の能力をはるかに越えたさまざまなことが可能になろうとも、空中戦では、最後は戦闘機を操っているそのパイロット自身の「腕」に勝負はかかっている。いやこの際、腕というよりは眼なのである。眼で敵の動きを追って、その行方をいち早く察知し、敵に先んじる。米粒のような小さな点にしか見えない敵の機影にじっと眼を凝らし、相手の動いていく速さを見ながら機軸の変化を読みとっていく。刻々と変化する目標の速度や方位の情報は、ヘッドアップディスプレイやレーダーにも表示されるが、それはあくまで確認のためのデータに過ぎない。まずは、眼で見て、一瞬のうちに判断する。そしてこの速度で機体がこの姿勢をとっていたら、当然敵はこういう機動を描いて飛んでいくはずだ、と予測を弾き出し、なら自分はこちらの向きから攻撃を仕掛けにいこうと、戦闘のシナリオを頭の中ですばやく組み立てる。

だから戦闘機のパイロットは、大空にぽつんと浮かぶ米粒のような目標を追うことを日々繰り返しているうちに、眼が研ぎ澄まされていく。その眼には、かつて夜空の星を仰いで大海原の広がりの中の自分の進むべきしるべを見出《みいだ》し、水平線の彼方《かなた》の雲にあしたの天気を読んで船を走らせていた、バイキングや古代フェニキアの船乗りの眼と同じ光が宿っているかもしれない。

六年前、新田原《にゅうたばる》の基地にF15パイロットを訪ねるまで、僕は、日本でもっとも人数の限られた職業の一つ、戦闘機操縦者に会ったことがなかった。おそらく自衛隊に生きる「兵士」たちの物語を書くことがなかったら、この戦闘機パイロットという一群の人々を知る機会もまず訪れなかったに違いない。それは僕に限った話ではないだろう。ほとんどの人々にとって、災害現場で腰まで土砂に埋もれながら瓦礫《がれき》を掘り起こしたり、オリンピックの会場で五輪旗を掲げて行進する自衛隊員の姿を見ることはあっても、戦闘機パイロットの姿を眼にすることはまずない。戦闘機乗りの職場ははるか彼方の空の上のようなものだから、彼らが日々どんなことをしているのか、その実態に触れる機会がなくてむしろ当然なのである。まして戦闘機パイロットがいったいどんな「人種」なのか、フェンスの外側にいて、生身の彼らにふだん接して彼らの肉声を聞くことなどありえないふつうの人々にしてみたら、映画の『トップガン』やトム・クランシーの小説などから勝手にイメージをふくらませるしかないのである。

その意味で戦闘機パイロットは、同じこの国にいながら僕らの日々の生活からもっともかけ離れた世界に住んでいる人々と言ってよいだろう。彼らとて、いったん飛行服を脱いでしまえば、夫であり父であり、彼女にとっての彼であるという生活が待っている。かけ離れた世界に住みながら、しかし彼らもまたこの世界に住んでいる人々なのである。平時には、彼らは空の「国境警備隊」であり、いざというときは彼らがその体を張って空の守りの最前線に立つことは、頭ではわかっている。しかしわかっているつもりでも、赤外線ミサイルシーカー作動ボタンも敵味方識別装置も、そして戦闘機という彼らが乗りこなす一機百億を越す高価な兵器も含めて、戦闘機パイロットが来る日も来る日も体の一部のようにして接しているものは、僕らがその中に身を浮かべてさまざまな生きざまの模様を描いている、この平成の日本の、日々の時間の流れとは何の接点も見出せない、どこか別世界の存在のように思えてならないのだ。

もっとも、日常と思っているこの地上にも、非日常の世界がいたるところに口を開けていることは言うまでもないのだが……。

そんな戦闘機パイロットたちと間近に向き合って、彼らの話を聞くようになってまだ日も浅い頃、戦闘機乗りの瞳《ひとみ》はどうしてこんなにも深いのだろうと思うことがしばしばだった。黒目と白目のコントラストがやけにくっきりとしていて、しかもその瞳の黒は、やや藍《あい》がかった黒で、どこまでも果てなく沈んでいく深海のような深さをたたえている。遠くのものをみつめているようでもあり、その瞳と向かい合っていると、こちらの焦点がぼやけてきて、黒さの深みにはまりこんでしまいそうでもあった。

そして教導隊のパイロットたちの眼には、その深さに加えて、ある種の凄《すご》みと言うか、険しさと言うか、力が漲《みなぎ》っているように感じられるのである。眼の力は、気迫となって見る者を圧倒する。

教導隊はふつう北海道から沖縄まで全国に散らばった飛行隊の基地に出向き、その行った先で「ミグ部隊」になりきって実戦さながらの空中戦を演じることになっているが、僕がここを訪れたときは、教導隊のベースキャンプである新田原基地でこの手の訓練を行なっていた。教導隊が胸を貸すのは、戦技課程という専門教育をここ新田原で受けている中堅パイロットたちである。通称ウエポンと呼ばれる戦技課程は、第一線の若手パイロット相手に空中戦でのさまざまな戦闘技術の手ほどきができるコーチを育成するためのもので、各飛行隊からキャリア五、六年の一尉クラスのパイロットが一人ずつ選ばれて、半年間にわたり、多数機同士の戦闘や地上の目標めがけて攻撃する対地射爆といった、飛行隊にいては後輩の指導に追われてなかなかできない高度の訓練をこなしたり、技術研究本部のスタッフから最新兵器についてのレクチャーを受けるなど、実技と講義の両面から教育が施される。カリキュラムの中には、岩国や三沢に移動して米軍のF16を相手に空中戦訓練を行なうことも含まれている。まさに戦技教育のフルコースである。期間は決して長くはないが、「こんなに空を飛んでいられるときはもうやってこないだろう」と、「卒業」を間近に控えた戦技課程のパイロットがしみじみ言うほど密度が濃い。上空での訓練時間は飛行隊にいるときのほぼ三倍、つまり半年のコースは実質一年半分に相当する。みっちり戦技を叩《たた》きこまれたパイロットは戦技指導者の資格を得て自分の飛行隊に戻り、戦技課程で学んださまざまなテクニックを今度は後輩たちに伝授する。だがその前に、パイロットは、戦技課程の卒業試験とも言うべき教導隊との訓練をクリアしなければならない。フルコースの仕上げはデザートではなく、もっとも腹にこたえるメニューなのである。

教導隊が飛行隊で「出稽古」を行なうときは、若手から中堅までキャリアにもスキルにも幅のあるパイロットを相手にするわけだが、戦技課程のパイロットはいずれも飛行隊から選抜されてきただけあって、それなりの腕を持っている。現に、戦技課程を終えてから教導隊にスカウトされるパイロットもいる。それだけに教導隊の側は、胸を貸すとは言ってもさほど脇を甘くすることはせずに、むしろ戦技課程のパイロットにとってより困難な状況をつくりだすようにして稽古に臨むのである。

訓練をはじめる前のプリ・ブリーフィングは、戦技課程のパイロットが教導隊のオペレーションルームに出向く形で行なわれる。パイロットたちはいく分緊張した面持ちで旧ソ連国旗やドクロのエムブレムが飾られた部屋に入ってくると、中央の細長いテーブルの前に横一列に整列して、背筋や指先をぴんと張りつめたまま、ほぼ正確に十五度の角度で礼をした。

だが、教導隊のパイロットは、銘々が椅子《いす》に座ったままでその礼に応《こた》えるのである。教導隊の側には、階級が同じ一尉で、しかも戦技課程のパイロットより年下のパイロットもいる。しかし、だからと言って、礼に応えるのにわざわざ椅子を引いて立ち上がり、目線を同じにするというわけではない。そこには、胸を借りる側と、貸す側の、厳格なまでの仕切りが引かれているかのようだった。

戦技課程パイロット対教導隊の訓練は、上空で十数機の戦闘機が入り乱れる文字通りの「空中戦」である。基本的なシナリオは爆撃機を掩護《えんご》して飛ぶ編隊に相手方の編隊が攻撃を仕掛けるというもので、この想定を、攻守を替えたり、守る側の機数を減らしたりしながら何回かに分けて行なう。ただ戦技課程のパイロットは、攻守ところを替えてもつねに現実に操縦している戦闘機と同じF15役を演じ、教導隊側はF15より高性能とされるスホーイ27役に徹するのである。

訓練の第一回は、戦技課程パイロットのお手並み拝見とばかりに、教導隊側が爆撃機を守って戦技課程の攻撃をかわす側に回るが、最終回は、爆撃機を掩護する四機編隊と、戦闘機だけの四機編隊がぶつかりあう、俗に言う「エース」戦で、ここでは一転して戦技課程パイロットは守る側に立たされる。足の遅い爆撃機を抱えている分、守る方が不利なのは言うまでもない。しかも攻めてくるのが、免許皆伝級の「すご腕」がずらりとならぶ教導隊ときたらなおさらである。しかし、戦技課程のパイロットにも、第一線部隊をしょって立つ中堅としての意地がある。それこそ飛行隊を代表して戦技課程で教育を受けてきたという名誉を賭《か》けてでも力を合わせて、正真正銘のエースの猛攻の前に立ちふさがり、何とか爆撃機を守り抜かなければならない。むろん実力のひらきは歴然である。勝つことは望めないにしても、どこまで教導隊に食い下がり、よく戦うことができるかであった。

だが、蓋《ふた》を開けてみると、戦技課程のパイロットは戦闘の立て直しがきかないほどに叩きのめされた。エース戦ではほとんど全滅、戦技課程側が攻撃に回った訓練でも、

Ｆ15は教導隊のスホーイを四機撃ち落とすが、自らも三機を失い、残る一機は攻撃をあきらめて逃げ帰るという結果に終わった。敵の防御陣《ぼうぎょ》をかいくぐって目標の爆撃機に近づくことすらかなわなかった。チャンスはあったのである。ただ、それがチャンスであることを見抜けなかったのだから、どうしようもない。しかも、こちらに迫ってくる敵のヘッドの方向を見誤って、自分の方を狙《ねら》っているわけではないと錯覚するミスまで犯してしまう。躓《つまず》きに躓きを重ねて、敗北を自ら招いたようなものである。

訓練後のブリーフィングは、プリブリとは逆に戦技課程のパイロットが居候《いそうろう》している二〇二飛行隊のオペレーションルームで行なわれた。今回の訓練の「主任教官」にあたっている教導隊の三佐が一尉のパイロットを伴い姿をあらわすと、それまで机を囲んでブリーフィングの検討作業を進めていた戦技課程のパイロットたちはいっせいに起立して、気をつけの姿勢をとり、プリブリのときと同じようにほとんど十五度の礼をした。机の前の大きなボードには、上空での戦闘の流れを戦技課程のパイロットが十二個のシーンに分けて描いた機動図が示されている。そして機動図の横には、「任務達成度」として、数字の0が大きく書かれてあった。

ブリーフィングでは、まず戦技課程側の編隊長をつとめた一尉《いちい》のパイロットが、ボードの傍らに立って機動図をさし示しながら、シーンごとの状況説明を行ない、任務達成ができなかった敗因として脅威判定ミスと状況整理不足の二つをあげた。戦技課程側からのブリーフィングがひと通り終わると、教導隊の三佐や一尉が矢継ぎ早に質問を浴びせかけていく。その間、戦技課程の一尉は直立不動の姿勢を崩さず、答えるときは敬語を用いる。あくまで教官と学生の関係なのである。

もっとも教導隊の三佐たちも乱暴な言葉遣いをするわけでは決してない。しかし、言っている内容は手厳しいことばかりだ。相手が触れてほしくないと思っている痛いところをついてくる。戦技課程の中堅パイロットが返答に詰まったりまごついたりしていると、「要するに、状況を何も見てなかったということじゃないの」と止《とど》めの一撃を加える。

ほうっておけばうつむいてしまいそうになる顔を、あえて奮い立たせるように上に上げて三佐の話に聞き入っている中堅パイロットたちのその様子は、十年近くも昔、彼らがまだパイロットをめざす訓練生としてそのたびごとのフライト内容について教官から成績不可の判定であるピンクカードをもらう不安を顔の端にのぞかせながら、それでも負けず嫌いの男の子のように向き合った教官の顔にひたと視線を当てて、講評の言葉をひと言も聞き漏らさないように肩を張っていた頃の光景を彷彿《ほうふつ》とさせる。

教導隊の力のほどは、それぞれの飛行隊に「出稽古」にやってきたときに十分思い知らされているつもりだったが、戦技課程の訓練の締めくくりにいままた教導隊の胸を借りてみて、飛行隊の中堅パイロットたちはあらためて教導隊の力の仰ぎ見るような大きさをみせつけられたような気がしていた。

「俗に言う、なんとかの神様とか、そういうレベルです」

パイロットの言葉には讃嘆《さんたん》している響きがあった。彼は同僚たちとともにデブリの席で、自分より二つ年下の教導隊のパイロットから連係の悪さを鋭く指摘されている。しかし、これ以上明快な形はないというくらい、力の差が白日の下にさらされる空の上の世界では、地上でうごめくさまざまな感情の呪縛《じゅばく》から解き放たれて、力の強い者、優れた者への敬意を素直にあらわすことができるのだ。

別の中堅パイロットはこうも言っている。

「教導隊の人たちも人間ですから、結構ミスはしているんですね。でも、そのミスをミスでとどめてしまう。絶対、命とりになるような状態には持っていかない。ヤバいと思ったらすばやく離脱して、態勢を立て直し、反攻に打って出る。その点、われわれはいったんミスをすると、リカバリーがなかなかきかない。ミスがミスを呼んで、総崩れを引き起こす。その違いはどこにあるのかと言ったら、結局それが力の差なんですね」

「出稽古」に行った先で、師範が負けたら洒落《しゃれ》にならない。それだけに、教導隊はつねに強くあることを宿命づけられた部隊と言える。そのぶ厚い胸を借りているうちは、「この人たち、桁外《けたはず》れに強いなあ」とただ感心して憧《あこが》れていればよいが、自分が胸を貸す側に回ったら、今度は向かってきた相手にそう思わせなければならない。彼らの「期待」を裏切ってはならないのである。そしていま野口一尉は、飛行隊のパイロットたちに自分のことをそう思わせる立場に立たされたのだ。

しかし、空に上がるたびに、彼は教導隊の先輩たちにいいようにあしらわれるばかりだった。きょうこそは鼻を明かせるかなと、相手の隙《すき》をついたつもりになって攻めにかかると、逆にその腕をひねり上げられ、思いっ切り鼻をへし折られる。強くなければ教導隊ではないのに、自分はとてもそこまで強くなれそうになかった。

教導隊の胸を借りる側にいたときは、ただただ彼らの強さしか感じなかったが、じっさいに教導隊の一員になってこの部隊を内側からつぶさにながめてみて、彼らの強さが、単に技術のレベルが高いというだけでなく、人の何倍も考え抜き練り上げられたそれぞれの戦術や戦法に支えられていること、たとえば空の上でのひとつひとつの動きをとってみても、こちらが思っている以上に先々のことまで頭に入れた上での、実に周到に計算されたものであることを、野口一尉は思い知った。

戦闘機を飛ばしながら、敵の方向と速さを読みとり、立ち止まってものを考えることのできない空の上で、状況がこの先どう変化していくかを素早く判断して行動を起こすのは、空中戦の基本である。ただ、教導隊のパイロットの場合は、そのさいの思考の回転が速く、考えの幅が広く、読みが深いのだ。

強いばかりではない教導隊のパイロットたちの芸の細かさというか、戦闘機乗りとしての奥の深さを知れば知るほど、飛行隊にいた頃の自分はいったい何だったのだろうという忸怩《じくじ》たる思いが野口一尉の中で苦々しさを伴って広がっていく。

教導隊に赴任して間もない頃、野口一尉は先輩から言われている。

第一線の飛行隊で先頭立って七年半も飛んでいれば、力もつくし実績もできる。ここに来るくらいだから自分のスキルにかなりの自信もあるだろう。きっと心のどこかでは、俺はできる、と思っているだろうし、先輩のやっていることを見て、俺にできないはずはない、とも思っているだろう。しかしそんな自信はここでは何の役にも立たない。意味も持たない。むしろその薄っぺらな自信とやらを剝《は》がされるのが、教導隊なのだ。自分がいままで築いてきたキャリアやプライドが、ここではずたずたにされる。でも挫《くじ》けることはない。教導隊にやってきたパイロットの誰もが、多かれ少なかれ一度は自分をずたずたにされているのだから。すべてが一回崩れ去る。その上で、ほんとうの自分が引き出されて、そこから勝負がはじまるのだ。

たしかに先輩の言葉通り、デブリの席で、「なぜここはAだったのに、こっちはBなんだ」「どこがどういけなかったのか、失敗につながるプロセスがわからないのか」と居並ぶ先輩たちから理詰めで追及され、答えに詰まるたびに、野口一尉は、自分のプライドが一枚また一枚と剝ぎとられていくのがわかった。あっけなく剝ぎとられたことで、自分のプライドがいかに薄っぺらなものであったかも、そして、ほんとうの自分をさらけ出すということがどういうことなのかもわかった。野口一尉にとって、それは、ぬかるみをひたすら行くような自己嫌悪《けんお》だった。

先輩は、教導隊にいまいるパイロットの全員が一度はどん底を経験してきたと言っていたが、しかし野口一尉には、悠揚としてつねに冷静さを失わず、額に刻みこまれた皺《しわ》の分、奥の深い、いぶし銀のような技の冴《さ》えをみせる先輩たちに、自分と同じ失意に打ちのめされる日々があったとはとうてい信じられなかった。

やはり自分だけなのではないか。その思いがますます自己嫌悪に拍車をかけ、もう終わりかな、と崖《がけ》っぷちにぽつんとたたずむ心境に自らを追いこんでいった。

そんなある日、教導隊で宴会が行なわれた。教導隊の宴会は航空自衛隊の中でも救難隊のそれと双璧《そうへき》をなすほどに「荒れる」ことで知られている。ただ、救難隊の宴会が空のレンジャー隊員とも言うべき血の気の多いメディックの中から、裸踊りをはじめさまざまに趣向を凝らした「芸」が飛び出してドタバタ喜劇さながらの盛り上がりをみせるのに対して、教導隊の方は第一線の飛行隊と同じく、いかにも戦闘機パイロットだけが顔を揃《そろ》えた純血集団の宴会らしく空中戦の話に花が咲く。だが、花が咲いているうちはまだよいが、そのうち嵐《あらし》が吹き荒れて、「おまえの言ってることは違う」「違うとはなんだ」と売り言葉に買い言葉の争いがあちらこちらではじまるのである。このあたりまでは飛行隊の宴会でもよく見かける風景だが、教導隊の場合はここからが本番なのだ。

隊員の大半が四十がらみのいい歳《とし》をしたオジサンで、しかも飛行隊で飛行班長や総括班長を経験した中間管理職ばかりなのに、どういうわけか酒が入ると、ふさぎの虫ならぬ騒ぎの虫が頭をもたげてくるらしく、暴れ出す人が多いのである。つかみあいから、「将来の日本はどうなるんだ」とわけのわからないことをわめいて座敷をのたうちまわったり、酔いつぶれた同僚の顔にスナックの女の子の口紅を借りて塗りたくったり、道路で大の字になったりと、隊員の一人によれば、「教導隊の権威がいっぺんで消えてなくなるからとてもよその飛行隊には見せられない」内容なのである。

何しろ酒量が違う。十七人の宴会なのに、酒が十八本用意されるのだ。お銚子《ちょうし》では

ない。一升瓶が十八本である。そして会がお開きになる頃には、全部カラになってい
る。たまたまその年だけ部隊に酒好きが揃ったと言うならまだしも、教導隊の場合、宴会が乱れるのは年中行事になっている。つまり、ここにくると、空の上の「剣豪」の称号に「酒豪」と言うか「酒呑《の》み」のレッテルが加わってしまうのだ。
それはある部分、ストレスのせいかもしれない。教導隊は、強くあることを義務づけられた部隊である。飛行隊に胸を貸している空中戦で決定的なミスを犯したら示しがつかない。そのためにはつねに強くあるように、つねにより高みをめざすように訓練を重ねなければならないのだ。腕に覚えがあっても油断はできない。驕《おご》ったときから退歩がはじまる。悠揚と構えているように見えても彼らは五感をフルに動員している。神経を張り詰めている。だから戦闘機乗りとして「定年」間近の四十前後で、なお若手の範となれるのだ。だがその結果、たまりたまった日頃のストレスは宴の席で噴き出す。そしてその日、乱れた主役は中高年の先輩たちではなく、最年少の野口一尉だった。
野口一尉ははじめからピッチが速かった。隊司令の前に出て酌をしているときには、すでに眼がうつろになっていた。そんな野口一尉に司令は活を入れた。上空での不甲《ふ》斐《い》なさを指摘したのだが、デブリで先輩たちから追及されることに比べたらそれほど

手厳しい内容ではなかった。しかし全身に回っていたアルコールが鬱屈《うっくつ》していた気持ちに火をつけた。

「それなら首にしてください！」

彼が叫んだ瞬間、パーンと乾いた音が盛り上がっていた宴の席に小気味よいほどに響きわたった。隊員たちがグラスやおちょこを手にしたまま上座を見る。

野口一尉が頬《ほお》を押さえて、その場に泣き崩れている。涙はとめどなくあふれ出てきた。肘《ひじ》を立て畳の上に突っ伏すようにして彼は泣いた。戦闘機乗りになってからの七年半がすべてこめられているような涙だった。

だが、酔いのせいなのか、「クビにしてください」と司令の前で叫んだことも平手打ちを頰に受けて泣いたことも、彼は覚えていなかった。週が明けて、野口一尉はいつものように上空に上がった。訓練を終えて地上に戻ってきてからのデブリの席では、相変わらずひとり針の莚《むしろ》に座らされたように先輩たちの手厳しい指摘を受けていたが、あれほど思い詰めていたことが嘘《うそ》のように気持ちは軽くなっていた。何が野口一尉の鬱屈を刷毛《はけ》ではらうように吹き飛ばしたのかはわからない。ただ、たしかなことは、もはやどんなに心がくじけても、戦闘機を降りるという考えを自分から思いつくことなどないほどに、彼の中で、戦闘機乗りが、仕事でも生き甲斐でもなく、強いて言えば大地のように揺るぎないものになったということであった。天職とは、そういうことをさすのかもしれない。

教導隊に来て十カ月、野口一尉は教導資格を取得し「ミグパイロット」としてのデビューを果たした。だが、彼の地獄めぐりはまだ終わらない。それは、野口一尉が戦闘機乗りとしての「定年」を迎え、F15を降りるその日までつづくのである。

ラスト・フライト

航空会社に勤務するAは、このところ昼食をすませたあとの手持ち無沙汰《ぶさた》な時間を職場が入っている空港ターミナルビル内の本屋に立ち寄って、雑誌や新刊本を拾い読みしながら過ごすことにしている。

レジのすぐそばに週刊誌や月刊誌などの雑誌類をならべた棚がある点は街の本屋と変わらないが、いかにも空港という場所柄を感じさせるのは、ふつうなら書棚の隅の方に埋もれていて店員にたずねなければそのありかがわからないような航空関係の専門雑誌が、スポーツ誌や男性誌と表紙をならべて人目につく場所におかれていることである。

「航空ファン」「航空情報」「エアワールド」と、誌名はさまざまだ。だが、そのタイトルの下で表紙を飾っているのは、ほとんどが戦闘機や爆撃機である。米軍のステルス爆撃機B－2が黒い怪鳥を思わせる不気味な肢体を躍らせて離陸するシーンや、日本の空にお目見えした早期警戒管制機AWACSの、機体の上でまるで皿回しでもしているように円盤状のレーダーがのっている奇妙な姿が、サッカーの中田英寿《ひでとし》やアイドルの雛形《ひながた》あきこと隣り合っている。

航空会社の社員と言っても、本屋をのぞくときのAは、胸につけた顔写真付きのIDカードがなければこのターミナルビルのどこにでもあふれている搭乗待ちのビジネスマンと見間違えてしまう、スーツにネクタイという恰好《かっこう》である。

その姿で店先の雑誌のコーナーの前に立っているビジネスマンは、たいてい週刊誌や水着のアイドルが微笑《ほほえ》みかけるコミック雑誌、あるいは経済誌や中田の顔が大写しになったスポーツ誌を広げているのだが、Aは迷うことなくステルス爆撃機を表紙に掲げた航空専門誌に手を伸ばすのである。

昔からその手の雑誌に興味があったわけではない。それどころか数年前なら手にとってみることもしなかったし、そんな気も起こらなかったはずである。それが、あるとき、表紙の写真がふっと目にとまり、気がついたときには、自然と手が伸びて、ページをひらいていたのだった。

人生の折り返し点をいくつの年齢に定めるのか、人によって考え方はさまざまだが、しかし、四十代に足を踏み入れるときというのは、おそらく誰しもが人生の大きな節目に立たされたような感慨を抱くものだろう。もう決して若くはない、中年というレッテルが、顔の前面に掲げられるのをはっきりと意識するその歳《とし》に至って、Aは二十年つづけてきた仕事に自らピリオドを打ちいまの航空会社に入社する。そのとき、彼は、決意というほど大袈裟《おおげさ》なものではないが、ひそかに心の中で自分自身に言い聞かせていたことがあった。

それは、いままでとは一八〇度違う、新しい生活をスタートさせるのだから、過去の自分は、服を着替えるようにして自分の中のタンスにしまいこみ、これからの自分が身にまとう服にいったん腕を通したあとは、それこそ生まれ変わったつもりで航空会社の一社員になりきろう、ということだった。

Aの選択も、一般的には転職という言葉で括《くく》られるのだろうが、しかし少なくともAの中では、自分の選択を、世間が転職という言葉から思い浮かべる「負」からのリターンマッチとしてとらえる気持ちはまったくなかった。転職という言葉の響きについてまわる、ある種の気負いも、過去への悔いも苦々しさも、彼は感じてはいなかった。むしろ航空会社に転職するまでの二十年間、一貫して自分がやりつづけてきたことに対して、人前に出ても恥じることなく胸を張れるだけの誇りと、やるべきことはやったのだと言い切れる、爽快《そうかい》な汗を流しきったあとのような達成感が、Aにはあった。他人はどう思うかしれないけれど、自分にとっては十二分に輝いていたと言える、これまでの二十年だった。

だからこそ彼は、再出発にあたって、いままでの自分とこれからの自分との間にきっぱり線を引くことにしたのである。過去の自分は向こう側に脱ぎ捨てていこう、と。

これが、輝くどころか、鬱屈《うっくつ》と失意にすっかり錆《さび》ついて、光沢を失ってしまった過去だったら、振り返ろうという気すら起こらないだろう。それならそれで再出発には好都合なのである。思い出すだけ惨《みじ》めになってしまう過去など一日も早く忘れたくて、むろん完全に忘れ去ることなどできないに決まっているのだが、どうかした拍子に過去の断片が甦《よみがえ》って脳裏をよぎればよぎるほど、それを振り払うようにひたすら前を向いて突き進むことができる。しかし、これまでの時間が自分にとって充《み》ち足りていたように感じているとなると厄介である。過去は、自分が新しい服に腕を通して第二の人生をスタートさせようというときに、未練となってかえって足枷《あしかせ》になるかもしれなかった。

それにAはすでに不惑を越えている。決して早い再出発とは言えないのである。二十代や三十代はじめからの再出発なら、いままでよりまだまだこれからの人生の方が長く、その分、選択にもかなりの幅がある。出発点に立ち帰って再びコースを選び直すことはいくらでもできる。しかし、人生の折り返し点をとうに過ぎたAにとって残り時間は限られている。それだけにいったん第二の人生を選択したら、もうあと戻りはきかないのである。残り時間を区切られ、復路だけを行くそのコースの中で、一日も早く新しい仕事を覚え、新しい環境になじまなければならない。うしろを振り返っていられる余裕などないはずなのだ。

その点、航空会社での再出発を決めたAの中では、いままでを輝いていたと思うのと同じくらいに、これからへの期待がふくらんでいた。過去の自分を脱ぎ捨てても未練を感じないですむほどに、未来に自分を託すことができたのである。

それが、航空会社に入社して数年が過ぎたあの日、本屋の雑誌のコーナーにならべてあった航空専門誌の表紙を目にとめて、Aの手がつい伸びてしまったのは、あえて振り返ろうとしなかった過去への思いが彼の中で息づきはじめたからに他ならなかった。あるいは、それを未練と呼んでいいのかもしれない。未来への夢が夢でなくなり、期待が少しずつ現実の曖昧《あいまい》な淡い色に染まっていく中で、輝いていた過去が再び光を放ちだしたのだ。

そのときAは、雑誌の表紙に、かつての自分を、自分のいた世界を見たのである。同じ空の上を職場にしているのに、いまいる航空会社とは文字通り正反対の異質な世界。汗臭く、スマートさとは無縁の、男だけの世界。相手を打ち負かすことに腕を競い合う、地上の情実がいっさい通用しない、実力本位の厳しく苛酷《かこく》な勝負の世界。

そして何より空の上の狭苦しいコックピットの中でたよれる者は誰ひとりとしてなく、手を伸ばせば指先に死の冷たい感触がつねに伝わってくる孤独な世界。その世界に、彼は二十年いつづけたのである。

航空会社の社員になるまで、Aは航空自衛隊の戦闘機パイロットとして、サラブレッドを乗りこなす騎手のようにして世界最強と言われるジェット戦闘機F15を操り、日本の空の守りにあたってきた。

そんな彼が、「割愛」と呼ばれる制度に乗って自衛隊のパイロットから民間の航空会社に「転職」したのは、現役でいられる時間がプロのスポーツ選手並みに短い、戦闘機乗りとしての人生に自ら見切りをつけたというより、自衛隊で過ごす「余生」の「先」が見えてしまったということが大きくかかわっていた。

あのまま自衛隊に居残っていたとしても、すでに中堅を越えて飛行隊の古参に数えられる立場で後輩たちを指導し、率いている彼が、空の守りの最前線で戦闘機に乗っていられるのは、せいぜい二、三年でしかない。むろん戦闘機という機種にこだわらなければ、いましばらくは空を飛んでいられる。未来の戦闘機乗りを育てる教官として練習機に乗りつづけるのである。ただこれとて三年ほど結論が先送りされるだけである。四十代も半ばを過ぎたあたりで、早すぎる「定年」を迎えることに変わりはない。そして、飛行機から降りた彼らに用意されるのは、デスクワークなのである。操縦桿《かん》やスロットルレバーの代わりにボールペンやハンコを握り、気の遠くなるほど煩雑《はんざつ》な手続きと書類の山にうんざりしながら、階級章の桜の数だけふんぞり返っている上官に向かって、時にはお世辞のひとつも口にしなければならない。コックピットの外をぐるりと見渡し、空の一点にキラリと光る敵機の機影がないか、つねに眼を凝らし神経を研ぎ澄ましていたその細やかさで、これからは人間関係の風向きの微妙な変化をキャッチしなくてはならない。

もっとも、現役を引退したら最後、戦闘機パイロットが二度と操縦桿を握れなくなるのかと言うと、必ずしもそういうわけではない。年に何回かは飛行訓練が義務づけられている。ただし高Gがかかるような空中戦訓練はもはや五十近い「老体」には負担がかかり過ぎるため、遊覧飛行に毛の生えたような中身でお茶を濁すことになる。どんな筋力の持ち主でも、いつかは訪れる体力的限界で致し方ないとは言え、いままで骨がきしむような激しい訓練に耐えてきたパイロット本人からすれば、基地の上空をただ飛んで帰ってくるような訓練はわが身の不甲斐《ふがい》なさを見せつけられるようで、あらためて戦闘機乗りとしての人生が終わったことを思い知るのである。地上に降りて、いったん翼をもがれてしまったら、戦闘機パイロットは、陸《おか》に上がった河童《かっぱ》というより、さながら水気がなくなり萎《しお》れはじめた鉢植えの花のようなものである。あとは枯れるのを待つだけなのだ。

Aに、これまでデスクワークの経験がないわけではなかった。階級がある程度上がった段階で第一線部隊を離れて、短い期間ではあったが、飛行隊の上部組織である群司令部や空幕で地上勤務をこなしている。空の上とは違い、そこは階級がものを言う世界だった。階級だけではない。学歴とその後のキャリアが大手を振って歩いている。東大法学部卒でなければ人でない、と言われる霞《かすみ》が関《せき》の高級官僚の世界と同じく、ここも、はじめに防大出ありき、の世界である。どんなに空の上で腕の立つ、エースの称号を授かるような戦闘機乗りであっても、防大出でなければ自衛隊という巨大組織での出世は望めない。航空学生出身の場合、飛行隊長を務めるような二佐の位に行きつくパイロットはごく少数で、その上の、群司令などにあたる一佐に昇進《すうよう》できるのはさらにほんのひと握りである。もちろん防大を出ていても、空幕の枢要なセクションを若い頃から経験するコースに乗っていなければ、米軍の少将、中将に相当する空将補、空将といった将軍への道は開けない。

Aは、自分が数百人規模の隊員を統《す》べるような部隊の指揮官がつとまる器でないことをはじめから見越していたし、キャリア的に言ってもそこまでの地位につくことが難しいことを心得ていた。自衛隊における「余生」の「先」が見えたというのには、自分の出世が頭打ちになっているという意味もこめられていた。むろん出世願望が格別強いわけではない。ただ、出世のともなわないデスクワークと言ったら、極端な話、窓際《まどぎわ》に机をあてがわれ、仕事らしい仕事もなく、せいぜいが書類に判を捺《お》すだけに等しい雑用で、退官までの十年近い長い「余生」を送ることでしかないのである。

　しかし、空から降りてからの日々がそうなることがわかっていても、あえて民間の航空会社には移らず、自衛隊に骨を埋めて、戦闘機乗りのままで終りたいと考えているパイロットは少なくない。Aによれば、同僚たちは九割五分までが生涯一ファイターの道を選ぶだろうと言う。

　あと一年足らずで戦闘機乗りとしての「定年」を迎えるという飛行隊長に、戦闘機を降りたら何をしたいですか、とたずねると、「それが困ってるんですよね」と言いながらも、さほど困ったふうにも見えない顔で、まるで他人事《ひとごと》のようにして自分の「余生」について話し出すのである。

「ぼちぼち考えないかんとは思ってるんですよ。でもね、いままで自分のスキルを高めることしか考えてこなかったから……」

　隊長は、小首をかしげて、さてねえ、と考えこむようにつぶやきながら、

「まあ、どこかの窓際に机があって事務をして、リタイアするって、そんなところですかね」と笑ってみせた。

「現役の頃が充実してたから、その分、寂しくないですか」

戦闘機を降りたあとの落差を、多少皮肉っぽく聞いても、隊長は、「未練」をことさら強い調子では否定しない。

「そりゃ燃焼し足りない部分はまだありますよ。ありますけど、好きな戦闘機に乗って、自分なりにやれるところまでやったから、あとは何をやってもいいや、って」

それが窓際でも？　と重ねて聞くと、隊長は、「仰《おお》せの通りで」と目尻《めじり》に深い皺《しわ》を寄せながら笑顔でうなずいた。

そうした生涯一ファイターをもって任じているパイロットが、自衛隊に見切りをつけて民間の航空会社に文字通り鞍替《くらが》えしていくAたち「割愛」組を見る視線には、やはり複雑なものがあるようだ。Aと同年配の戦闘機乗りは、「自衛隊における自分の行く末を考えたら、彼らの気持ちはわかることはわかるんです」と言いながら、ただ、と断って、自分と割愛組との間にはっきりと一線を引いてみせる。

「戦闘機が好きで戦闘機パイロットになったわけですから、私にはこの道しかないんです。もうお前は降りろって、引きずり降ろされるまでとことん乗ってやります。自分から途中で降りるなんて考えられません」

戦闘機を降りたあとのことは気にしないんですか。そう水を向けると、そのパイロットはすべてを呑《の》みこんでいるような調子で淡々と言った。

「好きなことを限界までやったのなら、悔いはないはずです。あとは田舎に帰って、のんびり庭いじりでもしますよ」

自衛隊からJALやANA、JASといった民間の航空会社に「転職」するパイロットの数は、その時どきの景気や航空会社の業績によってかなりの増減があるが、ここ数年は航空自衛隊と海上自衛隊合わせて年間で十人前後のパイロットが流出している。民間から「求人」がきているという情報は、たいてい飛行隊長の口から第一線の戦闘機乗りに飛行隊の朝礼などの席で知らされる。

だが、十年ほど前までなら、「行きたい奴《やつ》がいたらあとで申し出るように」という飛行隊長の言葉を額面通りに受けとって、さっそく隊長室に駈《か》けこみ、「私、行きたいんですが……」などと自分から手を上げようものなら、手ひどいしっぺ返しが待っていたという。そうか、おまえは自衛隊が嫌になったのか、と嫌味の一つも言われ、フライトスケジュールから名前を外されるといった露骨な嫌がらせを受けながら、うしろ指を差されるようにして自衛隊を辞めていかなければならなかった。いまでこそ、そうした「いじめ」は影をひそめたが、それでも飛行隊長の中には、優秀なパイロットが民間に流出することで部隊の戦力が落ちることを恐れるあまり、「求人」情報をパイロットに知らせないでおく隊長もいるという。

Aはその点、上官に恵まれていた。彼の飛行隊の隊長は、このまま自衛隊に居残るか、それとも民間の航空会社に新天地を求めて第二のパイロット人生をスタートさせるか、心が揺れている部下のことを、爪弾《つまはじ》きにしたり引き留めたりするどころか、むしろ「自分のやりたいことをやるのがベストなんだから、行きたい者はどんどん行け」と積極的にあと押ししたのである。その隊長がいなければ、Aは、自衛隊を辞めるかどうかの決心がつかないままに、おそらくは居残って、内心の鬱屈を抱えながら本意ではない窓際でのデスクワークに甘んじて「余生」を送ることになったはずである。じっさい、航空会社からパイロットの「求人」がきているという話を、隊長から聞かされたときも、Aは、渡りに舟とばかりに飛びついたわけではなかった。迷っていたというか、本人の腰は引けていたのである。

戦闘機から降りなければならない日があと二、三年の間にやってくることは、わかっている。肉体の老化という誰にも押しとどめようのない自然の摂理ゆえに、どんなエースにも確実に最後の日、ラスト・フライトは訪れるのである。人間を、日常が絶え間なくつづく地上から、宇宙へと連なる三次元の非日常の世界に放りこむ戦闘機の操縦は、肉体と感覚の絶妙なハーモニーの上に成り立っている。そのハーモニーに老化は不協和音を生じさせる。そのことを敏感に感じとるのは操縦している本人である。

体は正直である。A自身、四十代という言葉がしだいに身近に感じられるようになった頃から、それまでのようには思い切りGをかけられなくなった。Gをかけたいところでも、これ以上Gを強くしたら、体がバラバラになりそうな気がして、つい緩めてしまう。体が守りに入ってしまうのである。空中戦の訓練で、ほんとうなら逃げられるところを、操縦桿をぐいと傾けるのにためらいがあって、結局、逃げ切れずに若手の飛行機の餌食《えじき》にされてしまったとか、あと1Gよけいにかけていれば、追いつけるところを、急旋回しなかったために躱《かわ》されてしまった、といった自らの不甲斐なさをみせつけられる場面が増えていく。自分もいよいよかな、という思いが少しずつ、ぼやけていた映像のピントが合うように、くっきりとした形を結んでいく。こうして戦闘機を降りる潮時は、本人がまず悟るようになる。

しかし、Aは、戦闘機にたとえ乗れないようになっても、ともかく空の上にいつづけたかった。戦闘機に乗ることはもちろん好きだが、それ以上に彼は空を飛ぶことが好きなのだった。現役の戦闘機乗りでいられる残り時間がいよいよ秒読みの段階を迎えたときになって、はじめて彼はそんな自分に気がついたのである。いつかは空を飛べなくなるにしても、その日を一日でも先に延ばしたい。長く飛んでいたいという思いは、彼の中では、戦闘機乗りとしての「定年」が来る最後のその日まで戦闘機に乗りつづけていたいという気持ちよりはるかに強いものだった。

そんなAが、航空会社からのパイロットの「求人」に、すすんで自分から手を上げようとはしないで、うじうじと煮え切らない態度でいたのは、年齢のことが気にかかっていたからだ。航空会社の募集には年齢制限が設けられていた。そして彼はその制限に危うく引っかかりそうな、ぎりぎりの歳だったのである。民間のパイロットに転身するにはやはり歳をとりすぎているのだろうか。もっと若くなければ民間ではやっていけないのだろうか。それでなくても日々の訓練を通じて、自分の歳をいやというほど思い知らされているAには、年齢制限という言葉は重たく、足をからめとられたようにして彼は前に進めなくなっていた。

そのAの背中をぽんとひと押ししたのは、飛行隊長だった。「制限ぎりぎりでも、受けてみなければわからないだろう。いずれにしてもこれがラストチャンスなんだ」

たしかに、ぎりぎりということは今回を逃したらもう二度と民間に移るチャンスはないということだった。それは同時に第二のパイロット人生の夢が潰《つい》えることでもあった。そして二、三年ののちにはほんとうのラスト・フライトが訪れて、あとは退官まで、空の上とは正反対に、毎日代わり映えのしない単調なデスクワークがつづくことになる。

決心を、Aはまず妻に伝えた。妻は反対はしなかった。ひと言、あなたがそうしたいなら、と言ってくれた。好きにしていいというのである。

民間の航空会社が自衛隊パイロットを採用するさい、かつては防衛庁や運輸省からの「圧力」もあって、ほとんどチェックらしいチェックも行なわずにフリーパスで希望者を受け入れていたが、一九七二年にニューデリーやモスクワなどで相次いで起きた日航機の連続事故五件のうち四件までに自衛隊出身パイロットがかかわっていたことから、ようやくハードルを課して、お客をうしろに乗せて運ぶ旅客機の「ドライバー」としては不適格とみられる自衛隊パイロットを採用の段階でふるい落とすようになったのである。Aがめざした航空会社の試験では、かなり綿密な身体検査に加えて英、数、国の学科試験、さらに心理適性検査のあと最後の関門として面接が行なわれることになっていた。会社の部長クラスと思われる五十年配の試験委員が居並ぶ中に引き出されたAはまず、なぜ民間に移ろうと思ったのか、志望の動機をたずねられた。

彼は、一日でも長く飛行機に乗っていたかったし、自衛隊にいても現役でいられるのはもうわずかだから、と正直に自分の気持ちを述べた。Aの答えにうなずいてみせていた委員の一人が別の質問を繰り出してきた。

「自衛隊と民間の違いはどこでしょう？」

Aは、きたな、と思った。受験する前に彼は自衛隊出身の先輩パイロットから、面接のポイントはこの人間が民間の水になじめるかどうか、つまり自衛隊色を捨て去って一民間会社のサラリーマンになりきれるかどうかの一点に絞られていることを聞いていた。Aは、戦闘機乗りとして一生を終りたいと考えている自衛隊の同僚たちなら決して好んで口にしない「お金」のことを持ち出した。

「自衛隊は金儲《かねもう》けの必要ないところですが、民間は違います」

Aの回答はまたしても委員を満足させたようだった。面接の知恵を授けてくれた先輩が言うには、戦闘機乗りは、どこかに自分の方が民間よりスキルは上という意識を持っているから、面接でも妙に自信たっぷりな態度をとることがある。中には航空会社の人から「あなた、天狗《てんぐ》になってません？」と嫌味の一つも言われてしまう戦闘機乗りまでいるのだという。先輩は、柔軟性が大切だよ、と何度も念を押した。その言いつけ通り、Aは受け答え一つにも、上官を前にしているときのような、しゃちほこ張った態度をみせないように努めていた。委員はさらに質問を畳みかけてくる。

「会社に入るとあなたは誰から給料をもらうのですか」

何年か前、別の航空会社の面接で同じ質問に、「給料は国民からもらいます」と答えた戦闘機乗りがいたが、彼はあっさり落されている。そのことを伝え聞いていたAは、迷うことなくこう答えた。

「お客さんからいただきます」

翌春、Aは、十年近く乗りつづけ、目をつむっていても何のスイッチがどこにあるか指先が自然と動いてしまうくらい馴《な》れ親しんだF15戦闘機のコックピットに別れを告げて、自衛隊を退職し航空会社にパイロット訓練生として入社する。面接試験の場で自衛隊と民間との違いについて簡にして要に答えてみせたAだったが、その違いの計りしれないほどの大きさをほんとうに思い知らされたのは、スーツ姿で通勤電車に揺られながら会社に通いはじめてからだった。たとえばコストをめぐる自衛隊と民間との考え方の違いは頭ではわかっているつもりでも、じっさい身をもって体験すると、思わず「え？」と聞き返したくなることの連続だった。

Aの身分はパイロット訓練生である。そう言うからには、入社したら連日上空での訓練に明け暮れるものとAはてっきり思いこんでいた。ところが業績不振によるコスト削減策として、訓練が繰り延べされたり時間数がカットされてしまう。コストのことなどほとんど気にしないでいられた自衛隊では考えられないことだった。訓練のない期間、訓練生は空港のオフィスやカウンターでさまざまな事務につかされる。すると今度はコピー一枚にも気を遣わなければならない。飛行隊にいたときは、コピー機も用紙も使い放題だったのが、ここでは必要な分だけ、しかも書き損じの紙や用済みの書類の裏を再利用する。Aは、いまさらのように自衛隊が世間とはある種違う時間の流れる、のんびりとした別世界だったことを認めないわけにはいかなかった。

だが、コストの問題もさることながらAが自衛隊との違いをもっとも実感したのは、パイロットはこうあるべきというパイロット観をめぐる違いだった。航空会社の教官パイロットは、Aをはじめ自衛隊出身の訓練生を前に、競争心を捨ててほしい、と繰り返し強調した。「自衛隊の場合、敵との戦いに勝つためにパイロットがいるわけです。だからエースをめざして強くなることが仕事です。しかし民間にエースはいらないのです。あいつは腕が立つ。よし、あいつよりうまくなってやろう、なんて絶対に競争しないでください」

教官はさらにつけ加えた。

「民間に必要なのは、エースではなく横並びの安全です。お客さまを安全に送り届ければ技術は最低でもいいんです。グッドランディングはいらない。セーフランディングなら、それで十分です」

振り返ってみると、Aにとって飛行隊での日々は、立ち止まってふっと息つく間も許されない競争の連続だった。それも他人との競争ではなく、自分との競争である。先輩に追いつこうとか、後輩に追いつかれないようにしようと言いながら、実は、より高みをめざしてスキルを向上させるための、それは自分との戦いだった。しかし、お客を運ぶのが仕事の旅客機パイロットに、そうした向上心は安全の妨げになるだけだという。他人よりうまくなろうとは思うな。スキルはいらない、むしろ安全を――。自衛隊にいたときとはまるで逆のことを言われながら、それでいいのなら楽だな、とAはちらっと思いはした。

だが、訓練生としての日々を重ね、旅客機パイロットの先輩たちに接するにつれて、Aの中で、入社するまでは思いもつかなかったようなこの世界への違和感が芽生えはじめていたことも事実だった。民間のパイロットは一見華やかである。しかし、中に入ってみると、彼らはなんとも地味と言うかおとなしいのである。旅客機のパイロットは結局はバスの運転手と変わりない。技術のうまい下手は関係ないから、他のパイロットのスキルが気になることもない。気にならないから接点もなく、パイロット同士の会話もほとんどない。やるべきことをやっていればよいのである。勤務が終わればそそくさと帰って自分の趣味にこもる。ステイと呼ばれる出張先で機長と副操縦士がつるんで呑みに行くことも相手次第である。

そこは、Aが二十年間身をおいてきた戦闘機乗りの世界とは、同じ空の上を職場としていながら、異質の世界だった。飛行隊では、翼の端を互いにつけ合うようにして飛ぶ編隊飛行が基本だから、息の合うことが何より必要とされた。相手の癖を計算に入れたり、弱点をカバーしたり、お互いにライバルでありながら同志であり、広い意味では家族の一員だった。いい意味でも悪い意味でも血の濃い世界だったのだ。そうした空気にどっぷりつかってきたAにしてみれば、クルーを組む相手がいったいどんな人物なのか、コックピットで隣り合うまではいっさい見当もつかない、旅客機パイロットの世界は、かえって妙な気の遣い方が求められるようで、これからのことを考えるとAは憂鬱《ゆううつ》だった。

戦闘機を降りてまださほど日数もたっていないのに、すでにAは、「安全」であることに飽きてきたのかもしれない。たしかにコストという点では民間には自衛隊にない厳しさがある。飛行機を飛ばすにしても、燃料の減り具合や客の入りのことをつねに気にしなければならない。だが、ここには、戦闘機に乗っていたときの、あの非日常の感覚はない。旅客機は、空の上を飛びながら、あくまで乗客を安全に運ぶ、日常の延長にすぎないのだ。

Aは最近、スクランブルで飛び立ったときのさまざまなシーンをとりとめないままに思い出すようになった。たとえばソ連の爆撃機バジャーを追尾したときのことである。尾翼に赤い星をつけたバジャーの機影が目の前に迫る距離まで接近すると、いきなり機体の尾部についている銃座がぐるりと回った。黒光りする機銃の銃口がこちらに向けられたのが肉眼でもはっきりわかる。撃たれる、と思ったAは、とっさに操縦桿《かん》を倒して、反転し、一気にバジャーから離れた。そのときの冷たい汗が甦《よみがえ》ってくる。そうかと思えば、深夜のスクランブル任務を終えて、基地に帰還するときのことが思い出される。ようやく白みはじめた空の上から少しずつ高度を下げていくと、まだ夜の気配にくるまれて眠りの底にある町中に、それでもぽつりぽつりと家々の明かりがついていく様子が眼に入る。そのときの薄闇《うすやみ》の中にたゆたっているような小さな明かりが甦ってくる。

Aの心の移ろいを、傍らにいる妻は察しているのかもしれない。あるとき、自衛隊にいた方がよかったのかしらね、と、ふっと洩《も》らしたことがある。その彼女にしても、しかし、Aが自衛隊を辞めたことで胸を撫《な》でおろした部分があったことはたしかなはずである。戦闘機乗りの妻として彼女も、毎朝夫が家を出るときは、前の日にどんなに喧嘩《けんか》をしていても、玄関口に立って笑顔で「いってらっしゃい」と送りだすことを一日として欠かしたことはなかった。互いに口には出さなくても、いつか起こるかもしれない墜落とその結果としての「死」の影を、つねに二人は感じとっていた。A自身、決して大袈裟《おおげさ》な言い方ではなく、ひょっとしたらこれが今生の別れになるかもしれない、との思いをどこかに秘めたまま、毎朝妻の顔を一瞥《いちべつ》して、家を出たという。たとえそうなっても、あの出がけが、と悔いを残さないための、朝の儀式でもあった。その儀式から解放されただけでも、妻はほっとするはずだった。しかし、いまの彼女は、訓練でのフライトも滅多になくサラリーマンと変わりない毎日を送っているAを見て、あの頃のあなたの方が顔も生き生きしていたわね、とも口にするのである。神経がぴんと張り詰めていたあの頃は、妻にとっても充実した日々だったのかもしれない。Aはいまになってそのことに思い至るのである。

航空会社に入りたての頃、Aは、はじめて会う社内の人たちが彼のことを自衛隊出身と知ったとたんに、なるほど、と納得したようにうなずいてほしくはないと思っていた。自分の上に、脱いだはずの自衛隊のイメージをいつまでもだぶらせてもらいたくはなかったのである。まず恰好《かっこう》だけでも「民間人」になりきろうと、Aは、ワイシャツを白ではなく薄いブルーやベージュの色物にした上、ネクタイも少し洒落《しゃれ》た柄を意識してつけるようにした。そんなAの姿が、くすんだオリーヴグリーン一色に染まった父親の飛行服姿を物心ついた頃から見馴《みな》れていた、高校生になるひとり娘には、奇妙に映ったのかもしれない。朝の出がけに、いつになくしんみりとした声で娘がつぶやいた。

「お父さん、パイロット辞めたんだ……」

戦闘機に乗りつづけてきた二十年は、いまもAの中で、彼自身が考えていた以上にたしかな鼓動で脈打っている。何より体が忘れていないのである。高層ビルのエレベーターに乗って高層階から一階に一気に降りていくとき、Aは、あっ、と思う。ふわっと体が持ち上げられ、一瞬体が軽くなったようなその感覚は、戦闘機で急旋回したあとの、Gが抜けていく感じをどこか思い出させてくれる。戦闘機に乗って空を飛ぶということは、日常とは異なるGの世界に入っていくということでもあった。限りなく宇宙に近い、地球の端に広がる別世界。そのGの世界がAは好きだった。特に、緩やかに旋回していくときの、自分の体が自分のものではなくなるようなあの不思議な感覚を味わっていると、彼は、幼い頃からの憧《あこが》れだった空を飛ぶということを実現させていると何より感じとることができた。どこか現実感の希薄な、地上とは違う世界にひとり旅しているようなのだ。

それに比べてGのない世界はつまらない。何か物足りない。その奇妙な欠落感の中で、Aは毎日を過ごすようになった。

たまにセスナ機に乗って訓練するとき、真《ま》っ直《す》ぐに飛ばすことを教官から言い渡される。うしろに乗客が乗っているつもりになって安全を考えろと。

だがAは操縦桿を倒したくなる。民間に移って、空を飛んでいられる余命はたしかに長くなった。しかし飛ぶことはできても、あのGの感覚はもう二度と味わえない。

そう思ったとき、Aは自分が戦闘機を降りたことをはじめて実感したのだった。

エピローグ——着陸

F15の体験搭乗を終えた筆者

一枚の写真がある。一九九五年十一月二十八日午前十一時半。北海道西方の日本海上空二万五千フィートで一時間にわたって行なわれた空中戦訓練を終えて航空自衛隊千歳基地に帰還したF15戦闘機、機番０５１号機のコックピットで、体中の精気をすべて吸いつくされたあとのようにぐったりとしている僕を、機体に横付けしたラッタルの上からカメラマンの三島さんが撮ってくれた写真である。

前席で操縦桿《かん》を握っていた竹路三佐はひと足先に15から降りていて、写真には、まだ射出座席にベルトでしっかり固定されたままの僕が、介添え役の隊員にヘルメットを脱がせてもらい、顔面に貼《は》りついていた酸素マスクの息苦しさから解放されて、一時間ぶりで地上の空気に触れたその直後の表情が記録されている。

三島さんにカメラを向けられたときのことは、輪郭を曖昧《あいまい》ににじませて記憶に淡く残っているだけだが、撮影された写真を見ると、ぼくはレンズに向かって、小首をかしげ、ため息をついた拍子なのだろうか、まいった、というように照れ隠しの笑みを洩《も》らしている。生まれてはじめての異次元体験を終え、カメラの前で表情をつくる余裕さえないままに、つい頬《ほお》の筋肉が緩んでしまったという感じである。いや、撮られていることに気づいても、もう何をする気力もなく、どうでもよくなって、カメラの前に体を投げ出してしまったと言うべきかもしれない。

力が抜けて、ぐったりとしているのは明らかなのだが、しかし、三島さんのカメラが捉《とら》えた表情からは、ついさっきまで上空でGという途轍《とてつ》もない兇暴《きょうぼう》な力に体全体を締めつけられ、押し下げられ、肉がよじれ、骨がきしみ、意識がかすれ、ただただ喘《あえ》ぎ唸《うな》っているしかなかった、あの苦痛や辛《つら》さは少しもうかがえない。少なくとも写真をながめている限り、地上から七千五百メートル駈《か》け上がったはるか空の上で僕が苦しい思いや辛い目にあってきたという風には写っていないのである。

むしろ、素晴らしく気持ちいいことをしたあとの余韻に浸っているような感じに受けとれる。ぐったりしているのは、心地よいことを思い切り重ねてきたその疲労感から。心ここにあらずと、放心したようなのは、快感が去ったあとの気怠《けだる》さに肉体も精神も弛緩《しかん》して、とろけそうになってしまったから……。

そう、僕にはこの一枚が、苦痛ではなく、快楽を貪《むさぼ》り、気持ちいいことに酔いしれたあとの自分を写した一枚のように思えて仕方ないのである。気持ちいいこととは、端的に言って、セックスである。

そんな風に淫《みだ》らな妄想をひとりめぐらせるのは、心のどこかでいつもそのことへの欲求がうごめいていて、何を見てもセックスに結びつけてしまうためだろう。そう言われると返答のしようがないのだが、たとえそう受け取られたとしても、この写真をはじめて見せられたとき、僕は、Ｆ15に乗って自分が一時間の間、行ってきたのは、空の上ではなく別の世界だったような、奇妙な錯覚にとらわれたのである。その錯覚が頭の中でどんどん増殖してイメージをふくらませていく。その淫らな図柄に自分で自分が気恥ずかしくなるほどである。

男の自分が言うのもおかしな話だけれど、写真の中にあらわれている快楽の余韻は、男のそれではなく、女のそれのような気がする。果てたのではなく、行ってしまったあとの余韻。行為の激しさを物語るかのように、額に乱れかかった髪は汗でしとどに濡《ぬ》れて、欲望の鉢があふれて関節や骨や体の骨組みがすべてバラバラにされてしまったようにだらりと全身を投げ出している。

「ＡＶの見過ぎなんじゃないですか」

「錯覚」について話すと、知り合いの一人はそう言って、僕の顔を一瞥《いちべつ》するなり、プッと吹き出した。たしかに笑われても仕方がない。常識で考えればその通りなのである。

でも、常識が何の意味も持たない世界をほんの一瞬でも体感した人間の中では、神経の回路がどこかで一カ所くらいズレて、脳のまるで見当外れな部分につながってしまうのだろうか。ふつうの人の眼にはただ疲れてぐったりしているようにしか映らない表情の中に、性的なものを感じとって妙な想像をしてしまうのも、上下左右がない異次元の世界に生まれてはじめて投げ入れられ、宇宙を予感したその感覚がいまだに体のどこかで息づいているからのように思えてならない。

三島さんに問題の写真を撮られたとき、15の座席にベルトで固定されたままの僕の飛行服のポケットには、パイロットの間で「おみやげ袋」と呼ばれているアルミコーティングされた小さな袋が入っていた。旅客機に乗ると、前の座席の背もたれに航空会社の機内誌や緊急時の脱出の説明書きと一緒に紙袋が入っているが、おみやげ袋もこれと同じで、飛行機酔いで気分が悪くなって吐くときに使うのである。

吐き気は、15が空中戦を繰り広げているそのさ中に襲ってきたわけではなかった。勝負が決着し次のミッションをはじめるまで、15が、全力疾走したあと乱れた呼吸を整えるように再び水平飛行に戻ったとき、ゆっくりと腹の底からこみあげてきたのである。

この日、僕が参加した二機同士の対戦闘機戦闘訓練は三つのステージに分かれていて、ステージを重ねるごとに戦闘の激しさが増していくように組み立てられていた。動きの鈍い爆撃機をターゲットにみたてた第一ステージはGのかかり具合も何とかしのげる程度だったし、何より戦闘の時間がさほど長くなかったため、吐き気を催すまでには至らなかったが、ファントムクラスの戦闘機との空中戦を想定した第二ステージのミッションは、対進と言って、真正面から突っ込んできた戦闘機同士が相手の尻《しり》に食らいつこうとくんずほぐれつの戦いを展開する。Gはマキシマム5、自分の体重の五倍の重さが全身にかかってくる。この第二ステージで、情けないことに僕の胃袋はGという「ミサイル」によってロックオンされたのである。

15が獲物を追って、急旋回、急降下、急上昇、急横転と激しい動きをつづけていた間、僕の体内のありとあらゆる器官は体の底に開いた小さな吸い込み口の中へ吸いとられるように猛烈な勢いで押し下げられていた。ところが戦いが終わり、すうっとGが抜けて、金縛りから解けたように体が楽になると、それまで押さえつけられていた胃の中の内容物が逆流をはじめたのである。むかつきはあるにはあるのだが、Gに痛めつけられていたせいでさまざまな感覚が麻痺《まひ》しているのか、二日酔いで吐くときのあの耐えがたい気持ち悪さとも微妙に違う。ことさら腹に力をこめなくても、喉《のど》の奥の方から酸《す》っぱそうな固まりが徐々に這《は》いあがってくるのがわかる。

体験搭乗の日の朝、僕は寝起きの恰好《かっこう》で千歳のホテルのベッドに力なく座りこみ、階下のレストランで朝食をとっていくべきか、それとも腹に何も入れないまま15に乗りこんだ方がいいか、うじうじといつまでも迷っていた。

頭が重くこわばっていて、体の方にもなかなかエンジンの火が点《とも》らない。生まれてはじめてジェット戦闘機に乗って空を飛ぶことへの興奮と不安から前夜は寝つかれず、睡眠もあまりとれてはいなかった。ベッドに横になっていると、僕が乗っている15が火を噴きながら真っ逆さまに墜《お》ちていくシーンが脳裏に浮かんでくる。せっかくベイルアウトしたのに失神して海に落下した衝撃で首の骨を折ってうつぶせのまま波間に漂っている自分の姿が重なり合う。いや、自衛隊のパイロットたちは一日二回も三回も15に乗りこんで上空に駈け上がり、そのことを十五年以上繰り返しているのだ。一機百三十億円のスーパーマシンはそう簡単に墜ちるような安物とは違う。そう思いつつ、しかし、いつか墜ちるかもしれないそのいつかが、明日であるかもしれないのだ、とも思ってみる。

何度もベッドで寝返りを打つうちに、何もしないでいることがたまらなくなって、僕はデスクに向かい、誰に宛《あ》てたわけでもない手紙というかメモランダムをホテルの便箋《びんせん》にしたためて、備えつけの封筒にしまい引き出しに入れておいた。書き置きといった大袈裟《おおげさ》なつもりでは毛頭ないのだが、何か書くというそのことで、ある種の覚悟を自分の中にしっかりと据えることができるような気がしたのだ。

フライトを明朝に控えたこの期《ご》に及ぶと、さすがに、吹雪にでもなってフライトが延期になってくれればという虫のいい考えは思いつかない。むしろ「処刑」は早くすませてくれた方が、という気持ちが強くなる。望んで15に乗るのである。しかも自衛隊の取材をはじめて三年にしてやっとのことで手にしたチャンスである。

自衛隊という日本最強の武装組織は、出自のうしろ暗さという負い目を未《いま》だに曳きずっているせいで、「悪く思われたくない」という心理が人一倍働くのか、その外見のいかめしさからは想像つかないくらいに、警察などと比べてマスコミという「権威」に滅法弱い。

15の体験搭乗ひとつとってもそうである。自衛隊を十年近く撮りつづけているカメラマンが、15に乗せてほしいと何度かけあってみても、簡単には乗れませんよ、とつたいつけてなかなか希望を叶《かな》えてくれないのに対して、大新聞社やテレビ局の防衛庁詰め記者には気前よく搭乗キップを切ってみせる。そうした巨大マスコミへの接遇も、自衛隊への見方が批判的というより偏見に満ちているような相手であればあるほど、まるでおもねるかのように厚くなる。

それだけに名刺に何の威力も効力もないフリーの人間にしてみたら、15に乗せてもらえるというのは、まさに天から降ってきたような僥倖《ぎょうこう》なのである。いまを逃したらもう二度と訪れてはくれない。先に延ばすなんて甘えたことを言っている場合ではないのだ。

それはわかっている。わかっているのだが、しかし、万にひとつのことを考えだすと、不安が不安を呼んで、どうにも止まらなくなる。

好奇心をフォアグラのように喰べつづけ、ベトナム戦争真《ま》っ只中《ただなか》のサイゴンに自ら従軍記者となって飛びこんだ作家の開高健は、最前線の政府軍キャンプで過ごした日々を綴《つづ》ったルポの中で、ベトコンの夜襲を待つ恐ろしさと苦しさについて、〈想像力は強力だ〉と書いていたが、たしかにあれこれ想像してしまうことがなおさら不安をかきたてていく。

想像力にさいなまれた一夜が明けて、15への搭乗が秒読み段階に入ってみると、朝食をとっておくべきかどうか迷っていた僕は、いざというときに備えて下着を新しいものに取り替え、支度を整えてから、結局レストランでトーストにスクランブルエッグ、コーヒーの代わりにオレンジジュースを注文した。僕にフォークをとらせることになった最後の決め手は、以前パイロットの一人から聞いた話だった。腹に何か入れておくのと入れないのとでは、ベイルアウトして海に着水したとき、存命時間が三十分近く違うというのである。

だが、その選択を、僕は上空で悔んでいた。万にひとつ起こるかもしれないベイルアウトの存命時間などより、十中八九起こるに違いない事態の方を、僕は気にすべきだったのである。力いっぱい押えつけていたバネから手を離すとどうなるか。Gの呪《じゅ》縛《ばく》から解けた胃袋も言ってみれば同じような状態になっているはずだった。

「竹路さん、ちょっと吐きたいんですが……」

計器パネルの横にあるバックミラーの中から、サンバイザーで覆《おお》われた竹路三佐の顔がちらとのぞいた。15は水平飛行をつづけている。揺れもまったくない。マッハに近いスピードで飛んでいるのにまるで静止した個室の中にいるようだ。いまの姿勢をずっと保っていてくれたら、これほど快適な乗りものはないのである。

「いいですよ。次のミッションまでもう少し間がありますから」

僕は急いで酸素マスクの留め金を外し、飛行服のポケットからとり出したおみやげ袋を口にあてた。待っていたかのように内容物が自然と口をついて出る。とりあえず出すものを出して、ほっとひと息ついていると、ヘッドセットを通して竹路三佐の落ち着いた声が聞こえてくる。

「かなり気分悪いですか」

「いえ、吐いたら楽になりました」

「そろそろまた行きます。今度はちょっときついかもしれません」

僕はミラーの中の竹路三佐に向かって親指を突き立てて、OKのサインを送った。

ふわっ、と体が浮いたな、と思ったとたん、どこかに無理矢理運び去られるような、あの感覚とともに、僕は上下左右のない異次元の世界に三たび放り出された。いままでとは比較にならないくらいの強烈なGが全身にのしかかり、締めつけてくる。僕は両手両足を思い切り踏ん張り、呻《うめ》いていた。眼はとても開けていられない。それでも、体内の血液がカクテルされているのか、目の前がまず真っ赤になり、その赤がしだいに暗さを増して黒ぐろと変わっていくのがわかる。体中の筋肉も骨も内臓もすべてがバラバラにされそうな重圧である。頭が耐え難いほどに締めつけられ、頭蓋骨《ずがいこつ》もろとも風船のように破裂しそうだ。くんずほぐれつの空中戦の中で、急旋回、急降下、なんでもありの15の激しい動きがつくり出しているのだろう、耳もとでゴォーという地鳴りのようなすさまじい轟音《ごうおん》が響いている。それに混じって、ウウッー、と竹路三佐の苦しげな唸り声も途切れ途切れに聞こえてくる。筋肉質の逞《たくま》しい体をしたベテランパイロットの竹路三佐にもGは容赦なく襲いかかっている。しかし、同じ重圧を体全体で受けとめながら、僕の前に座っている彼はこの瞬間も眼をカッと見ひらき、操縦桿のスイッチ類をピアニストのようなタッチで操作して目標を追い詰めている。

ミッションが終わり、Gが一気に抜けると、またしても僕は酸素マスクの留め金を外して、おみやげ袋を口に当てた。ひと心地ついてキャノピーの外を見上げると、いつのまにか頭上に15が灰白色の腹をみせて迫っている。胴体の表面についた点検用のパネルや翼の継ぎ目まで肉眼ではっきりわかるほどの近さである。飛んでいる15を間近でながめると、あらためてその大きさに圧倒される。この重量感あふれる戦闘機が単に飛んでいるだけでなく、空中で横転したり宙返りをしたり、鳥のように自在に大空を舞っているというのが信じられないと同時に、ついさっきまでの激しい訓練の最中にもし強度を越える力が加わっていたらどうなっていたのか、と想像力を刺激されて、すでに終わってしまったことなのにかえって恐怖がつのってくる。

頭上を飛んでいた15はやがてゆっくりと高度を下げはじめた。051号機とならんで編隊を組むのかと思っていると、降下はやまずに、コックピットで操縦しているパイロットの姿が見下ろせる位置にまで下がっていった。竹路三佐によれば、空中戦訓練を終えたあとの機体に損傷はないか、互いに体を見せ合うようにしてチェックしあっているというのである。

「多少時間が残っていますから、洞爺《とうや》湖や支笏《しこつ》湖の方に足を伸ばしましょうか」

竹路三佐が親切にも言ってくれたが、僕は丁重に断った。ミッションを終えて緊張が緩んだのか、先ほどまでとは違った本格的なむかつきに襲われていたのだ。脂汗《あぶらあせ》がにじんできて腹の方も妙にしくしくしはじめている。おそらく二度とめぐってはこない、15でのフライトだが、借りものの飛行服や座席を糞尿《ふんにょう》まみれにして、F15飛行中はじめての失禁者という不名誉な称号は授かりたくない。早く、一秒でも早く僕は地上に帰りたかった。

訓練の終了を待っていたかのように天候は急速に悪化してきた。ぼってりと厚みのある積乱雲があちこちに広がり、時折りその隙間《すきま》を縫ってガラスの破片のように切れ味の鋭い陽光が地上に差しこんで、雪をまぶした山肌や、緑を落とした赤茶けた大地を明るく照らし出している様子がコックピットからよくわかる。じっさいこの日の午後は雷まじりの激しい雨が叩《たた》きつけ、訓練は中止になったほどだ。

051号機は、北海道のつけ根とも言うべき渡島《おしま》半島を横切る形で太平洋を望む苫《とま》小牧《こまい》付近の上空にさしかかると、機首を翻《ひるがえ》しコンビナート群を眼下に見ながら、高度を下げはじめた。前方にひとすじに伸びた千歳基地の滑走路が見えてくる。着陸と言えば、ジャンボ機など旅客機のまだゆるやかな着陸に馴《な》れている身にとって、F15の降下は圧倒的だった。空も地上もすべてがパノラマのように見渡せるキャノピーの中にいるだけに、滑走路に向かって吸い込まれるというより、背後からすさまじい圧を受けて自分自身がまっしぐらに突っ込んでいく感覚である。

　そして、進入の猛烈な加速とともに吐き気がこみあげてきた。押しとどめようもなく、胃の内容物は口の中に広がりだす。酸素マスクの留め金を外そうと思えばできるのである。しかし、鷲《わし》の異名をとる15が柔《やわ》な腹をさらしながら地上に帰ってくる、つまり飛行機がもっとも脆《もろ》い生き物と化すその時に、着陸の操作に神経を注いでいる竹路三佐の真うしろでヘマをやらかしたら、何かとりかえしのつかない事態に陥りそうな気がして、僕は口の中のものをごくりと呑《の》みこんだ。

　三島さんがあの写真を撮ってくれたのは、それから五分とたっていない。とても快楽の余韻に浸っているような状態ではなかったのだ。なのにそう見えてしまうのは、肉体が感じるのとは別のところで、Gの呪縛にさいなまれたあの世界に魅《ひ》かれる自分がいるからだろう。たしかに、15に乗った日以降、僕は、気がつくと空をながめているときが多くなったように思える。自宅のベランダからはるか上空を銀色のシルエットをきらめかせて飛んでいくジェット機を追っていたり、ただただ青い空の、その青さに吸いこまれるようにしていつまでも飽くことなく見上げている。宇宙につながるあの空の中の、地上からはうかがいしれない非日常の世界をほんの一瞬でも知ったことは、ひょっとしたら自分自身で考えている以上に、僕にとって大きな意味を持っているのかもしれない。

生と死のはざまに立って宇宙を感じ、その非日常の世界を日々の職場にしている戦闘機パイロットたちは、この国が侵略されたとき、槍《やり》の穂先として散っていくことを宿命づけられている。だが、その日が来ない限り、日常に追われて生きていることで精一杯の地上の僕たちには、彼らの姿は見えてこない。

前作と同様にこの作品も、航空自衛隊のパイロット、メディックをはじめ、整備、救装などさまざまな仕事についている自衛隊員、その家族の方々、そして広報スタッフの皆さんの理解や協力なしに書き上げることはできなかった。あらためてプライベートの貴重な時間まで割いて、僕の拙《つたな》い問いかけに辛抱強く答えて下さった方々に深謝するとともに、人知れず日本の空の上で命を賭《か》けて日夜任務に励みつづける隊員たちに敬意を表したい。

足かけ六年にわたる取材行をともにしているカメラマンの三島正氏は、僕にとってもはや欠かせないバディである。レンズを通していても、そして肉眼を通しても、彼はその柔らかな、しかし研ぎ澄まされた眼差《まなざ》しで人をみつめている。仏の顔も三度と言うが、「新潮45」の早川清氏は遅れに遅れる連載の原稿をじっと待ちつづけ、励ましと助言を欠かさなかった。亀井龍夫、石井昴の両氏にもお世話になった。シャープで素晴らしい単行本の装幀《そうてい》は大森和也氏の手によるものである。寺島哲也氏はいつものように僕の仕事を見守って下さった。彼と交わす言葉の中から書くことへのささやかな決意が生まれる。そして新井久幸氏は連載の担当を引き継いでくれただけでなく熱意を傾けて一冊の本にまとめて下さった。また、仕事を忘れてフットサルのコートで戦いましょう。

『兵士に聞け』『兵士を見よ』とつづいた、全国各地の自衛隊の基地を訪ね歩き、隊員たちの任務を間近でみつめながら彼らと語り合っていく旅は、当分終わりそうにない。唯一《ゆいいつ》の気がかりは、四十代も折り返し点を過ぎた僕の体力が、彼らの強靱《きょうじん》な歩みについてゆけるかということである。

参考文献

『F－15イーグル』（ジェフリー・エセル著、浜田一穂訳、原書房）
『ザ・ライト・スタッフ』（トム・ウルフ著、中野圭二、加藤弘和訳、中央公論社）

解説　その徹底した現場主義

河谷史夫

一冊の本に著者自身が「あとがき」を書くのはいい。本文で言い足りないことがあったのかも知れないし、つけ加えるべきことがあれば、書き足しておくのは読者への挨拶というものだろう。しかしそのほかに「解説」などという間の抜けた頁《ページ》が必要なのであるか。これはかねて文庫本を手にしながら、大いに疑問に感じていたことであった。いま何かの因縁で、『兵士を見よ』小学館文庫版の解説を書かねばならぬ仕儀となって、この疑問が渦を巻いてわが身に迫るのを如何《いかん》ともしがたい。

むろん、解説があって初めて立っていられるような作品もないではない。解説を読めばそれで事足りるようなものもなしとしない。だが、杉山隆男の仕事は、そういうやわなものとは隔絶して屹立《きつりつ》している。本文を読まねば意味がないし、本文だけですべてが足りるようにできあがっている。これに何を「あとがき」しようというのか、わたしはほとほと困惑するほかないのである。

杉山の名前を知ったのは、『メディアの興亡』を引っさげてノンフィクションの世界に颯爽《さっそう》と登場したときである。あれはもうふた昔以上も前のことになるか。活字を捨ててコンピューターで新聞を作ろうとすることに挑んだ日本経済新聞社とＩＢＭを主役に、日本新聞界の内情をつぶさに書き切ろうとする意志と努力とに、大いに敬服したものであった。それはそんじょそこらの新聞もの、新聞記者ものとは趣を異にする出来上がりで、まことに新鮮な香りを放っていた。

どこの誰だか知らない杉山が読売新聞記者であったということに親近感を持った。わたしもそうであったが、新聞記者になるには、どこかの新聞に潜り込むほかない。今日ではだいぶん価値も下落したようだが、何次かにわたる入社試験というやつをくぐって新聞に入れるのは、あみだくじに当たるようなものだ。たぶん杉山もかいくぐるようにして読売新聞に入社したに違いない。ところがあっという間に読売新聞をおん出たということに、告白すれば、わたしのごとき独立の気概に乏しき無精者は、ほとんど羨望《せんぼう》の念を禁じ得ないのであった。いちど味わったお城勤めの気軽さを捨て、あえて天下の素浪人になりたかったのには、そうなりたいだけの意志と目的があったのであろう。

やがて、杉山は『兵士に聞け』で自衛隊取材報告記を発表し出す。最初は週刊誌の連載の形で始まった「報告」は、『兵士を見よ』『兵士を追え』……と続く。それはまたすこぶる斬新な出来合いであった。

わたしどもが自衛隊のことを知らなかったのは、自衛隊に関する正確な伝達ということに、新聞や放送が長く手をこまぬいてきたためである。もちろん、試みは幾つかあった。例えば朝日新聞が「自衛隊」という長期連載を企画したのは、自衛隊の前身警察予備隊ができて十二年後の一九六七年であった。朝日新聞は花形記者疋田桂一郎をキャップとする取材班を投入して「自衛隊の全貌《ぜんぼう》」に迫ろうとした。当時としてそれはそれなりに興味深い作品ではあったが、いろいろなことを取り上げているものの、畢竟《ひっきょう》は点描に終わってしまっていた。しかしこれは「全貌」という以上、問題点をできるだけ網羅したいとする新聞記事の性《さが》であり、また取材班方式の限界だった。これが不満なら、やり方を変えるしかないのである。つまり一人の記者を無制限に投入して思う存分に書かせるということだ。たぶん新聞にそれはできない。それができたのが杉山であった。今やこの自衛隊報告は杉山のライフワークの観を呈している。

＊　＊　＊

自衛隊には、うら悲しさがつきまとう。防衛庁が防衛省に昇格し、長官が大臣と呼ばれるようになり、カンボジアへ行き、イラクへ行き、国際貢献なるものの象徴のように言う向きが現れるようになっても、自衛隊につきまとううら悲しさは消えない。

これはひとえに自衛隊の出自に起因する。自衛隊生みの親の吉田茂は防衛大学校一期生に向かってかってこう言った。「君たちが日蔭者であるときのほうが、国民や日本は幸せなのだ。耐えてもらいたい」と。耐えて、耐えて、耐えて、発足以来五十年を過ぎてなお自衛隊から「日蔭者」意識は抜けない。

明らかにそれは、憲法との矛盾からきている。先の大戦に敗れ、すみやかに武装解除されてアメリカに占領されたうえに、第九条で「国権の発動たる戦争と、武力による威嚇《いかく》又は武力の行使は、国際紛争を解決する手段としては、永久にこれを放棄する」と定め、「陸海空軍その他の戦力は、これを保持しない。国の交戦権は、これを認めない」と日本は世界に約束をしたのであった。素直に文言《もんごん》を読めば、自衛隊の存在は「違憲」としか言いようがあるまい。とりもちと理屈はどこにでもつくが、どう言いつくろっても、日本は違憲の組織を保持してきたことになる。「軍隊」と呼ばず「自衛隊」、「歩兵」と呼ばず「普通科」、「陸軍大将」と呼ばず「陸将」とごまかし、ごまかししてきたのであった。

このごまかしに苛立《いらだ》ち、ノーベル賞候補とも目されながら、私兵を率いて市ケ谷の陸上自衛隊東部方面総監部に突入し、決起を促した作家がいた。しかし呼応なしと見定めるや自ら切腹して果てた。三島由紀夫である。四十五歳の生涯であった。その一方で、防衛大への進学者を「同世代の恥辱」と言い捨てた作家がいた。ほんとうにノーベル賞を取り、古希を越えてなお元気な大江健三郎である。

自衛隊を自決の場所に選んだ作家と自衛隊は恥だと公言してはばからない作家と、戦後日本を代表する二人の作家の間にのぞく裂け目に、自衛隊は揺れ続けてきた。揺れることはうら悲しい。ごまかしがもたらすうら悲しさである。あるものをないとい い、あるけれど実はちがうものだと言いくるめようとし、言いくるめきれぬうちに、とうとう「戦後レジーム（体制）からの脱却」などと叫ぶ若い宰相が出てきた。

今や世界有数の軍事力といわれるほどになった自衛隊。あるものはあるのである。自衛隊を肯定しようと否定しようと、あるものはある。それが実はどういうものであるのか、見定めるには対象に近づくほかかない。

＊＊＊

徹底した現場主義。これが杉山の骨法である。北から南まで基地、駐屯地を訪ね歩き、将官、士官、下士官、兵に直《じか》に会い、直に聞き、ともに語り、ともに飲み、集めうる限りの見聞を集め尽くす。「半鐘が鳴ったら火事場へ走れ、殺しが起きたら現場を歩け、交通事故と聞いたら現場を見ろ」とはだれも新聞記者になったときに先輩に教わることだが、杉山の骨の髄まで染み込んでいる。

『兵士を見よ』は自衛隊報告の第二巻だ。杉山は全国を歩いて自衛隊員にインタビューを重ねる。もう四十三歳を過ぎていたというのに、低酸素状態に耐える航空生理訓練を受け、F15に同乗して異常なG（重力）にさらされながらACM（対戦闘機戦闘訓練）を体験し、救難隊を取材し、大韓航空機撃墜事件を追い、おそらく杉山が出向かなかったら部外の目に触れることのなかった新田原《にゅうたばる》基地の飛行教導隊入り口に掲げられる旧ソ連国旗を見る。まるで自衛隊と同衾《どうきん》するような取材の繰り返しの上に、この報告は成った。

杉山が伝えたいことは、まず何より現代日本の「兵」たちの人生である。

例えば、つねに「死と隣り合わせ」にいる戦闘機パイロットの妻は、夫を送り出す朝、そっと夫の肩に塩をひと振りする。きょうは訓練というときは、何かあっても決して夫婦喧嘩をしない。

戦闘機パイロットはエリート意識に満ちているが、ある日とつぜん「F転」といって救難隊行きを命じられることがある。それを格下げと感じ、使命感をなくし、自衛隊を辞めていく者あれば、己とあらがいつつ救難隊へ行く者もいる。そして難儀だった救助を成功させたあと、一杯のコーヒーを飲みながら自分だけの充実感を抱くパイロットに行き着くまで、杉山は取材を止めない。

杉山にイデオロギーは関係ない。ただし、災害派遣以外は米軍の陰に隠れている自衛隊の存在に対して危惧《きぐ》を隠さない。アメリカの意向に翻弄《ほんろう》される自衛隊の言い分も十分聴いたうえで、杉山はこう言う。

「その顔がどちらを向いているのか、自分たちの方を向いてくれているのか、それともアメリカの意のままになってしまうのか、国民は心からの信頼をこの組織に寄せることになおためらいがある」

＊　＊　＊

その文章にも触れなければならない。

例えば、異常なG（重力）を体験して戻ってきた杉山の「力が抜けて、ぐったり」とした一枚の写真がある。「ついさっきまで上空でGという途轍《とてつ》もない兇暴《きょうぼう》な力に体全体を締めつけられ、押し下げられ、肉がよじれ、骨がきしみ、意識がかすれ、ただただ喘《あえ》ぎ唸《うな》っているしかなかった」あとに写されたものだ。

それを見て杉山は「男の自分が言うのもおかしな話だけれど」と書き始める。「写真の中にあらわれている快楽の余韻は、男のそれではなく、女のそれのような気がする。果てたのではなく、行ってしまったあとの余韻。行為の激しさを物語るかのように、額に乱れかかった髪は汗でしとどに濡《ぬ》れて、欲望の鉢があふれて関節や骨や体の骨組みがすべてバラバラにされてしまったようにだらりと全身を投げ出している」

的確で律動ある文章を読めることは杉山隆男を開くときの喜びの一つである。

（かわたに　ふみお・朝日新聞論説委員）

本書に登場する省庁名、地名、肩書き等は、取材当時のものです。

本文写真：三島　正
校正：小林興二朗、秦　玄一
編集協力：実沢まゆみ
編集：吉田兼一（小学館）